GARTEN DESIGN

DIE GROSSE ENZYKLOPÄDIE

DK RHS

GARTEN DESIGN

DIE GROSSE ENZYKLOPÄDIE

Herausgeber Chris Young

PLANEN UND GESTALTEN

INHALT

Forts. >

Vorwort

Kennen Sie das: Sie sitzen irgendwo, ohne etwas Bestimmtes im Sinn, lassen einfach nur Ihren Blick schweifen? Und dann fällt Ihnen ein: »Wie wäre es, dort einen Baum zu pflanzen?« Oder: »Wodurch ließe sich dieser Plattenbelag ersetzen?« Indem Sie sich überlegen, wie Sie es nach Ihrem Geschmack auf Ihren Bedarf abstimmen können, haben Sie sich unbewusst oder bewusst dieses Stückchen Land gestalterisch angeeignet. Willkommen in der Welt der Gartengestaltung!

Die Kunst, Gärten zu gestalten, ist traditionsreich: Seit die Menschen Land bestellen, Ackerbau betreiben und Vieh halten, verändern sie nutzbare Flächen zu ihrem Vorteil. Mit Gestaltung nach unserem heutigen Verständnis mag das nichts zu tun zu haben, da ästhetische Gesichtspunkte damals keinerlei praktischen Nutzen hatten. Dennoch ging es schon damals darum, Grund und Boden zu einem bestimmten Zweck zu »formen«. Der Mensch passte die Umwelt seinen individuellen Bedürfnissen im Tages-, Monats- und Jahreszeitenverlauf an.

Auf dieses Urmotiv ist die Gestaltung einer Gartenanlage noch heute zurückzuführen – auch wenn die Stile und Modeströmungen, die Fertigkeiten der Menschen, die Eignung des jeweiligen Standorts, aber auch der Wohlstand, Reiseerlebnisse und die Experimentierlust den Gestaltungsspielraum im Lauf der Zeit beeinflusst haben. Seit eh und je verändert der Mensch seine Umgebung, nichts anderes gilt auch für die moderne Gartengestaltung.

Die Planung einer Anlage kann eine sehr detailverliebte, zeitraubende Tätigkeit sein. Jedoch sollte man dabei stets bedenken, dass es darum geht, einen Raum im Freien nach den eigenen Wünschen beziehungsweise denen des Auftraggebers zu gestalten. Viele Gespräche werden dazu nötig sein, beispielsweise über den gewünschten Stil oder die Nachhaltigkeit des Gartenkonzeptes. Aber gehen Sie dabei nicht zu sehr oder zu früh ins Detail. Natürlich planen und gestalten Sie Einzelheiten, wenn Sie eine gelungene Anlage erschaffen möchten, doch behalten Sie dabei Ihr ursprüngliches Ziel im Auge. In diesem Buch erfahren Sie deswegen nicht nur alles über das A und O der Gartengestaltung, sondern lernen auch, fokussiert auf ein bestimmtes Ziel hinzuarbeiten.

Willkommen
Wesentlich in der Gartengestaltung ist das Anlegen nutzbarer, schöner Grünräume, die die Bedürfnisse ihrer Besitzer erfüllen.

Gegenüber, im Uhrzeigersinn von oben links

Augenweide
Manchmal lassen sich durch das Wiederholen von Formen Effekte erzielen, wie hier durch Gartenplastik und Allium-Blütenstand.

Freiräume
Gutes Design spiegelt die Vorlieben der Gartenbesitzer wider – ungeachtet von Land und Klima.

Balance
Blütenfarben, Laubformen und Stammrhythmus balancieren die Farb- und Formkombination aus.

Pläne
Die Basis erfolgreicher Gartenplanung: Halten Sie Ihre Ideen auf Papier oder auf dem Computer fest.

Mit Bedacht
Harmonische Gärten entstehen, wenn die Pflanzen- und Farbkombinationen die baulichen Elemente ergänzen.

Aber warum braucht man eine solche Enzyklopädie überhaupt? Weil uns zwar in Büchern, auf Websites, in sozialen Medien und in Zeitschriften ständig eine Fülle von Bildern, Vorschlägen und Informationen geboten wird, wir dabei jedoch sprichwörtlich vor lauter Bäumen den Wald nicht mehr sehen. Kaum jemand kann alles auf einmal bedenken, angefangen bei der Auswahl der Pflanzen über die Kiesfarbe bis hin zu den Pfosten des Zauns und der Stammhöhe eines Baumes. Gerade weil das Informations- und Warenangebot so vielfältig ist, fühlt man sich bisweilen überfordert bei der Beantwortung der Frage, was man eigentlich von seinem eigenen Garten erwartet. Bei der Anlage einer Grünfläche spielen viele Aspekte eine Rolle, von Pflanzen bis hin zu baulichen Elementen. Gartengestalter brauchen daher eine verlässliche Instanz, die Antworten gibt. Ein solcher Erfahrungs- und Wissenspool in unserer komplexen, informationslastigen Welt soll dieses Buch sein.

Wie soll mein Garten aussehen? Diese generelle Weichenstellung zu Beginn ist meist noch am einfachsten. Die meiste Zeit hingegen nimmt die konkrete Umsetzung der gestalterischen Vision in Anspruch: Es gilt herauszufinden, wie einzelne Bereiche zusammenwirken, wie Pflanzungen so aufgebaut werden, dass sie ganzjährig attraktiv wirken, welche Materialien für die Witterungsverhältnisse geeignet sind usw. Die intensive Auseinandersetzung mit diesen Aspekten während der Entstehungsphase stellt den Unterschied zwischen einem austauschbar erscheinenden, langweiligen Garten und einem wunderschön angelegten Paradies dar.

Die Kapitel in diesem Buch führen Sie durch alle Phasen der Gartengestaltung, beschreiben die Geheimnisse guten Designs und klären das Unklare. Genießen Sie den Weg zum Ziel und finden Sie dabei Ihren Garten Eden!

Chris Young
Herausgeber

INSPIRATION

Zweck eines Gartens

Der Garten ist die Fortsetzung Ihrer Wohnung unter freiem Himmel. In ihm sollten Sie das Leben in vollen Zügen genießen können. Wenn Sie über eine Umgestaltung des Gartens nachdenken, müssen Sie zunächst wissen, wie Sie ihn jetzt und in der Zukunft nutzen möchten. Die Bandbreite der Nutzungsintensität reicht von intensiv bis extensiv. Ermitteln Sie, welchen Zweck der Garten für Sie erfüllt: Ist er als Freizeitfläche

PFLANZEN UND TIERE GENIESSEN

Der aktive Gärtner
Umgraben, säen, pflanzen, schneiden – solche Betätigungen können in einem Garten, der sich im Lauf der Jahreszeiten verändert, erfüllend wirken. Farben und Texturen wandeln sich, jede Woche hält Neues bereit. Sie locken mit Pflanzen, die Tiere anziehen, mehr Leben in Ihr Grün.

GESELLIGKEIT UND SPASS

Zimmer im Freien
Ihr Garten ist ein Zimmer unter freiem Himmel, die Erweiterung Ihrer Wohnung. Mit stilvollen Möbeln, Sichtschutzwänden, bemalten Mauern, Laubdächern und Pflanzgefäßen sorgen Sie für einen fließenden Übergang zwischen innen und außen. Nutzen Sie Ihr »Freiluft-Wohnzimmer« zum Empfangen von Gästen oder als Spielfläche, auf der Ihre Kinder nach Herzenslust toben können.

gedacht? Sollen Kinder darin spielen oder brauchen Sie ein ruhiges, ansprechendes Refugium, in dem Sie entspannen können? Denken Sie daran, dass sich Ihre Bedürfnisse und die Ihrer Familie im Lauf der Zeit verändern. Je älter und eingewachsener eine Anlage ist, desto schwerer lassen sich einschneidende Veränderungen umsetzen. Idealerweise gestalten Sie Ihren Garten so, dass er jederzeit angepasst werden kann. Soll Ihr grüner Raum unterschiedliche Anforderungen erfüllen? Dann legen Sie mehrere Bereiche an, die nur indirekt eingesehen werden können.

DAS AUGE ERFREUEN

Einfache Lösungen
Gärten für viel beschäftigte Menschen sind pflegeleicht und sehen trotzdem gut aus. Einfache, überzeugende Gestaltungslösungen bieten sich an, da sie auf lange Sicht auch ohne viel Pflege ansprechend bleiben. So genießen Sie wahre Schönheit.

AUFATMEN UND ENTSPANNEN

Ort der Besinnung
Sich aus dem betriebsamen Leben zurückzuziehen gelingt mithilfe Ihres Gartens: Sie sitzen geschützt unter freiem Himmel, dösen und lesen inmitten von Pflanzendüften, umgeben von der Natur. Wird der Garten als Oase der Ruhe angelegt, bietet er einen Gegenpol zur Hektik des Alltags.

Stimmung

Gärten erzeugen Stimmungen. In dem Augenblick, in dem Sie einen Garten betreten, reagieren Sie sofort auf ihn. Bei der Planung einer neuen Anlage können Sie die Sinneseindrücke berücksichtigen, etwa durch Farbwirkung, Texturvielfalt oder überraschende Ein- und Ausblicke, die den Geist anregen. Sie können sich aber auch für einen Ort der Beschaulichkeit und inneren Einkehr oder sogar für einen Raum mit therapeutischer, heilender Wirkung

AUFREGEND UND PULSIEREND

Dynamisch
Kräftige Farben, akzentuierende Pflanzen, klare Linien, ungewöhnliche Kunstwerke, vielfältige Texturen und ausdrucksstarke Beleuchtung wirken anregend. Wasser bringt Bewegung. Aber Vorsicht: Zu schrille Gärten wirken aufdringlich.

ERFRISCHEND

Belebend
Wasserelemente, die mit dem Sonnenlicht spielen und durch naturnahe Pflanzungen ergänzt werden, vermitteln den Eindruck von Energie, Wachstum und Aufbruch. Weiche Farben und harmonierende Naturmaterialien unterstreichen die Stimmung. Hier schöpfen Sie nach einem langen Arbeitstag neue Kraft.

entscheiden, beispielsweise eine ruhige, einfache Anlage mit immergrünen Gewächsen und einer spiegelglatten Wasserfläche. Wer Platz hat, schafft mehrere Gartenräume und trennt sie durch Hecken oder hohe Pflanzen ab. Die Neugestaltung Ihres Grundstücks bietet immer eine Gelegenheit, die Atmosphäre des Gartens zu verändern: Durch die Gliederung des Areals mithilfe von Wegen, Hecken und Flächen sowie gebauten Elementen und Ausstattungsmerkmalen verändert sich die Perspektive auf Ihren Garten. Farben, Formen, Texturen und Düfte erfüllen Ihre Sinne.

WELLNESS-OASE

Gesundbrunnen
Ein abgeschiedener, stiller Rückzugsraum bietet ein erholsames, entspannendes, kraftspendendes Ambiente. Oft findet man in ihm Gemüsepflanzen und Obstbäume, Aromakräuter und Heilpflanzen, aber auch ausgewählte Zierpflanzen.

FRIEDLICH UND STILL

Kontemplativ
Zurückhaltende Farben, klare weiche Formen, zarte Düfte sowie der Einsatz von wenigen unterschiedlichen Materialien und Pflanzen erzeugen eine ruhige Atmosphäre. Akzente setzen Sie durch schlichte Ein- und Ausblicke, Wasserspiele und gezielte Lichtakzente.

Erscheinungsbild

Wer Ideen für sein grünes Reich sucht, der findet sie auf Gartenschauen, in Gärtnereien und bei Freunden oder Bekannten, in Zeitschriften, Büchern, Fernsehsendungen, sozialen Medien und auf Websites. Denken Sie jedoch immer daran, dass eine erfolgreiche Gartengestaltung nicht darin besteht, möglichst viele Anregungen zu sammeln und diese dann in einer einzigen Anlage zu kombinieren. Ihre Aufgabe besteht darin, strikt auszuwählen,

BLÜTENFÜLLE

Platz für Ihre Lieblinge
Ihr Garten zeigt botanische Extravaganzen oder ist ein Eldorado Ihrer Lieblingsblumen. Aber immer verändert sich Ihr Blütenparadies im Jahreslauf. Verbinden Sie Farbe, Pflanzentextur und -struktur mit einem klaren Gesamtkonzept.

TROPENPARADIES

Gestalten Sie mit Pflanzen
Gewächse mit markantem Laub sorgen für einen Hauch Exotik und eignen sich für ein subtropisch anmutendes Refugium im Garten. Wählen Sie hierfür Pflanzen aus, die nicht zu groß werden und für Boden und Klima geeignet sind.

URLAUBSFLAIR

Kreieren Sie Ihr Sommerrefugium
Warum die Ferien auf wenige Wochen beschränken, wenn Sie Urlaubsstimmung in Ihr Zuhause holen können? Bringen Sie von Ihren Reisen Gartenideen mit, z. B. duftende Lavendelbeete und blühende Pelargonien aus Südfrankreich.

um den gewünschten, stimmigen Gesamteindruck zu erzielen – ganz gleich, ob Sie ein eingewachsenes Grundstück renovieren oder einen neuen Garten anlegen. Am Anfang steht immer eine klare Vorstellung, dann erst entscheiden Sie sich für einzelne Elemente, Materialien und Pflanzen. Diese werden dann zu einer Gesamtwirkung kombiniert und nicht zu einem Sammelsurium. Machen Sie sich Notizen, sammeln Sie Bilder und halten Sie Ihre Ideen in Skizzen fest. Hier bekommen Sie erste Anregungen, um Ihren bevorzugten Stil zu finden.

KONTEMPLATIV

Gestalten Sie Ihren Zufluchtsort
Ein beruhigendes Design mit klaren Linien, einfachen Formen, dezenten Lichteffekten und authentischer Raumgliederung schafft einen schützenden Rückzugsort. Die Materialien müssen zusammenpassen, und die Bepflanzung sollte einfach gehalten werden.

MINIMALISTISCHER SCHICK

Meiden Sie Wirrwarr
Beschränken Sie sich auf höchstens drei aktuelle Materialien und eine Farbpalette mit gedämpften Farben, die Sie stimmig kombinieren. Ein großzügiges Wasserelement oder ein Kunstwerk bringt Dynamik in die klare Gestaltung.

BUNT UND LEBENSFROH

Werden Sie kreativ
Solche ungewöhnlichen Arrangements eignen sich eher für Schaugärten oder temporäre Installationen. Sie ziehen die Aufmerksamkeit auf sich und machen Ihnen Spaß, erfordern jedoch Ihr künstlerisches Vermögen und viel Selbstvertrauen

Aufwand

Besonders gut sollten Sie sich überlegen, wie viel Zeit Sie für Ihren künftigen Garten täglich, wöchentlich oder monatlich aufwenden möchten. Sofern Sie nicht eine sehr einfache, pflegeleichte Anlage aus gebauten Elementen und immergrünen Pflanzen besitzen, verändert sich der Aufwand mit jeder Jahreszeit. In den kalten Wintermonaten beispielsweise gibt es relativ wenig zu tun. Im Frühjahr und Sommer hingegen erfordert ein pflegeintensiver

DREIMAL IN DER WOCHE

Häufig
Kleine Gärten verlangen höchstens zwei- bis dreimal pro Woche Ihre Aufmerksamkeit für Pflege. Topfgärten müssen jedoch bei Hitze und Trockenheit täglich gewässert werden. Größere Anlagen mit Rasenflächen, gemischten Rabatten, vielen unterschiedlichen Zier- und Nutzpflanzen erfordern entsprechend mehr Aufwand.

EINMAL IN DER WOCHE

Am Wochenende
Die meisten Gartenbesitzer fallen in diese Kategorie, weil sie berufstätig sind. Ein Rasen muss im Sommer etwa einmal wöchentlich geschnitten werden. Außerdem sollten Sie regelmäßig Unkraut jäten.

Garten mit gemischten Rabatten, Rasenflächen, Obstbäumen und Gemüsebeeten umso mehr Einsatz. Düngen, Säen, Aus- und Umpflanzen, Bodenbearbeitung, Rasenpflege, Schnittmaßnahmen und Veredlung: All das braucht seine Zeit. Selbst wenn Sie viel Freude daran haben, im Garten zu arbeiten, ihn gedeihen zu sehen und die Früchte Ihrer Arbeit zu genießen, sollten Sie doch abschätzen, wie viele Stunden Sie tatsächlich darin verbringen können. Planen Sie notfalls ein Budget für eine angemessene Pflegeunterstützung mit ein.

ZWEIMAL IM MONAT

Gelegentlich
Die meisten Sträucher und Stauden brauchen einen Pflegerhythmus: Im Frühjahr und Herbst ist ein Schnitt erforderlich. Rabatten müssen gejätet und gedüngt werden. Blüher wie Rosen werden regelmäßig von welken Blüten befreit (links). Wenn Sie nicht viel Aufwand betreiben möchten, verzichten Sie auf Rasen und legen stattdessen eine Wiese an.

SECHSMAL IM JAHR

Minimaler Aufwand
Rasen und Hecken sind in pflegeextensiven Gärten fehl am Platz. Aber ganz ohne Aufwand geht es nicht, die Anlage würde sonst leblos wirken. Vielen Bäumen und Sträuchern reicht ein jährlicher Pflegegang. Bei baulichen Elementen genügt eine gelegentliche Pflege.

Gestaltungstrends

Schaugärten kommen und gehen, aber die Chancen stehen gut, dass die dort präsentierten neuen Trends irgendwann Eingang in die etablierte Gartenkultur finden. Man denke nur an die Kleidung auf den Laufstegen: Vieles, was zunächst verrückt oder abgehoben wirkt, ist später auf den Straßen oder im Online-Handel zu sehen, wenn auch in moderaterer Form.

Ähnlich geht es in der Welt der Gartengestaltung zu. In den letzten Jahrzehnten wurden unzählige innovative Materialien und Designelemente vorgestellt. Einflüsse aus Technik und Architektur haben die Grenzen zwischen drinnen und draußen verwischt, wie Wege aus Metall, Glasbalustraden, Feuerstellen, Lichteffekte, Hartplastik für Gartenmöbel usw. veranschaulichen. Die Auswahl an Möbeln, Stilen und Innovationen für »Freiluftzimmer«, ein vom Designguru John Brookes in den 1960er-Jahren populär gemachtes Konzept, war nie größer als heute.

Was aber sind die Trends in der Gartengestaltung? Fest steht, dass immer häufiger Nachhaltigkeit und Umweltbewusstsein eine Rolle spielen. Viele fragen sich, ob das, was sie tun, negative Auswirkungen auf die Umwelt und Natur hat. Wenn wir alte Beläge entfernen, können wir sie andernorts wieder verwenden, statt sie wegzuwerfen? Wenn wir in niederschlagsreichen Gegenden leben, sollten wir dann nicht mehr mit Kies oder anderen durchlässigen Materialien als Bodenbelägen arbeiten, damit weniger Wasser auf der Oberfläche abfließt, statt zu versickern? Wie binden wir unsere Gärten in ein Netz aus Naturflächen ein, das der Tierwelt nützt und Lebensräume in der Stadt oder Korridore zwischen Stadt und Land schafft?

Bei der Anlage von Gärten, wie sie uns zusagen, gibt es zahlreiche Strategien, die es uns ermöglichen, in Harmonie mit der Natur zu arbeiten. Das Schlüsselwort dabei lautet: Vielfalt. Wie in der freien Natur brauchen wir auch im Garten Abwechslung. Nutzgärten sind ebenso sinnvoll wie Kleingärten, Dachgärten so wichtig wie große Anwesen auf dem Land. Jeder Garten sollte von einigen Grundprinzipien getragen werden. Dazu gehört die verantwortungsvolle Verwendung von Materialien, die Auswahl resilienter Pflanzen, die dem Klimawandel trotzen, und eine Gestaltung, die Tieren Nahrung und Lebensräume bietet.

Ganz oben und oben
Ganz gleich, ob Pflanzen im Erdreich oder, wie hier, auf einem Dach wachsen: Je mehr Biomasse und Farbe man in seinem Freiluftraum unterbringt, desto besser.

Von modernen Gärten wird erwartet, dass sie nicht nur schön, sondern auch ganzjährig von Nutzen für uns sind.

Nachhaltigkeit und Umwelt

Wenn Nachhaltigkeit und Umweltbewusstsein eine tragende Rolle bei der Gartengestaltung spielen sollen, wie können wir diese Prinzipien konkret umsetzen?

Mehr Pflanzen

Auch wenn es offensichtlich sein mag: Bei der Auswahl von Pflanzen spielen nicht nur ästhetische Erwägungen eine Rolle. Manche Arten haben heilende Wirkung, andere bieten Tieren seltene, wichtige Lebensräume und wieder andere verlängern die Zeit im Jahreslauf, in der der Fauna Nahrung zur Verfügung steht. Eingesetzt werden Pflanzen ferner, um Städte zu kühlen und angenehmer zu machen. Überlegen Sie gut, wo Sie sich Ihr Grün besorgen: Kaufen Sie lokal und verwenden Sie torffreies Substrat. Und wer partout nicht weiß, was er pflanzen soll, nimmt einfach, was ihm gefällt.

Staudenoase oben rechts
Die vertrockneten Stängel von Stauden sehen ganzjährig gut aus und dienen Insekten als Quartier.

Bestäuber willkommen ganz rechts
Insektenhotels zwischen bestäuberfreundlicher Bepflanzung locken nützliche Besucher an.

Küchengarten im Topf oben
Arrangieren Sie essbare Pflanzen in Töpfen dort, wo sie von der Küche aus schnell zu erreichen sind.

Gut gemischt
Durch Kombination mehrerer Pflanzentypen – Bäume, Gemüse, Kräuter usw.– lässt sich Raum clever nutzen.

Essbar und dekorativ

Wer wenig Platz hat, nutzt gern jeden Quadratzentimeter Boden. Ein neuer Ansatz aus England nennt sich »Edimental«, ein Kofferwort aus »edible«, essbar, und »ornamental«, dekorativ. Das Konzept beruht darauf, dass Pflanzen zugleich ästhetisch und nützlich sein können. Statt also einen Zierstrauch als Rabattenhintergrund zu wählen, kann man einen Johannisbeerbusch verwenden, der gut aussieht, blüht und Beeren liefert. Wer einen Blickfang für die mittelhohe Bepflanzung sucht, kann beispielsweise statt eines rein dekorativen Gewächses Rhabarber einsetzen. Sobald man in dieser Richtung zu denken beginnt, wird die Suche nach der passenden Pflanze zwar schwieriger, aber dafür langfristig interessanter.

Edimental
In diesem interessanten Arrangement dürfen Nutzpflanzen Seite an Seite mit farbenfroheren Begleitern wachsen.

Geerdet

Es gibt Hobbygärtner, die den Boden nicht umgraben und damit gegen alle gärtnerischen Prinzipien verstoßen. Trotzdem ist dieses »No-Dig-Gärtnern«, wie es genannt wird, inzwischen zur weltweiten Bewegung geworden, vor allem im Gemüseanbau. Statt den Boden zu wenden, bedeckt man ihn dick mit Kompost (auf einer Lage Karton, falls Unkräuter ein Problem sind). Setzlinge und andere kleine Pflanzen werden in ein paar Zentimeter Kompost gepflanzt und dürfen dort ungehindert wachsen. Durch den Verzicht auf das Umgraben wird weniger gebundener Kohlenstoff aus dem Boden freigesetzt. Zugleich bekommen Unkrautsamen nicht mehr genug Licht, um zu keimen. Vor allem aber bleibt die Bodengesundheit erhalten, da die Mykorrhiza-Gemeinschaften aus Pilzen und Pflanzen nicht zerstört werden. Und wenn wir ehrlich sind, ist es auch für uns Menschen gesund, denn wir ersparen uns das mühsame Buddeln.

No dig? No problem!
Gemüsesetzlinge etwa von Roten Beten (oben rechts) wachsen in der Kompostschicht eines No-Dig-Gartens problemlos ein. Höhere Gewächse wie der Schwarzkohl 'Cavolo Nero' lassen sich gut mit anderen Nutzpflanzen kombinieren (rechts).

Weniger Plastik

Keine Frage: Kunststoff ist ein erstaunliches, vielseitiges Material. Es leistet hervorragende Dienste. Selbst im Garten ist es nicht möglich, zu 100 Prozent plastikfrei zu arbeiten. Wasserbehälter, Schläuche und Schubkarren aus hochwertigem Kunststoff sind erschwinglich und können trotzdem ein Leben lang halten. Beim Einsatz von Einwegplastik wie Pflanzentöpfen, Erd- und Abfallsäcken oder Verpackungen aber sollten Verbraucher umdenken. Verwenden Sie Kunststoffprodukte mehrmals und recyceln Sie sie. Anstelle von Einwegplastikprodukten kann man Alternativen aus Kokosfaser, Holz und Bambus oder biologisch abbaubare Gefäße kaufen. Ganz verzichten sollte man auf Kunstfaser, der sich mit der Zeit zersetzt, wodurch Mikroplastik in Gewässer und die Umwelt gelangt.

Ein Stück Papier oben links
Wer Setzlinge in Papierbehältern zieht, reduziert seinen Plastikverbrauch. Für größere Pflänzchen eignen sich leere Toilettenpapierrollen.

Treue Dienste links
Ganz ohne Plastik geht es im Garten selten. Wenn Sie Kunststoffprodukte wie etwa Komposter oder Wassertonnen verwenden, sollten sie robust und sehr langlebig sein.

Langfristig denken

Viele versuchen sich hochwertige Produkte anzuschaffen, die schön anzusehen sind und lange halten. Im Garten ist das nicht anders. Geschätzt werden gut gemachte Möbel, Bodenbeläge, die nicht reißen oder auffrieren, und rostfreie Metallerzeugnisse. Natürlich gibt es kaum jemanden, der nicht auf den Preis achten muss, trotzdem sollte man, wo es möglich und sinnvoll ist, Produkte wählen, die von guter Qualität sind und lange Freude bereiten.

Regenfest ganz oben
Die Bewältigung hoher Niederschlagsmengen wird immer wichtiger. Bepflanzung und Wasserelemente sollten mit Starkregen fertig werden.

Dachbegrünung oben
Bepflanzte Dächer binden Regenwasser und verlangsamen die Versickerungsrate, was eine Überlastung der Kanalisierung verhindert.

Ästhetisch

Es gibt nicht »das« Gartendesign. Schön ist, was Ihnen gefällt. Wir alle werden ständig mit Bildern, Tönen und Videos überhäuft, die informieren, inspirieren und faszinieren. Picken Sie sich aus den unzähligen Anregungen den Stil heraus, der Ihnen zusagt. Auf Online-Plattformen wie Pinterest (oder in guten alten Fotoalben) finden Sie zuhauf Vorschläge. Was gut aussieht, übernehmen Sie. Das mag nicht immer bei anderen Anklang finden, aber Hauptsache, Ihnen gefällt's.

Drinnen und draußen oben
Die Grenzen zwischen drinnen und draußen verschwimmen dank besserer Verglasungstechnologie immer mehr.

Geschmackssache unten
Bei Stilfragen gibt es kein richtig oder falsch. Manche empfinden Formschnittgehölze als wunderschön, andere sehen nur den damit verbundenen Arbeitsaufwand.

Die Vorzüge der Natur

»Wohlbefinden« und »Achtsamkeit« sind Grundvoraussetzungen für einen gesunden Körper und Geist. Wie man sie erlangt, ist von Mensch zu Mensch verschieden, wissenschaftliche Untersuchungen aber lassen keinen Zweifel daran, dass eine Verbindung zur Natur, zu den Jahreszeiten und zum Anbau von Pflanzen helfen kann, die physische und psychische Gesundheit zu verbessern. Je mehr wir das beachten, desto besser können wir unsere Gärten so gestalten, dass sie unsere Gesundheit – und die der Natur – fördern.

Nähe zur Natur
Es gibt einen wissenschaftlich bestätigten Zusammenhang zwischen Natur und Wohlbefinden. Das sollte man bei der Gartengestaltung berücksichtigen.

Das Gesamtbild

Wir stehen gerade kurz vor einem Kipppunkt des Weltklimas. Viele empfinden dabei eine gewisse Machtlosigkeit. Trotzdem gibt es viel, was wir selbst tun können. Nehmen Sie sich einen Augenblick Zeit und denken Sie darüber nach, wie Sie etwas für Tiere tun und die Biodiversität fördern können. Wir als Einzelne haben alle die Möglichkeit, uns aktiv für eine bessere Umwelt einzusetzen. Genießen Sie Ihre Freifläche und leisten Sie Ihren Beitrag. Je mehr wir pflanzen, unsere Böden pfleglich behandeln und die negativen Auswirkungen auf die Umwelt reduzieren, desto wichtiger werden unsere Gärten für die Sicherung einer nachhaltigen Zukunft.

Ganzheitliche Gärten
Gärten sind Multifunktionsflächen. Hier können wir sitzen und entspannen, Tieren ein Zuhause geben, die Auswirkungen des Klimawandels lindern, Kunst und andere schöne Dinge genießen – und natürlich Pflanzen kultivieren.

Gartenstile – einfach erklärt

Gegenüber, im Uhrzeigersinn von oben links

Fläche und Farbkraft
Präriegärten zeigen naturnah wirkende, ausdrucksstarke und farbenprächtige Pflanzungen auf großen Flächen.

Raum
Offene Flächen und eine reduzierte Bepflanzung ermöglichen eine flexible Nutzung des Gartenraums.

Einflussreichtum
Kombinationen verschiedener Elemente bilden einen Raum, der hochwertiger ist als die Summe seiner einzelnen Bestandteile.

Laubwelten
Pflanzen mit farbenfrohen, ungewöhnlich geformten Blättern verleihen modernen Gärten ein exotisch-üppiges Flair.

Adaptieren
Inspiration findet der Gartendesigner in aller Welt. Die meisten Ideen sind leicht nachzuahmen oder zu adaptieren.

Zeichen setzen
Moderne Materialien, gerade Linien und eine zurückhaltende Bepflanzung verleihen dieser Gestaltung ein zeitgemäßes Design.

Für Gartendesigner ist Stil die Essenz des Erscheinungsbildes. Er bringt die Idee mithilfe von Materialien, Pflanzen, Farben und Ornamenten in einer ansprechenden Komposition auf den Punkt. Einige Gestaltungstrends sind Modeerscheinungen, andere können jedoch als eigenständige Stile der Gartenkunst aufgefasst werden. Bei klassischen, geometrischen Entwürfen beispielsweise wird anhand von Rhythmus, Form und Symmetrie ein strenges räumliches Gleichgewicht hergestellt. Dieser Stil geht auf die Antike zurück und seine Gestaltungsprinzipien werden immer wieder aufgegriffen. Interpretiert man ein geometrisches oder klassisches Design mit modernen Mitteln, können faszinierend stilvolle und individualistische Gärten entstehen. Dagegen geht es in naturnahen Gärten, die viele als Antwort auf die Probleme unserer Zeit wie abnehmende Biodiversität und Klimawandel begreifen, um mehr Nachhaltigkeit, Lebensräume für Tiere und Pflanzungen nach dem Vorbild der Natur. Es dominieren also Pflanzen und andere natürliche Elemente. Das Wirken des Gärtners hingegen soll möglichst verborgen bleiben.

Einflüsse

Der Stil eines Gartens hat häufig eine Kultur oder Epoche als Thema. Dabei wird jedoch das Thema interpretiert und nicht exakt wiedergegeben. Japanisch inspirierten Gärten etwa fehlt oft die philosophische und religiöse Bedeutung der Originale, sie bieten jedoch deren ruhiges Erscheinungsbild. Ähnlich verhält es sich auch mit dem traditionsreichen Cottage-Garten, der eine stark romantisierte Version des alten Bauerngartens ist.

Unser moderner Alltag hat die Gartengestaltung ebenfalls beeinflusst. Reiselustige Gartenbesitzer entdecken beispielsweise den Garten – wie im Mittelmeerraum üblich – als offenen Wohnraum und begeistern sich für exotische Pflanzen, die im warm-feuchten Mikroklima der Städte gut gedeihen. Das steigende Umweltbewusstsein führt unterdessen dazu, dass wir häufiger nachhaltige Materialien zum Einsatz bringen, die langfristigen Folgen unseres Tuns hinterfragen und den Bedürfnissen der Tierwelt Rechnung tragen.

Funktionale Räume

Frisches Obst und Gemüse aus dem eigenen Garten hat eine uralte Tradition und der Trend zur gesunden Ernährung hat dem Küchengarten zu einer Renaissance verholfen. Doch die Ansprüche an die Funktionen des eigenen Gartens sind heute vielschichtiger und spiegeln deutlich die Vielfalt individueller Lebensstile wider. So benötigen Familiengärten Platz für spielende Kinder, für Entspannung und Repräsentation. Andere Gärten hingegen sollen Oasen der Ruhe sein und bieten Rückzugsorte vom Alltagsstress, in denen man in ruhiger Atmosphäre bestens entspannen kann.

Blick in die Zukunft

Je dichter die Besiedelung, desto mehr gerät der Stadtgarten unter Druck: Seine Fläche wird kleiner, gewinnt jedoch zunehmend an Wert. Vor 100 Jahren war ein halber Hektar Land nicht viel, inzwischen aber füllen die Menschen winzige Flächen, Balkone und Dachterrassen kreativ mit Leben und erschaffen so eine neue Formensprache im XXS-Format, die im Kontrast zu den beeindruckend großen Arealen ländlicher Gärten steht.

So wie sich Form und Funktion von Gärten verändern, so kristallisieren sich immer neue Stile heraus. Konzeptgärten zelebrieren oft das Künstliche – dabei entstehen spannungsreiche, mitunter provokante Anlagen, die witzig und skurril, philosophisch und tiefgründig, kurzlebig oder dauerhaft sein können. Ihre Schöpfer haben alle Regeln über Bord geworfen und Futuristisches für die nächste Generation geschaffen. Dabei nehmen sie oft Bezug auf Kulturelles und kommentieren soziale Verhältnisse oder spiegeln die moderne Gesellschaft wider. Andere Gartengestalter vermischen Stile zu einem Miteinander aus Altem und Neuem, etwa indem sie eine Cottage-Garten-Pflanzung in eine dezidiert modernistische Anlage einflechten oder in einem geometrisch-symmetrischen Layout mit hochmodernen Materialien, Plastiken und Technologien arbeiten.

Durch das Verschmelzen von Stilen entstehen neue Gartenbilder und Ausdrucksmittel. Galt die Gartenarchitektur einst als konservativ und vorhersehbar, so ist sie jetzt im Aufbruch. Ihre Renaissance hat sie auch den lebhaften Beziehungen zu Architektur und Kunst zu verdanken, die ihr ein dynamisches Image verpasst haben.

Gegenüber, von oben links im Uhrzeigersinn

Landhausflair
Der zwanglose Cottage-Stil zeichnet sich durch üppige Rabatten aus.

Fast natürlich
Ein kleiner Gartenteich oder eine Sumpffläche bieten vielen Tieren einen wunderbaren Lebensraum.

Urbaner Lebensraum
Da Gartenraum knapp ist, entwickeln Gartengestalter ungewöhnliche Lösungen für den Gartengenuss.

Küchengarten
Dekorative Gemüsepflanzen und Kräuter passen unabhängig von Stil und Größe in fast jeden Garten

Neues Denken
Moderne Gartendesigner überschreiten ständig Grenzen und experimentieren mit neuen Materialien, Texturen und Kombinationen.

Strenge Formensprache
Ein Parterre veranschaulicht den klaren Aufbau und die strenge Symmetrie des geometrischen Gartens

Geometrische Gärten

Als Ausdruck menschlichen Bestrebens, die Natur zu beherrschen, werden geometrische Gärten durch Symmetrie und strukturierte Formensprache geordnet. Der Ursprung dieser Auffassung liegt in der antiken Philosophie und Mathematik. Virtuos haben die Gestalter italienischer Renaissance- und französischer Barockgärten diese Sichtweise umgesetzt.

Die meisten geometrischen Gärten sind um eine zentrale Mittelachse angeordnet, sodass sich vom Haus aus oft eine Sichtachse in den Garten ergibt. Bei sehr großen Anlagen wird diese Hauptachse von Querachsen gekreuzt, die den Garten weiter unterteilen. Die Achsenkreuzungen werden oft von Skulpturen, Brunnen und nur gepflasterten Wegstücken markiert. Moderne geometrische Gärten verzichten häufig auf Symmetrie, vor allem in städtischer Umgebung, und sind eher nach innen gerichtet und beschaulich. Dabei bleiben aber ausgewogenes Design, saubere Linien und ein klarer, markanter Grundriss wichtige Elemente. Die Auslegung eines geometrischen Gartens ist klar und leicht zu entschlüsseln. Der Schwerpunkt liegt auf Größenverhältnissen und ausgewogenen Proportionen.

Die Materialvielfalt wird bewusst beschränkt, Kies und andere Bodenbeläge finden am häufigsten Verwendung. Allerdings sind dekorative Elemente wie Kopfsteinpflaster oder Ziegelmuster nach wie vor populär. Das gilt auch für modernere Materialien wie Cortenstahl, Beton, Kalkstein und Verbundstoffe. Wasserflächen dienen als Spiegelfläche für Haus und Himmel, Fontänen und Brunnen inszenieren das Lebendige.

Rasen- und Hecken-Parterres sind essenzielle Bestandteile geometrischer Anlagen. Hecken strukturieren Räume, fassen Rabatten ein, bilden Parterres und gliedern Knotengärten. In modernen Anlagen kommen oft Formschnittgehölze und speziell erzogene Pflanzen zum Einsatz, etwa Flechtbäume oder mehrstämmige Gehölze. Sie geben dem Garten Höhe und akzentuieren Sichtachsen. Dabei wird nach wie vor oft mit einer begrenzten Pflanzenpalette gearbeitet. Vorrangig ist dabei in der Regel das Laub, während Blütenpflanzen rhythmisch verwendet und zwischen den strukturierenden immergrünen Arten sparsam eingesetzt werden.

Ganz oben und oben
Die Bewegung des Wassers sorgt für Dynamik.
Die Hauptachse lenkt das Auge zu einem Fluchtpunkt, z. B. einer Skulptur oder einem Wasserelement.

Geometrischer Stil

Die Formensprache geometrischer Gärten entstammt der klassischen römischen und griechischen Architektur, wenngleich moderne Interpretationen einen etwas anderen Ansatz finden. Die geordneten Gärten dienten ursprünglich als Rahmen der Schlösser und Landsitze Mächtiger und Reicher. Sie griffen die Symmetrie der Prachtbauten auf und galten als Quintessenz der Gartenkunst. Obwohl die berühmtesten Beispiele, z. B. Versailles, riesig sind, lassen sich die traditionellen Prinzipien auf kleinere Gärten übertragen, etwa winzige Stadtgärten. Die symmetrische Anlage entlang einer Mittelachse verleiht dem Garten die Ausrichtung. Die Beete im geometrischen Grundriss werden von Rasenflächen, Formschnitthecken und Alleen eingefasst und mit Treppen, Terrassen und Kieswegen zu einer Einheit verbunden.

Traditionelle geometrische Gärten

Das Rückgrat eines klassischen geometrischen Gartens ist seine Mittelachse. Sie kann als Weg, als Rasenstreifen oder als eine lange Rabatte ausgebildet sein. Die Achse führt den Blick zu einem zentralen Punkt, der beispielsweise durch eine Skulptur oder ein Ornament gekennzeichnet ist.

Je nach Platzangebot kann eine Querachse angelegt werden. Größere Anlagen können mehrere Querachsen mit Fluchtpunkten aufnehmen.

Das Spiel mit Formen und Proportionen sorgt für Spannung. Bepflanzung und Weggestaltung hingegen sind meist schlicht – das ist auch der Grund, warum moderne Gärten diesen Stil neu interpretieren.

Die Grundfläche des Gartens sollte in Hälften und Viertel unterteilt werden. Wird eine größere Anlage durch weitere Querachsen unterteilt, sollten die einzelnen Abteile nicht zu klein sein, damit Sichtachsen und Formschnittelemente ihre Wirkung entfalten. Moderne Gestalter arbeiten auch oft mit dekorativen Rabatten, die die Gartenstruktur optisch weicher machen, oder setzen durch Asymmetrie und den Verzicht auf Ornamentik sogar Kontrapunkte.

In modernem Gewand
Gartengestalter Charlie Albone hat in dieser eleganten Anlage den traditionellen geometrischen Stil zeitgenössisch interpretiert. Der symmetrische Grundriss wird festgelegt von geschnittenen Buchshecken. Pflanzungen im Cottage-Garten-Stil weichen die harten Linien auf. Die geflochtenen Hainbuchen sind eine Hommage an die klassischen Baumalleen geometrischer Landgärten. Mit modernen Möbeln, einem Pavillon und Cortenstahlrinnen bekommt das Design ein modernes Gepräge.

Vaux le Vicomte von André Le Nôtre

EINFLÜSSE

Zwar haben schon frühe orientalische Gärten geometrische Formen verwandt und schmale Gräben zur Bewässerung der Anlage eingesetzt, doch die Antike und die Renaissance wirkten stilprägend auf den französisch-geometrischen Garten. Als Großmeister des französisch-geometrischen Gartens gilt André Le Nôtre, der aus einer alten Gärtnerfamilie stammte und unter Ludwig XIV. zu Ruhm gelangte. Die Anlagen von Versailles und Vaux le Vicomte sind seine berühmtesten Werke. Optische Täuschungen, Niveauwechsel und spiegelnde Bassins sind typisch für Le Nôtres Gartenkunst.

Le Nôtres Formensprache aus Hecken, Rasenflächen, Wasserspielen, verspielten Buchs-Parterres mit farbigen Einstreumustern aus Sand sowie seine perfekt inszenierten Perspektiven setzten den Maßstab für alle späteren geometrischen Gärten.

Stilelemente

1 Symmetrie Die Ausgewogenheit eines traditionellen geometrischen Gartens ist in jedem Maßstab möglich. Die runde Einfassung des Olivenbaumbeetes nimmt den Fluchtpunkt auf. Der Blick wird durch die Pflasterbänder geführt.

2 Bildhauerei Götterstatuen und mythologische Figuren sind typisch für frühe geometrische Gärten. In modernen Anlagen dienen auch zeitgenössische Figuralplastiken und abstrakte Werke als Blickfang.

3 Formschnitt Der Raum wird durch immergrüne geschnittene Hecken, meist Buchs oder Eibe, gegliedert. Topiarien geben ihm ein architektonisches Gepräge. Mit Zwergbuchshecken gibt man Muster in traditionellen Parterres vor.

4 Zierrat Als Akzent des Achsenverlaufs oder des Parterres dienen oft erhöht platzierte, große verzierte Gefäße. Dieses Stilmittel wird, wenn auch zurückhaltender, in modernen Gärten gleichfalls genutzt.

5 Naturstein Natursteinplatten eignen sich für die Einfassung von Wegen und Rasenflächen. Gepflasterte Wege und Terrassen setzen architektonische Akzente, besonders dann, wenn das Material ausdrucksstark ist.

Moderne geometrische Gärten

Zur Gruppe der geometrischen Gärten werden viel mehr Anlagen gezählt, als es scheint. Oft bezieht man den Begriff auf historische Beispiele, doch sind damit genauso zeitgenössische Kreationen einschließlich modernistischer Gärten gemeint. Darin wird die Bepflanzung als architektonisches Element und Teil der Gesamtkomposition, nicht jedoch als Hauptgrund für die Anlage des Gartens eingesetzt. Formschnitthecken, Solitärbäume und große Blockpflanzungen steuern einfache, skulpturale Oberflächen und Sichtschutzbarrieren bei, die wiederum horizontale Holz-, Stein-, Beton- oder Wasserflächen ergänzen. Ziel ist ein eleganter Raum als harmonische Gesamtkomposition. Geometrische Gärten eignen sich für große wie kleine Flächen, von städtischen Hinterhöfen bis zu ländlichen Rückzugsorten. Sie können symmetrisch oder asymmetrisch sein, dienen aber meist der Outdoor-Freizeitgestaltung.

Tonangebend
Helle, mit Grün akzentuierte Töne lassen geometrische Räume sauber und geordnet erscheinen.

Stildetails

Eine geometrische Auslegung eignet sich für Gärten jeder Größe. Während aber in traditionellen Versionen dekorative Elemente wie Plastiken und Formschnittgehölze eingesetzt werden, erreicht man in modernen Gärten Spannung durch das Spiel mit Maßstäben und Proportionen. So entstehen offene, klar strukturierte Räume, die ein perfektes Ambiente für den Aufenthalt im Freien bieten.

In einem geometrischen Layout schaffen die horizontalen Linien von Rechtecken Bewegung. Diese dynamischen Linien setzen einen Kontrapunkt zur vertikalen Ausrichtung von Bäumen, Hecken oder Mauern und durchschneiden Räume, um verschiedene Gartenbereiche zu verknüpfen. Während traditionelle Gärten auf Symmetrie setzen, arbeiten moderne auch mit Asymmetrie.

Die Oberfläche verwendeter Materialien spielt dabei eine große Rolle. Mit Holz, glattem Beton, Kalkstein und Kies lassen sich ausgedehnte Flächen gestalten, die oft von Wasserelementen und Solitärbäumen akzentuiert werden. Sie funktionieren aber nur bei hochwertiger, präziser Verarbeitung. Rasen, geschnittene Hecken und einfache Bepflanzung sind in traditionellen wie modernen Gärten Usus, in Konzeptgärten indes kommt auch eine komplexere Palette zum Einsatz.

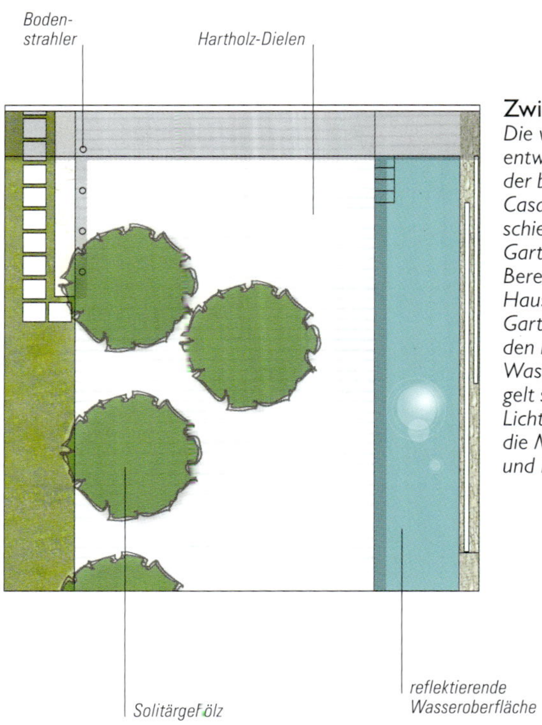

Zwischenraum
Die von Marcio Kogan entworfene Terrasse der brasilianischen Casa Mirindiba (rechts) *schiebt sich in den Garten und schafft einen Bereich, der halb dem Haus und halb dem Garten zugeordnet werden kann. In der ruhigen Wasseroberfläche spiegelt sich die Steinwand. Lichteffekte inszenieren die Materialoberflächen und Raumkanten.*

VILLANDRY

Prägend für die französischen geometrischen Gärten des 17. Jahrhunderts waren Ordnung und Harmonie nach dem Vorbild italienischer Renaissancegärten ein Jahrhundert davor. Symmetrie und Geometrie waren wichtig. Die Beete wurden von Heerscharen von Gärtnern gepflegt. Ein weiteres Element war in der Regel eine erhöhte Terrasse, von der aus man die Anlage überblicken konnte. Zu den bekanntesten geometrischen Gärten Frankreichs gehören die von Schloss Villandry an der Loire. Sie sind größtenteils eine im 20. Jahrhundert entstandene Nachschöpfung des Originals mit Wasser- und Blumengärten sowie einem *potager* (Küchengarten). Er besteht aus neun gittermusterartig angelegten, unterschiedlich gestalteten, mit Gemüse in kontrastierenden Farben bepflanzten und mit Buchs eingefassten Quadraten.

Geometrischer Küchengarten im Château de Villandry, Frankreich

Stilelemente

1 Geometrisches Layout Mittelachsen kommen in alten geometrischen Gärten häufig vor, sind ansonsten aber selten beherrschende Elemente. Rechteckige Rasen-, Wasser-, Belags- und Beetflächen bilden klare, aber unregelmäßige Grundrisse.

2 Qualitätsmaterialien Moderne Materialien, z. B. Stahl, Beton, Glas und Holz, erfüllen die architektonischen und bautechnischen Anforderungen dieses Gartenstils. Licht wird eingesetzt, um die Materialoberflächen darzustellen.

3 Begrenzte Palette Zum Einsatz kommen nur wenige Arten, diese jedoch in großen Blöcken. Dazwischen werden Gräser und Stauden platziert, um das Licht einzufangen und für Bewegung zu sorgen.

4 Architektonische Möbel Gartenmöbel sind traditionell im klassischen Stil gehalten. Moderne Klassiker wie der Barcelona-Stuhl indessen fordern elegante Liegen, schlichte Tische und dazu passende Bänke als Begleiter ein.

5 Spiegelbilder Spiegelnde Wasseroberflächen hellen den Garten durch Lichtreflexe auf. Dank moderner Technologien suggerieren die neuen Becken (Infinity-Pools) endlos erscheinende Wasserflächen.

Interpretation des Stils

Auch wenn die Regeln des geometrischen Stils eindeutig sind, ist er doch bemerkenswert vielseitig: Sie können die Gesamtanlage symmetrisch planen oder auch nur wenige geometrische Elemente verwenden. Eine Achse kann alle anderen Achsen dominieren, aber auch eine Reihe rechteckiger Beete mit romantischer Bepflanzung könnte eingefügt werden. Der Stil lädt zum Experimentieren und Interpretieren ein.

Kontraste ganz oben
Das überlaufende Becken des Brunnens im Zentrum dieses Parterres der Alhambra dient als Blickfang und bringt Dynamik in die geometrische Anlage.

Moderne Ordnung oben
Der Rasen, schlanke Hainbuchenstämme, als Spalier gezogen, und ein heller Wegbelag schaffen kühle Zurückhaltung. Das Licht strukturiert den Raum am Abend.

Urbane Strenge oben rechts
Der Kalksteinplattenbelag grenzt den Rasen klar ab. Ein frei stehendes Alleebaumspalier aus Linden dient als urbanes Sichtschutzelement.

Buchs-Parterre rechts
Das Tageslicht spielt mit den kunstvoll gesetzten Buchshecken. Das symmetrische Muster der Hecken ist von der ersten Wohnetage aus besonders gut zu erkennen.

»Regeln können gelegentlich auch gebrochen werden.«

Wasserachse ganz links
Becken, Rinne, Wasserspiel und Skulptur bilden bei dieser geometrischen Anlage die Achse. Die Pflanzen begleiten den Achsenver auf symmetrisch.

Formschnitt links
Der Rasen wächst über die Kanten der Wegplatten und betont die Achse. Die Unterpflanzung mit kleinen Formschnittgehölzen schafft verspielte Rustikalität.

Weich und hart unten links
Einfassungen aus Cortenstahlbändern verleihen der rasterförmigen Anlage Strenge. Sie kontrastiert mit den weich überhängenden, Licht reflektierenden Gräsern.

EINEN BESUCH WERT

VAUX LE VICOMTE, Seine-et-Marne, Frankreich. Architekt Le Nôtre nutzte optische Täuschungen und Sichtachsen. www.vaux-le-vicomte.com

VERSAILLES, Yvelines, Frankreich André Le Nôtres bekanntester Garten www.chateauversailles.fr

VILLA GAMBERAIA, Settignano, Italien Garten aus Alleen und geometrischen Unterteilungen mit dem Haus im Zentrum www.villagamberaia.com

ALHAMBRA & GENERALIFE, Granada, Spanien Zeigt den islamischen Einfluss auf den geometrischen Stil. Wasser ist ein zentrales Thema. www.alhambra.org

DUMBARTON OAKS, Washington DC, USA Eine Abfolge geometrischer Räume und Sichtachsen mit naturnaher Bepflanzung. doaks.org

Grundrisse geometrischer Gärten

Bei diesen traditionellen und modernen Interpretationen des Stils bleiben wichtige Elemente erhalten. Allen gemeinsam sind geometrische Linien und edle Materialien. Buckleys Garten ist üppig bepflanzt, ganz im Gegensatz zu Sturgeons minimalistischem Ansatz. Beide beschränken sich auf wenige Farben. Pflanzungen bekommen klare, saubere Flächen als Gegengewicht, wie bei Keightley. Wenig Platz muss kein Manko sein, wie Rowes Design beweist.

Ebenen

Im Privatgarten des Designers Declan Buckley ist ein Teppich üppigen Grüns unterschiedlicher Höhe gepflanzt worden, der mit den geometrischen Linien von Bodenbelag und Wasserbecken kontrastreich abschließt. Die offene Terrassenfläche bildet den Kontrapunkt zum überwucherten Pfad.

Pflanzen und Materialien

1 *Phyllostachys nigra*
2 *Euonymus japonicus*
3 *Fatsia japonica*
4 *Pseudosasa japonica*
5 *Geranium palmatum*
6 *Astelia chathamica*
7 *Buxus sempervirens*
8 *Cycas revoluta*

Declan Buckley:

»Nachdem ich jahrelang meine Pflanzen nur in Kübeln auf einer Dachterrasse stehen hatte, genoss ich es, einen Garten anzulegen. Die lang gestreckte, rechteckige Anlage ist umgeben von fünfgeschossigen Gebäuden. Die unterschiedlich hoch und dicht wachsenden Pflanzen bieten Sichtschutz. Ich genieße den spektakulären Blick in das üppige Grün vom ganzen Haus aus durch die komplett verglaste Gartenfront. In Londons mildem Klima gedeihen auch empfindliche, exotische Arten. Zuerst wähle ich immer die Blatttexturen und -formen aus – Blüten und Farben kommen dann später. Der klare Grundriss, der vom Blattwerk gemildert wird, ist typisch für mich.«

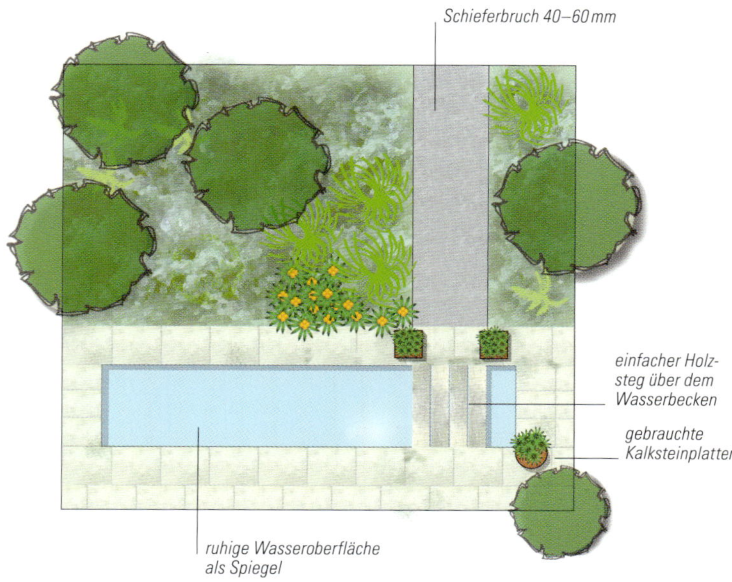

Traditionell und modern zugleich

In dieser modern städtischen Variante des geometrischen Gartens verneigt sich Designer Matt Keightley vor der Tradition, indem er auf ein zugleich symmetrisches und asymmetrisches Layout setzt. Es enthält Dekoratives und üppige Bepflanzung bei geringem Material- und Farbeinsatz.

Pflanzen und Materialien

1 Flechthecke
2 Farne, Schusterpalmen und andere Blattschmuckpflanzen
3 Rasen
4 Verputzte Mauer als Sichtschutz
5 Rund geschnittene Rosmarinbüsche
6 Kalksteinelemente

Eleganter Modernismus

Mit seiner offenen Rasenfläche, den klaren, unverstellten Linien und den hochwertigen Materialien entspricht dieser elegante geometrische Garten modernistischen Idealen. Der Designer arbeitet mit einer begrenzten, laubdominierten Pflanzenpalette.

Auf den ersten Blick erscheint das Layout symmetrisch, bei näherem Besehen aber erkennt man, dass viele Elemente wie der skulpturale Baum und der Sitzbereich etwas neben der Mitte positioniert sind, während traditionellere Elemente wie der Kies, die Flechtbäume und die geschnittenen immergrünen Gehölze eine Brücke zu geometrischen Gärten von einst schlagen.

Der zentrale, von Kies eingefasste Rasen ist das Hauptelement. Er betont die Breite des Gartens, lässt ihn größer erscheinen und bietet in seinem Herzen einen unverstellten Raum. Gleichzeitig deutet er mit den vier Rosmarinkuppeln italienische Formalität in einem zeitgenössischen Ambiente an.

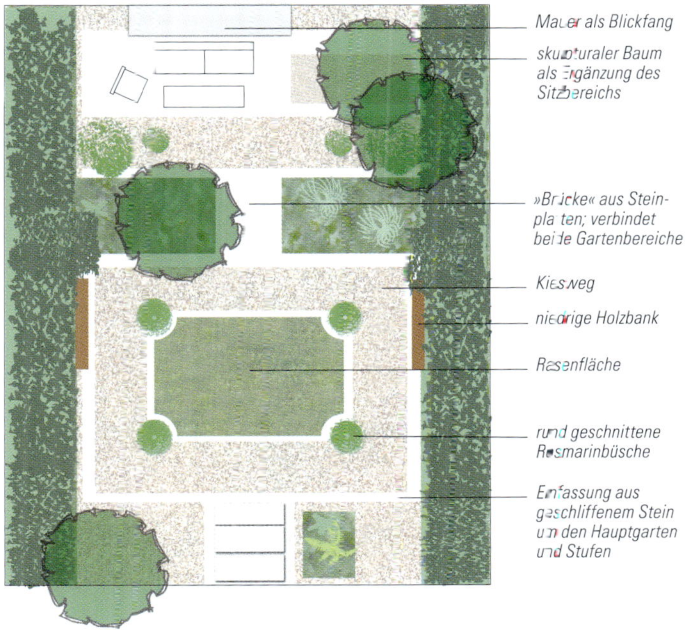

Klassische Linien

Dieser traditionelle geometrische Garten von Charlotte Rowe überzeugt durch seine Schlichtheit: Die Beete sind nur mit wenigen Arten bepflanzt. Terrakottagefäß und Formschnitt-Liguster erzeugen einen Raum. Die Hortensie dient als attraktiver Blickfang auf der zentralen Sichtachse.

Pflanzen und Materialien

1 *Ligustrum delavayanum*
2 *Hydrangea macrophylla*
3 *Artemisia* 'Powis Castle'
4 *Geranium sanguineum*

Charlotte Rowe:

»Der Entwurf für einen schlichten Vorgarten in Kensington musste den dortigen Vorschriften entsprechen. In Anlehnung an die Fassadendetails habe ich Sandsteinplatten und Ziegelpflaster verwendet. Als Sichtschutz dienen immergrüne Pflanzen.

Die modernen Gartenarchitekten Luis Barragán und Dan Kiley inspirieren meine Arbeit für gewöhnlich. Daher war es interessant, Klarheit in diesem klassischen Stil zu bewahren. Die baulichen Elemente sind das Gerüst, das die Pflanzen umspielt und betonen kann.«

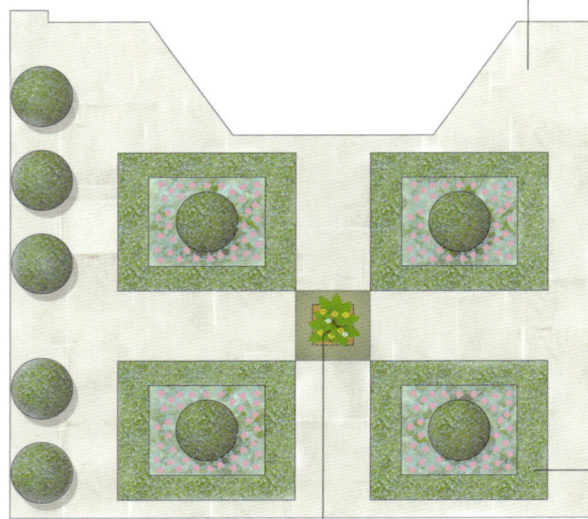

Hoch oben auf dem Dach

Andy Sturgeons kleiner, eleganter Dachgarten: Die pflegeleichter Elemente und konstruktiven Details eignen sich perfekt zur Repräsentation. Die Materialien ziehen Aufmerksamkeit auf sich, während die Pflanzung einen intimen, abgeschirmten Raum entstehen lässt.

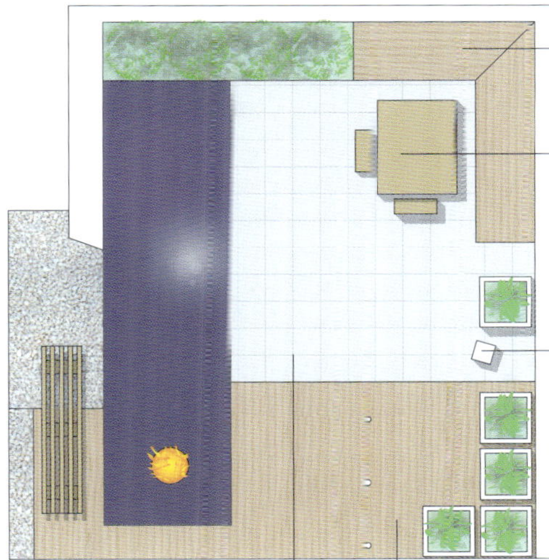

Pflanzen und Materialien

1 *Fargesia rufa*
2 Bank aus Iroko-Holz
3 *Astelia chathamica*
4 Gas-Feuerstelle

Andy Sturgeon:

»Der Kunde ist jung und empfängt gerne Gäste, aber er hat kein großes Interesse am Gärtnern.

Das flache Wasserbecken ist das Zentrum des Gartens. Es ist so flach, um Gewicht einzusparen, aber es bezaubert durch die glitzernde Wasserfläche. Das Detail der Feuerstelle im Wasser erwies sich als besonders komplex. Ich entwerfe überwiegend Anlagen, die weniger minimalistisch sein müssen. Aber mein Ansatz passt immer zum Kunden und zum Ort und ich hatte Spaß an der Herausforderung. Der Kunde wollte nämlich bei jedem Wetter draußen sitzen können – deshalb das Segeltuchdach und die Kombination von Wasser, Feuer und Bank.

Vieles inspiriert mich, von Schaufenstern bis zur modernen Kunst. Das ist vor allem bei urbanen Gärten recht hilfreich.«

FALLSTUDIE

BLOCKBAUWEISE

An den einfachen, sauberen Linien erkennt man das geometrische zeitgenössische Design. Klar umrissene Blockpflanzungen, Beläge und Wasserelemente sind Teil eines asymmetrischen Grundrisses und spiegeln klare Gestaltungsgrundsätze wider.

Spiel der Kontraste

Mit dem glatten Belag, einer reflektierenden, kieselgesäumten Wasserfläche, geschnittenen Buchenhecken und mehrstämmigen *Osmanthus*-Bäumen ergeben sich wirkungsvolle Textur- und Formkontraste.

Geordneter Raum

Der Raum ist in rechtwinkelige Blöcke aus Belägen, Pflanzen und Wasserelementen gegliedert. Manche Bereiche sind offen, andere umschlossen. Manche entziehen sich beim Gang durch den Garten den Blicken, um sich ihnen später wieder zu öffnen.

Gartenarchitekt **Marcus Barnett**

Asymmetrisch

Die Wandpaneele aus Stein erinnern an ein Mondrian-Gemälde. Sie verbinden ruhige, saubere Linien und strenge Geometrie mit einem asymmetrischen Plan und verkörpern modernistische Gestaltungsgrundsätze, die in diesem Garten umgesetzt sind.

Blumenkontraste

Hier fallen die unterschiedlichen Blütenformen mit subtilen Kontrasten ins Auge. Die gelben Blütenkörbe von *Doronicum* überragen *Euphorbia polychroma* und bilden in Farbe und Form ein Gegengewicht zu den roten Tulpen und blauen Kornblumen.

Klare Farben

Die Farbpalette ist von der für geometrische Gärten typischen Beschränkung geprägt. Grüntöne dominieren, wodurch die Primärfarben Rot, Blau und Gelb zum Tragen kommen.

Informelle Gärten

Unter dieser Bezeichnung werden einige beliebte, gängige Stile zusammengefasst, etwa Cottage-, Land- und pflanzengefüllte Gärten, in denen der Schwerpunkt darauf liegt, was wächst, nicht, wie es wächst. Oft handelt es sich um Gärten von Pflanzenliebhabern. Sie entstehen allmählich und man sieht ihnen an, dass sie nicht groß geplant wurden, sondern sich durch Pflanzenkäufe und gärtnerische Eingriffe allmählich entwickelt haben.

Cottage-Gärten werden für ihre üppige Bepflanzung und die zwanglos-natürliche Atmosphäre geschätzt. Sie haben traditionell ein einfaches, geordnetes Layout mit einem Weg zur Tür, der vielleicht von Beeten gesäumt ist. Ursprünglich waren sie in ländlichen Gegenden als Nutzgärten gedacht, in denen Blumen eine untergeordnete Rolle spielten.

Traditionelle Cottage-Gärten waren eine Herzenssache der berühmten Gartenarchitektin Gertrude Jekyll. Sie nahm sie als Grundlage für die Arts-and-Crafts-Pflanzungen, die sie an der Wende vom 19. zum 20. Jahrhundert entwickelte. Dieser Stil mit einfacher, oft geometrischer Gliederung, aber großzügiger informeller Bepflanzung dominiert viele Landgärten und ist eine ausgeklügelte Erweiterung des Cottage-Garten-Stils.

Informelle Gärten sind im Allgemeinen lauschig, manchmal sogar beengt, da die dichte Bepflanzung in die Wege hineinwachsen darf. Selbstaussaat ist ebenso erwünscht wie Pflanzen, die Pflasterritzen besiedeln. Hecken werden häufig zur Gliederung eingesetzt und grenzen in Cottage-Gärten eine Reihe umschlossener Räume mit unterschiedlicher Besetzung und Atmosphäre ab. Die Kombination aus oft vielfältigen, weichen, fast wilden Arrangements und geometrisch geschnittenen Hecken sowie dekorativen Formschnittgehölzen zeichnet sich durch gelungene Kontraste aus. Größere Anlagen enthalten in einiger Entfernung vom Haus womöglich sogar Raum für Wiesen und Wildhecken.

Für informelle Gärten eignen sich vor allem Natur- und Backstein. Verwitterte, gebrauchte Materialien werden wegen ihrer Alterspatina bevorzugt. Als Belag kommt oft Kies zum Einsatz, zum Teil, weil er Selbstaussaat zu lässt. Häufig finden zudem einfache Weide- und Lattenzäune Verwendung.

Ganz oben und oben
Blaukissenblüten schmücken die verwitterte Mauer.
Dekoratives Gemüse bereichert Nutzgärten mit Farbe.

Der informelle Stil

Die Fülle und das romantische Flair von informellen Gärten, allen voran Cottage- und Landgärten, gefällt Gestaltern in aller Welt. Das liegt vor allem an der üppigen Bepflanzung, dem Einsatz von Farbe und Textur sowie der Vielfalt an Arten in diesem zwanglosen, als typisch englisch empfundenen Stil. Informell bedeutet keineswegs willkürlich und ungeordnet. Stattdessen werden thematische bzw. koordinierte Blüten- und Blattfarben innerhalb kleiner Teilgärten bzw. »Räume« eingesetzt. Musterbeispiele dafür sind die Gärten von Sissinghurst oder Hidcote Manor.

Cottage- und Landgartenstil

Cottage- und Landgärten haben oft einfache, geometrische Grundrisse, wenngleich viele von diesem Grundmuster abweichen. Die Pfade sind häufig schmal, wobei Pflanzen teilweise den Weg versperren. Eine romantische Bepflanzung macht Gärten optisch weich, kaschiert das strenge Layout und bringt uns Duft, Laubtexturen und Farbkaskaden näher. Viele moderne informelle Gärten verwenden Elemente dieses Stils, wobei üppige Pflanzungen vielleicht in ein weniger geordnetes Layout eingebracht werden und die Bereiche nicht mehr so klar geometrisch abgegrenzt sind.

Als Beläge dienen Backstein, Kies, Beton- und Kopfstein. Moose, Flechten und Bodendecker dürfen Ritzen und Oberflächen besiedeln. In großen Gärten werden auch Steinplatten eingesetzt. Scheinbar zufällig verteilte Sitzgelegenheiten, alte Brunnenköpfe, Tanks, Pumpen und Fundstücke bilden Blickfänge. Laubengänge und Bögen akzentuieren Übergänge zwischen Räumen, die oft mit Hecken, Mauern und Rankhilfen gegliedert sind.

Rasenflächen sind optische Ruhepunkte zwischen all der Farbe und Fülle, während Obst- und Gemüsebeete mit Wegen aus Tritt- und Backsteinen oder gestampfter Erde die Geometrie früher Cottage-Gärten bewahren.

Informell geometrisch
Eine zwanglos-natürliche, ansprechende Bepflanzung in wildem Durcheinander hat auch in einem geometrischen Layout Platz. Die klare Ordnung von Dial Park, Olive Masons Garten in Worcestershire, ist auf dem Plan gut zu erkennen, während die großzügige Bepflanzung (rechts) *die klaren Linien überspielt.*

Sommerfarbe in einem Garten für alle Jahreszeiten
Die Vielfalt des Blattschmucks, die Blüten- und Duftstauden sowie die Raumwirkung der Kletterpflanzen machen den Garten von Olive Mason das ganze Jahr über attraktiv. Im Frühjahr dominiert grünes und weißes Laub zusammen mit Narzissen, Tulpen, Hyazinthen und Vergissmeinnicht. Im Sommer *(oben)* bestimmen die warmen Rosatöne und das Blau von Rosen, Storchschnabel, Clematis und Flockenblume das Bild, das sich herbstlich verfärbt zu Kirschrot, Tiefblau und Violett, dargestellt von Aster, Phlox, Dahlie und Eisenhut. Die klaren Formen der Buchshecken zeigen sich im Winter deutlicher durch die leer geräumten, mit Rindenmulch bedeckten Beete.

Stilelemente

1 Dichte Pflanzung Informelle Gärten mit komplexer Bepflanzung sind oft pflegeintensiv. Durchdachte Pflanzenkombinationen mit nicht allzu dominanten Arten werden deswegen bevorzugt verwendet

2 Rustikale Möbel Holzmöbel erhalten im Lauf der Jahre eine natürliche Patina. Lassen Sie zu, dass Pflanzen das Möbelstück erobern, um ein ursprünglich anmutendes, aber gezielt entwickeltes Gartenbild zu erzeugen.

3 Rosenbögen Sie geben Sitzplätzen einen leichten Schutz oder kennzeichnen den Übergang zwischen Gartenräumen. Die intensive Blütenfarbe und der Duft erreichen hier den Gartenbetrachter unmittelbar.

4 Verwitterte Pfade Ziegel-, Pflaster- und Kieswege bilden mit ihrer Textur ein Gegenstück zur farben- und texturreichen Bepflanzung. Die Pflanzen können sich selbst aussäen und dämpfen die harte Trennung zwischen Weg und Rabatte.

5 Gemüse und Kräuter Informelle Gärten enthalten oft Obst- und Gemüsepflanzen. Sie werden gern mit Schnittblumen und Kräutern kombiniert. Diese Mixtur mildert das funktionale Layout etwas und trägt dazu bei, dass Schädlinge nicht überhandnehmen.

Munstead Wood, gestaltet von Gertrude Jekyll

EINFLÜSSE

Die moderne Interpretation des Cottage-Gartens – und der informellen Gärten generell – beruht zum großen Teil auf dem Werk von Gertrude Jekyll und ihrem Partner Edwin Lutyens. Sie schufen in den 1890ern im Sinne der Arts-and-Crafts-Bewegung viele herausragende Anlagen. Jekyll holte sich die Inspiration bei den Cottage-Gärten Surreys sowie bei mediterranen Gärten und setzte die Farbtheorien, die sie aus ihrem Malereistudium kannte, in den Anlagen um.

Typisch für die von Jekyll und Lutyens bepflanzten Rabatten sind die Pflanzenfülle und die romantische Anmutung. Sie schufen durch diese zeitlose Gestaltungssprache auf vielen englischen Landgütern eine besondere Gestaltungsqualität, die seitdem die britische Gartengestaltung stark beeinflusst.

Interpretation des Stils

»Fast alles geht« – so lautet das Motto in informellen Gärten. Manche haben ein simples geometrisches Layout, andere einen fließenderen, organischeren Grundriss. Das Fehlen von Vorgaben ist ihr Alleinstellungsmerkmal. Viele wirken traditionell und rustikal. Die Hand des Gärtners ist nicht oder kaum erkennbar. Inhalt ist wichtiger als Stil; Pflanzen haben Vorrang. Oft enthalten sie mehrere Bereiche mit unterschiedlichen Mikroklimata für bestimmte Pflanzenkategorien.

Herbstglut ganz oben
Dank der rustikalen Feuerschale kann man diese ruhige Ecke auch im Herbst noch genießen.

Auf dem Programm steht Vielfalt oben
Im Mikroklima vor einer alten Mauer gedeihen etliche Pflanzen, darunter Hortensien und Gräser, außerdem Gewächse in Töpfen, die die harten Kanten des Belags mildern. Ein verwitterter Esstisch beherbergt ein Arrangement aus Kakteen, während der Spiegel an der Wand den Raum optisch vergrößert.

Naturnah und zwanglos links
Zwanglose Pflanzungen, die natürlichen Lebensräumen ähneln, sind ein tragendes Element informeller Gärten. Manchmal nehmen sie auch größere Flächen in Beschlag, wie hier der ausgesäte Präriemix aus Rudbeckia *und* Echinacea.

Verzicht auf Rasen links
Rasen ist nicht zwingend ein Element informeller Gärten. Auch eine Kiesfläche in einer kreisförmigen Einfassung aus Backstein liefert eine pflegeleichte offene Fläche, die hier von der typisch üppigen Bepflanzung abgemildert wird. Eine Metallschale dient als einnehmendes Wasserbecken und Blickfang.

Uferbepflanzung unten
Teiche bieten Gartenfreunden die Möglichkeit, feuchtigkeitsliebende Pflanzen ins Spiel zu bringen. Naturnah gestaltete Gewässer sind deshalb oftmals Bestandteil informeller Gärten.

Informell urban oben
Selbst einem winzigen Stadtgarten kann man mit etwas Landflair beseelen. Hier quillt aus Hochbeeten und einem abgesenkten Sitzbereich eine üppige, rustikale Bepflanzung, die unter anderem aus Hortensien und weichen Gräsern besteht.

Exotenwelt links
Für tropische Pflanzungen mit großen, exotischen, wüchsigen Arten, die sich wild mischen, eignet sich der informelle Stil oft am besten.

Bepflanzung

In der modernen Gartenkultur hat man die traditionellen gemischten Rabatten durch eine begrenztere Pflanzenpalette ersetzt, wie die für Jacques Wirtz typischen architektonischen Hecken und Monokulturen oder die farbthematischen Bänder von Piet Oudolf oder James Hitchmough veranschaulichen. All diese Gartengestalter setzen auf Bewegung und fangen das Licht mit Gräsern und Samenständen ein, die jahreszeitenübergreifend schön anzusehen sind.

Mit Blumen malen ganz oben
Christopher Lloyd experimentierte in seinem Garten Great Dixter in Sussex mit leuchtenden Farben. Entgegen aller damaligen Farbkonventionen kombinierte er Rosa- und Rottöne miteinander.

Laubengang im Farbensturm oben
Laubengänge und Pergolen, beides klassische Elemente informeller Gärten, dienen Kletterpflanzen als Brücken, um Begrenzungen und Wände zu verlassen und sich in den Mittelpunkt zu stellen.

Herbstliche Pracht rechts
Die Samenkapseln von Phlomis *entfalten im Kontrast mit dem grünen, silbrigen und bronzeroten Laub von Gräsern und Stauden Wirkung.*

Üppige Rabatten links
Die dichten, hohen Stauden strahlen in leuchtenden Farben und sorgen für Höhe in der Pflanzung. Lichtdurchflutete Blätter- und Blütenschleier zaubern die Magie.

Reflexion über ein Thema unten
Auf Gresgarth Hall ergießen sich Kletterpflanzenkaskaden von Wänden, während begrünte Terrassen an Teichen üppige Fülle suggerieren und makellose Rasenflächen sowie Hecken geometrische Gegensätze dazu bilden.

Licht und Wind rechts
Die eleganten Gräser und rotes Sedum schützen den einladenden Sitzplatz. Das Gras fängt das Licht ein und spielt mit dem Wind, auf diese Weise entsteht Dynamik.

Virtuose Ordnung unten rechts
Piet Oudolf kombiniert in diesem Garten breite Farbstreifen mit Grasbändern, um ein weiches Wiesenflair zu schaffen. Die Hecken setzen einen architektonischen Kontrapunkt.

EINEN BESUCH WERT

BORDE HILL, West Sussex, GB
Umfasst viele unterschiedliche Gärten und Pflanzstile, auch Wassergärten
www.bordehill.co.uk

GREAT DIXTER, East Sussex, GB
Garten mit kreativer Farbgestaltung
www.greatdixter.co.uk

HESTERCOMBE, Somerset, GB
Garten von Edwin Lutyens und Gertrude Jekyll
www.hestercombe.com

KIFTSGATE COURT, Gloucestershire, GB
Garten aus dem 20. Jahrhundert
www.kiftsgate.co.uk

ROUSHAM PARK HOUSE, Oxfordshire, GB
William Kents Landschaftsgarten
www.rousham.org

SCAMPSTON HALL, Yorkshire, GB
Mit einem Garten von Piet Oudolf
www.scampston.co.uk

»Die Schönheit entsteht aus der Raumfülle und der überbordenden Bepflanzung.«

Grundrisse informeller Gärten

Informelle Gärten werden von üppigen Pflanzungen und einer Vielzahl von Formen, Texturen und Farben definiert, während bauliche Elemente in den Hintergrund treten. Die lebendigen, weichen Kombinationen von Gabriella Pape und Isabelle Van Groeningen werden von vielen Farben getragen, während Jinny Blom eine begrenzte, warme Rot- und Rosapalette bevorzugt. Nigel Dunnett und James Barton dagegen setzen auf klar definierte Linien und Formen.

Ein Meer aus Pflanzen und Blüten

Der Garten von Gabriella Pape und Isabelle Van Groeningen für die RHS Chelsea Flower Show ist eine Hommage an Karl Foerster, den bekannten Züchter vieler bemerkenswerter Stauden. Der Betrachter bewegt sich in einem unbeschreiblichen Blüten- und Blättermeer.

Pflanzen und Materialien

1 *Digitalis purpurea* 'Alba'
2 *Hakonechloa macra* 'Aureola'
3 *Hosta* 'Sum and Substance'
4 *Veronica* 'Shirley Blue'
5 *Paeonia lactiflora* 'Duchesse de Nemours'
6 *Aquilegia chrysantha*
7 *Hosta* 'Royal Standard'
8 *Achillea* 'Moonshine'

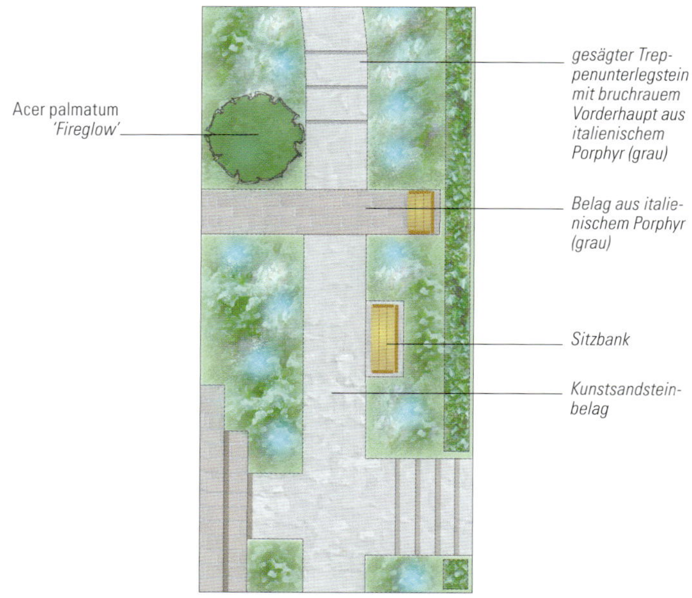

Reduzierte Farbpalette

Das nüchterne Pflaster hat Jinny Blom als kühlen Kontrast zu den warmen, kraftvollen Farben der Blüten verwendet. Wie im ursprünglichen Cottage-Garten-Stil überdecken und mildern die scheinbar bunt durcheinander gesetzten Pflanzen die strengen Linien der Anlage. Sämlinge, die sich im Kiesbett ansiedeln, lassen die Gartengestaltung zufälliger erscheinen, als sie in Wirklichkeit ist. Die verwendeten Pflanzen schaffen vielfältige Texturen.

Pflanzen und Materialien

1 *Betula nigra*
2 *Akebia quinata*
3 *Geranium* PATRICIA ('Brempat')
4 *Allium sphaerocephalon*
5 *Verbena bonariensis*
6 *Panicum virgatum* 'Heavy Metal'

Jinny Blom:
»Dieser Ausschnitt zeigt nur einen Teil des Gartens, der sich über mehrere Geländeebenen erstreckt. Wege und Treppen verbinden die Bereiche miteinander, sodass die Gartenräume fließend ineinander übergehen. Die Auftraggeber, eine junge Familie, wollten eine robuste Anlage, damit die Kinder dort spielen können.

Die Härte der ausgewählten strapazierfähigen Materialien haben wir durch die romantische Bepflanzung gemildert. Der Garten hat sich wirklich schön entwickelt. Vor Kurzem haben wir noch Eibenhecken als visuellen Anker für den Winter gesetzt.

Inspiriert hat mich der italienische Architekt Carlo Scarpa. Wichtig und prägend für den Entwurf war, wie er Rhythmus und Einsatz visueller Reize gestaltet.«

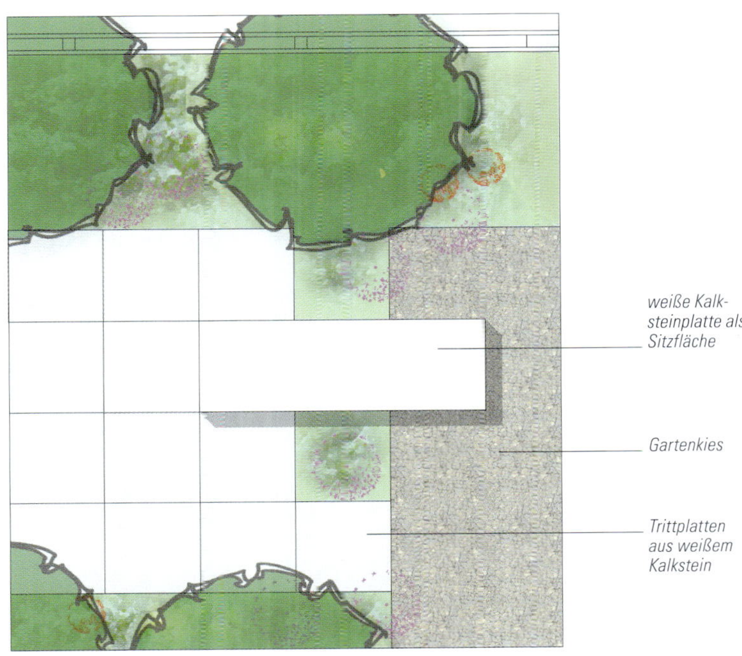

Theorie und Praxis

Nigel Dunnett ist Landschaftsarchitekt und Professor an der University of Sheffield. Berühmt machten ihn seine Forschungen über nachhaltige Pflanzungen und städtische Entwässerungssysteme. In diesem kleinen informellen Garten an einem Nordhang setzt er viele Erkenntnisse in die Praxis um.

Pflanzen und Materialien

1 *Euphorbia palustris*
2 *Geranium sylvaticum*
3 *Lonicera periclymenum* 'Serotina'
4 begrüntes Dach
5 *Euonymus alatus* 'Compactus'
6 *Astilbe chinensis* var. *taquetii* 'Purpurlanze'
7 *Caltha palustris*
8 *Acorus calamus*

Nigel Dunnett:

»Ich habe eine Waldlichtung mit dicht stehenden Birken angelegt, die ein lichtes Blätterdach bilden. Geschnittene Weißbuchenhecken schirmen das Grundstück ab und schaffen eine Struktur.

Stauden bedecken flächig den Boden und machen das Unkrautjäten fast überflüssig. Die Pflanzung besteht zu gleichen Teilen aus heimischen und eingebürgerten Pflanzen und bietet fast ganzjährig unterschiedliche Farbeindrücke.

Der Schuppen diktierte den Grundriss, doch die entstandenen Abteilungen wecken die Neugier auf den Garten. Der Teich wird mit dem Oberflächenwasser der gepflasterten Wege gespeist und verbessert den Wasserabzug im Garten ganz entscheidend!«

Nachhaltig informell

Dr. James Barton und seine Frau entwickelten das informelle Design ihres nachhaltigen Gartens in Norddeutschland über mehrere Jahre. Der Garten ist nicht groß, bietet aber eine große Pflanzenvielfalt. Das Paar wählte dekorative und heimische Arten aus, die standortgerecht und nach ästhetischen Gesichtspunkten kombiniert wurden. Ein Wegenetz erleichtert den Zugang für die Pflege und das Erleben von Pflanzen und Tieren.

Pflanzen und Materialien

1 *Nymphaea alba*
2 *Iris sibirica*
3 *Fagus sylvatica*
4 *Angelica archangelica*
5 *Carpinus betulus*
6 *Lychnis flos-cuculi*

Seit die Kinder aus dem Haus sind, wurde dieser ehemalige Familiengarten sehr verändert. Bereiche wurden neu entwickelt, aber der Grundplan, eine Abfolge von Räumen, besteht weiterhin. Buchen, Buchhecken oder Zäune schaffen Struktur. Stauden und Sträucher werden mit Einjährigen kombiniert. Die Inspiration für diesen Garten kam von einem kleinen Privatgarten in Deutschland.

Sitz aus altem gebrauchtem Holz

Granit-Schotter aus recycelten Granitplatten öffentlicher Flächen

dichte Uferbepflanzung als Lebensraum für Tiere

FALLSTUDIE

MODERN INFORMELL

Dieser Garten ist der Beweis, dass ein dicht bewachsener Landgarten modern uminterpretiert werden kann. Er enthält noch immer viele Pflanzen, doch ist die Palette generell reduziert worden. Man findet nur noch wenige Blütenfarben. Von Laub beigesteuertes Grün dominiert.

Vorrang für Grün

Pflanzen sind das, was man in diesem Garten als Erstes bemerkt und bewundert. Dafür sorgen üppige immergrüne Arten wie *Trachelospermum jasminoides* mit verführerisch duftenden weißen Blüten im Sommer.

Lückenfüller

Die Pflasterritzen wurden mit *Soleirolia soleirolii* begrünt. Der Bubikopf grenzt unterschiedliche Zonen und Materialien ab. Zusammen mit der üppigen Bepflanzung mildert das die Härte der baulichen Elemente und vermittelt Beständigkeit.

Designer **MATT KEIGHTLEY**

Geschichtet

Der mehrstämmige Ahorn ist mit einer rundlich geschnittenen Eibe (*Taxus baccata*) und schattenliebenden *Digitalis* unterpflanzt. Weil die unteren Äste entfernt wurden, haben mehrere Pflanzen auf ein und demselben Areal Platz.

Akzente

Manchmal reicht schon eine Topfpflanze, um einem Raum ein besonderes Flair zu geben. Dieser *Origanum* im Topf harmoniert mit der Farbe der Gartenmöbel, während seine Blüten sich vom Grün des Hintergrunds abheben.

Improvisiert

Gartenmöbel lassen kleine Räume oft beengt wirken. Vermeiden kann man das, indem man leichte, spontan einsetzbare Sitzgelegenheiten bereithält. So entsteht ein einladendes Ambiente, in dem man mit Freunden vorzüglich entspannen kann.

Familiengärten

Ab der Mitte des 20. Jahrhunderts hatten die Menschen immer mehr Freizeit. Damit veränderte sich auch das Gartenverständnis. Gefragt war nun nicht mehr die geometrische Anlage, die man von Weitem bewunderte oder in der man einfach nur Obst und Gemüse anbaute, sondern ein Raum, in dem das Familienleben stattfinden konnte. Die Gliederung in Ess-, Spiel- und Ruhebereich wurde immer beliebter und ist bis heute das Grundprinzip vieler Hausgärten.

Familiengärten sind oft eine Mischung aus mehreren Stilen. Ihr Grundriss kann rechteckig oder geschwungen sein. Spielbereiche werden häufig flexibel gestaltet, sodass sie sich nach und nach an die Bedürfnisse der heranwachsenden Kinder anpassen lassen. Spielgeräte bringen kräftige Farben ins Spiel, und auch Pflanzungen, die Tiere anlocken, können für die Kleinen interessant und abwechslungsreich sein.

Oberste Priorität hat allerdings die Sicherheit von Babys und Kleinkindern, weshalb anstelle offener Wasserflächen oft Springbrunnen und andere Wasserspiele mit unterirdischem Reservoir gewählt werden. Ältere Kinder hingegen reizen naturnahe Teiche; dort können sie spielerisch die Tier- und Pflanzenwelt entdecken und beobachten.

Decks aus Holz und recycelten Verbundwerkstoffen oder Naturstein sind als Belag für Ess- und Sitzecken beliebt, während sich für Spielflächen eher Rindenmulch und andere weiche, aber strapazierfähige Materialien eignen. In größeren Gärten kann man separate Flächen speziell als Übergang zwischen Kinder- und Erwachsenenbereichen einfügen, auf kleinen Grundstücken indes muss man flexibler sein und eventuell Spielgeräte einsetzen, die weggeräumt werden können. Nutzen abends vorwiegend Erwachsene einen Bereich, kann man mit entsprechender Beleuchtung eine andere Atmosphäre schaffen.

Familiengärten brauchen eine robuste, pflegeleichte Bepflanzung ohne giftige und stachelige Arten. Wichtig für Kinder sind offene Räume, in denen sie spielen können. Dafür eignet sich strapazierfähiger Rasen.

Ganz oben und oben
Naturnahe Ecken lassen sich in Spielbereiche umwandeln.
Ein Pool bietet älteren Kindern stundenlang Spiel und Spaß.

Familiärer Stil

Jeder Stil, der die Bedürfnisse nach Spiel und Entspannung flexibel integriert, eignet sich als Leitbild für einen Familiengarten. In kleinen Anlagen können mobile Spielgeräte gut integriert werden. Größere Gärten lassen sich in Bereiche aufteilen, die dann funktionsgerecht gestaltet werden.

Stildetails

Der Garten, der zum Zentrum des Familienlebens werden soll, sollte über eine Terrasse verfügen, die Platz für Tisch und Stühle sowie einen Grill oder sogar eine Außenküche bietet. Einer von zwei Gestaltungsansätzen liegt den meisten Spielbereichen zugrunde:

Das strukturierte Spielen, das in Verbindung mit Geräten oder einer Anleitung steht. Doch da sich die Bedürfnisse der Kinder im Lauf der Jahre verändern, ist dieser Ansatz im Garten nur mit viel Flexibilität zu realisieren – z. B. wird der Spielort in der Nähe des Hauses später gegen den eingetauscht, der weit weg vom Haus liegt.

Unstrukturiertes Spiel bedarf einer reizreichen, aber geschützten Umgebung, in der die Kinder sich ausprobieren können. Höhlen- und Teichbau, Klettern und das Beobachten von Tieren sind nur einige wenige Aktivitäten, die hier möglich sein sollten. Dieser Ansatz erfordert ein durchdachtes Gartenkonzept, das die Gartenambitionen der Eltern den Bedürfnissen der Kinder nachordnet.

Natürlicher Spielplatz
Dieser Garten (rechts) *stammt von Chuck Stopherd, Hidden Garden. Er eröffnet älteren Kindern verschiedene Spielangebote. Das Tipi, die Feuerstelle und ein Pool, der hinter den Bäumen liegt, bieten einige Herausforderungen und viele Wege, die Natur zu entdecken.*

1950er-Jahre: spielen im Familiengarten

EINFLÜSSE

Erst seit Kurzem wird der Garten als Raum für familiäre Aktivitäten intensiv genutzt, obwohl das Tafeln der ganzen Familie im Freien in den Mittelmeerländern eine lange Tradition hat. Das 1955 veröffentlichte Buch *Gardens Are For People* des amerikanischen Gestalters Thomas Church deutet schon die Umorientierung zum Gartenraum unter freiem Himmel an. 1969 griff der britische Landschaftsarchitekt John Brooks diese Ideen in seinem Buch *Room Outside: A New Approach To Garden Design* auf und entwickelte sie weiter. Heute sind Gärten Orte, an denen Familien zusammen essen, spielen, lernen und entspannen.

Stilelemente

1 Spielgeräte Im Spielbereich können größere Spielgeräte, wie Schaukeln oder Klettergerüste, aufgestellt werden. Auf engem Raum kann z. B. eine stabile Pergola diese Funktion erfüllen.

2 Farbenfrohes Farbig gestaltete Bereiche sind wesentliche Bestandteile für den heiteren Familiengarten. Farbe kann durch Pflanzen, Spielgerüste oder Möbel, aber auch durch feste Einbauten eingebracht werden.

3 Höhlen und Zelte Höhlen oder Zelte sind für Kinder etwas Wunderbares: Hier können sie sich zurückziehen und ihrer Fantasie freien Lauf lassen. Je nach Altersstufe sollten sie in Sichtweite des Hauses oder versteckt liegen.

4 Robuste Pflanzen Robuste Pflanzen auf abwechslungsreichen Rabatten halten dem Bewegungs- und Entdeckerdrang stand. Immergrüne Stauden und Gehölze sowie Farbe von Ein- und Zweijährigen schaffen Attraktivität.

5 Biotope Teiche mit seichten, für Tiere begehbaren Ufern sind Verstecke für Igel sowie Standorte für Pflanzen, die Bienen und Schmetterlinge anlocken – all das eignet sich für den Familiengarten.

6 Gartenmöbel Die Gartenmöbel sollten für Erwachsene und Kinder geeignet sein. Am praktischsten für Familien ist witterungsbeständiges, pflegeleichtes Mobiliar, das auch ganzjährig im Freien stehen kann.

Interpretation des Stils

Den Familiengarten teilen sich alle Familienmitglieder. Das soziale Zentrum ist meist die Terrasse aus Stein oder Holz. Ein Rasen oder ein Spielbereich mit festen oder mobilen Spielgeräten schließt sich an. Sind die Kinder bereits älter, könnte ein Pool oder Teich ihr Interesse wecken. Die ruhige Wasseroberfläche reflektiert das Licht und schafft einen Ruhepol.

Vielseitig nutzbarer Platz oben
Das große Schachbrett ist dekorativ und ein anspruchsvolles Spiel für die ganze Familie. Der ruhige Platz zwischen den Blattschmuckpflanzen wurde ideal genutzt.

Hauptattraktion unten rechts
Der Pool im Zentrum ist Erholungsort und dekoratives Element in einem. Wenn notwendig bieten eine Poolabdeckung und ein Zaun Schutz und Sicherheit.

Geheimes Versteck ganz rechts
In einem dicht bewachsenen Garten bietet diese abgeschieden gelegene Höhle aus Weidenruten und Reisig Abenteurern Raum zum Spielen und Träumen.

Abenteuerspielplatz ganz links
Ein Spielhaus, dessen Zugang für Erwachsene nicht einfach zu überwinden ist, stellt für Kinder den idealen Rückzugsort dar. Hier können sie bestimmen, wer Zutritt erhält.

Paradies für Tiere links
Der große Teich mit Schilfgraspflanzung bietet Lebensraum für viele Tiere. Von verschiedenen Punkten aus lassen sie sich im Garten beobachten.

Spaß für die ganze Familie unten
Ein Trampolin hält fit. Nicht nur Kinder können sich hier austoben oder Stress abbauen. Die ganze Familie profitiert davon.

»Die Gestaltung von Orten, wo Familien sich gerne treffen, ist eine Herausforderung.«

Farbenfrohe Terrasse oben
Die mit leuchtenden Farben gestaltete Terrasse ist Teil einer modern gestalteten Gartenanlage. Die Außenküche ist Treffpunkt und Erholungsort für die ganze Familie.

Baumhaus rechts
Ein verwunschenes Baumhaus, als Spielzimmer und dekoratives Element genutzt, dominiert den Garten. Abends genießen die Eltern den Rückzugsort für sich.

EINEN BESUCH WERT

ALNWICK GARDEN, Northumberland, GB
Viel Wasser und ein Baumhaus – Kinderwünsche wurden hier eingeplant.
www.alnwickgarden.com

CAMLEY STREET NATURAL PARK,
King's Cross, London, GB
Natur- und Aktivitätsangebot für Kinder
www.wildlondon.org.uk

CAMDEN CHILDREN'S GARDEN,
Camden, New Jersey, USA
Spiel und Spaß für die ganze Familie und innerhalb der Familie
www.camdenchildrensgarden.org

MILLENNIUM PARK, Chicago, USA
Erlebnisprogramm für die Familie
www.millenniumpark.org

Flexible Räume

Kaum ein Gartenraum wird stärker in Anspruch genommen als ein Familiengarten. Er muss flexibel sein und allen, die sich darin aufhalten, etwas bieten. Tagsüber dient er als Spielfläche, Sportplatz, Naturraum oder Rückzugsort. Abends und an Wochenenden wird daraus eine Freiluftlounge, eine Küche oder ein Esszimmer, in dem man mit der Familie oder mit Freunden entspannt. Er muss ganzjährig hell und einladend sein und sich an die mit den Jahren verändernden Bedürfnisse von Familien anpassen.

Üppig und saftig rechts
Rasenflächen bieten Platz für Spiel, Spaß und spontane Picknicks, laden aber auch zu einem Sonnenbad in kühlem Ambiente ein.

Essen und spielen ganz oben
Die farbenfrohen Möbel sind eine stilvolle Einladung zum Essen für Erwachsene. Kinder können sich derweil im integrierten Spielbereich daneben austoben.

Stiller Hof oben
Stein und Kies verbinden sich hier zu einer flexiblen, funktionellen Fläche. Die Überdachung des Sitzbereichs schützt im Sommer vor heißer Sommersonne und Regenschauern, ohne die entspannte Atmosphäre dieser Stadtoase zu beeinträchtigen.

Vielzweckraum oben
Dieser Vielzweckgarten, dessen Layout gar nicht so einfach ist, wie es auf den ersten Blick wirkt, enthält einen Sitz- und Essbereich drinnen und draußen, offene Plätze zum Spielen und einen Naturteich mit einer Bepflanzung, die zwar noch im Werden, aber sehr vielfältig ist.

»Gärten für Familien müssen anpassungsfähige, anregende Räume für alle bieten.«

Sicherer Lebensraum links
Die Natur fasziniert Kinder oft. Deshalb sollten Elemente, die Tiere anlocken, ein integraler Bestandteil von Familiengärten sein. Dieser simple Holzstapel bietet überwinternden Insekten Unterschlupf und schafft einen natürlichen Lebensraum, den Kinder erkunden können.

Wohlplatziert ganz oben
Wie erfolgreich und zugleich unauffällig ein Trampolin in einen Rasen integriert werden kann, zeigt sich hier. Selbst in kleinen Gärten muss es nicht raumbeherrschend sein. Später kann der Platz für einen runden Pool genutzt werden.

Farbtupfer oben
Leuchtende Töne dominieren diesen sonnendurchfluteten, kleinen Raum. Die tonfarben gestrichenen Wände kontrastieren mit dem Schatten spendenden Bougainvillea-Baldachin.

Grundrisse von Familiengärten

Bei zweien dieser ganz unterschiedlichen Entwürfe steht die Entspannung im Mittelpunkt. Sie bieten gemütliche, relaxte, ja, beschauliche Räume, in denen man der Alltagshektik entkommen kann. Einer der Gärten umfasst neben Rasen- und Wiesenflächen auch einen Platz zum Anbau von Gemüse. Die letzte Anlage wiederum enthält ein kleines Deck für einen Sitzbereich und einen Spielplatz für Kinder.

Vor Pflanzen überquellende Oase

In diesem abgesenkten Garten von Catherine MacDonald ist der mit weicher, taktiler Bepflanzung eingefasste Sitzbereich das perfekte Refugium. Warme Blüten und Laubtönungen heben sich vom grau gebeizten Holz ab.

Pflanzen und Materialien

1 *Stipa arundinacea* und *Selinum wallichianum*
2 Stühle mit Kissen, die farblich auf die Bepflanzung abgestimmt sind
3 Blaue *Eryngium*
4 Hohe pfirsichfarbene *Eremurus* und *Achillea* in Tonfarben

Beschauliches Refugium

Eine üppige, farblich abgestimmte Bepflanzung fasst diesen bezaubernden Sitzbereich ein, der als Ort stiller Einkehr lockt. Den ganzen Sommer blühen die bestäuberfreundlichen Stauden, die wie hier Achillea *und* Selinum *angenehm anzufassen, aber auch schön anzusehen sind, in zwanglos-natürlicher Kombination. Fast hat man den Eindruck, mitten in einer Wiese zu sitzen. Das einheitlich in Grau lackierte Holz hält alles optisch zusammen, während die Hochbeete um den gepflasterten Bereich die Pflege des Grüns zum Kinderspiel machen. Die Kissenfarbe hebt einige der dunkleren Ocker- und Orangetöne hervor.*

Lebendiges Kunstwerk

Meditativer Blickfang in diesem kontemplativen Hausgarten ist das Wasserbecken mit Fischen. Ein Bambuszaun zaubert Licht- und Schattenmuster auf das ruhige Wasser. Darüber bilden *Sassafras* und Birke ein raschelndes Laubdach. Steine, Pflanzen und ein Badehocker fassen das Becken ein.

Pflanzen und Materialien

1 *Acer rubrum*
2 *Sassafras albidum*
3 Bambuszaun
4 *Hosta* 'Francee'
5 *Cotoneaster salicifolius* 'Gnom'
6 japanischer Badehocker
7 *Sarcococca hookeriana* var. *humilis*
8 *Betula utilis* var. *jacquemontii*

Maggie Judycki:

»Das ist mein eigener Garten und ein ›Work in Progress‹, an dem ich seit vielen Jahren arbeite. Ich habe als Bildhauerin angefangen, das hat mir den Zugang zu harten Materialien erleichtert. Ich beginne mit ihnen und mache dann die Oberflächen durch Pflanzen weicher.

Auch sitzen zu können ist wichtig. Ich liebe diesen japanischen Badehocker, auf dem ich meditiere und die Koi-Karpfen füttere. Lebendige Kunst und die Bewegung, die daraus entsteht, faszinieren. Wir können den Teich vom Haus aus sehen – er verändert sich ständig. Dieser Garten ist insofern typisch für meine Arbeit, als ich die Anlagen auf jeden Kunden exakt zuschneide.«

Oase für Gartenfreunde

In Jane Brockbanks Garten finden sich drei abgegrenzte Bereiche. Der rabattengesäumte Rasen liegt der Terrasse und dem Haus am nächsten. In der Mitte ist ein Nutzgarten mit Gewächshaus und hölzernem Hochbeet angelegt. Hier lassen sich Obst und Gemüse rückenschonend anbauen. Dahinter erstreckt sich eine Wiese mit bestäuberfreundlichen Pflanzen.

Pflanzen und Materialien

1 Backsteine und Kiesweg
2 Gewächshaus
3 *Cirsium rivulare* 'Atropurpureum'
4 Hochbeete
5 Wiese
6 Rasen

Familiengarten mit Stil

Gartenarchitektin Jane Brockbank wollte den Nutzgartenbereich in dieser Anlage besonders hervorheben. Deshalb platzierte sie die Hochbeete für den Obst- und Gemüseanbau in der Mitte und trennte damit den naturnah gestalteten Bereich am Gartenende vom geometrischer gestalteten Terrassen- und Rasenstück in Hausnähe. Der relativ einfache Verbindungsweg besteht aus Backsteinen und ist damit optisch auf das Haus abgestimmt. Bei der Wiese und naturnahen Bepflanzung ließ Brockbank sich von der Vegetation der Moore in East Anglia inspirieren.

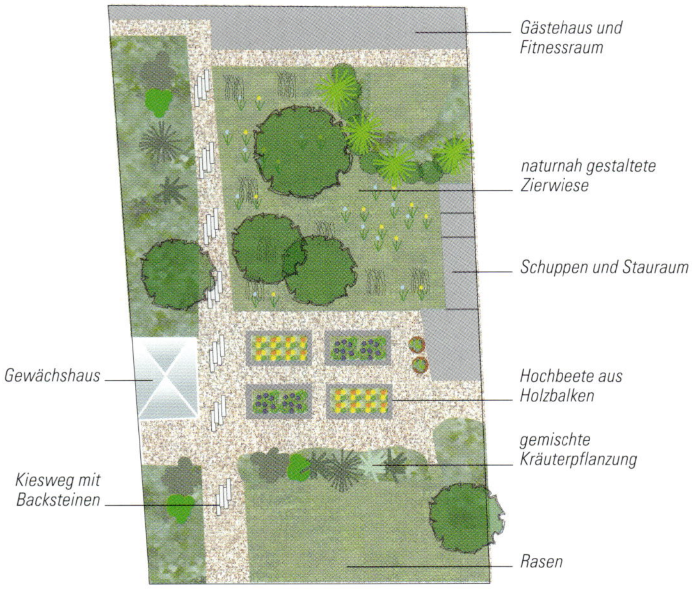

Eckgrundstück

Seine Wirkung erlangt dieser Garten von Claire Mee durch die von Hochstämmen abgeschirmte Holzterrasse. Die Pergola am Ende des Gartens dient als Spielecke für die Kinder. Zwei Reihen Olivenbaum-Hochstämme bieten leichten Schutz und definieren die Höhe des Gartenraums. Da die Baumkronen hoch ansetzen blickt man auf glatte Stämme und die filigranen Schattenrisse der Bäume. Ihr silbriges Blattwerk reflektiert das Licht.

Pflanzen und Materialien

1 *Olea europaea*
2 Laubholzdeck
3 *Allium hollandicum* 'Purple Sensation'
4 *Sisyrinchium striatum*
5 Rindenmulch
6 *Origanum vulgare* 'Aureum'

Claire Mee:

»Der Garten entstand auf einem Eckgrundstück in der Stadt. Meine Gestaltung lehnt sich an die Architektur und die Innenausstattung des Hauses an. Da aus breiten Fenstern der ganze Garten überblickt werden kann, habe ich die hochstämmigen Olivenbäume als Sichtschutz vorgeschlagen. Sie verstellen den Blick nicht, vermitteln aber das Gefühl eines intimen Raums. Ich mag den Kontrast zwischen den weich fließenden Pflanzen und denen, die architektonisch wirken.

Innenraum und Garten sollten einen einheitlichen, großzügigen Raumeindruck vermitteln, das Holzdeck ist dafür die perfekte Lösung, da ich einen Plattenbelag tiefer hätte ansetzen müssen – wegen der Dämmung und der Belüftung.«

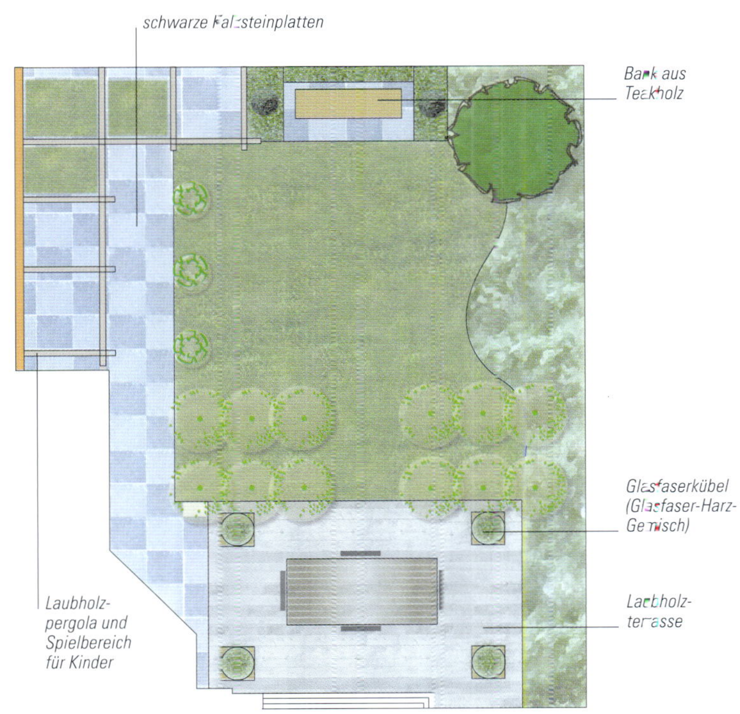

FALLSTUDIE

FAMILIÄR

Spaß steht in Familiengärten im Vordergrund. Hier sollten Kinder nach Herzenslust spielen können. Ideal ist ein Design, das Jung und Alt zufriedenstellt, also Interessantes für die Kleinen enthält und auch Winkel, in denen die Erwachsenen entspannen können.

Schattenspender

Die weißen Birkenstämme stellen einen Bezug zu den weißen Blüten her und stehen in Kontrast zum grünen Laub. Mit ihrer hellen senkrechten Linie prägen sie die Pflanzung. Ihre Krone spendet Schatten und schützt empfindliche Jungpflanzen so vor der Sonne.

Weich

Ideal für Familiengärten sind pflegeleichte Pflanzen, die sich weich anfühlen. Hier bilden Stauden, Sträucher und immergrüne Farne, die es alle schattig mögen, eine Laubdecke. Der Sternjasmin an der Wand duftet zart.

Gartenarchitekten **Nick Buss und Clare Olof**

Farbenreise

Der gewundene Weg leuchtet selbstbewusst aus dem Grün heraus. Er ist in der zweifarbigen Pflanzung unübersehbar. Die kleinen Pflastersteine bereichern den Garten mit ihrer Textur und passen gut zum gefliesten Sitzwürfel.

Sprudelröhren

Ein sicheres Wasserelement für Familiengärten sind Blickfänge wie diese mit klarem und gefärbtem Wasser gefüllten »Sprudelröhren«. Ihr Klang und die tanzenden Bläschen faszinieren Kinder und haben zudem eine beruhigende Wirkung.

Versteckspiele

Der hohle Stamm und das Spielhäuschen aus geflochtenen Weidenruten *(ganz links)* verbreiten eine Märchenatmosphäre, regen die Fantasie an und animieren zum Versteckspiel. Zudem passen sie in Farbe und Stil zum Garten.

Naturgärten

Naturnah gestaltete Gärten sind nichts Neues. Schon seit dem 18. Jahrhundert versuchen bedeutende Gartenarchitekten, die Natur nachzuempfinden. Heute steht vor allem Nachhaltigkeit im Vordergrund, weshalb Pflanzen verwendet werden, durch die die schwindenden Ressourcen geschont werden. Ein Naturgarten setzt sich in der Regel aus wiederverwerteten, erneuerbaren Materialien und einem vielfältigen Artenmix zusammen, der Tieren Nahrung und einen Lebensraum bietet.

Die Ende des 20. Jahrhunderts aufgekommene und von Gärtnern wie Piet Oudolf favorisierte Stilrichtung New Perennial Movement verstärkte das Interesse an naturnahen Gärten und hat viele moderne Gartengestalter beeinflusst. Ihr Stil orientiert sich an Wildpflanzengemeinschaften. Vorherrschend ist die Kombination winterharter Stauden mit Gräsern. Dabei wird die Bepflanzung auf den Standort abgestimmt, damit alle Arten gedeihen, ohne viel Pflege einzufordern.

Viele Menschen glauben, Naturgärten hätten rustikal auszusehen, doch das ist nicht der Fall. Viele moderne, elegante Gärten bestehen aus heimischen bzw. erneuerbaren Materialien wie Holz aus nachhaltiger Forstwirtschaft und hochwertigen Recyclingprodukten.

Die meisten Besitzer von Naturgärten arbeiten ökologisch und bekämpfen Schädlinge und Krankheiten mit biologischen Mitteln sowie durch Bewahrung eines ausgeglichenen Ökosystems. Sie legen Biotope an und fördern die Biodiversität. Aber Naturgärten müssen nicht nur heimische Arten enthalten – kultiviert werden können auch nicht invasive Exoten, die Nützlinge und andere Tiere anlocken. Sie bringen zusätzliche Farbe ins Spiel und sorgen dafür, dass ein Garten ganzjährig interessant bleibt.

In großen Gärten wird oft mit ausgedehnten Präriepflanzungen und Wiesen gearbeitet. Damit empfindet man das Aussehen natürlicher Habitate nach, wenngleich einige Kulturpflanzen integriert werden. In kleineren Gärten lassen sich unschwer Wildblumen und Bienenweiden kultivieren, sodass unterschiedliche Lebensräume entstehen. Besondere Bedeutung kommt Teichen und begrünten Dächern zu.

Ganz oben und oben

Gleichmäßig verteilte Farbtupfer in hohem Gras vermitteln Naturnähe und eine tonal stimmige Atmosphäre.

Ein durchdacht gestalteter Teich zum Schwimmen lockt auch Wildtiere an.

Stil von Naturgärten

Ein Naturgarten muss so geplant werden, dass er einem ausgewogenen Ökosystem ähnelt, also mit wenig oder gar keinen Eingriffen auskommt. Gerade das hebt ihn von traditionelleren Gärten ab. Ökologische Prinzipien spielen eine wichtige Rolle bei der Anlage natürlicher Gartenhabitate, in denen naturnahe Pflanzengemeinschaften gedeihen und eine ausgewogene, wenn auch von Menschenhand geregelte Konkurrenz zwischen ihnen herrscht. Die Pflanzen sollten so ausgewählt werden, dass sie zum Boden und den Klimabedingungen passen.

Stildetails

Bei der Auswahl von Materialien für Naturgärten gilt es einige Kriterien zu beachten: Recyceltes oder bereits gebrauchtes Material ist erwünscht, da es Ressourcen schont. Neue Materialien werden über die CO_2-Bilanz und Herkunft bewertet. Holz sollte aus nachhaltigem und möglichst lokalem Anbau stammen.

Um das Wassermanagement zu verbessern, wird die Versiegelung von Flächen vermieden. Idealerweise verwendet man wasserdurchlässige Materialien, die ein langsames Versickern des Regenwassers erlauben. Regenwasser von Dächern sollte gesammelt und im Garten – oder sogar im Haushalt – eingesetzt werden. Wählen Sie Pflanzen, die unter den gegebenen Bedingungen gedeihen und sich gegenseitig ergänzen, was das Auftreten von Schädlingen und Krankheiten minimiert. Um möglichst große Nachhaltigkeit zu erreichen, setzt man als Bodenverbesserer Kompost aus dem eigenen Komposthaufen ein.

Lebensbereich-Pflanzung im Münchener Westpark von Rosemarie Weisse

EINFLÜSSE

Die ersten Ansätze für die Pflanzenverwendung nach Lebensbereichen wurden gestalterisch von dem britischen Gärtner William Robinson (1838–1935) erkundet. Er kombinierte heimische und exotische Arten zu sogenannten »verwilderten« Pflanzungen. Der US-Landschaftsarchitekt Jens Jensen reagierte auf die Ansätze Robinsons in den 1920er- und 1930er-Jahren, als er seine ersten Präriegärten schuf. In Europa griff die New-Perennial-Bewegung diesen Trend später auf. Typisch für ihn sind große Gras- und Staudenbänder wie die von Rosemarie Weisse im Münchner Westpark *(siehe S. 282–283)*. In Großbritannien hat die Abteilung Landschaftsgestaltung an der University of Sheffield intensiv über nachhaltige Prärie- und Wiesenpflanzungen geforscht.

Stilelemente

1 Grüne Dächer Grüne Dächer nehmen Regenwasser auf und führen es langsam ab, zudem isolieren sie zusätzlich. Es gibt viele Fertigprodukte zur Dachbegrünung, ziehen Sie bei der Planung ein Fachunternehmen hinzu.

2 Lebensräume Bei der Schaffung von Lebensräumen für Tiere muss man in Naturgärten großen Wert auf Vielfalt legen. Alte Baumstämme, Bienenkörbe oder insektenfreundliche Pflanzungen bringen Leben in den Garten.

Naturparadies

Dieser für die RHS Chelsea Flower Show nachhaltig gestaltete naturnahe Garten von Stephen Hall *(links)* demonstriert, wie wertvolle Ressourcen geschützt und geschont werden können. Der Garten integriert verschiedene Lebensräume, z. B. verrottende Stämme und Baumstümpfe, die seltenen Käfern, kleinen Säugetieren und überwinternden Amphibien wie Fröschen und Kröten Schutz und Nahrung bieten. Das nach traditionellen Vorbildern konstruierte Haus wurde komplett mit Zedernholz aus kontrolliertem Anbau errichtet. Das Dach ist mit Mauerpfeffer begrünt. Studien belegen, dass begrünte Dächer isolieren und das Haus bei steigenden Temperaturen länger kühl halten, sodass eine Klimaanlage überflüssig ist. Außerdem locken die Blüten des Mauerpfeffers Nützlinge an.

Harmonisches Design

Der Kiesweg zieht sich durch Stephen Halls Garten um den Teich herum. Auf diesem Weg können die Besucher Pflanzen und Zierelemente aus der Nähe betrachten. Der Kiesbelag wirkt selbstverständlich in dieser naturnahen Anlage.

3 Regentonne
Auch kleine Wasserbottiche eignen sich, um Regenwasser aufzufangen. Große Wassertanks können in die Erde eingelassen werden. Um das Wasser zu nutzen, wird es geschöpft oder abgepumpt.

4 Rustikales Mobiliar
Sie sollten, wenn immer dies möglich ist, einen Handwerker vor Ort mit der Herstellung des Mobiliars aus kontrolliertem, fairem Anbau oder regional typischen und natürlichen Baustoffen beauftragen.

5 Recycling
Kompost ist wichtig! Am besten nutzen Sie mehrere Komposter im Rotationsverfahren. Die Behälter müssen gut zugänglich aufgestellt werden, damit sie den Kompost umsetzen können.

6 Teiche
Die naturnahe Teichgestaltung mit flachen Ufern erlaubt einen leichten Wasserzugang für Tiere. Die dichte Bepflanzung der Teichränder bietet Wassertieren, Vögeln und Insekten ein Zuhause.

Merkmale von Naturgärten

Das Wirken des Gärtners soll in Naturgärten verborgen bleiben. Eine »natürliche« Gestaltung kann entweder nur am Stil der Bepflanzung erkennbar sein oder den ganzen Garten beherrschen. Nah am Haus sind geometrische oder praktische Elemente möglich, etwa eine Terrasse oder ein Sitzbereich, oft auch mit modernem Design. Im Garten dahinter dagegen herrscht ein zwanglos-natürliches Ambiente vor. Passende Elemente sind Teiche, Wildblumenwiesen und gelegentliche künstliche Akzente wie Plastiken. Wege verbinden die Bereiche. Besucher werden von Blickfängen, Ausblicken und Ruhezonen angelockt. Die Begrenzung verschmilzt häufig mit der Landschaft der Umgebung.

Begrenzungen und Ausblicke

Die Begrenzung von Gartenräumen muss mit Bedacht gewählt werden. Holzpaneele und Ziegelmauern passen in der Regel nicht zum naturnahen Stil. In großen Landgärten wird häufig als Erstes ein Windschutz am Gartenrand gepflanzt, der allerdings die Sicht auf die Umgebung verstellen kann. Hier sind Kompromisse gefragt, etwa indem man Lücken lässt, die einen Blick nach draußen zulassen. Allerdings müssen sie sorgsam platziert werden, damit ein spannungsreiches Ambiente entsteht. Eine gute Lösung sind Hecken, vor allem in kleineren Stadtgärten. Sie sorgen für eine weiche Struktur, unterteilen Bereiche innerhalb des Gartens und können zudem als Sichtschutz dienen. Als rustikale Alternative in kleinem Rahmen kommen geflochtene Paneele oder Trockenmauern in Betracht. Einfache Holzpfosten mit Brettern dazwischen oder Metallzäune eignen sich für größere Gärten.

Während in Hausnähe feste Beläge bevorzugt werden, bestehen die Wege durch den Garten in der Regel aus Kies. Pflanzarrangements müssen zur Gartengröße passen und natürlich wirken. Gemähte Rasenflächen sind möglich, aber Wiesen mit hineingemähten Wegen oder Präriepflanzungen wirken natürlicher und bringen Farbe ins Spiel.

Natürliche Kontraste
Andy Sturgeon verwendet in diesem modernen Naturgarten im Südosten Englands (rechts) *Beton, Holzbohlen und Kies, um die Gartenbereiche fließend über unterschiedliche Höhenniveaus zu verbinden. Weich überhängende Gräser und steif aufragende* Phormium-*Blätter bilden den Hintergrund von großen, markanten Findlingen. Die breite Hecke dient als Sichtschutz zum Nachbargrundstück.*

Der natürliche Stil von William Robinson

EINFLÜSSE

In den 1870er-Jahren revolutionierte William Robinson die Pflanzenverwendung durch Kombinationen exotischer und heimischer Arten. Seine Gärten und Veröffentlichungen beeinflussten und inspirierten unter anderem Gertrude Jekyll, Vita Sackville-West und Beatrix Farrand, aber auch Thomas Church und Dan Kiley. Die Zuletztgenannten manipulierten jedoch den Gartenraum intensiver als Robinson. Sie stimmten zudem die Gestaltung stärker auf die Umgebung ab, bezogen den Pflanzenbestand des Areals mit ein – ergänzt durch heimische Arten –, um ein harmonisches Bild zu erzielen.

Stilelemente

1 Natürliches Flair
Große Rabatten ermöglichen Wiesenpflanzungen, die mit der weiteren Umgebung verschmelzen. Bereiche unter Bäumen können mit dekorativen Waldpflanzen begrünt werden, die auch bei der Tierwelt gut ankommen.

2 Teiche und Wasserläufe
Teiche und Wasserläufe werden von natürlichen oder künstlich geschaffenen Quellen gespeist. Der Wasserspiegel ist gestalterisch bedeutsam. Der Teich ist ein naturnaher Lebensraum.

3 Weiter Blick
Ausblicke und Bezüge zur Umgebung steigern den Reiz eines Gartens. Lange schmale Sichtachsen, die sich unerwartet weiten, um Panoramen oder Elemente der Landschaft zu inszenieren, sind wirkungsvoll.

4 Rasenflächen
Rasenareale sind Funktionsflächen und bilden einen Kontrast zu hohen Wiesen mit verwilderten Zwiebel- und anderen Wildpflanzen. Graswege sollten so breit und offen wie möglich sein, um nicht überstrapaziert zu werden.

5 Hecken und Sichtschutz
Hecken sind naturnahe Raumteiler und leiten den Blick. Eiben schaffen einen dunklen, dichten Hintergrund, der sich vor allem für farbenfrohe Rabatten eignet. In größeren Gärten funktionieren Mischhecken besonders gut.

6 Natürliche Materialien
Natursteine der Region werden traditionell verwendet, dabei wirken Gebrauchsspuren attraktiv. Eine zeitgemäße, moderne Note erhält die Anlage durch begrenzten Einsatz von Beton und Holzdecks.

Interpretation des Stils

In den meisten Naturgärten sind die einfachen, hochwertigen Materialien baulicher Elemente nicht so wichtig wie die Bepflanzung, die das Design meist dominiert. Viele naturnahe Entwürfe haben einen eher zeitgenössischen Charakter. Das heißt, dass bauliche Elemente mit klaren, schnörkellosen Linien sparsam eingesetzt werden und den Eindruck natürlicher Fülle unterstreichen oder Blickfänge bilden. Beim Nachempfinden wilder Pflanzengesellschaften kommt oft eine Mischung aus Kulturpflanzen, Wildblumen und Gräsern zum Einsatz.

Sommerlicher Höhepunkt ganz oben
Achillea, Rudbeckia, Verbena *und Gräser haben im Hochsommer ihren großen Auftritt. Für modernes Flair sorgen das Holz und ein ungewöhnlicher Weg aus Kies und Stein.*

Grün sticht oben
Die baulichen Elemente verschmelzen harmonisch mit der üppigen grünen Bepflanzung, bringen aber trotzdem Ordnung, Zweckmäßigkeit und eine interessante diagonale Linie ins Spiel.

Vogeloase oben
Vogelhäuschen und -futtertische beleben Gärten. Sie locken Tiere an, vor allem in strengen Wintern, wenn Nahrung in freier Natur knapp ist.

»In Naturgärten dominieren Pflanzen. Die baulichen Elemente definieren den Raum.«

Schritt für Schritt oben
Die einfachen, aber sehr dekorativen rustikalen Stufen werden von einer Wiese gesäumt. Buchskugeln lenken das Auge zu einer Sitzgelegenheit und zu runden »Fenstern« in der kupferbraunen Buchenhecke dahinter.

Ideen ausbrüten links
Der originelle Sitz schwebt über einer von der Natur inspirierten Bepflanzung. Er ist aus natürlichem Material und hat eine organische Form.

Provenzalische Landschaft ganz oben
Die breiten Fugen in dem Weg aus hellem Kalkstein bilden ein Muster und werden von Thymian besiedelt. Die fast einzige Farbe hier ist das Lavendelblau.

Kuratierte Schlichtheit

Naturgärten wirken scheinbar einfach – und sehen manchmal aus, als würden sie überhaupt nicht bearbeitet. Aber genau das ist ihr Stil. In Wirklichkeit erfordern sie, wenn sie ihr wildes und dennoch einnehmendes Aussehen behalten sollen, so viel Planung und Pflege wie andere Anlagen. Von Menschen zusammengestellte Pflanzengemeinschaften verändern sich ohne Input ständig, selbst wenn sie auf natürlichen Vorbildern basieren. Bäume und Sträucher etwa wachsen und werfen Schatten dort, wo vorher die Sonne schien. Eine ausgewogene Bepflanzung erfordert demnach wohlüberlegte Eingriffe.

Wildinseln ganz oben
Ein bisschen Naturnähe in Gärten zu bringen ist nicht schwer: Lassen Sie einfach ein Stück Rasen wachsen. Das hohe Gras verbreitet eine ganz neue, andere Atmosphäre, die von einem aufgeräumten Saum unterstrichen wird.

Moderne Wiese oben
Das auffallend modern gestaltete Haus mit Holzverkleidung überragt eine Präriepflanzung aus Rudbeckia und Gräsern. Neben dem Haus ist eine Terrasse angelegt, ansonsten wirkt alles sehr naturnah.

Wildblumenparadies links
Ackerblumen wie Klatschmohn, Kornblumen und Margeriten blühen erstaunlich lange und verbreiten heimeliges Landflair.

Rustikaler Pavillon links
Dieser Sitzbereich am Wasser ist aus rohem Holz gezimmert und hat ein begrüntes Dach. Er wird bald eine natürliche Patina entwickeln und sich harmonisch in die von freier Natur inspirierte Bepflanzung einfügen.

Naturgebiet im Kleinen unten links
Besät man einen Bereich mit Wildblumen wie der Magerwiesen-Margerite (Leucanthemum vulgare) und der Kuckucks-Lichtnelke (Lychnis flos-cuculi, syn. Silene flos-cuculi), bildet sich ein beeindruckendes Pflanzenensemble, das selbst mit traditionellen Rabatten mithalten kann. Das Insektenhotel unterstreicht die Nähe zur Natur.

Rosige Zukunft unten
Intensiv gezüchtete Kulturpflanzen wie Rosen lassen sich mit Wildblumengesellschaften reizvoll unterstreichen und wirken dann noch romantischer.

Hoch die Gräser ganz unten
Der Weg im Parkettverband windet sich durch eine fein texturierte Rabatte, in der wiederholt Rosetten aus Hakonech oa macra 'Aureola' platziert wurden. Das Gras nimmt im Herbst einen warmen Orangeton an.

Grundrisse von Naturgärten

Der naturnahe Stil mag präskriptiv sein, doch restriktiv ist er nicht. Jo Thompsons Garten mit Waldflair beweist, dass selbst ein kleiner, relativ schattenreicher Raum mit Leben erfüllt werden kann. Jane Brockbank hat in ihrem Garten in Cambridge eine offenere Fläche für eine wiesenartige Pflanzung reserviert, die viel Wildnis zulässt.

Lauschige Waldecke

In Thompsons Garten bietet die leicht abgesetzte Bank einen willkommenen Blickfang auf kleinem Raum. Sie hat einen praktischen Nutzen als Sitzgelegenheit und dient zugleich als Rückhaltemauer für die Bepflanzung. Birken spenden Streuschatten für die üppigen Farne und Funkien darunter, während die sparsam eingesetzten Blüten leuchtende Farbtupfer inmitten des Laubs bilden.

Pflanzen und Materialien

1 Stamm einer *Betula pendula*
2 Schattenstauden, darunter Storchschnäbel, *Alchemilla mollis* und *Thalictrum*
3 Gräser, die die Strenge des Sitzbereichs mildern
4 *Geum* als oranger Farbgeber

Jo Thompsons Garten: *In diesem winzigen, aber vielseitigen Garten ist der naturnahe Stil glänzend umgesetzt. Die minimale Gestaltung erfüllt maximale Funktion. Die Pflanzen werden zwar an den Rand verbannt, dominieren den Raum aber dennoch. Sie sind ganzjährig schön anzusehen, schützen und sorgen zugleich für Privatsphäre. Bei der geschichteten waldähnlichen Bepflanzung setzt Thompson kreativ auf einen Mix aus Wild- und Kulturpflanzen, die die Ziegelmauer kaschieren, aber nie erdrückend wirken, was auch der lichten Struktur der Birkenkronen zu verdanken ist. Ein großes Windspiel gibt dem Ganzen durch sein skulpturales, sinnliches Gepräge den letzten Schliff.*

1

2

3

4

Abenteuer Wildnis

Brockbanks naturnaher Bereich innerhalb eines größeren Familiengartens ist ein Musterbeispiel für durchdachte Gartengestaltung. Er enthält mehrere eigenständige Elemente wie den Weg, die Wiese und eine naturnahe Rabatte. Sie verschmelzen optisch und kaschieren das Gartenzimmer dahinter.

Pflanzen und Materialien

1 *Digitalis purpurea* mit *Astrantia*
2 *Alnus glutinosa* (Schwarz-Erle)
3 Naturnahe Rabatte mit *Cirsium rivulare* 'Atropurpureum'
4 Wiesengras und Wildblumen
5 Backstein- und Kiesweg mit einem durch Bewuchs kaschierten Rand
6 Obstbäume und Magerwiesen-Margeriten (*Leucanthemum vulgare*)

Jane Brockbanks Garten:

Weiche, bauschige, naturnah arrangierte Stauden füllen eine Rabatte auf der linken Seite. Dank des massiven Einsatzes von Ziergräsern wird sie nahtlos mit der Wiesenfläche aus Wildblumen, Birken und Obstbäumen rechts verknüpft. Die scheinbar zufällig verlegten Backsteine im Weg schaffen eine gewisse Ordnung und Rhythmik und führen Besucher durch die Pflanzung hindurch zum Gartenzimmer am Ende. Dank der Verkleidung aus gekohltem Holz und des minimalistischen Designs wirkt es unaufdringlich und dient als Kulisse für die Wiese. Wenn man auf das Gebäude zugeht, bekommt man mit etwas Fantasie fast den Eindruck, als würde man tiefer in einen dunklen Wald hineingehen.

FALLSTUDIE

SONNENVERWÖHNT

In diesem Naturgarten mit Anleihen an mediterrane Vegetation mildern robuste, trockenheitsverträgliche Pflanzen die klassischen südländischen Elemente wie den sonnigen, offenen zentralen Platz und die Wasserrinne. Im Mittelpunkt aber stehen Pflanzen.

Kostbares Wasser

Wasser ist in fast allen mediterranen Gärten dabei. Hier fließt es aus Speiern in eine Rinne und bringt Bewegung sowie Klang in die Anlage. Die Wand knüpft farblich an den Steinbelag des Weges an, der den Garten untergliedert.

Farbteppich

In dieser naturnahen Pflanzung hat man Farben und Texturen geschickt kombiniert. Zum Einsatz kamen hitze- und trockenheitsverträgliche Pflanzen wie silbrige *Artemisia*, *Achillea*, rote *Dianthus cruentus* und weiße *Centranthus*.

Gartengestalter **Cleve West**

Rissiges Terrain

Der typisch felsige Boden an der Mittelmeerküste wird mit dem unregelmäßigen Steinpflaster nachempfunden. Dank der Verfugung kann Regenwasser langsam im Boden versickern, sodass keine Feuchtigkeit verloren geht.

Form & Schatten

Der Japanische Schnurbaum (*Styphnolobium japonicum*) in der Mitte und die Eibenhecke im Hintergrund spenden Schatten und geben dem Garten eine natürliche Struktur. Sie vermitteln zudem Abgeschiedenheit und schaffen dadurch Privatsphäre.

Antike Ursprünge

Strukturierte Säulen aus Beton und Ton erinnern an die Ruinen eines antiken Tempels. Sie bilden eine Art Bühnenkulisse, setzen den Garten in einen Kontext und geben ihm eine Atmosphäre der Dauerhaftigkeit.

Kleingärten

Neu angelegte Gärten werden immer kleiner, vor allem in Städten und Vororten. Gleichzeitig lernt man die Bedeutung von Freilufträumen für das Wohlbefinden und die Gesundheit zu schätzen. Mit anderen Worten: Gärten sind wichtig, ganz gleich, wie groß sie ausfallen. Längst vergangen sind die Tage, da man glaubte, winzige Räume seien die in sie gesteckte Arbeit oder Investition nicht wert. Denn so klein sie sind, so groß ist ihr Potenzial.

Kleine Gärten gehören manchmal zu den interessantesten, aufregendsten und lebendigsten Räumen, aber auch zu denen, die sich ganz leicht und schnell in Refugien mit einem persönlichen Touch verwandeln lassen. Allerdings ist dazu etwas Planung und – später – Pflege notwendig. Wo es eng zugeht, müssen sich die einzelnen Elemente ihren Platz verdienen. Details sind hier ebenso wichtig wie die Gestaltung der Flächen.

Stilistisch hat man große Auswahl. Ein simples, geometrisches Layout kann Wirkung entfalten, doch genauso sind ein winziger Nutzgarten oder ein unverstellter Raum mit Cottage-Garten-Flair möglich. Manche wollen einen Minidschungel, andere bevorzugen ein vielseitiges Freiluftzimmer für die ganze Familie. Darf's modern sein? Oder lieber vielfältig und bewegt, mit zahlreichen, ständig wechselnden Elementen? Vielleicht wollen Sie auch einen beschaulichen Rückzugsort. In Kleingärten ist alles möglich.

Bei der Auswahl von Materialien und Pflanzen sollte man bedenken, dass man den Kleingarten die ganze Zeit sieht, weshalb alles gut durchdacht sein sollte und die Basics stimmen müssen: Winzigkeiten wie Fugen und Holzarbeiten wirken deplatziert, wenn sie mangelhaft ausgeführt sind. Wählen Sie die Pflanzen mit Bedacht aus. Ideal sind Arten, die so lange wie möglich schön aussehen, am besten über mehrere Jahreszeiten hinweg.

Vielleicht empfinden Sie ein dauerhaftes Design ja als zu begrenzt. Natürlich kann man den Raum auch wesentlich flexibler gestalten als größere Gärten. Pflanzen in Töpfen lassen sich umarrangieren, Dekor und Mobiliar austauschen, etwa, um sie an die Jahreszeit oder einen besonderen Anlass anzupassen. Grundsätzlich gilt: Gestalten Sie Ihren Garten so, dass er Ihnen gefällt und Sie viel Zeit darin verbringen möchten.

Ganz oben und oben
Mit vertikalen Flächen wie diesem Wasserelement macht man das Beste aus kleinen Gartenräumen.
Dank Pflanzen in Gefäßen lassen sich Kleingärten flexibel und schön gestalten.

Kleingärten

Gärten von heute haben viele Aufgaben – sie bieten Raum zum Gärtnern, Entspannen, Spielen und Feiern. Während bei steigenden Grundstückspreisen die Gärten vor allem in Städten schrumpfen, entstehen neue Konzepte, um wertvolle kleine Flächen besser nutzen zu können. Sie sind entweder »Funktionsräume« oder »grüne Oasen«, aber immer ein Refugium im hektischen Alltag: »Funktionsräume« eignen sich mit den harten Flächen für wechselnde Nutzungen. Die architektonische Ausgestaltung dieser Gärten schafft elegante »Räume«, die auch nachts noch mit einladender Beleuchtung zum Aufenthalt einladen. In der »grünen Oase« erhalten Pflanzen den Vorzug, sie besetzen dort Flächen, die sonst anderweitig genutzt würden. Diese intensive Begrünung kommt begeisterten Hobbygärtnern entgegen, die dem Raum mitunter sogar noch Nutzpflanzen abtrotzen.

Stildetails

Simple, klare Formen in Verbindung mit einer durchdachten Bepflanzung sind in Kleingärten der beste Ansatz. Entsprechend sollte man sich auf wenige Pflanzenarten beschränken, die ganzjährig schön aussehen und eine architektonische Qualität in den Garten einbringen können. Aber auch große, ungewöhnliche Gewächse können Wirkung entfalten.

Ein nahtloser Übergang vom Innen- zum Außenraum ist typisch für urbane Gartenleidenschaft. Schiebe- oder Falttüren erlauben diesen Effekt. Der Wohnbereich wirkt dadurch großzügiger und wird um weitere Funktionsbereiche erweitert. Die Materialien werden gerne passend zum Interieur gewählt. Pergolen oder Flechtbäume schirmen gerade von oben einsehbare Gartenräume ab. Die gleiche Wirkung erzielt man mit dichtem Grün in naturnah angelegten Gärten.

Skulpturen dienen als Blickfang, oft in Verbindung mit fließendem Wasser, Fontänen oder Kaskaden. Einbaumöbel sind architektonisch sinnvoll, doch wird der Garten damit weniger flexibel. Mit Mobiliar und Pflanzkübeln werden jedoch Akzente und Rhythmen geschaffen.

Stadtgarten
Der Gartendesigner Philip Nixon schuf eine schlichte Anlage (rechts). Mobiliar und Holzpaneele sowie die Falttüren sind im Material aufeinander abgestimmt. Die Pflanzung besteht aus Stauden, Gräsern und immergrünen Pflanzen. Die Weißbuchen-Hochstämme, als Spalier gezogen, schirmen den Gartenraum ab.

Garten in London von John Brookes

EINFLÜSSE

Die ersten urbanen Anlagen waren Miniaturen der ländlichen Gärten, mit vielen Pflanzen und einem komplexen Grundriss. Ab 1839 änderte sich das, weil der schottische Botaniker, Gartenarchitekt und Redakteur J. C. Loudon die zunehmende Urbanisierung als Herausforderung für die Gartengestaltung auffasste. In dem Buch *The Suburban Gardener and Villa Companion* klassifizierte er unterschiedliche Lösungen für Gärten in Städten.

Mehr als hundert Jahre später veröffentlichte John Brookes mehrere sehr erfolgreiche Bücher, die sich mit der Qualität kleiner Gartenflächen auseinandersetzten und die Möglichkeiten des »Zimmers im Freien« erforschten.

In jüngerer Zeit sind die Japaner führend bei der Entwicklung winziger Gartengrundrisse. Oft stehen ihnen nur Balkone und Lichtschächte als Gestaltungsraum zur Verfügung.

Stilelemente

1 Auffällige Kübel Ton-, Stein- und Stahlgefäße wirken in kleinen Räumen durch Wiederholung. Man besetzt sie mit Formschnittpflanzen oder, wenn es natürlicher wirken soll, Stauden und Gräsern.

2 Skulpturale Möbel Designermöbel in Form von maßgefertigten Bänken, Tischen, Stühlen oder Liegen setzen Akzente, erfüllen Bedürfnisse und erlauben eine klare, gestalterische Aussage.

3 Beleuchtung Die Entwicklung von Niedervolt- und LED-Systemen erlaubt die Realisierung komplexer Beleuchtungskonzepte. Raumkanten und Wuchsformen werden dabei inszeniert.

4 Kronenspalier Ungewollten Einblicken begegnet man am besten mit hochstämmiger Bäumen, deren Kronen als Spaliere erzogen wurden. Geeignet sind etwa Linden, Hainbuchen und Stein-Eichen.

5 Textur Optimal genutzt wird ein kleiner Raum mit einem Mix aus Materialien, der viel Textur und Abwechslung ins Spiel bringt. Beliebt sind natürliche und künstliche Materialien, wie Beton, Glas und Stahl.

Interpretation des Stils

Je teurer Bauland wird, desto kleiner fallen die Gärten von Neubauten aus. Auch die Art und Weise, wie wir den Raum unter freiem Himmel nutzen, ob Balkon oder Hof, verändert sich. Viele Hausbesitzer nutzen ihn heute als Freiluftzimmer und Platz zum Entspannen. In Kleingärten ist so ziemlich alles möglich – feste Stilvorgaben gibt es nicht. Trotzdem können sie sehr individuell und einladend gestaltet werden. Entscheidend bei der Planung ist, ein klares Thema zu haben, zu wissen, welche Art von Raum man einrichten möchte, und nicht zu viele Materialien zu verwenden. Qualität statt Quantität ist das Motto.

In die Pötte kommen oben links
Kleingärten müssen flexibel sein. Topfpflanzen lassen sich beliebig neu arrangieren, zum Beispiel als Sichtschutz oder um einer Essgarnitur Platz zu machen.

Blick nach Fernost links
Kleingärten eignen sich ganz besonders für eine Gestaltung im japanischen Stil: Man braucht nur wenige Elemente, die sorgsam platziert werden, und Liebe zum Detail.

Stadtoase ganz oben
Dieser kleine Garten mit vielen schönen Details enthält sogar ein beruhigendes Wasserelement. Er wirkt aufgeräumt, ist aber dennoch großzügig bepflanzt.

Dachlandschaft oben
Dachgärten sind Herausforderung und Chance zugleich – man denke nur an die Aussicht. Das Grün gehört in Gefäße und muss windfest sein. Kletterpflanzen schaffen Höhe, ohne zu viel Volumen zu haben.

Schöner sitzen links
Die mehrstämmige Mahagoni-Kirsche (Prunus serrula) ist lebende Skulptur und Schattenspender in einem. Gut dazu passen die beiden schlichten, aber eleganten Stühle.

Platz für ein Bassin unten
Selbst in den kleinsten Garten passt ein Wasserelement. Hier dient es als kühlender, beruhigender Blickfang, der den Blick auf die spiegelnde Oberfläche lenkt.

Zeit für ein Bad ganz unten
Der Swimmingpool nimmt in diesem Garten zwar viel Platz weg, doch setzt die üppige Bepflanzung einen Kontrapunkt zu seinem eleganten, ungewöhnlichen Design. Die flachen Stufen locken förmlich ins Wasser.

»In Kleingärten ist so ziemlich alles möglich – feste Stilvorgaben gibt es nicht.«

Vielseitiges Grün

Wenn befestigte Flächen dominieren, weil der Garten als »Freiluftzimmer« intensiv genutzt wird, müssen Pflanzen vielseitig sein, um das zu kompensieren. Wählen Sie einfache, aber starke und wuchsbetonte Kombinationen, die stilvoll und pflegeleicht sind. Dicht bepflanzte Bereiche brauchen markant texturiertes Laub und Farbe als Gegengewicht zu den baulichen Elementen.

Fest für die Sinne ganz oben
Klare, einfache Linien geben diesem Essbereich im Freien eine stilvolle Note. Hochbeete und ein dazu passendes Pflanzgefäß vermitteln den Eindruck, mitten im Grün zu sitzen.

Dekoratives Nass oben
Ein Halbfass als Miniteich bereichert selbst kleinste Gärten, Balkone und Terrassen mit Wasserpflanzen.

Gastgeber oben
Einfassungen von Hochbeeten können als zwanglose Sitzgelegenheiten dienen. Gräser und Zierlauch trennen filigran und lebhaft einen Gartenabschnitt ab.

»In der Stadt werden die Gärten zu Kostbarkeiten.«

Zeichen setzen links
Markante Pflanzen werten kleine Räume stilvoll auf. Hier flankieren hohe Tontöpfe mit beleuchteten Osmanthus *einen Trog, aus dem* Pennisetum *und* Miscanthus *quellen.*

Verborgen oben
Das Sonnensegel macht den Sitzplatz zum intimen Ort. Die minimalistische Bepflanzung ist farblich auf Polster und Kübel abgestimmt.

Lebhaft links
Durch die Bepflanzung der Wände wird der Raum optimal genutzt und die Härte der Wand gemildert. Über ein Basalt-Paneel rieselt Wasser.

Moderne Ansätze

Kleingärten eignen sich besonders für moderne Gestaltung mit klarem, aufgeräumtem Layout. Wichtig ist ein exakt definierter geometrischer Grundriss, der die Proportionen der Hauptelemente hervorhebt. Material- und Pflanzenpaletten werden auf ein Minimum beschränkt. Viel Aufmerksamkeit gilt Details. Anschlüsse und Befestigungen werden kaschiert, damit fließende Flächen entstehen.

Dachoase
Der durchgehende Holzbelag und der große Trog mit weicher Bepflanzung bilden eine stimmige Einheit, während das mit Fetthennen begrünte Dach ein unerwartetes diagonales Element einführt.

Sichtschutz
Holz ist eine warme Oberfläche, die wenig wiegt und daher ideal für Stadt- oder Dachgärten ist. Als Sichtschutz wurden schlichte Kästen mit Bambus bepflanzt.

»Kleine Räume sind oft am besten, wenn man ein zurückhaltendes Ambiente wählt.«

Komplementärfarben

Zusammen wirken hier Blatttextur, Farben und architektonische Formen: Die Ziegelsteinelemente harmonieren mit der terrakottaroten Mauerfläche, deren Komplementärfarbe mit den natürlichen Formen der Pflanzen verbunden ist.

Textur und Kontrast

Starke Kontraste, gesetzt durch polierte und gebrochene Kalksteinoberflächen sowie durch robustes Mauerwerk und filigranes Stahl-Wasserbecken, werden durch Schwertlilien und Federgras gemildert.

Klassische Struktur

Das rechteckige Wasserbecken, das Deck und der Weg in diesem kompakten Garten werden durch kleine Heckenblöcke und eine Laubkulisse ergänzt, die zwar frei wachsen darf, aber keineswegs ungezähmt wirkt.

Geometrisches Design

Die Architektur des Hauses dominiert die Gestaltung. Das Wasserbecken wiederholt die Dimensionen des bodentiefen Terrassenfensters. Regelmäßig, in einer Reihe aufgestellte Cordyline-Arten wirken wie eine architektonische Skulptur.

EINEN BESUCH WERT

RHS CHELSEA FLOWER SHOW, London, GB
Die fünftägige Schau zeigt auch urbane Kleingärten. rhs.org.uk/chelsea

INTERNATIONALES GARTENFESTIVAL
Chaumont-sur-Loire, Frankreich
Gezeigt werden viele Kleingärten in modernem Design. domaine-chaumont.fr

GÄRTEN VON APPELTERN, Niederlande
Viele verschiedene Anlagen, darunter auch Stadtgärten. appeltern.nl

NATIONAL GARDENS SCHEME
Im Rahmen der Aktion »Offene Gartenpforte« kann man über 3500 Privatgärten in Großbritannien besichtigen. ngs.org.uk

PALEY PARK, 53rd St., New York, USA
Einer der berühmten »Westentaschenparks« in New York. tclf.org/landscapes/paley-park

Grundrisse von Kleingärten

Kleingärten zeichnen sich durch ein einfaches geometrisches Layout und ausgewogenes Design aus. Hohen Stellenwert haben skulpturale Pflanzen und hochwertige Materialien, ansonsten hängt die Gestaltung von den Bedürfnissen der Auftraggeber ab. Djurovic setzt in seinem minimalistischen Raum den Schwerpunkt auf klare, geordnete Linien. Auch Wilsons moderner Garten basiert auf einem Gittermuster. Er lebt von Ebenenwechseln und markanter Bepflanzung. Rustikaler wirkt dagegen Dunnetts naturnahes Design.

Raum

Die minimalistische Bepflanzung des eleganten Gartens von Vladimir Djurovic inszeniert Materialoberflächen und Raumtexturen. Die geschickten Lichteffekte lenken den Blick auf die niedrigen Sitzflächen aus den gleichen Materialien wie der Belag und die scheinbar schwimmende Feuerstelle als riesigen Blickfang.

Pflanzen und Materialien

1. Rot-Zeder-Holztisch
2. *Acer palmatum*
3. Beleuchtung
4. Naturstein, poliert

Vladimir Djurovic:

»Die Anlage gehört zu einem Feriengrundstück, das nur wenig Platz für einen Garten bot. Viel Planungszeit verwendeten wir darauf, die Illusion von Raum zu erzeugen.

Der Auftrag war nicht einfach: Der Kunde hält sich gerne unter freiem Himmel auf und der Garten muss dafür eingerichtet sein: Kochen, Essen, Entspannen und der Empfang größerer Gesellschaften – all dies sollte möglich sein.

Der Umstand, dass das Haus sich über mehrere Ebenen erstreckt, erschwerte zudem die Anbindung und die Raumaufteilung.

Das Resultat ist typisch für meine Arbeit: Ich gestalte einzigartige Räume, unabhängig von der Fläche. Die Natur inspiriert mich dabei und ich freue mich, wenn meine Arbeit die Menschen an ihre natürliche Umgebung heranführt.«

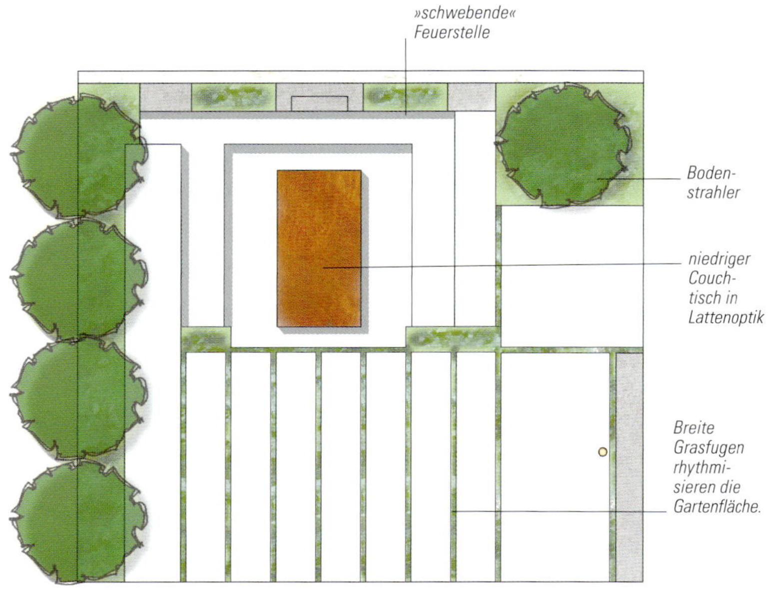

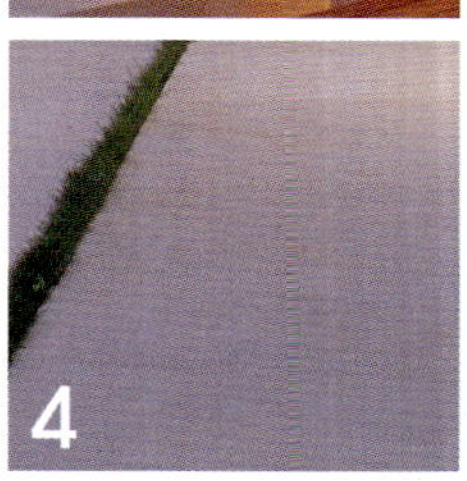

Raster

Andrew Wilson sollte zu dem glänzend dunkelgrünen Glasfaseranbau ein Freiraumensemble gestalten, das den vorhandenen Raum optimal nutzt und die industrielle Anmutung des Gebäudes aufgreift.

Pflanzen und Materialien

1 *Betula pendula*
2 *Stipa gigantea*
3 *Deschampsia cespitosa* 'Bronzeschleier'
4 *Yucca aloifolia*
5 *Ligustrum delavayanum*

Andrew Wilson:

»Das lange, niedrige Dach des Anbaus wird durch die Horizontalen der Pflasterung, der niedrigen Mauern und Treppen zitiert. Die Bäume, vornehmlich Kiefer und Birke, zeichnen hoch aufragende vertikale Linien und setzen dadurch den typischen modernen Linienkontrast.

Die Gartenfläche wurde mit eingefärbten, großen Betonplatten befestigt, sie fließt förmlich auf den Infinitypool hinaus. Sichtschutzelemente aus dunkel verputztem Beton verstecken die Bodenstrahler.«

Zurück zur Natur

Ein zum Büro umfunktionierter Container steht im Mittelpunkt dieses vollgepackten Kleingartens von Nigel Dunnett. Entstanden ist ein naturnaher Raum mit zwangloser, farbenfroher Bepflanzung, spiegelnden Wasserflächen, einem abgeschiedenen Sitzbereich und skulpturalen Steinmauern.

Pflanzen und Materialien

1 *Betula utilis* var. *jacquemontii*
2 begrüntes Dach
3 Insektenhotel
4 Trockenmauer mit Insektenhotel
5 *Geum* 'Prinses Juliana'

Kombigarten

In diesem Garten gelingt das Kunststück, mehrere Nutzungsmöglichkeiten auf engem Raum unterzubringen. Die zwanglose Bepflanzung hält alles zusammen. Birken umfassen einen Sitzbereich und kaschieren die Gartengrenzen, während das begrünte Dach das blaue Gebäude harmonisch in den Garten integriert. Die skulpturalen Insektenhotels sind ein tierfreundlicher Blickfang, während niedrige Steinmauern, auch sie mit Insektenhotels, den Raum gliedern. Naturnahe Stauden steuern über einen langen Zeitraum Farbe bei und locken Bestäuber an.

FALLSTUDIE

LUFTIGE ZUFLUCHT

Diese Dachterrasse wurde in ein beschauliches Pflanzenparadies umgewandelt. Der rechteckige Grundriss greift die Stadtlandschaft auf und sorgt für modernes Flair. Glaspaneele lassen weite Ausblicke zu und vergrößern den Raum trotz der kleinen Grundfläche.

Blütenkerze

Die blaublütige *Echium pininana* setzt einen spektakulären Akzent. Sie greift die Form der Hochhäuser in der Ferne auf. Als Zweijährige setzt sie nach der Blüte Samen an, die sich aussäen und in dem flachgründigen Boden keimen.

Am rechten Platz

Pflanzen wie die rotblütige *Grevillea rosmarinifolia* und die silbrige *Artemisia* 'Powis Castle' kommen mit den Bedingungen hier bestens zurecht. Sie vertragen Schatten und Wind und bleiben im Jahreslauf lange ansehnlich.

Gartengestalter **Alasdair Cameron**

Privatsphäre

Eine kleine Terrasse kann gut mit Sichtschutzbäumen bestückt werden. *Acer negundo* ist eine ausgezeichnete Wahl. Nach dem Laubfall im Herbst kann ihnen der Wind nichts mehr anhaben. Durch Schnitt bleiben sie buschig und kompakt.

Leichtgewichte

Korb-, Bambus- und Holzmöbel sind leicht und können verstaut werden, wenn sie nicht mehr gebraucht werden. Die stilvolle Form dieser Stühle bringt ein skulpturales Element in die Pflanzung und unterstreicht elegant das moderne Design.

Sonnenklar

Mit seinen gelben, duftenden Blüten ist *Spartium junceum* die Idealbesetzung für Dächer. Der Strauch mag es vollsonnig und gedeiht auch in exponierter Lage.

Küchengärten

Nahrungspflanzen sind seit Tausenden Jahren fester Bestandteil von Gärten. Aber erst im England des Viktorianischen Zeitalters wurde die Nutzpflanzengärtnerei zur Kunst erhoben. In großen ummauerten Gärten reicher Grundbesitzer wuchs ganzjährig eine erstaunliche Vielfalt exotischer Gemüsearten und Schnittblumen, im Winter oftmals auch unter Glas. Dennoch waren sie nicht die ersten Nutzanlagen. Mittelalterliche Klostergärten bestanden in der Regel aus kleinen Kräuter- und Gemüsebeeten mit etwas Zierbepflanzung, während französische Renaissancegärten auch dekorative Feldfrüchte in eleganten Parterres, *potager* genannt, enthielten. Der Begriff wird noch heute für kunstvoll angelegte Nutzgärten verwendet.

Im Zweiten Weltkrieg entstanden in Großbritannien sogenannte Victory-Gärten. Die Bevölkerung war angehalten, Gemüse und Obst selbst anzubauen, um die Kriegswirtschaft zu unterstützen. Mit steigendem Wohlstand nach Kriegsende verloren sie an Bedeutung. Heute erlebt der Küchengarten eine Renaissance, zumindest in kleinerem Rahmen, da die Menschen zunehmend Wert auf hochwertige, gesunde Nahrung legen und sich der negativen Kohlendioxidbilanz importierter Waren bewusst werden.

Die meisten Küchengärten zeichnen sich durch ein geordnetes Layout mit geometrischem Umriss aus. Die Beete trennen Wege, die leichten Zugang und bequeme Bearbeitung ermöglichen. Praktiziert wird in der Regel Fruchtwechsel, also das Rotieren von Nutzpflanzen, um einen Befall durch Schädlinge und Krankheitserreger zu reduzieren.

Heute wird oft auch mit winzigen Räumen gearbeitet, etwa mit Gefäßen auf Terrasse und Balkon oder Fensterkästen. Bei Wegbelägen ist Zweckmäßigkeit angesagt, weshalb meist Betonplatten, Backsteine oder verdichtete Erde zum Einsatz kommen, die zum Gesamteindruck passen.

Während Obstbäume und Büsche Küchengärten langfristig Struktur geben, wechselt die übrige Bepflanzung. Auch niedrige Hecken können Teil von Küchengärten sein. Sie fassen oft Kräuter ein, die dazu neigen, umzufallen und sich auszubreiten. Für die Bewässerung lässt sich Regenwasser in Tonnen oder recycelten Gefäßen auffangen.

Ganz oben und oben
Eine Vogelscheuche schützt die Ernte.
Dank Hochbeeten wird die Ernte zum Kinderspiel.

Der Küchengartenstil

In großen Küchengärten sind Grundriss und Beläge dem Zweck untergeordnet. Dadurch entsteht der Eindruck geordneter Fülle. In kleineren Anlagen dagegen wird das Ganze lockerer gehandhabt. Es kommen zusätzlich Pflanzgefäße zum Einsatz, um den Platz optimal zu nutzen. Traditionelle Gärten orientierten sich an den frühen Kloster- oder Arzneigärten, die in geometrische Beete mit Kräutern und Gemüse gegliedert waren; in die Mitte setzte man höhere Leitpflanzen wie Lorbeer oder Hochstammrosen. Diese einfachen Grundrisse findet man auch in modernen Küchengärten wieder, wobei die Beete in der Stadt zwangsläufig kleiner gehalten sind. Wege aus Ziegeln, Stein oder Kies gewähren leicht Zugang zu den Obst- und Gemüsepflanzen. Farbenfrohe Reihen und vor Obst überquellende Töpfe sind Augen- und Gaumenschmaus zugleich.

Der Küchengarten im Detail

Ende des 20. Jahrhunderts verlegte man die Obst- und Gemüseproduktion an das Ende des Gartens, um Blüten, Sträuchern und Bäumen Vorrang zu geben. Das ändert sich gerade, denn immer mehr Menschen erkennen, dass der Anbau von Nutzpflanzen nicht nur Spaß macht, sondern auch Leckeres liefert, das es nicht in jedem Laden gibt oder das teuer ist, etwa Himbeeren und Heidelbeeren.

Nutzgärten müssen sorgfältig geplant werden, damit sie leicht zu bearbeiten sind. Bei der Freilandkultur sollten unterschiedliche Gemüsesorten jedes Jahr in einem anderen Beet gezogen werden, damit Schädlinge und Krankheiten im Boden nicht überhandnehmen. In kleinen Gärten oder auf Veranden und Terrassen lassen sich kompaktere Vertreter wie Tomaten, Chilis, Auberginen und Blattsalate erfolgreich in Töpfen oder größeren Pflanztrögen kultivieren. Mit Frühbeeten, Gewächshäusern und sonnigen Fensterbänken drinnen kann man die Anbausaison verlängern. Lavendel, ungefüllte Dahlien und andere bienenfreundliche Gewächse bringen Farbe ins Spiel und locken Bestäuber an, die eine gute Ernte garantieren.

Leuchtend bunt
Dieser Gemüsegarten (links) besticht durch sein klassisch quadratisches, geordnetes Grundmuster und durch die üppigen Pflanzen. Rankhilfen für Feuer-Bohnen und eine geschnittene Hecke markieren die optischen Grenzen des Gartens. Rote Dahlien und Lavendel setzen weitere Farbakzente.

Traditioneller Küchengarten, von Mauern geschützt

EINFLÜSSE

Viele Nutzgärten zeichnen sich heute durch einen Stilmix aus, manche aber lassen noch die regionaltypische Gliederung erkennen. Der Adel zeigte seinen Reichtum oft dadurch, dass er Gästen exotische Früchte aus Gewächshäusern wie etwa Orangerien servieren ließ, in erster Linie aber musste ein Küchengarten Frisches für den Haushalt liefern.

Die Pflanzen wuchsen in Reih und Glied in geometrischen Beeten mit Wegen aus Kies, gestampfter Erde oder Asche aus den Gewächshausöfen. Nicht winterharte Obstbäume zog man an Südmauern, die Wärme abstrahlten und die Gehölze so vor Frostschäden schützten. Beerensträucher waren mit Netzen abgedeckt, damit Vögel sich nicht über die Früchte hermachen konnten.

Große, beheizte Glashäuser waren oft an Wände angebaut, sodass man vorzeitig ernten oder nicht winterharte Genüsse wie Pfirsiche und Aprikosen ziehen konnte.

Stilelemente

1 Hochbeete Hochbeete zeichnen sich durch eine gute Drainage und eine optimale Nährstoffversorgung aus. Sie gliedern jedoch auch die Anlage und erleichtern die Pflegearbeiten – besonders für Menschen mit Behinderungen.

2 Wege Das Hauptwegesystem besteht aus mindestens 1 m breiten, befestigten Wegen. Alle robusten Materialien eignen sich als Belag. Üblicherweise werden Ziegel, Beton, Steinplatten oder Kies verwendet.

3 Ornamente Dekorative Elemente beleben jeden Garten. Obelisken, Spaliereroste und Klettergerüste bieten Pflanzen Halt und errichten Höhen im Garten. Wiederholt eingesetzt entsteht durch sie ein Rhythmus.

4 Reihenpflanzung Gemüse und Obst, in Reihen gepflanzt, kann leichter kontrolliert werden. Aber auch Pflegearbeiten, wie das Unkrautjäten, sind leichter durchführbar. Die Reihenpflanzung ist typisch für einen Gemüsegarten.

5 Praktisch In Töpfen kann man unterschiedlichste Nutzpflanzen ziehen, ob in Kleingärten, auf Terrassen oder Veranden. Größere Gefäße fassen mehr Substrat und Wasser und müssen seltener gewässert werden als kleine.

Interpretation des Stils

Mit steigendem Interesse für den Anbau von Obst und Gemüse werden Küchengärten immer populärer. Selbst auf kleinem Raum kann man ganzjährig ernten. Bequemen Zugang zu den Nutzpflanzenkulturen gewährleisten Hochbeete oder ein einfaches, geometrisches Layout; Strukturen für kletternde Gemüsepflanzen geben dem Ganzen Höhe. Bauen Sie außerdem Kräuter und Schnittblumen an, damit die Küchengärten für Bestäuber ebenso interessant sind wie für menschliche Besucher.

Quadratisch, praktisch, gut
Das Quartett aus großen Holztrögen dient als Hochbeet für allerlei Nutzpflanzen und zudem als Stütze für eine hohe, gebogene Pergola, an der später Stangenbohnen oder Kletterkürbisse hochwachsen können.

Das Auge isst mit ganz oben
Viele sind überrascht darüber, wie schön Nutzgärten sein können. Eine Augenweide etwa sind Gemüsepflanzen wie Mangold mit seinen bunten, essbaren Blattstielen, farbenfroher Grünkohl oder die essbaren Blüten von Kapuzinerkresse.

Verlockende Fülle oben
Das geometrische Layout dieses Nutzgartens wird betont durch die lackierten Bretter und den zentralen Sockel mit Pflanzgefäß obenauf, aber auch durch den blühenden Schnittlauch in einer Reihe am Rand jedes Beets.

Eckpunkte rechts
Das Erhöhen von Beeten um wenige Zentimeter verbessert die Drainage, verhindert, dass gute Erde verloren geht, und bringt eine geometrische Form ins Spiel. Betont wird Letztere durch ein Eckdekor, das zudem verhindert, dass Gartenschläuche die Pflanzen beschädigen.

Rotationsprinzip links
Separate Hochbeete erleichtern den Fruchtwechsel. Wenn man bestimmte Pflanzen jedes Jahr an einem anderen Ort anbaut, bleiben sie gesund und sind weniger anfällig für Schädlinge und Krankheiten.

Eimerweise Gutes unten
Chilis und andere Gemüsepflanzen gedeihen gut in Gefäßen. Man kann die Töpfe in verzinkte Eimer stellen. Das verringert im Sommer die Verdunstung von Bodenfeuchtigkeit und sieht auch noch gut aus.

Reiche Ernte oben
Diese Ecke eines ummauerten Gartens liefert nicht nur Schmackhaftes, sondern setzt auch reichlich Farbakzente. Die Wände schaffen ein geschütztes Mikroklima für Spalierbäume und Obstkäfige, während an den elegant gebogenen Stützen Bohnen hochklettern können. Orange und gelbe Ringelblumen mit essbaren Blüten locken Bestäuber an.

Praktisch rechts
Erdbeeren gedeihen in Hochbeeten prächtig. Die Früchte liegen nicht direkt auf der Erde auf und sind dadurch geschützt vor Schädlingen und Feuchtigkeit, die sie faulen lässt. Zudem werden sie schneller reif, wenn kein Laub Schatten auf sie wirft.

Geometrisch-streng oder zwanglos-natürlich

Man kann einen Obst- und Gemüsegarten geometrisch-formal mit regelmäßig verteilten Wegen anlegen oder sich für eine lockerere Gestaltung mit Pflanzgefäßen entscheiden. Niedrige Hecken und Hochbeete verknüpfen Rabattenränder in größeren Gärten, Bohnen, Mais und Obstbäume erweitern das Ganze nach oben. Mit Blüten, die Nützlinge anlocken oder essbar sind, bringt man Farbe ins Spiel.

Balkonernte
Hier hat man Tomatentöpfe in einem winzigen, sonnigen Balkon untergebracht, der mit seinem warmen Mikroklima ideal für dieses empfindliche Gemüse ist. Gerade Tomaten sind hier ideal, denn sie nehmen wenig Platz weg und tragen reichlich.

»Eigenes Obst und Gemüse – welch ein Glück!«

Essbares aus dem Kasten links
In diesem modernen Kasten hat man Erdbeeren und essbare Blüten, darunter Kapuzinerkresse und Ringelblumen, kombiniert. Ringelblume schmeckt nach Zitrus, Kapuzinerkresse nach Pfeffer.

Küchengarten in der Stadt unten
Dieser kleine Hof wurde mit Körben und einem geschickt gestalteten Esstisch, der zugleich als Pflanzgefäß für Blattsalate, Kräuter und Blüten dient, in einen winzigen Nutzgarten verwandelt.

Hochbeete rechts
Auf engem Raum sind Hochbeete wie dieses – aus lasiertem Holz mit Salat und Kräutern – sehr praktisch. Tomaten und Erdbeeren sind ebenfalls geeignet.

Blickfang unten
Nutzpflanzen wirken auch im Ziergarten. Der Sichtschutz mit rankendem Flaschenkürbis – unterpflanzt mit Dahlien – erreicht im Spätsommer durch Farbspiel und Fruchtbehang den Höhepunkt der Attraktivität.

Salat- und Kräutermix
Hohe Holztröge sind ideale Kräuter- und Salatbeete, weil man sie bequem bearbeiten kann. Die rustikale Außenseite aus geflochtenen Seilen hält Schnecken fern.

EINEN BESUCH WERT

BROGDALE, Kent, GB
Heimat der National Fruit Collection
www.brogdalecollections.org

LOST GARDENS OF HELIGAN, Cornwall, GB
Ummauerter Garten mit vielen alten Sorten
www.cultivars.heligan.com

WEST DEAN, West Sussex, GB – Restaurierter Garten aus der Zeit Edwards VII.
www.westdean.org.uk/gardens

RHS GARDEN WISLEY, Surrey, GB
Mit schönen Kräuter-, Obst- und Gemüsegärten
www.rhs.org.uk/wisley

CHATEAU DE VILLANDRY, Frankreich
Geometrischer Küchengarten der Renaissance
www.chateauvillandry.fr

Küchengarten-Grundrisse

Im Küchengarten ist Funktion meist wichtiger als Stil, doch schließt das eine das andere nicht aus. Jeder dieser drei Gärten ist auf seine Weise schön. Die Rabatten in den Rockcliffe Gardens in Gloucestershire quellen vor Leckerem über, während Bunny Guinness' Gemüsegarten mit seinen Hochbeeten aus Holz auf den Reiz der Geometrie setzt. Der Kleingartenverein hat Kräuter, Blüten und Gemüse auf kleinem Raum untergebracht.

Traditioneller Klassiker

Die hier gezeigten klassischen Elemente sollten in keinem Nutzgarten fehlen. Eine Flechthecke schützt die Anlage vor Wind, während die Beete bei Bedarf über Kieswege mit Schubkarren gut zu erreichen sind.

Pflanzen und Materialien

1 Gewächshaus
2 Gemüsereihen
3 Alter Kupferkübel, mit Minze bepflanzt
4 Tontreibtopf für Meerkohl
5 Schnittblumen (Kosmeen)
6 Rustikales Gerüst für einjährige Kletterpflanzen

Rockcliffe Gardens:
Die Direktaussaat von Feldfrüchten in Reihen (oder Rillen) ist praktisch und sieht gut aus. Reihen können bequem ausgedünnt werden. Jungpflanzen lassen sich aber auch im Gewächshaus heranziehen und erst später nach draußen umsiedeln. Rustikale Gerüste sind schlichte, aber dekorative Elemente, an denen man einjährige Kletterpflanzen wie Duftwicken hochziehen kann. Der alte Kupferkübel ist mit Minze besetzt. Schnittblumen sorgen für Blütenpracht.

Gemüse

Grundriss und Hochbeet zeigen, dass Bunny Guinness' Gartenanlage Nutzbarkeit und Ernteerfolg in den Mittelpunkt rückt. Die Pflege- und Erntearbeiten sind am Hochbeet zum Teil weniger mühevoll.

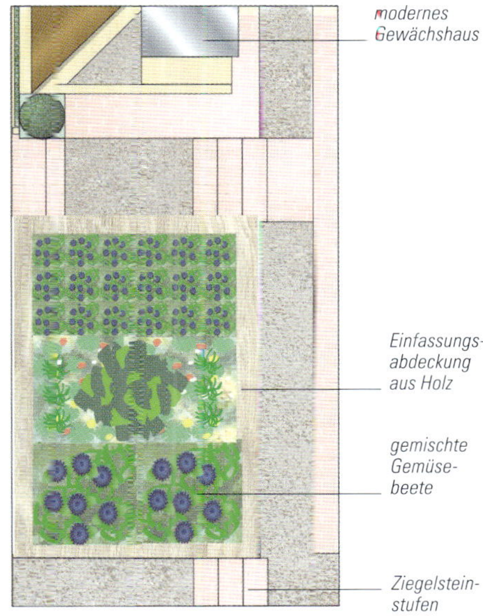

Pflanzen und Materialien

1 *Phaseolus coccineus* (Feuer-Bohne)
2 *Allium cepa* (Küchen-Zwiebel)
3 *Daucus carota* subsp. *sativus* (Speise-Möhre)
4 *Beta vulgaris* subsp. *vulgaris* (Stiel-Mangold)
5 *Vitis vinifera* (Weinrebe)

Bunny Guinness:

»Der Garten wurde früher von einer großen Leylandzypressenhecke erdrückt, nach der Rodung blieb ein offener Raum mit schönen heimischen Pflanzen übrig. Sie lockern die geradlinige Anlage auf.

Ich möchte in kleinen Gärten viele Nutzungsmöglichkeiten schaffen. Der Besitzer grillt gerne, daher habe ich Essecke, Grill und Spülbecken vorgesehen.

Ich werde stark von Architekten beeinflusst, mit denen ich arbeite, und von meinen Reisen.«

Nutzgarten

Diesen Garten entwarf die Manchester Allotment Society, ein Kleingartenverein. Sie will damit zeigen, wie leicht es ist, ein bisschen Gemüse in herkömmlichen Hausgärten unterzubringen.

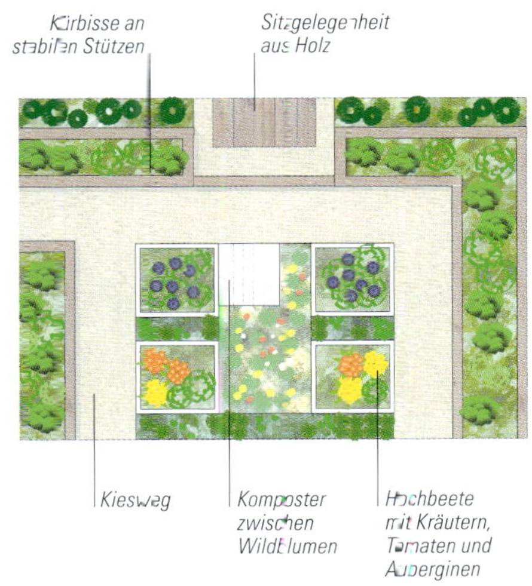

Pflanzen und Materialien

1 Komposter im Bienenstockstil
2 Wildblumen
3 *Ocimum basilicum* (Basilikum) und andere Kräuter
4 *Solanum melongena* (Aubergine)
5 *Cucurbita pepo* (Kürbis)

Dicht an dicht stehen in diesem Garten Kräuter wie Basilikum, Fenchel, Salbei und Petersilie in hölzernen Hochbeeten und kleinen Flachbeeten. Zwischen die Kräuter hat man Studentenblumen (Tagetes) gesetzt. Sie setzen Farbtupfer und halten fliegende Schädlinge fern.

Mit dabei ist zudem nicht winterhartes Gemüse wie Auberginen und Tomaten. Man kann es an einem geschützten sonnigen Platz ziehen und zum Sommerende ernten. Im Hintergrund klettern Kürbispflanzen an Stützen hoch.

Der Komposter in Form eines Bienenstocks ist ein ebenso dekorativer wie praktischer Blickfang. Wildblumen locken Bestäuber zum Fruchtgemüse.

Ohne strikte Ordnung

Diesen Kleingarten hat man mit dem Anbau von Gemüse, Obst, Kräutern und Ziergewächsen gut genutzt. Hochbeete sorgen für Ordnung und erleichtern das Bearbeiten. Ein farbenfrohes Kräuterbeet mildert den Kiesweg auf der Sonnenseite optisch ab. Im Halbschatten gedeihen Himbeeren.

Pflanzen und Materialien

1 Majoran, goldlaubige Sorte
2 Thymian
3 Kapuzinerkresse
4 Buschbohnen
5 Himbeeren

Gutes Gedeihen

In der großzügigen Pflanzung werden Nutz- und Zierpflanzen in Form eines Kräuterbeets kombiniert, das auch Blütenstauden enthält. All das wächst über den Rand der Hochbeete, gibt ein angenehmes Aroma frei, wenn man es streift, und ruft Bestäuber auf den Plan.

Die noch nicht abgeernteten Buschbohnen füllen ein Beet in der Mitte. Ein über das Beet gelegtes Rankgitter für eine Nachfolgekultur schützt die Jungpflanzen vor Katzen oder Zertrampeln. Als Blickfang dient ein schlichter Schuppen, der mit ein paar Töpfen aufgepeppt wird, während die mit Rankgitter versehenen Begrenzungspaneele Kletterpflanzen einen Lebensraum bieten.

Die Verbenen links und rechts der Beete geben dem Ganzen Höhe, setzen Farbakzente und rahmen den Garten ein. Im Vordergrund macht sich eine Kapuzinerkresse breit, die nicht nur als Zierelement dient, sondern mit ihren Blättern und Blüten auch Essbares liefert.

Vertikale Gärten

Dank vertikaler Anbausysteme ist es möglich, selbst kleinste Räume in ertragreiche, schön anzusehende Oasen zu verwandeln. Viele eignen sich gut für den Anbau von Kräutern und Salaten, da sie kompakt sind und schnell reifen.

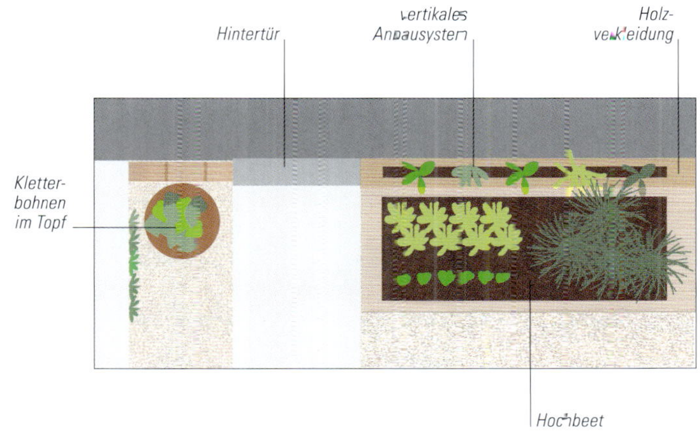

Pflanzen und Materialien

1 Kletterbohnen
2 blühender Thymian
3 Schnittlauch
4 roter Blattsalat
5 grüner Blattsalat
6 Walderdbeeren

Vielseitiger Nutzraum

Um den wenigen vorhandenen Platz optimal zu nutzen, wurde hier an einer sonnigen, geschützten Wand ein vertikales Anbausystem installiert. Solche Systeme eignen sich vorzüglich für Wohnungen mit Balkon, kleiner Terrasse oder Dachgarten, denn das verwendete Material wiegt nicht viel und ist schnell angebracht. Ein automatisches Bewässerungssystem reduziert den Arbeitsaufwand für viel beschäftigte Städter, vor allem im Sommer.

Aus den erdgefüllten Wandtrögen, die bestens zur Holzverkleidung passen, quellen Gemüse und Kräuter. Blattsalat kann kopf- oder blattweise geerntet werden. Kräuter und Erdbeeren steuern Blüten, Düfte und Früchte bei. Schon ein Gefäß, in dem zwei, drei Kletterbohnen wachsen, bereichert das Ambiente mit farbenfrohen Blüten und einer – wenn auch geringen – Ernte.

FALLSTUDIE

SCHLARAFFENLAND

Küchengärten gibt es in allen Größen und Formen. Selbst auf dieser kleinen Fläche hat der Gestalter eine Fülle von Nutzpflanzen in Hochbeeten und schmalen Rabatten untergebracht. Dazwischen finden sogar noch Blüten Platz, die Bestäuber anlocken.

Malerische Fülle

Die rustikalen Materialien und der Mix aus Gemüse, Kräutern und Blüten erinnern an Bauerngärten. Jedes Beet quillt über vor Leckerem – von Roten Beten und Blattsalaten bis zu Bohnen. Dennoch wirkt alles dekorativ und geordnet.

Praktischer Belag

Rote Backsteine passen zum traditionellen Stil des Gartens. Sie sind praktisch, dekorativ, verbreiten altmodisches Flair und lassen Platz für Schubkarren. Das Bearbeiten der Beete und Ernten ist von dem robusten Belag aus gut möglich.

Gartenarchitekt **Nick Williams-Ellis**

Hingucker

Der geschnittene Lorbeerbaum mit einer Einfassung aus Küchenkräutern wie Rosmarin, Petersilie und Thymian ist ein optischer wie olfaktorischer Anziehungspunkt mitten im Garten – und liefert frische Kräuter für die Küche.

Ganz nah dran

Der breite Rand der Hochbeete dient als Arbeitsfläche und Sitzgelegenheit zugleich. Von hier aus kann man den Garten bewundern und die Pflanzen aus nächster Nähe betrachten, sodass man Schädlinge und Krankheiten schnell entdeckt.

Zugabe in Töpfen

In beengten Gärten kann man den Platz mit kleinem Gemüse in Gefäßen optimal nutzen. Diese Balkontomaten wurden speziell dafür gezüchtet. Die kleinen buschigen Pflanzen liefern einen hohen Ertrag an süßen Früchten.

Konzeptgärten

Konzeptgärten werden von den Künsten ebenso beeinflusst wie von anderen Bereichen des kreativen Sektors. Sie setzen sich über Gestaltungskonventionen hinweg und schaffen ihre eigenen Gesetze. Grundlage eines Konzeptgartens ist oft eine Idee oder ein Thema. Beispiele kann man auf Ausstellungen in aller Welt bestaunen. Als Konzeptgarten werden moderne Schöpfungen bezeichnet, die sich keinem etablierten Stil zuordnen lassen.

Viele Konzeptgärten setzen auf neue Technologien und verwenden künstliche Materialien wie Beton, Stahl, Gummi, Stoff, Glas und Acryl, um Zeichen zu setzen und die Aufmerksamkeit zu fesseln. Oft wird auch Beleuchtung effektvoll eingesetzt.

Pflanzen sind nicht immer Elemente erfolgreicher Konzeptgärten, können aber die vom Design vermittelte Aussage unterstreichen. Oft werden sie wegen ihres skulpturalen Wuchses eingesetzt, doch mitunter spielen auch Farbe, Textur und Bewegung eine Rolle. Manche Gartengestalter lassen sich von ökologischen Ideen beeinflussen und integrieren Pflanzen, die einen bestimmten Ort oder Lebensraum verkörpern.

Designkonzepte können willkürlich angewandt werden, die besten Ergebnisse sind aber dort zu verzeichnen, wo eine Beziehung zwischen dem Garten, seiner Lage und der Persönlichkeit seiner Eigentümer, seiner Geschichte und seiner kulturellen Bedeutung besteht.

Führende Vertreter des modernen Gartendesigns sind Martha Schwartz und Kathryn Gustafson, die beide wegweisende Gärten geschaffen haben. Auch die Land Art beeinflusste die Entwicklung der Konzeptgärten. Berühmt für ihre natürlichen Skulpturen sind die Gärten von Richard Long und Andy Goldsworthy. Ihre Anlagen fügen sich in die Landschaft ein und lassen Besucher den Ort intensiver erleben.

Ganz oben und oben
Auffällige Blätter und Blüten setzen Akzente.
Natürliches wird mit Synthetischem kombiniert.

Konzeptgarten-Stil

Der Stil ist eine bisweilen zufällige, aber oft bewusste Mischung, die bei vielerlei Stilen und Gattungen Anleihen nimmt und Grenzen überschreitet. Temporäre und experimentelle Gärten sind besonders für diese konzeptuelleren eklektischen Entwürfe geeignet, die den Gartengestaltern alle Freiheiten lassen. Mithilfe von Farben, Plastiken und Elementen der Gartenkunst werden Akzente gesetzt, während bei der Bepflanzung häufig architektonische Pflanzen zum Einsatz kommen. Lichteffekte unterstreichen das Besondere der Gärten.

Stildetails

Verputzte Mauerflächen, vor denen inszeniert wird, bilden den Rahmen der Anlage. Die lebhafte, gelegentlich schrille Atmosphäre wird durch den Gebrauch und die Intensität von Farbe gesteuert. Zum Einsatz können verschiedenste Materialien kommen – auf diese Weise ergeben sich oft komplexe Details und Gestaltungsansätze. Die Vorliebe für den Mix aus Natürlich und Synthetisch, wie Beton und Holz oder Stein und Stahl, ist für den Betrachter zugänglich, da der schlichte Grundriss der Anlage die Aufmerksamkeit auf das Ungewohnte, Neue lenkt.

Gartenmöbel stellen oft architektonische oder stilistische Bezüge her und setzen Farbakzente. Große Pflanzen bringen Höhe und die rhythmische Verwendung der architektonisch wirksamen Pflanzen markiert wichtige Punkte im Garten. Farben und Texturen sind ein häufiges Gestaltungselement. Kübel und Töpfe werden eingesetzt, um das stilistische Konzept zu verdeutlichen.

Stilsynthese
Der Garten Steve Martinos (rechts oben) *verbindet die geradlinige Geometrie der Moderne mit Pflanzen des Wüstengartens. Gebogene Stahlplatten inszenieren Wasserbecken und -speier. Bei Tag und Nacht bietet sich das interessante Spiel mit Licht und Schatten.*

EINFLÜSSE

Konzeptgärten greifen selbstbewusst neue Ideen auf. Reisen, eine immer kleiner werdende Welt und das Internet haben unzählige Pflanzen und Materialien verfügbar gemacht und den Designern viele Impulse gegeben – von Dschungelpflanzungen über japanische Kiesgärten, den Modernismus und mediterranen Stil bis hin zu geometrischen und Konzeptgärten. Diese Gartenlaube von Michael Schultz und Will Goodman mixt japanische Elemente mit denen des Art Déco und der Postmoderne. Sie ist nichts für Puristen, doch geht es bei Konzeptgärten ja gerade um Regelverstöße.

Hurst-Garten von Schultz und Goodman

Stilelemente

1 Moderne Materialien
Konzeptgärten nutzen Materialien, die untypisch für Gärten sind: Glas, Stahl, Acrylglas – Materialien, deren klare Oberflächen und Kanten durch Pflanzen aufgelockert werden.

2 Architektonische Wirkung
In Konzeptgärten kommen unterschiedlichste Pflanzen zum Einsatz, viele aber haben einen architektonischen Wuchs – wie Gräser oder Palmlilien. Schlanke Bäume schaffen Höhe.

3 Kaskaden und Fontänen
Klassische Wasserspiele, aber auch feine Nebelanlagen, die alle von Apps gesteuert werden, sorgen für Dynamik und Klang im Garten.

4 Beleuchtung
Lichteffekte als Stilelemente betonen architektonische Details, besondere Pflanzen oder Formschnittelemente. Neue Technologien wie Glasfaser und LED liefern interessante Ergebnisse und bringen zusätzliche Farbe ins Spiel.

5 Komplexe Strukturen
Der Stilmix bringt interessante und komplexe Pflanzungen hervor: So werden z. B. moderne Rabatten mit mediterranen Kiesflächen und westliche Symmetrien mit östlicher Asymmetrie gepaart.

6 Intensive Farben
Starke Farbflächen gestalten die Übergänge von den harten Materialien zu den Formen der natürlichen Elemente. Die Farbwirkung von verputzten Wänden, Keramiken, Pflaster und Licht steuert die Atmosphäre des Gartens.

Interpretation des Stils

Es ist einfach befreiend, einen Konzeptgarten anzulegen. Regeln und Traditionen spielen keine Rolle. Mit Farben – in kräftigen oder schrillen Tönen –, die zwischen Materialien und Pflanzen vermitteln, einer Mischung aus geometrischen und organischen Formen oder kompakten und transparenten Materialien entstehen ausdrucksstarke Gartenanlagen.

Erdgeschichte oben
Wie geologische Formationen erheben sich diese Schichten aus rotem Sandstein aus dem Teich. Bepflanzt wurden sie mit bläulich grün schimmernden Blattschmuckpflanzen.

Massiv links
Einen Hauch von Innendesign bringt diese aus Beton gegossene Sitzecke mit Tisch auf die Terrasse. Die Bepflanzung mildert die harte Wirkung. Kissen würden die Möbel etwas bequemer machen.

Spiel mit den Elementen rechts
In diesem Garten aus skulpturalem Jurakalk arbeitet Peter Latz mit Nebel als Stilmittel, um eine Aura des Geheimnisvollen zu verbreiten. Der Nebel verschleiert die Steinformen und unterstreicht sie zugleich.

Goldbraun ganz rechts
Dieser gekieste Hof wird von auffallenden Farben und kontrastreichen Schatten zusammengehalten. Die einfache Gehölzgruppe aus Mexikanischen Washingtonpalmen (Washingtonia robusta) schafft zudem geschickt einen Bezug zur modernen mexikanischen Architektur.

Blau
Der Tibet-Scheinmohn (Meconopsis betonicifolia) *inspirierte Claude Cornier zu seinem »Blue Stick Garden«.*

»Konzeptgärten kombinieren Konventionelles und verstoßen gegen Gestaltungsregeln.«

Oase im Wüstengarten oben
Sanft rinnt Wasser über die Kante dieser freitragenden Platte an der verputzten Wand in das Bassin darunter. Die warmen erdigen Töne greifen die Sandfarbe des Bodens und das Leuchten der Sonne auf.

Harte und geschwungene Formen links
Weiße, texturreiche Betonwürfel fließen scheinbar zwischen den Grasstreifen hinab. Eine Skulptur entsteht, welche die abweisende Fassade des Hauses ausdrucksstark fortführt.

EINEN BESUCH WERT

RHS HAMPTON COURT PALACE GARDEN FESTIVAL, GB
Ausstellung mit einem Bereich, der Konzeptgärten gewidmet ist.
www.rhs.org.uk/hamptoncourt

GARDEN OF AUSTRALIAN DREAMS, Canberra, Australien
Der Garten von Richard Weller und Vlad mir Sitta. www.nma.gov.au

INTERNATIONALES GARTENFESTIVAL, Chaumont-sur-Loire, Frankreich
www.domaine-chaumont.fr

CORNERSTONE, Sonoma, Kalifornien
www.cornerstonesonoma.com/gardens

Praktisch und schön

In Konzeptgärten ist fast alles möglich, was sich erdenken und planen lässt. Mit anderen Worten: Feste Regeln gibt es nicht. Damit die Gärten aber langfristig schön, anregend und vielseitig bleiben, müssen sie auch praktisch und haltbar sein. Wesentliche Elemente wie die Bepflanzung, die Sitzgelegenheiten, Begrenzungen und Beläge müssen vermutlich gelegentlich neu konfiguriert bzw. umgestaltet werden. Skulpturen und andere Kunstgegenstände spielen im Gesamtdesign dabei eine tragende Rolle.

Würfel im Quadrat ganz oben
Geometrisches dominiert diesen kleinen Raum. Die Blöcke in grellem Orange kontrastieren mit den Holzflächen, während markante Pflanzen wie Aralia die Strenge etwas aufweichen.

Auf dem Holzweg oben
Der ungewöhnliche, aber einladende Weg aus Holzbrettern windet sich zwischen rhythmisch gesetzten Eiben und überquert eine Wasserrinne. Typisch für Konzeptgärten ist die Verwendung ungewöhnlicher Materialien.

Leben hinter Gittern ganz oben
Die Latten dienen in dieser kompromisslosen, von minimaler Bepflanzung etwas abgemilderten Komposition als Sichtschutz und als Holzdeck über weißem Kies.

Kunst ohne Grenzen oben
Diese einfache Begrenzung wird dank Laserkunst auf Cortenstahl zum Kunstwerk. Im Mittelpunkt steht ein fernöstliches Bambusmotiv.

Werke aus Konzeptgärten oben
Faszinierende Kunstwerke spielen in Konzeptgärten eine wichtige Rolle. Hier symbolisiert die Skulptur Äon die Kraft, die unseren Planeten im Gleichgewicht hält.

Streben nach Kunst oben
Die üppige Waldpflanzung setzt einen Kontrapunkt zu den rostigen, verwitterten, genieteten Stahlträgern. Womöglich ist das Design eine Verneigung vor einer vergangenen industriellen Ära.

Pflanzliche Weichmacher links
Die Skulptur erhebt sich aus kühlem Laub und bringt ein dynamisches Element in diese grüne Ecke.

Grundrisse von Konzeptgärten

Konzeptgärten sind sehr uneinheitlich, arbeiten aber oft mit dem Unerwarteten oder präsentieren herkömmliche Elemente auf neue, innovative Weise. In drei der vorgestellten Gärten – Myers' Küstengarten, Eberles Waldrandgarten und Watkins' Tropengarten – dominieren Pflanzen, während Josephs Anlage von ihren Materialien und der funktionalen Form lebt.

Küstenzuflucht

Robert Myers' Garten kommt mit Trockenheit zurecht. Er beschwört Landschaften der Mittelmeerküste herauf. Kiefern und Tamarisken spenden im Hintergrund Schatten, während vorne niedrige Gewächse dominieren.

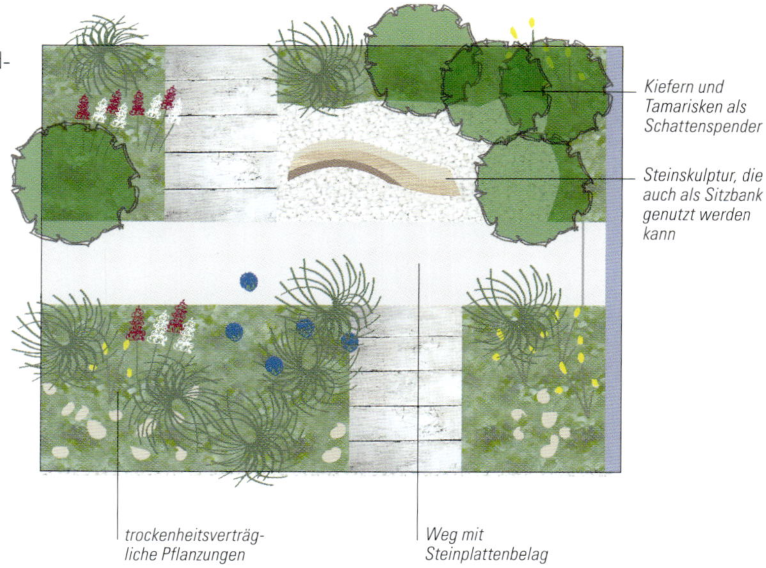

Pflanzen und Materialien

1 *Sesleria nitida*
2 *Centranthus ruber* und *C. ruber* 'Albus'
3 *Jasione montana*
4 *Spartium, Crambe* und *Centranthus*

Küstenflair

In diesem Konzeptgarten steht eine naturnahe, wenngleich reduzierte Interpretation von Pflanzengemeinschaften am Meeresufer im Mittelpunkt. Die Komposition wirkt ästhetisch und dürfte Pflanzenliebhabern sowie Anhängern moderner Gärten gleichermaßen gefallen. Blickfang ist eine Steinskulptur, die auch als Sitzbank genutzt werden kann. Die verputzten lila Mauern passen gut zum silbrigen Laub der trockenheitsverträglichen Pflanzen. Kräftigere Farbtöne werden von Baldrian, Königskerzen, Salbei und Sandrapunzeln beigesteuert.

Helle, reflektierende Materialien evozieren eine sonnendurchflutete Landschaft. Insgesamt herrscht eine weiche, entspannte Atmosphäre vor. Elemente wie der Steinweg, der die Pflanzung durchschneidet, bringen ein künstliches Moment ins Spiel.

Hinterhof, modern

Colm Joseph hat diesen winzigen Hof in Cambridge so gestaltet, dass er perfekt zum neuen Erweiterungsbau passt. Ein Korridor verbindet das Haus mit dem Gartenbüro. Das Ergebnis ist ein Garten, der optisch viel bietet, ungewöhnlich aussieht und dennoch Ruhe ausstrahlt. Er verknüpft mehrere Räume und eignet sich mit seinem Wasserelement bestens als Platz, um Gäste zu empfangen oder einfach nur zu entspannen.

Pflanzen und Materialien

1 Küchenfensterlamellen aus Cortenstahl
2 Mehrstämmiger *Malus* 'Rudolph'
3 Unterpflanzung mit Waldcharakter
4 Streben aus Cortenstahl
5 Wassertrog aus Cortenstahl
6 Zentrales Wasserelement
7 Gartenbüro mit Wetterschutzplatten
8 Belag aus Gussbeton

Aus weniger mehr machen

Dieser Hof muss das ganze Jahr etwas hermachen. Getragen wird er von der Art, wie die Aufmerksamkeit durch das moderne Wasserbassin auf die Mitte gelenkt wird. Sparsam eingesetzte Materialien verbinden Garten und Haus, etwa Cortenstahl, Gussbeton, der drinnen wie draußen als Belag dient, und strukturelle Elemente wie die Möbel.

Die Begrenzungen wurden vereinfacht und mit natürlichen Materialien wie Wetterschutzplatten und Flechtbuchen abgemildert. Die zwanglose Begrünung umfasst einen Zierapfel mit Storchschnäbeln und Farnen als Unterpflanzung. Pratia angulata *'Treadwellii' macht die Ränder weicher.*

Inspirationsquelle Waldrand

Das tragende Konzept in Sarah Eberles Waldrandgarten ist Nachhaltigkeit, zum Teil ließ sie sich aber auch von natürlichen Gesteinsschichten inspirieren. In der üppigen, kühlen Bepflanzung finden sich viele heimische und ausgewilderte Pflanzen, die an irische Wälder erinnern. Im Mittelpunkt steht ein spektakulärer Wasserfall, der vor einer grünen Wand in ein Becken fällt.

Pflanzen und Materialien

1 Linde
2 Uferpflanzen
3 Holzverkleidung im Stil vertikaler Gesteinsschichten
4 Wasserfall
5 Schatten spendende Baumkrone
6 Weg und Teichsaum

Saftig grüner Rückzugsort

Im Mittelpunkt dieses modernen Gartens stehen die Pflanzen. Die Anlage ist als Rückzugsort konzipiert: Dichte Baumkronen dienen als Sichtschutz, während der Unterwuchs das eckige, recht harte Layout weicher macht. Die Pflanzenpalette wurde klein gehalten; das Hauptaugenmerk liegt auf Blättern statt Blüten. Farne, Koniferen und markante Blattschmuckpflanzen wie Rodgersia *und* Aralia *geben dem Ganzen Struktur und texturale Spannung. Sie heben sich reizvoll ab von dem hellbraunen Weg, der die Waldatmosphäre etwas belebt.*

Mit innovativ eingesetztem Holz aus nachhaltigen Quellen wird ein zentrales Gebäude kaschiert, das auch eine grüne Mauer stützt. Von drei rostigen, skulpturalen Metallträgern fließt Wasser.

Hinterhofoase

Palmen und weitere Exoten verbreiten in diesem pflanzendominierten Stadtgarten von Antony Watkins entspanntes subtropisches Flair. Der Raum enthält Sitzbereiche, dicht gefüllte Hochbeete und ein abgeschiedenes Gartenzimmer. Gekonnt unterteilt wird er durch unterschiedliche Beläge, Pflanzen mit architektonischem Wuchs und Sichtschutz.

Pflanzen und Materialien

1 *Trachycarpus wagnerianus*
2 *Canna* mit violettem Laub
3 Sitzbereich
4 *Chamaerops humilis*
5 *Brahea armata*
6 *Trachelospermum jasminoides*

Tropische Zuflucht

Fast wie im Urlaub fühlt man sich in diesem Konzeptgarten eines Pflanzenliebhabers. Er enthält viele ungewöhnliche, oft nicht winterharte Arten, die nur in einem fast frostfreien Stadtklima eine Überlebenschance haben.

Im Mittelpunkt steht zwar die Bepflanzung, doch offenbart das Layout eine geschickte Einteilung in Zonen, die den Raum in mehrere Bereiche mit unterschiedlicher Funktion gliedern. In Hausnähe bietet eine geflieste Terrasse Platz für ein Essen unter freiem Himmel, während weiter hinten eine lässige Sitzgelegenheit zwischen Palmen, Oliven und Canna lockt.

Hochbeete und Topfgruppen erleichtern die Pflege der oft farbenfrohen Bepflanzung. Gewundene Wege und auffälliges Laub sorgen dafür, dass der Garten nie als Ganzes sichtbar ist. Am hinteren Ende befindet sich ein Gartenraum mit überdachter Küche.

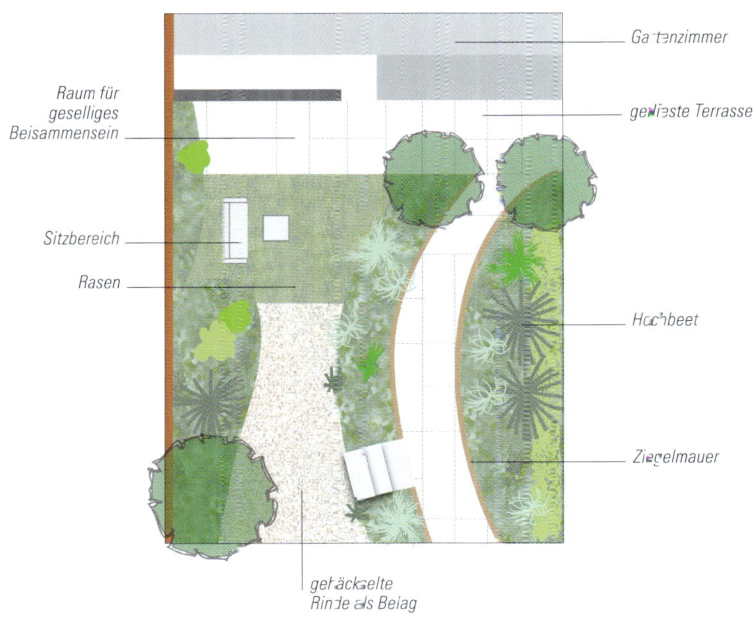

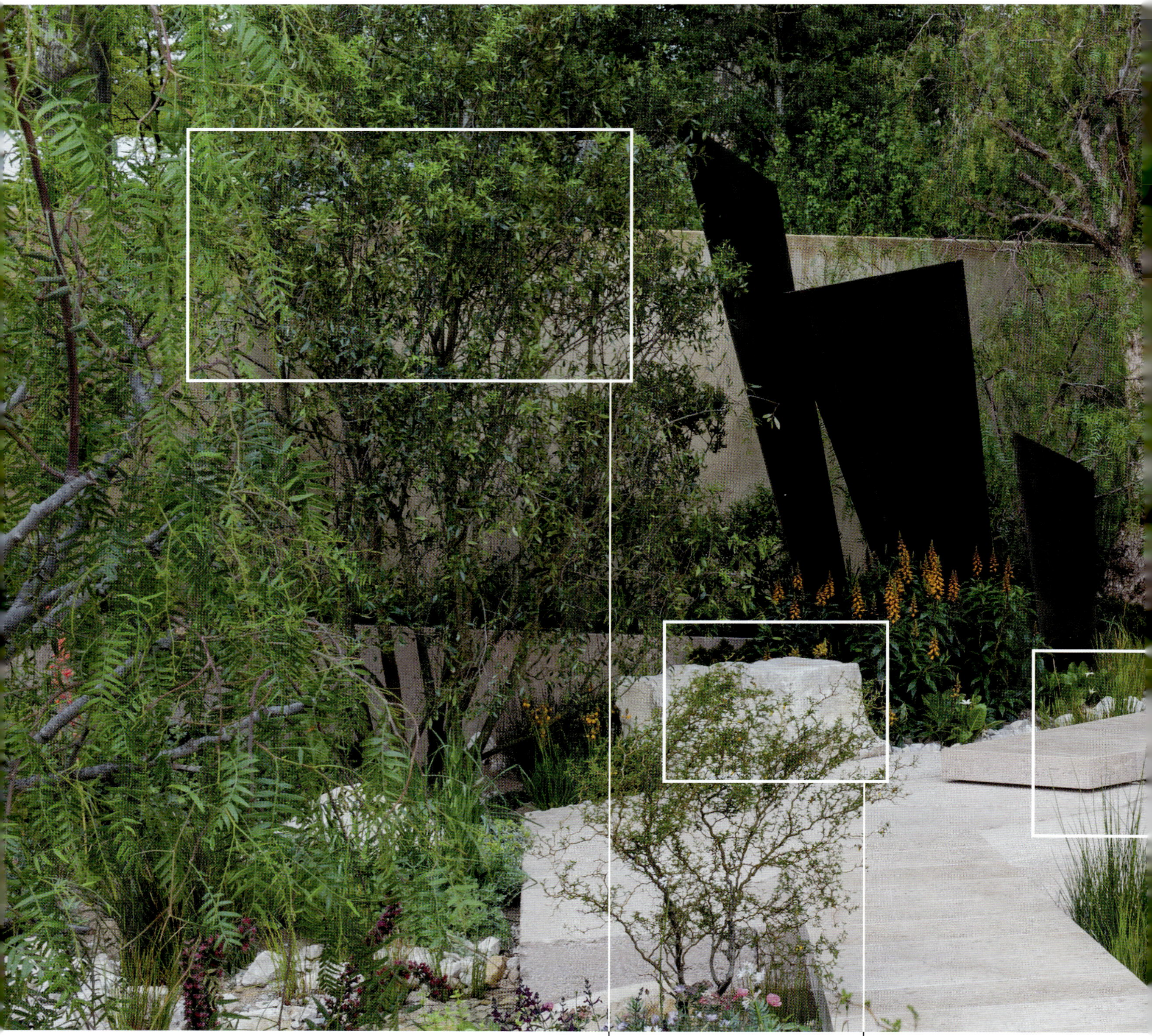

FALLSTUDIE

DESIGNFUSION

Diese Gartenstudie vereint harmonisch mehrere Stile von mediterran bis modern und akzentuiert sie mit Akzenten aus dem Jura. Große, von den Rückenplatten eines Stegosaurus inspirierte Metallstrukturen definieren den Raum.

Natürliche Struktur

Immergrüne Bäume wie die Stein-Eiche (*Quercus ilex*) und der Erdbeerbaum (*Arbutus unedo*) geben dem Garten Struktur und Dauerhaftigkeit. Andere exotische Gehölze mit feingliedrigem Laub mildern seine Härte.

Plattentektonik

Alle Gestaltungsregeln über Bord geworfen hat man mit dem scheinbar zufälligen Grundriss und den unregelmäßig geformten Pflastersteinen. Sie beschwören eine raue Landschaft mit zusammenstoßenden tektonischen Platten herauf.

Gartenarchitekt **Andy Sturgeon**

Überbrückt

Der Weg führt über eine Behelfsbrücke in Form einer Steinplatte. Alles wirkt so, als wäre das Wasser schon immer dagewesen und die Pflasterung neu dazugekommen. In anderen Bereichen suggerieren klotzartige Sitzbänke uralte Felsformationen.

Stahlplatten

Mit Bronze überzogene Stahlpaneele, die an Rückenplatten von Sauriern erinnern, bereichern den Garten um bizarre Formen und bilden Blickfänge. Sie sind zudem eine Kulisse für die Feuerstelle und schaffen Bereiche, die sich den Blicken entziehen.

Kunstvolle Natur

Die Bepflanzung wirkt naturnah, in Teilen sogar verwildert, ist aber in Wirklichkeit sehr bewusst gesetzt. Strukturpflanzen wie *Corokia × virgata* mit einem Gewirr aus dunklen Trieben wachsen neben farbenfrohen Stauden wie *Anigozanthos*.

GRUNDLAGEN

Standortanalyse

Ihr Grundstück sollten Sie sich genau ansehen, bevor Sie Pläne schmieden. »Was ist vorhanden?«, wird eine Ihrer ersten Fragen sein. Doch um die richtige Antwort zu finden, brauchen Sie Zeit, denn im Rhythmus der Jahreszeiten entdecken Sie Ihren Garten Stück für Stück und erst dann können Sie mit Gewissheit sagen, was dieses Grundstück zu bieten hat. Daneben spielt der Kostenfaktor eine Rolle und – bei einem alten Garten – die Frage, welche Elemente beibehalten werden sollen.

Lernen Sie zunächst den Boden Ihres Grundstücks kennen. Dann können Sie abschätzen, welche Pflanzen gedeihen, und vermeiden teure Fehleinkäufe. Sie können die Durchlässigkeit von schweren Böden durch regelmäßige Sand- oder Lavasplittgaben verbessern. Magere Böden werden durch reichliche Kompost- bzw. Humusgaben aufgewertet.

Hanggärten sind ein ungünstiges Terrain. Um aus der Not eine Tugend zu machen, wird der Hang in Terrassen gegliedert. Nasse Böden sollten Sie nutzen, um mit feuchtigkeitsliebenden Pflanzen einen attraktiven Garten zu gestalten.

Privatsphäre ist ein gestaltungsprägendes Gartenthema. Bevor Sie jedoch die bestehende Grenzgestaltung verändern, sprechen Sie mit Ihren Nachbarn die neue Gestaltung ab: Eine hohe Koniferenhecke hält zwar neugierige Blicke fern, wirft jedoch lange Schatten auf die nachbarliche Terrasse dahinter! – So können gut gemeinte Gestaltungsideen zu Auslösern von Nachbarschaftsstreitigkeiten werden. Richten Sie sich deswegen unbedingt nach den örtlichen Bestimmungen zu den Grenzabständen.

Der wichtigste Ratschlag für einen Gartengestalter lautet: Durchdenken Sie Ihre Pläne gründlich, bevor Sie mit deren Realisierung beginnen. Und denken Sie daran, unglückliche Lösungen überspielen Pflanzen rasch.

Ganz oben und oben
Vor der Pflanzenwahl steht die Bodenanalyse.
Ein wichtiger erster Schritt ist die Auswahl passender Pflanzen.

Sonnenstand und Boden

Lernen Sie Ihr Grundstück genau kennen, bevor Sie mit der Planung Ihres Gartens beginnen. Missachten Sie die örtlichen Gegebenheiten, so kann Sie das teuer zu stehen kommen, da Pflanzen teilweise sehr wertvoll sind und eine Terrasse im zugigsten Eck des Gartens ein teurer Irrtum ist.

Böden bestimmen und verbessern

Die Palette der Gartenböden reicht von klebrigem Ton bis zu stark durchlässigem Sand. Tonböden neigen im Winter zu Staunässe, während sich Sandböden im Frühjahr schnell erwärmen, im Sommer aber rasch austrocknen. Ton ist ein gutes Wuchsmedium und reich an Nährstoffen, wenn Stallmist und Kies eingearbeitet werden. Sandböden dagegen enthalten wenig Nährstoffe, die sie wie Feuchtigkeit nur schlecht speichern, wenn sie weder Stallmist noch Gartenkompost enthalten. Der ideale Gartenboden besteht aus einer Mischung aus Ton und Sand mit organischer Substanz. Er ist wegen des hohen organischen Anteils dunkel und nährstoffreich, hat eine krümelige Struktur und bewahrt Feuchtigkeit. Testen Sie Ihren Boden *(oben rechts)*, bevor Sie Pflanzungen planen. Gute Erde lässt sich zu einer Kugel formen, zerbröselt aber unter Druck.

Hoher Tonanteil
Plastisch verformbarer Boden nach Zugabe von ein paar Tropfen Wasser

Hoher Sandanteil
Die Körnung ist bei leichtem Druck zu spüren. Boden bröselt und zerfällt.

Drainage verbessern
Arbeiten Sie Sand, Lavasplitt und Kompost ein. Verdichtete, staunasse Böden müssen zuerst zwei Spaten tief gelockert werden, Sonnenblumeneinsaat ist hilfreich.

Kompost tut allen Böden gut
Der Nährstoffhaushalt, die Drainage und die Wasserhaltefähigkeit werden verbessert und das Grundwasser nicht belastet.

Säuren und Basen

Der pH-Wert des Bodens beeinflusst die Verfügbarkeit von Nährstoffen. Je saurer das Bodenmilieu, desto weniger Nährstoffe stehen der Pflanze über die Wurzel zur Verfügung. Saure Böden werden von kalkmeidenden Arten bevorzugt und alkalische, kalkhaltige Standorte von kalkliebenden Arten. Zu den kalkliebenden Pflanzen gehören viele Arten aus dem Mittelmeerraum und den Alpen. Bestimmen Sie den pH-Wert Ihres Bodens mithilfe eines Testsets.

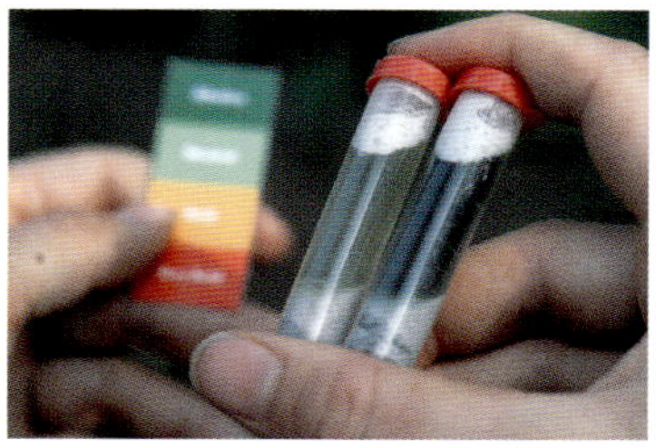

Säure-Base-Test
Bestimmen Sie den pH-Wert an mehreren Stellen Ihres Gartens.

Exposition

Je nach Höhe, Himmelsrichtung und Hangneigung ist Ihr Garten mehr oder weniger stark der Sonne, dem Wind sowie Früh- und Spätfrösten ausgesetzt. Nach Süden und Westen ausgerichtete Gärten bekommen viel Wärme und Sonne ab, während Anlagen, die sich nach Norden und Osten erstrecken, kühl temperiert sind *(siehe rechts)*. Durch einen Windschutz reduzieren Sie die Windwirkung auf Bauten und Pflanzen. Je höher über dem Meeresspiegel ein Garten liegt, desto kühler ist das Klima. Und es wird umso wärmer, je urbaner ein Raum ist, da die Bauten und befestigten Flächen Wärme speichern und diese zeitverzögert langsam wieder abgestrahlt wird.

Wind
*Beständig kräftiger Wind schmälert die Pflanzenpalette ebenso wie Ihre Freude am Garten. Abhilfe schafft man mit sommergrünen Hecken, die den Wind bremsen, ohne Verwirbelungen zu erzeugen, oder mit durchlässigen Barrieren (*siehe S. 227*).*

Senken
Kaltluft strömt den Hang nach unten, sammelt sich vor Bauwerken, Dämmen und in Senken. Setzen Sie frostharte Arten ein. Hohes Früh- und Spätfrostrisiko.

MORGEN

Nach Süden ausgerichtet
Milde Morgensonne schafft ideale Bedingungen für ein Sommerfrühstück im Freien auf einer Terrasse im Südosten des Hauses.

Nach Norden ausgerichtet
Die Morgensonne verschwindet bald hinter dem Haus: Gehölze, die keine raschen, starken Temperaturwechsel vertragen, stehen im Osten des Hauses.

Nach Osten ausgerichtet
Frühstücken Sie auf der Terrasse, aber pflanzen Sie dort keine Gehölze direkt an die Wand, die empfindlich auf rasche, starke Temperaturwechsel reagieren.

Nach Westen ausgerichtet
Der Bereich am Haus ist morgens im Schatten und eine Zuflucht bei Hitze. Wer früh Sonne genießen will, legt einen Sitzbereich am anderen Gartenende an.

MITTAG

Nach Süden ausgerichtet
Der ganze Garten liegt in der Sonne. Ohne Schattenspender leiden Mensch, Tier und Pflanze. Die Wände nehmen die Hitze auf und strahlen sie ab.

Nach Norden ausgerichtet
Das Haus wirft einen Schlagschatten in den Garten. Ans andere Ende des Grundstücks gehören ein Sitzplatz und Rabatten mit Sonne liebenden Arten.

Nach Osten ausgerichtet
Die Sonne wärmt den Garten und verschwindet am Nachmittag hinter dem Haus: Ein Wintergarten auf der Südseite des Hauses ist ideal.

Nach Westen ausgerichtet
Der größte Teil des Gartens liegt mittags in der Sonne. Empfindliche Sträucher gedeihen am Haus und an der Nord- und Westgrenze.

ABEND

Nach Süden ausgerichtet
Die Mauern strahlen Wärme ab und halten die Terrasse bis in die Nacht warm. In der Übergangszeit idealer Standort für kälteempfindliche Arten.

Nach Norden ausgerichtet
Sanftes Licht aus dem Westen ist ideal für Waldpflanzungen. Auf einer Terrasse an der Ostseite des Gartens können Sie die Sommerabende genießen.

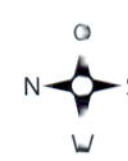

Nach Osten ausgerichtet
Im hausnahen Bereich im Schatten kann es recht kühl werden, da die Wände keine Wärme speichern. Eine Terrasse gehört ans andere Ende des Gartens.

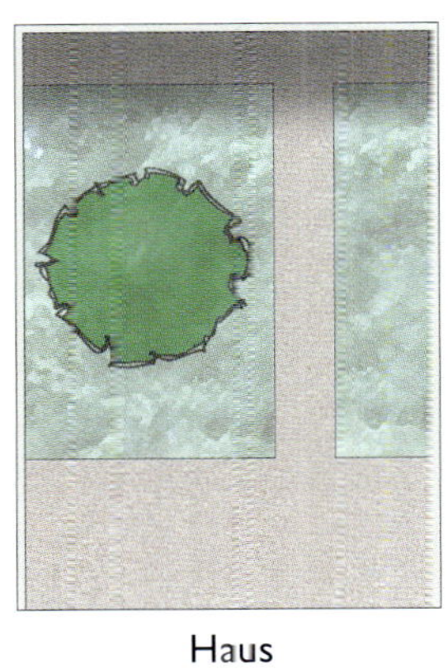

Nach Westen ausgerichtet
Auf einer Terrasse am Haus kann man die Abendsonne genießen. Die Wände strahlen Wärme ab, sodass die Sommernächte angenehm bleiben.

Hanglagen und Entwässerung

Prinzipiell muss das Wasser, ob im oder auf dem Boden, so geleitet werden, dass es keinen Schaden anrichtet. Deswegen gilt: Alle Oberflächen sollten mit einem leichten Gefälle angelegt werden. Wasser wird immer von Bauwerken weggeführt. Das Wasser von kleinen Flächen kann meist im Garten auf einem Beet versickern. Problematisch wird es jedoch, wenn es sich um große verdichtete Areale handelt oder um Hanglage. Ziehen Sie dann einen Experten hinzu.

Drainage

Wasserundurchlässige Flächen wie Dächer, versiegelte oder verdichtete Böden verhindern, dass Wasser im Boden auf natürliche Weise langsam versickert. Spezielle Entwässerungssysteme sind deswegen notwendig, die Regenwasser ins öffentliche Entwässerungsnetz einspeisen, in Sickerbehälter oder – bei kleinen Mengen – direkt in Beete leiten. Die Bodenart bestimmt dessen Wasserrückhaltevermögen. Und die Hangneigung bestimmt, wie schnell das Wasser abfließt. Wasser, das über spärlich bewachsenes Erdreich strömt, schwemmt Boden weg. Diese Partikel setzen sich in Senken und auch Drainrohren ab. Drainagesysteme müssen deswegen regelmäßig gespült bzw. überwacht werden. Ermitteln Sie den Grundwasserspiegel des Grundstücks, und versuchen Sie herauszufinden, wie das Wasser im Boden geführt wird. Erst dann können Sie alle Bauwerke vor Nässe schützen. Auch Teiche benötigen einen Überlauf, damit Regenfälle nicht den Gartenteich über die Ufer treten lassen.

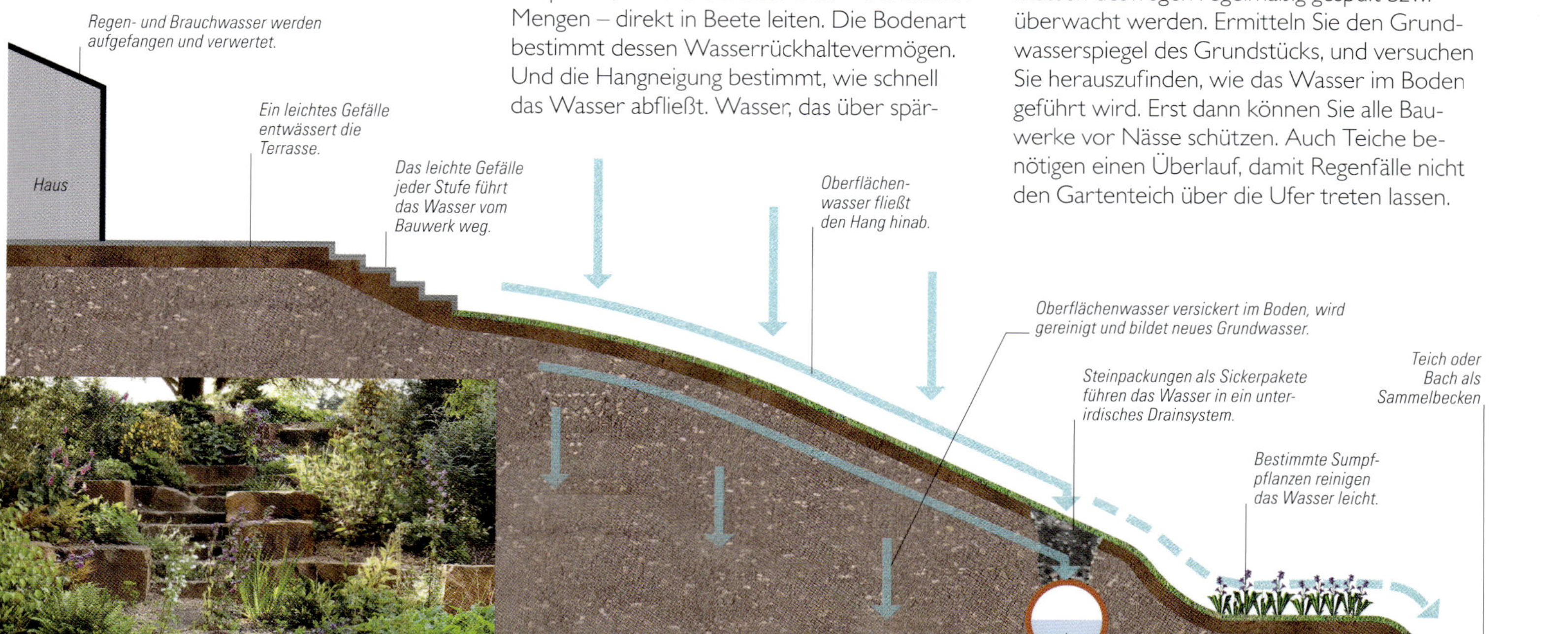

Sammelbecken
Das gesamte Regenwasser versickert im Boden oder fließt in den Teich, der am tiefsten Punkt des Grundstücks angelegt ist. Bei starken Regenfällen wird überlaufendes Wasser in eine Sickergrube ausgeleitet.

Feuchtigkeitsliebende Pflanzen
Ein hoher Grundwasserspiegel bringt auch Vorteile: Feuchtwiesen und Sümpfe wirken hier ganz selbstverständlich. Ein seltenes Refugium in unserer intensiv genutzten Kulturlandschaft.

VERSORGUNGSLEITUNGEN

Wenn man Teiche aushebt, Hänge verändert oder Drainagesysteme anlegt, kann man leicht auf unterirdische Wasser- und Gasleitungen, elektrische Kabel oder Abwasserrohre stoßen. Beginnen Sie nie mit dem Graben, bevor Sie nicht den Leitungsverlauf kennen. Ein Leitungsplan oder die örtlichen Behörden können Ihnen ggf. weiterhelfen. Nehmen Sie sich Zeit und ziehen Sie einen Fachmann hinzu, wenn Sie Zweifel haben.

Regentonne
Ein ausgemusterter Bottich fasst genug Regenwasser, um eine kurze regenlose Zeit überbrücken zu können. Einen dekorativen Zweck erfüllt er zudem.

Wasserschäden

Wird Wasser unzureichend abgeleitet, kann es bei Starkregen zu Überschwemmungen im eigenen Garten oder auf angrenzenden Grundstücken kommen. Erkundigen Sie sich bei der Umgestaltung von Vorgärten, ob das örtliche Bauamt Drainageeinrichtungen vorschreibt. Die EU fordert inzwischen die Kommunen zur Einrichtung nachhaltiger städtischer Bewässerungssysteme auf, die überschüssiges Wasser nach Niederschlägen sammeln und langsam versickern lassen. Bepflanzte Flächen absorbieren große Mengen Wasser und verhindern Überschwemmungen. Man kann im Garten kleine Senken mit feuchtigkeitsliebenden Pflanzen schaffen, in denen sich Wasser vorübergehend sammeln kann. Regentonnen senken die Wasserrechnung.

Entwässerungsprinzipien
Drainsysteme mit Flächenversickerungen und Sickerpackungen reichen, um kleine Flächen zu entwässern. Bei hohem Wasserspiegel, großen Entwässerungsflächen und wasserundurchlässigen Böden den Fachmann hinzuziehen!

Gartenteich
Ein naturnaher Teich eignet sich als Regenwassersammelbecken. Für Sumpf- bzw. Wasserpflanzen und Tiere ist er ein idealer Lebensraum.

Baustellen am Hang

Ein Hanggrundstück wird durch Terrassenanlagen erst nutzbar. Das erfordert bauliche Eingriffe am Hang. Neben Termin- und Budgetfragen muss dann auch der Zugang des Hangs, der auf das notwendige technische Gerät abzustimmen ist, bedacht werden. Steile oder wenig stabile Hänge sowie große Hangareale sind deswegen ein extrem kompliziertes Terrain. Oft brauchen Sie hierfür schon die ersten kreativen Lösungen.

Hang überbauen

Wenn Sie den Hang mit Terrassenplattformen überbauen, ohne also das bestehende Bodenprofil zu verändern, arbeiten Sie am besten mit Holz. Das Material ist vorzuziehen, wenn Sie mit Baumaschinen nicht in den Garten gelangen, der Hang zu steil für Erdbewegungen ist oder Feuchtflächen einen Teil des Hangs ausmachen.

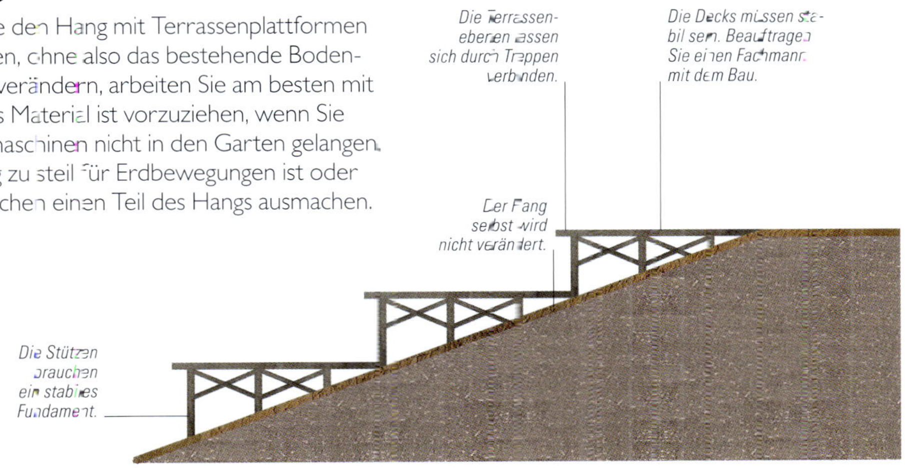

Hang terrassieren

Ein terrassierter Hang schafft Platz für Beete. Die Stützmauern fangen das Gefälle und die Erdmassen ab. Das an einer Stelle zum Bau der Terrasse gelöste Erdreich wird an anderer Stelle zum Aufbau der Terrasse eingebaut. Stützmauern von mehr als etwa 50 cm Höhe sollten Sie von Garten- und Landschaftsbauunternehmen erstellen lassen.

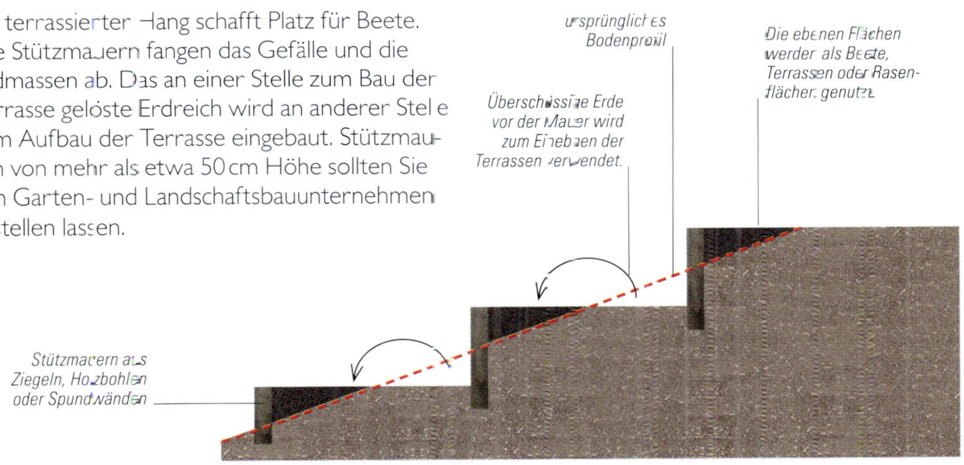

Hänge ebnen

Welliges, unebenes Terrain, das nur schwach geneigt ist, kann zu einem sanft abfallenden Hang aufgefüllt oder durch Terrassen in großzügige Ebenen aufgeteilt werden. Die bestehende Vegetation geht jedoch bei dieser Maßnahme verloren. Unter Bäumen, die man behalten möchte, darf nichts verändert werden.

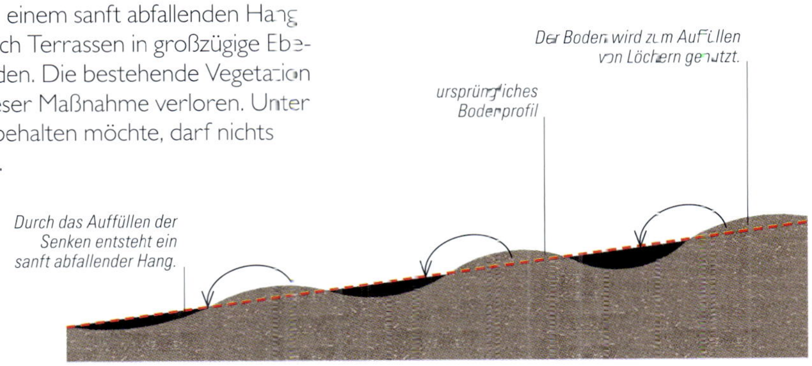

Vertrautes und Neues

Zunächst überlegen Sie sich, welche Bestandteile des Gartens erhaltenswert sind und welche verändert werden müssen. Dann ermitteln Sie über die Aufwands- und Kostenfrage, ob sich Ihre Wünsche realisieren lassen: Reicht das Geld, um etwas Neues zu integrieren, oder können Sie alles neu gestalten? Bei begrenztem Budget reicht es oft schon, einen vernachlässigten oder überwucherten Garten zu verjüngen, indem man einen neuen Ansatz wählt und ein paar frische Ideen einbringt.

Entscheidung

Planen Sie eine komplette Umgestaltung oder möchten Sie die Grundstruktur des Gartens beibehalten und etwas ergänzen? Bedenken Sie, dass kleine Gärten problemlos umgestaltet werden können – große Gärten jedoch nur mit einem höheren Aufwand. Machen Sie sich bewusst, dass Ihr Garten in den kommenden Jahren immer wieder mehr oder weniger stark umgestaltet wird, um sich neuen Zielsetzungen zu öffnen. Listen Sie deswegen auf, welche Ziele Sie verfolgen, und realisieren Sie dann erste Schritte.

ERNEUERN

Die schwierigste Lösung. Radikale Veränderungen und der Verlust des Bestehenden sind schier undenkbar. Doch ist dieser Schritt einmal gewagt, so gewinnen Sie einen neuen Lebensraum, der perfekt zu Ihrem Lebensstil passt.

PRO
- Kreativitätsbooster: eine weiße Leinwand, auf der alle Ideen projiziert werden können.
- Wenn keine Kompromisse eingegangen werden müssen, entstehen Anlagen, die individuellen Bedürfnissen gerecht werden.

KONTRA
- Strukturierende Gehölze sind nötig.
- Neue Pflanzen brauchen Zeit einzuwachsen.
- Die Realität weicht von der Planung ab.
- Kurzfristig gehen Lebensräume verloren – mittelfristig entstehen neue Lebensräume, wenn auch für andere Tiere und Pflanzen.
- Hoher Aufwand, um die neuen Strukturen an die alten Anschlüsse anzupassen.

KOSTEN
- Hoch, bei hohem Bauaufwand oder der Gestaltung mit ausgewachsenen Pflanzen, um gleich das richtige Feeling genießen zu können.

VERÄNDERN

Die beliebteste Lösung. Auch wenn der größte Teil der Anlage erhalten bleibt, kann das Gartenbild erheblich aufgefrischt werden. Der Gartenbesitzer muss jedoch wissen, welche Elemente er besonders schätzt.

PRO
- Relaxbooster: kaum Zeitdruck und kaum Terminstress, zudem eine kostengünstige Herangehensweise.
- Die Pläne können schrittweise realisiert werden.
- Bestehende reife Pflanzen können genutzt werden – der Garten bleibt der ideale Entspannungsort.

KONTRA
- Mangelnde Stimmigkeit zwischen neuen und alten Elementen.
- Im neuen Garten sind die Veränderungen kaum auszumachen.

KOSTEN
- Niedrig bis mittel, wenn Sie den Grundriss beibehalten und den Garten Schritt für Schritt verändern, um ihn etwa kindgerecht zu machen oder um mit Ihren Mitteln zu haushalten.

HINZUFÜGEN

Die einfachste Lösung. Wenn Sie nur einen Teil Ihres Gartens verändern, muss sich das Neue harmonisch in die Anlage einfügen. Wählen Sie Materialien und Farben, die zum Stil der übrigen Anlage passen.

PRO
- Simplifyer: Neue Elemente hinzuzufügen ist einfacher, als eine ganze Anlage umzugestalten.
- Der restliche Garten lässt sich auch während der Bauzeit nutzen.
- Details des neuen Gartenbereichs können intensiver durchdacht werden, da sie im Zentrum des Interesses stehen.

KONTRA
- Mangelnde Stimmigkeit zwischen neuen und alten Elementen
- Der Bestand bestimmt die Idee – die Fantasie kommt zu kurz.
- Schäden im Bestand durch Bautätigkeit, beispielsweise bei der Teichdichtung oder im Rasen. Handeln Sie umsichtig!

KOSTEN
- Niedrig, sofern keine Extravaganzen geplant werden.

Fallstudie: neuer Familiengarten

Klare Vorstellungen vom neuen Garten fallen Ihnen zu, wenn Sie mit dem Grundstück vertraut sind. Nehmen Sie sich deswegen Zeit, um die Anlage kennenzulernen, bevor Sie Veränderungen realisieren. Wenn Sie eine Liste angefertigt haben mit Dingen, die entfernt werden oder erhalten bleiben sollen, müssen Sie die Konsequenzen der angedachten Veränderungen erkunden: Steht ein alter Baum auf Ihrer Liste, weil sie ihn loswerden wollen, so stellen Sie sich vor, wie es ist, wenn der Baumschatten im Sommer fehlt. – Ein großes Gehölz schützt vor Wind, gewährt Privatsphäre und verleiht einem Garten Höhe. Die Pflanzen unter dem Baum haben sich zudem an den Schatten gewöhnt und das Abholzen älterer Bäume ist eventuell verboten. – Jetzt erst bewerten Sie das Szenario und stellen sich die Frage, ob unter diesen Gesichtspunkten das Abholzen noch sinnvoll ist. Die Fallstudie zeigt, welche Gestaltungsoptionen im Familiengarten wahrgenommen werden können – in Abhängigkeit von der Intensität der Veränderung.

Der ursprüngliche Garten
Irgendwann sind Kinder erwachsen. Dann ändert sich die Nutzung und die Zeit, die man im Garten verbringt. Gestalten Sie Spielbereiche so, dass man sie ändern kann.

HINZUFÜGEN

STRUKTUR
Neue bauliche Elemente, wie Wege, Terrassen und Mauern, entfalten sofort ihre Wirkung.

SPIELRAUM
Beläge und Bauten sollten so gestaltet sein, dass sie später wieder verändert werden können.

GRÜNES ZIMMER
Erweitern Sie Ihren Wohnraum nach draußen, indem Sie Sitzbereiche einrichten.

VERÄNDERN ODER ENTFERNEN

BEETE UND RABATTEN
Neue Sträucher und Stauden sowie neue Beete verändern das Bild des Gartens stark.

TEICH
Ideal für ältere Kinder. Für Kleinkinder sind Wasserbecken riskant, deswegen abdecken!

UNANSEHNLICHE PFLASTERFLÄCHEN
Kübel und Gartenmöbel lenken von hässlicher Weg- und Terrassenbelägen ab.

BEWAHREN

PRAKTISCHE BAUWERKE
Nützliche Bauten wie Glashäuser können in das neue Design dekorativ integriert werden.

REIFE GEHÖLZE
Erhalten Sie alte, langsam wachsende Bäume: Sie verleihen Gärten Struktur und Höhe.

STAUDEN
Bestehende Pflanzengemeinschaften sollten Sie erhalten, wenn es den Pflanzen gut geht.

Grenzen und Nachbarn

Die Grenze bildet den Rahmen eines Gartens. Sie markiert den eigenen Grund und Boden. Sie beeinflusst das Mikroklima und dient dem Sichtschutz. »Grenzstreitigkeiten« bieten das größte Konfliktpotenzial zwischen Nachbarn, deshalb gibt es etliche Verordnungen zu Abständen und Höhen rund um die Grenzgestaltung. Bevor Sie eine Grenzgestaltung verändern, müssen Sie sich über die rechtliche Lage und die örtlichen Bestimmungen informieren und die Zustimmung Ihres Nachbars einholen.

Grenzverkehr

Bevor Sie die Grenzgestaltung verändern, spielen Sie die Folgen durch: Wie steht es um den Sichtschutz? Wie verändert sich der Lichteinfall auf das eigene und das nachbarliche Grundstück? Wie verändert sich der Ausblick von jedem Fenster und von jeder Tür, besonders der oberen Stockwerke? Bedenken Sie: Sommergrüne Bäume werfen im Winter ihr Laub ab. Das bedeutet mehr Licht, aber auch besser einsehbare Gärten. Sie können auch einen Platz bauen, von dem aus Sie mehr von Ihren Nachbarn sehen – ein erhöhtes Deck ist dann hilfreich.

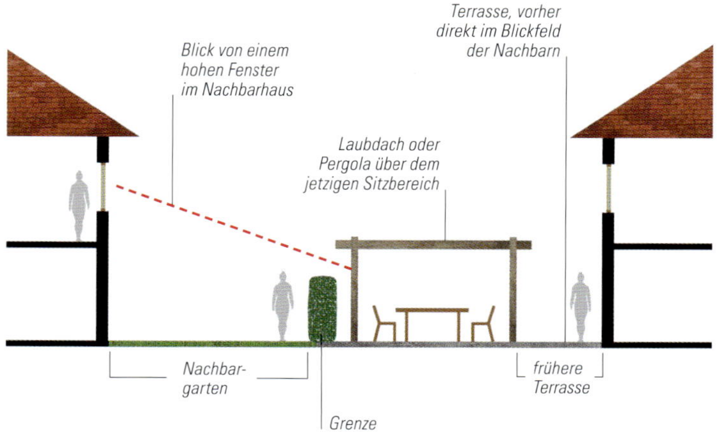

Aus- und Einsichten
Geschickt platzierte Bauten schaffen geschützte Gartenbereiche und machen hohe Zäune und Hecken überflüssig. Eine Terrasse lässt sich mit einer Baumkrone oder Pergola vor neugierigen Blicken schützen. So bleibt die Privatsphäre gewahrt, ohne dass jemand Abstriche beim Lichteinfall machen muss.

Mehr Privatsphäre

Das Erhöhen von Begrenzungen ist oft nicht zulässig, erkundigen Sie sich daher vorher bei der zuständigen Behörde. Sie können Ihre Privatsphäre aber auch schützen, ohne an den Begrenzungen selbst etwas zu verändern. Geschickt platzierte Bäume sind ein nützlicher Sichtschutz, auch wenn es dauert, bis sie herangewachsen sind. Bei Baumpflanzungen entlang einer Grenze, aber auch bei Heckenpflanzungen gibt es Verordnungen, die Sie berücksichtigen müssen. Rankgitter stützen Kletterpflanzen und schaffen ebenfalls ein geschütztes Mikroklima, lassen aber trotzdem Luft durch *(siehe S. 227)*. Am vorteilhaftesten sind Gartenbereiche, die der Nachbar nicht einsehen kann.

Pergola
Eine von Kletterern berankte Pergola ist ein dekorativer Sichtschutz, der dem übrigen Garten kein Licht wegnimmt.

Geschützter Raum
Wohlüberlegt platzierte Pflanzen schützen vor Blicken. Ein Schirm sorgt zusätzlich für Privatsphäre.

Zeitweiliger Sichtschutz
Ein improvisiertes Dach wie diese Plane kann bei Bedarf gespannt und problemlos wieder abgenommen werden.

Kontaktpflege

Privatsphäre ist wichtig, doch gerade deshalb sollten Sie sich um ein gutes Verhältnis zum Nachbarn bemühen. Ein hoher Sichtschutz um die Terrasse und niedrige, unauffällige Zäune an der Grenze sind ein guter Kompromiss zwischen Rückzug und Kontaktpflege. Achten Sie bei der Planung darauf, die Privatsphäre Ihrer Nachbarn nicht zu beeinträchtigen oder sie durch eine Sicherheitsbeleuchtung nicht zu stören. Eine Alternative sind Gemeinschaftsanlagen, die den Kontakt zwischen den Nachbarn herstellen sollen.

Lockere Grenze oben rechts
Niedrige Zäune fördern die Verständigung zwischen Nachbarn und lassen mehr Licht in beide Gärten.

Gemeinsamkeit rechts
Gemeinschaftsanlagen fördern das Zusammengehörigkeitsgefühl, vor allem, wenn man sich die Verantwortung dafür teilt.

Sicherheit

Sicherheit ist wichtig, doch sollten Sie einen Mittelweg finden zwischen hermetischer Abschottung und völliger Offenheit. Zäune, Mauern oder Hecken vor der Hausfront sollten polizeilichen Empfehlungen nach nicht höher als 1 m sein, damit Türen und Fenster von der Straße aus einsehbar sind. Leuchten Sie Ihr Grundstück aus, aber achten Sie darauf, das Anwesen der Nachbarn nicht mit Licht zu verschmutzen. Dornige immergrüne Sträucher wie Feuerdorn, Stechpalme oder Schlehe bieten Schutz vor ungebetenen Gästen.

Dornenwall unten links
Feuerdorn ist ein guter Schutz vor Eindringlingen, doch dauert es, bis die Sträucher groß genug sind. Lassen Sie sie nicht höher als 2 m wachsen.

Automatischer Schutz unten
Elektronisch gesicherte Tore bieten bei größeren Anwesen oder in Gegenden mit hoher Einbruchrate optimalen Schutz, sind aber oft hässlich. Wählen Sie ein Design, das zum Garten passt.

ÖRTLICHE BESTIMMUNGEN

Für Zäune oder Mauern braucht man in der Regel eine Genehmigung, ganz gleich, ob sie das Grundstück zum Nachbarn hin begrenzen oder eine Barriere zur Straße bzw. zu einem Gehsteig bilden. Bauten dürfen nicht in ein Nachbargrundstück hineinragen und auch bei Hecken muss man mitunter einen Mindestabstand zur Grenze einhalten. Erkundigen Sie sich bei der zuständigen Gemeindeverwaltung nach den jeweiligen Verordnungen für Ihr Wohngebiet.

Lichteinfall

Bäume verschatten oft Wohnräume und Terrassen, aber auch Gartenelemente und schlecht geplante Gebäude können diese Probleme bei Ihnen oder Ihrem Nachbarn hervorrufen. Doch bevor Sie sich mit Ihrem Nachbarn gerichtlich auseinandersetzen, versuchen Sie andere Lösungen zu finden: Bäume können von einem Fachmann zurückgeschnitten werden und Grenzbauten, wie Mauern, lassen sich oft verändern. Bedenken Sie, dass sich die Lichtverhältnisse auf dem Nachbargrundstück über die Jahre verändern, vor allem durch Bäume und Hecken. Oft entwickeln sich auch langsam wachsende Zwerggehölze zu Giganten. Planen Sie deswegen rücksichtsvoll und umsichtig Ihre Grenzgestaltung.

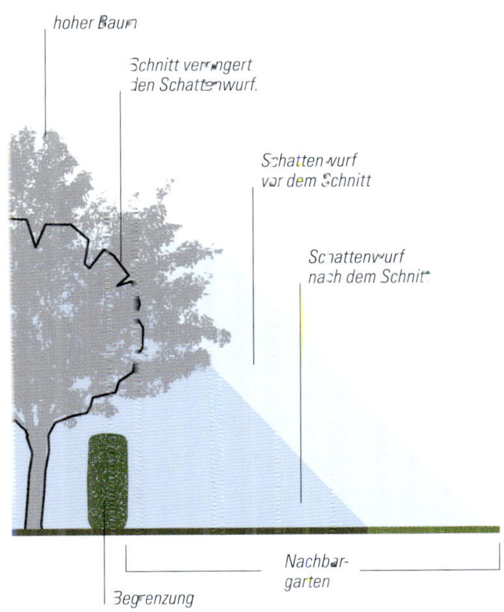

Licht
Alle hochaufragenden, massiven oder gepflanzten Einfriedungen werfen Schatten. Ein Rückschnitt oder eine Reduzierung der Höhe verbessert die Situation deutlich. Die Gehölze leiden nicht unter solch einem Rückschnitt.

Erste Schritte

Einen Garten zu gestalten heißt Lösungen zu finden. Das klingt zunächst schwierig, ist jedoch einfach, wenn Sie ein Ziel mithilfe Ihrer Bedürfnisse und Wünsche formuliert haben. Ihre Gestaltungsvision nimmt dann bald konkrete Formen an.

Sammeln Sie zunächst alles, was Sie inspiriert. Als Quelle können Magazine, Ihre eigenen Fotos und auch Websites dienen. Sammeln Sie in einem Buch oder Ordner alle Anregungen, etwa Pflanzen und Landschaftsformen, die Sie mögen, oder Möbel- und Kunststile, die Sie bevorzugen. Ordnen Sie dann Aktivitäten wie Essen, Sitzen oder Spielen, die im Garten stattfinden sollen, in einer Zeichnung grob einem Gartenteil zu.

Wege, die Kontur und Höhe baulicher Elemente sowie die Räume dazwischen beeinflussen den Gesamteindruck des Gartens und müssen bei der Gestaltung berücksichtigt werden. Gewundene Pfade und Formen passen zu natürlich wirkenden Pflanzungen, während klare, symmetrische Linienverläufe eher in strenge, geordnete Anlagen gehören.

Jedes Grundstück stellt vor Herausforderungen, zum Beispiel, weil es steil abfällt, zu klein oder ungünstig geformt ist. Wenn Sie Linien, Flächen, Höhen, Strukturen und Perspektiven optimal nutzen, können Sie Ihre Ziele trotzdem erreichen. Greifen Sie dazu auch auf optische Tricks zurück und führen Sie gezielt die Aufmerksamkeit und den Blick des Betrachters.

Atmosphäre und Stimmung des Gartens werden vielfältig durch Farben, Texturen und Ordnungsrhythmen aufgebaut. Farbe beeinflusst zudem die subjektive Einschätzung der Gartengröße: Kühle Blau- und Weißtöne vergrößern einen Bereich und schaffen Tiefe, warme Rot- und Gelbtöne lassen einen Gartenteil lebendig, kompakt und nah wirken. Helle Farben und Weißtöne bringen Licht in dunkle Winkel. Texturen wiederum ermöglichen Ihnen mit spannungsreichen Kontrasten zu spielen: zwischen rau und glatt, glänzend und matt.

Wenn Sie bewährte Gestaltungsprinzipien anwenden und zudem klare Vorstellungen davon haben, was Sie möchten, ist es nicht mehr weit bis zu Ihrem Traumgarten.

Ganz oben und oben
Muster verbinden verschiedene Materialien.
Ideen können in Plänen erprobt werden.

Nachhaltigkeit

Das Bemühen um Nachhaltigkeit wird im Alltag immer wichtiger, auch bei der Anlage und Pflege von Gärten. Der Kauf neuer Elemente, ob es sich um Pflanzen, Kompost, Töpfe oder Baumaterialien handelt, kann ins Geld gehen und sich zugleich negativ auf die Umwelt auswirken – bei der Herstellung ebenso wie beim Transport. Durch Recycling, clevere Gestaltung und Verwendung bestehender Materialien, die schon im Garten oder in der Nähe existieren, lässt sich mit minimalem ökologischem Fußabdruck ein erstklassiger Garten schaffen.

Recycling und Wiederverwertung

Neue Verwendung für Altes im Garten zu finden, statt Neues zu kaufen, ist aktives Bemühen um Nachhaltigkeit und spart außerdem bares Geld. Das gilt vor allem, wenn man die Dinge bereits besitzt, doch kann man sie auch in Secondhandläden, auf Flohmärkten und (mit Erlaubnis) aus Containern holen. Recycelte Objekte müssen kaum oder gar nicht bearbeitet werden, etwa verzinkte Gefäße, die als Pflanztöpfe dienen. Andere Materialien dagegen brauchen eine Kur, etwa indem man sie wetterfest macht. Damit der Garten nicht allzu zusammengestückelt wirkt, sollte man sich um Einheitlichkeit bemühen, zum Beispiel durch Verwendung eines einheitlichen Holzschutzmittels oder durch Aufstellen ähnlicher Metallgefäße. Recyclingelemente machen Gärten individuell und sind zudem umweltfreundlich.

Die ganze Palette oben links
Selbst Holzpaletten lassen sich nutzen, etwa als Regal oder als flaches Pflanzgefäß. Sie sind dekorative, vielseitige Elemente zum Aufpeppen vergessener Ecken.

Umfunktioniert links
Dieses recycelte Küchensieb eignet sich bestens als Blumenampel mit bereits vorhandenen Drainagelöchern. Erdbeeren fühlen sich darin ausgesprochen wohl.

Töpfe voll Schmackhaftem ganz oben
Zinkeimer sind vorzügliche improvisierte Pflanzgefäße. Vor dem Bepflanzen müssen jedoch Abzugslöcher in den Boden.

Altes Material, neuer Garten oben
Alte Holzplanken bekommen bei entsprechender Behandlung als Belag für Holzdecks einen neuen Sinn. Wellblech wiederum ist eine dekorative, wirkungsvolle Grundstücksbegrenzung.

Regenwasser auffangen

Der vielleicht simpelste Nachhaltigkeitsbooster im Garten ist ein Wasserbehälter zum Auffangen von Regenwasser *(siehe S. 177)*. Besonders nützlich sind Regentonnen im Frühjahr und Sommer, wenn Pflanzen viel Wasser brauchen. Regenwasser ist besser für Pflanzen als Leitungswasser. Es erspart einem die Verschwendung von wertvollem Trinkwasser. Die Behälter lassen sich an Dachrinnen anschließen. Wer mehrere aufstellt, hat immer einen ordentlichen Vorrat in petto. Sie sind zwar oft nicht sonderlich schön anzusehen, doch gibt es genug Möglichkeiten, sie versteckt in den Garten zu integrieren. Eine Abdeckung verhindert, dass Unrat und Haus- oder Wildtiere hineinfallen oder Mücken das Wasser als Brutstätte benutzen.

Bestens integriert
Dank der Holzverkleidung fügt sich diese Wassertonne bestens in den Garten ein.

Eingebaute Lösungen

Der wassersparendste und damit nachhaltigste Garten ist derjenige, der von vornherein so geplant wird, dass er mit wenig Nass auskommt. Trockenheitsverträgliche Pflanzen, dicker Mulch, der die Verdunstung von Bodenfeuchtigkeit minimiert, Wasserbehälter, in denen Regenwasser gesammelt wird, und Rinnen, die das Wasser in Auffangreservoire leiten (und vorbei an Gewächsen, die etwas mehr Feuchtigkeit brauchen) ... all das verhindert, dass heiße, trockene Sommer dem Garten zusetzen.

Mit Regen planen
Bei sorgfältiger Planung brauchen regengewässerte Gärten kein zusätzliches Leitungswasser, auch nicht während längerer Trockenperioden.

Nehmen, was da ist

Ein wichtiger Schritt zu mehr Nachhaltigkeit ist die Verwendung bereits vorhandener Materialien. Das spart nicht nur Geld, sondern hat auch den Vorteil, dass man nicht mehr weit fahren muss, um Neues zu kaufen, das sowieso schon etliche Kilometer zurückgelegt hat. Manche Rohmaterialien wie Laub oder Grasschnitt fallen im Garten regelmäßig an. Sie lassen sich kostenlos und nachhaltig in Kompost verwandeln. Ungenutzte Materialien wie Holz, alte Backsteine, Dachziegel und Kopfsteine sind vermutlich in nicht so großer Menge vorhanden, können dafür aber gut wiederverwendet werden.

Laub kompostieren links
Mit Laubkompost, Rasenschnitt und Schnittabfall werden dem Garten Nährstoffe wieder zugeführt.

Schieferbruch unten links
Zerbrochener Dachschiefer und nicht genutzter Bruch sind ein gutes Mulchmaterial.

Mulch aus Kiefernzapfen unten
Kiefernzapfen sind ein ungewöhnliches, aber gutes, erneuerbares und nachhaltiges Mulchmaterial, das lange hält.

Brauchwasser

Trockenheit wird in unserer vom Klimawandel betroffenen Zeit immer mehr zum Problem für Gärtner. Wenn das aufgefangene Regenwasser zur Neige geht, sollten Sie nicht zum Gartenschlauch greifen, sondern lieber Brauchwasser aus Spülbecken, Bad und Dusche verwenden. Milde Reinigungsmittel schaden den meisten Pflanzen nicht, vor allem nicht kurzfristig.

Kostbare Ressource
Statt Brauchwasser in die Kanalisation zu spülen, kann man es bei Trockenheit zum Gießen verwenden. Länger als 24 Stunden darf es aber nicht gelagert werden.

In die Zukunft denken

Gärten sind lebendige Räume, die sich fortentwickeln. Erfolgreiche Gartengestaltung muss berücksichtigen, dass sich Bedingungen ändern können. Dazu gehören allmähliche Anpassungen an familiäre Entwicklungen, spätere An- oder Umbauten bestehender Gebäude oder die nicht ganz so vorhersehbaren, aber oft unmittelbareren Auswirkungen des Klimawandels, die verlangen, dass man sich für extreme sommerliche Hitze und Trockenheit oder winterliche Kälte und Nässe rüstet.

Dem Klimawandel trotzen

In Zeiten des Klimawandels müssen unsere Gärten mehr denn je leisten und uns trotz immer extremerer Witterung als Freiluftraum zur Verfügung stehen. Die Pflanzen sollten die zunehmende sommerliche Trockenheit und Hitze, aber auch ein weniger stabiles Klima vertragen. Bäume beispielsweise spenden selbst an den heißesten Tagen Schatten. Gleichzeitig müssen die Gärten so gestaltet werden, dass sie den auf Hitze folgenden sommerlichen Starkregen überstehen und idealerweise sogar dessen Folgen abmildern.

Die Winter werden zwar durchschnittlich weniger kalt werden, doch schützt der Klimawandel nicht vor strengem Frost. Deshalb müssen Pflanzen in der Lage sein, die extremen Temperaturschwankungen im Jahreslauf auszuhalten. Auch damit zusammenhängende Probleme wie Staunässe gilt es zu berücksichtigen. Kurzum: Der Garten sollte so gestaltet sein, dass er mit allen Unwägbarkeiten fertig wird.

Gehobene Ansprüche ganz oben
Holzbalken leisten beim Terrassieren von Hängen und der Anlage von Hochbeeten gute Dienste. An Böschungen bremst Bepflanzung die Wassermassen nach Starkregen. Hochbeete verbessern die Drainage.

Auf heiß und kalt eingestellt oben
Dieser abgesenkte Bereich erweist sich als vielseitig: An kühlen Abenden wärmt die Feuerstelle, während an heißen Tagen die kühlende Bepflanzung den Aufenthalt angenehm macht.

Extreme abschwächen oben Mitte
Hier wurde ein Holzdeck über einer von Regenwasser gespeisten Rinne errichtet, die überschüssiges Wasser ableitet und Überschwemmungen verhindert. An anderen Stellen überwiegen trockenheitsverträgliche Pflanzen.

Natürliche Klimaanlage oben
Dichte Bepflanzung spendet Schatten und erhöht die Luftfeuchtigkeit, was bei Hitze eine beträchtlich kühlende Wirkung entfaltet. So wird ein gut begrünter Garten zum angenehm frischen Sommerrefugium.

Anpassungsfähig

In den meisten Gärten und insbesondere solchen für Familien ist Flexibilität ein wichtiger Faktor bei der Planung. Eine Familie, ob sie nur aus Erwachsenen oder Paaren mit Kindern besteht, durchläuft eine Entwicklung mit vielen Veränderungen. Der Garten muss sich daran anpassen können.

Anfangs dient er vielleicht als Hort und Spielplatz für die Kleinsten. Dann wird er zum Sportplatz und soll gleichzeitig einen Raum bieten, an dem die Erwachsenen sitzen, essen und reden können. Später will man ihn womöglich tierfreundlich anlegen, für den Anbau von Obst und Gemüse nutzen oder als Oase zum Entspannen genießen. Wenn das Bücken und Heben schließlich schwieriger wird, soll er pflegeleicht sein.

Gärten sind eine kostbare Ressource, die in allen Lebensphasen Genuss verspricht. Eine gute Gestaltung trägt dem Rechnung und lässt Anpassungen zu, damit die in den Garten investierten Materialien und Mühen langfristig nicht umsonst sind.

Mit der Zeit gehen
Ein simples Layout mit großer Rasenfläche, das den Platz optimal nutzt, pflegeleichte Pflanzungen in der Sonne und im Schatten und ein wasserdurchlässiger Wegbelag, damit Regen versickern kann, all das macht diesen Garten zukunftsfest.

Midlife-Flexibilität
Ein Familiengarten muss wandlungsfähig sein. Rasenflächen, die anfangs als Spielplatz gedacht waren, kann man zu insektenfreundlichen Wiesen umfunktionieren, wenn aus Kindern Jugendliche werden. Gleichzeitig lässt sich der Platz, der zum Entspannen und für Experimente mit Pflanzen gedacht ist, erweitern.

Aktiv bleiben
Flächen, auf denen man ausspannt oder Gäste empfängt, sind wichtig, ganz gleich, wie alt man ist. Ab der Lebensmitte freut man sich über Hochbeete, weil sie die Pflege der Pflanzungen erleichtern, während ebene Flächen ohne Stufen bei eingeschränkter Mobilität vorzuziehen sind.

Anregung

Die meisten Grundstücksbesitzer orientieren sich zunächst an anderen Anlagen, z. B. an Gärten von Bekannten, oder sie ziehen Bücher, Zeitschriften, Zeitungen und Websites zurate. Dies ist ein guter Anfang und meist sogar die beste Inspiration für jemanden, dessen Vertrauen in die eigenen Gestaltungsfertigkeiten erst noch reifen muss. Aber irgendwann bremst der Blick über den Zaun Ihre Kreativität aus. Die erfolgreichsten Designer suchen deswegen jenseits ihrer Disziplin nach neuen Einflüssen für ihre Konzepte. Sie erweitern auf diese Weise ihr Gestaltungsrepertoire. Es ist einfacher, als Sie denken: Sammeln Sie auf einem Moodboard die Ideen, die Sie am meisten faszinieren, und entwickeln Sie daraus Ihren Gestaltungsansatz.

Inspirierend

Bedienen Sie sich aus Ihrem eigenen Erfahrungsschatz, etwa Ansichten von Orten, die Sie im Urlaub besucht haben, Landschaften, die Sie ansprechen, den Werken von Lieblingskünstlern und -architekten, Inneneinrichtungen oder Ideen, die Ihnen online, etwa auf Instagram, Pinterest, Houzz und anderen Websites, oder im Fernsehen aufgefallen sind. So entsteht ein Gartenkonzept, das ganz auf Sie zugeschnitten ist. Gehen Sie die Websites von Pflanzenversendern nach Arten und Sorten durch, die Ihnen zusagen, und machen Sie sich Notizen.

Bilder und Ideen können Sie sammeln, indem Sie Interessantes ausdrucken und in ein Notizbuch oder auf einen A3-Bogen kleben, um so ein Moodboard zusammenzustellen. Es gibt auch Websites, auf denen man durch Hochladen von Bildern ein Online-Moodboard erstellt, auf das Sie bei Bedarf zurückgreifen können. Ganz gleich, wofür Sie sich entscheiden: Bevor Sie die eigentliche Gartengestaltung angehen, brauchen Sie ein Portfolio aus Bildern.

Allerdings muss nicht alles, was man zusammengetragen hat, in den finalen Plan gepackt werden. Profis nehmen oft eine einzige Idee als Grundgerüst und bauen darauf auf, statt jedes Detail hineinzustopfen, das auf der Wunschliste der Auftraggeber steht.

Streichen Sie auch die Pflanzenliste auf 20 Schlüsselarten zusammen (später können Sie immer noch ein paar weitere hinzufügen). Gehen Sie Ihre Bildersammlung nach ansprechenden Farben durch, halten Sie die Palette aber immer einfach *(mehr dazu auf S. 168–169)*.

Arbeiten mit dem Moodboard
Stellen Sie aus Bildern ein Moodboard mit Gestaltungs- und Pflanzideen zusammen. Es kann als Inspiration für einen komplett neu zu gestaltenden Garten oder als Ausgangspunkt zum Aufwerten einer bestehenden Anlage dienen.

Von oben links im Uhrzeigersinn

Gärten mit Strandflair – Requisiten?

Kräftige Farben und Plastiken – Mosaike?

Gartenhäuschen im Strandhüttenstil?

Wildpflanzen von der Küste

Gelb als Leitfarbe?

Mediterranes Fischerboot – Blau und Weiß

Fallstudie: Küstengarten

Um einen Garten mit Küstenflair anzulegen, studieren Sie Landschaften am Meer und deren Flora. Sammeln Sie in Ihrem Arbeitsbuch Ideen, Fotos und vielleicht sogar getrocknete Blumen, die Sie bei der Gestaltung inspirieren können.

Auch die vorherrschenden Farben, Formen und verwendeten Baumaterialien sollten Sie notieren. Schimmert das Wasser türkisgrün? Wie sieht die Landestracht aus? Woraus bestehen Häuser und Mauern? Es geht jedoch nicht darum, genau zu kopieren, was Sie im Urlaub gesehen haben. Zudem sollten Sie sich davor hüten, alle Ideen in einem Garten zu verwirklichen: Gutes Design passt ein bestimmtes Thema behutsam dem zu gestaltenden Grundstück an. Bevor Sie einen endgültigen Plan erstellen, fragen Sie sich bitte, ob all die von Ihnen ausgewählten Elemente auch wirklich zusammenpassen.

Eine Zeichnung (*siehe S. 182*) hilft Ihnen dabei, die Wechselwirkung von Funktionsbereichen in Ihrem Arbeitsbuch festzuhalten, denn auch solche Beobachtungen sollten Sie sammeln und auswerten.

Bleibende Eindrücke
Urlaub am Meer bietet eine Fülle von Anregungen. Der lichte Schatten unter den Bäumen verbreitet eine romantische Atmosphäre.

Küstenbedingungen
Flachgründige, gut drainierte Böden und hohe Luftfeuchtigkeit zeichnen maritime Standorte aus. In Ihrem Garten erzielen Sie diese Bodenbedingungen durch Kiesrabatten.

Strand-Accessoires
Mit Möbeln, die zum Thema des Gartens passen, stärkt man seine Atmosphäre. Obendrein können Sie sich darin bestens entspannen!

Spielparadies

Sand und Wasser sind das gestalterische Leitmotiv für Gärten, die mit Sonne, Strand und Urlaubserinnerungen assoziiert werden. Das gleiche Leitmotiv tritt auch auf Kinderspielplätzen auf. Das Spielparadies kann also später in einen maritimen Garten verwandelt werden. Familien mit Kleinkindern sollten jedoch größere Wasserelemente meiden und nur einen Sandkasten aufstellen. Wenn Sie später keinen Sand in und um den Teich sowie im Haus haben wollen, verwenden Sie Kies für Ihren »Strand«.

Sand und Wasser
Attraktive Spielplätze mit einem geschwungenen natürlichen Grundriss ziehen Kinder an. Maritime Pflanzen unterstreichen die Wirkung.

Geschaukelt
Wenn Sie eine Schaukel aufhängen, verwenden Sie robuste Seile aus Recyclingmaterial und ein Stück Treibholz als Sitz. Den Boden decken Sie mit Rindenmulch ab.

Raum und Form

Zuerst wählen Sie eine Grundform aus. Für kleinere Anlagen ist eine Form ideal, doch größere Anlagen müssen später in Bereiche gegliedert werden, die verschiedene Formen aufnehmen können. Diese gilt es, miteinander zu verbinden.

Grundformen

Bei der Entscheidung zwischen Quadraten, Rechtecken oder Kreisen als Grundform der Gestaltung darf man die umliegenden Gebäude und Grenzen – ihre Form und Lage – nicht unbeachtet lassen. Experimentieren Sie! Führen Sie die Logik bestehender Strukturen von Haus und Umgebung fort, berücksichtigen Sie, wie und von wo der Garten betrachtet und genutzt werden soll.

RECHTECKIGE FORMEN

Rechtecke und Rechteckkombinationen gliedern den Garten klar in Bereiche. Diese Struktur betont eine Richtung und stellt Sichtbezüge über kurze und lange Distanzen her. Eine durchgängige Achse verlängert die Anlage optisch, ist die Achse diagonal ausgerichtet, erscheint die Anlage lebendiger. Versetzte Rechtecke führen den Blick zur Seite und suggerieren Breite.

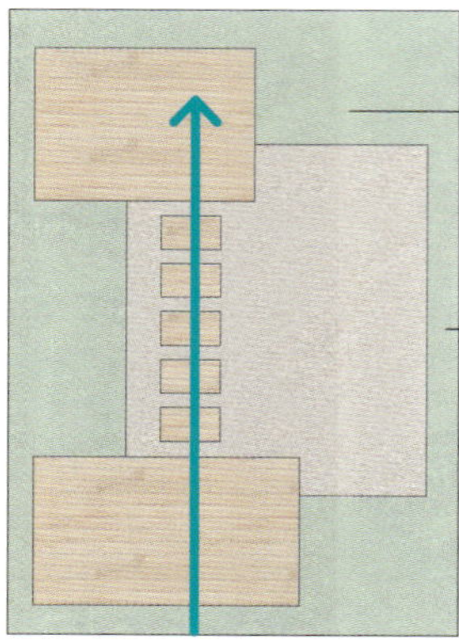

Pflanzbereich für Bäume und Sträucher

Pflanzen sind an schmalen Stellen oft fehl am Platz.

Gerade
Die Ausrichtung ist linear. Die Formen der Pflanzungen sind klar und wiederholen sich.

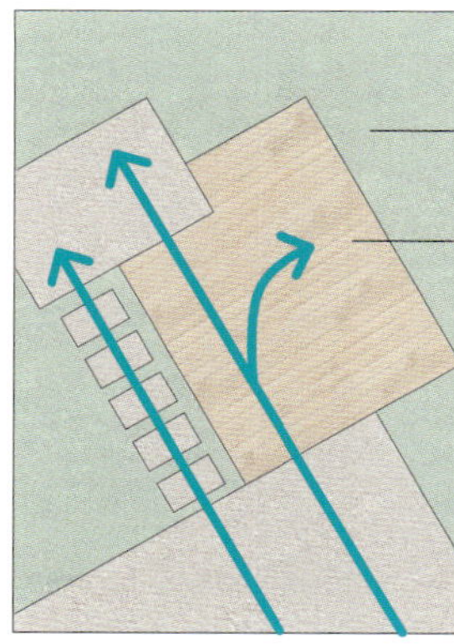

tiefe dreieckige Bereiche für schützende Pflanzung

Die Nutzflächen des Gartens entwickeln sich entlang der Diagonalen.

Längsachse
Der Blick des Betrachters wird entlang der Diagonalen und in die Ecken der einzelnen Gartenräume geführt.

RUNDE FORMEN

Kreise- und Ovalkombinationen vereinen Elemente in einem Raum angenehm, aber gleichzeitig bilden sich spitz zulaufende Kreuzungspunkte aus, die aufwendig zu pflegen und zu gestalten sind. Setzen Sie beim Kreis immer Symmetrien ein: Ein Weg muss z. B. durch die Mitte des Kreises führen, um Unausgewogenheit zu vermeiden. Ovale geben immer eine Richtung vor.

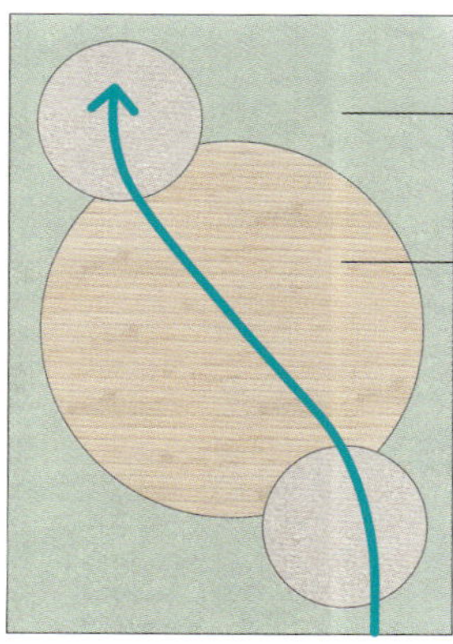

Pflanzbereich oder Nutzfläche

Der dominierende Kreis kann als Rasen oder befestigte Fläche genutzt werden.

Diagonale
Die drei überlappenden Kreise sind an einer Diagonale ausgerichtet, sie bilden eine Achse.

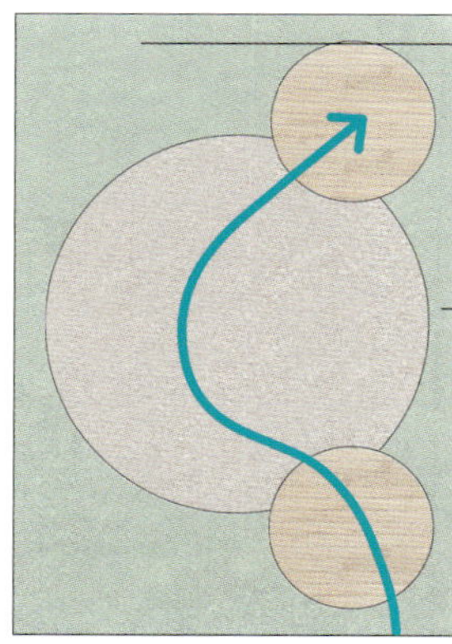

Einseitig platzierte Kreise lassen große Pflanzbereiche entstehen.

Berücksichtigen Sie auch ungünstig liegende, kleine Flächen.

C-Kurve
Der verdeckte Zugang und die Asymmetrie laden zur Erkundung der Gartenecken ein.

MISCHFORMEN

Die Kombination verschiedener Formen schafft Dynamik. Wo eine Rundung auf eine gerade Linie trifft oder verschiedene Materialien aufeinandertreffen, entstehen echte Herausforderungen und Probleme. Bevorzugen Sie deswegen einfachere Strukturen. Experimentieren Sie mit Proportionen, um Lösungen zu finden. Pflanzen verschleiern häufig die problematischsten Punkte.

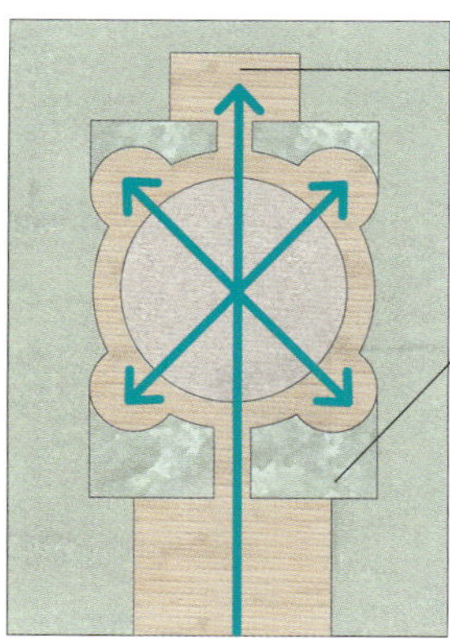

Hier betont ein auffallendes Element die Zentralachse.

Pflanzgruppen trennen Formen.

Klassisch
Symmetrische Strukturen sind die Basis für eher traditionelle oder geometrische Grundrisse.

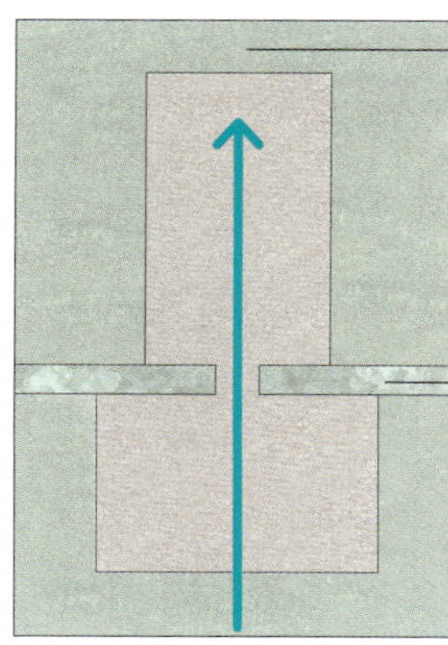

Platzieren Sie hier einen optischen Schlusspunkt.

Die Bereiche werden getrennt und verengt durch eine Pflanzung.

Einfach
Durch die Veränderung der Größe und Ausrichtung einer Form wird Spannung erzeugt.

Klare Linien
Ineinander- und übergreifende rechteckige »Stahlkästen« bilden die Grundlage dieses einfachen Designs. Die Metallverkleidung am Gebäude zieht die Blicke an und setzt gleichzeitig einen optischen Schlusspunkt.

Raumwahrnehmung

Durch eine dichte, hohe Pflanzung, die sich über die gesamte Gartenbreite zieht und einen schönen Aufenthaltsort umschließt, entsteht eine Art Kokon. Hohe Pflanzungen oder begrünte Wände geben jedem Garten eine neue Dimension, die Vertikale. Im Gegensatz dazu steht die lockere Grenzbepflanzung, die Weite vermittelt. Dschungelartige Pflanzungen auf kleinen Arealen überspielen enge Grenzen und lassen den Garten größer erscheinen. Grundsätzlich gilt: Sichtbare Grenzen lassen einen Garten schrumpfen und ein scheinbar nahtloser Übergang in die Umgebung lässt das Grundstück größer erscheinen.

Wahlmöglichkeiten
Die Stimmung des Betrachters entscheidet darüber, ob er hier Pflanzen und Tiere beobachten wird oder die sich anschließende Rasenfläche nutzt.

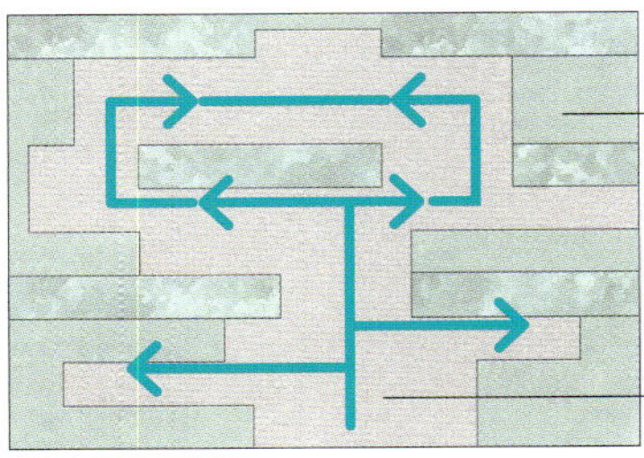

Breite
Parallele Wege zwingen den Besucher, sich durch den Garten zu bewegen und den Blick schweifen zu lassen. Der Betrachter wird förmlich in den Garten gesogen.

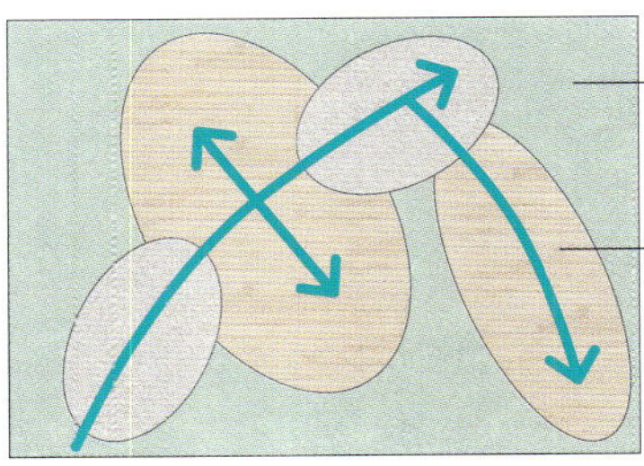

Ellipsen
Ovale erzeugen fließende Raumübergänge, da der Blick entlang der längeren Hauptachse geführt wird, nicht wie bei einem Kreis in alle Richtungen abschweifen kann.

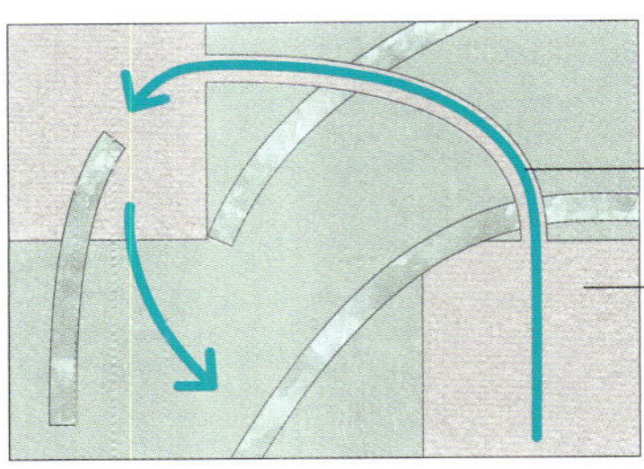

Verstecke
Rechtecke und geschwungene Elemente erlauben, nur einen Teil des Gartens zu überblicken. Unauffällige Besonderheiten werden so wahrgenommen.

Offen
Ein schmaler Garten zwischen hohen Begrenzungen wirkt eng. Ein lichtdurchfluteter, scheinbar weiter Raum entsteht hier im Zusammenspiel von Rasen- und Pflasterflächen sowie einer niedrigen Bepflanzung. Sie nutzt die Tiefe des Raumes und baut eine Sichtachse auf. So wird die Weite des Himmels in den Garten geholt.

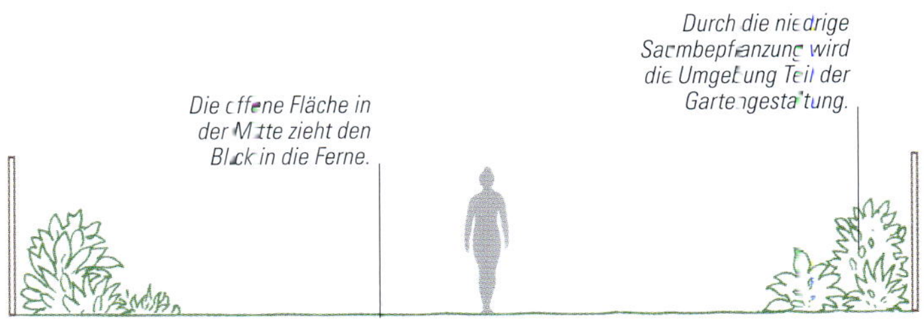

Umschlossen
Wird derselbe Garten mit einer etagenartig abgestuften Vegetation dicht bepflanzt, so wirkt der Raum dunkler und abgeschiedener. Ein Blick über die seitlichen Grenzen ist nicht mehr möglich. Der Mittelweg wirkt wie ein Korridor. Er könnte in verschiedene Gartenbereiche führen, die unterschiedlich bepflanzt und gestaltet sind.

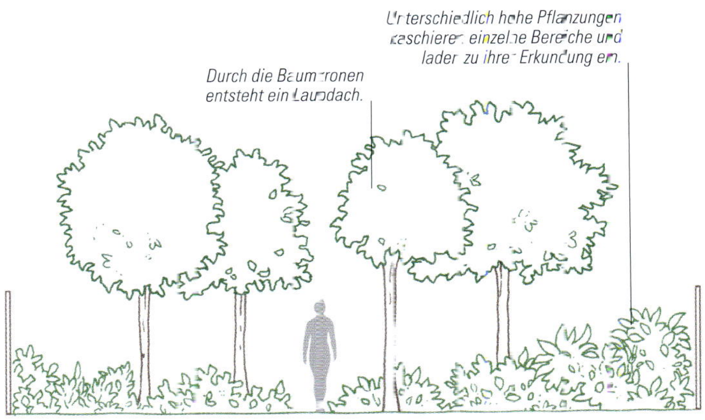

Balance
Wird der offene Gartenraum leicht zur Seite verschoben, so bleibt die Korridorwirkung erhalten. Im Blickfeld liegen nun auch die Bepflanzung – im lichten Schatten unterhalb der Baumkronen – sowie die sonnengefluteten Flächen, die sich anschließen. Bereiche mit hoher und niedriger Bepflanzung eignen sich für lauschige Plätze, etwa in Form einer Pergola oder Laube.

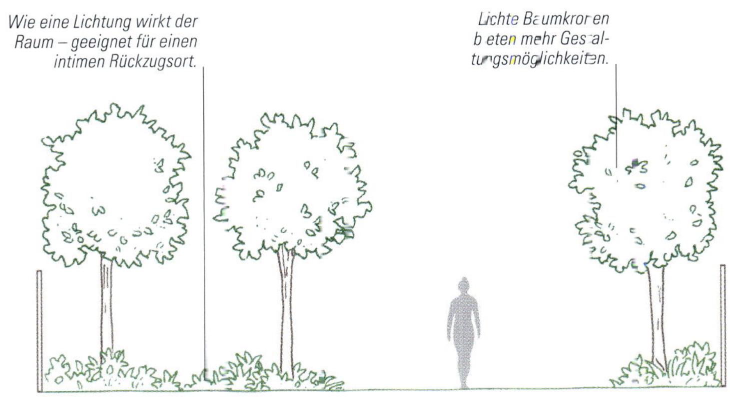

Wege

Pfade leiten durch das Grün, locken zu Aussichtspunkten, machen Flächen zugänglich und umschließen Areale wie eine Grenzanlage. Die Funktion des Weges drückt sich häufig durch den Belag und die Wegbreite aus. Während Hauptwege die Gartenansicht prägen und das Grundstück gliedern, führen schmale Pfade weg von den großen Adern in die versteckt angelegten, intimeren Gartenteile. Wege erfüllen im Garten eine wichtige praktische und ästhetische Funktion.

Hauptwege

Die »Hauptadern« des Gartens verbinden die Gartenteile miteinander und legen so die grundlegende Struktur des Gartens fest, an die der Betrachter Erwartungen knüpft. Ein präzise mittig platzierter Weg gibt z. B. den Hinweis auf eine geometrische Anlage, ein gewundener Pfad wird mit einer naturnahen Bepflanzung assoziiert. Ein breiter Weg lädt den Betrachter ein – ein schmaler, sich schlängelnder, von hohen Gewächsen gesäumter Pfad hingegen spielt mit der Erwartung eines Geheimnisses. Am Wegende findet sich immer ein überraschendes Element, z. B. eine Bank, eine Statue oder ein Gefäß. Viel genutzte Hauptwege brauchen einen robusten Belag, geeignete Wegsäume und einen auf die Funktion abgestimmten Verlauf. Das Wegekonzept steht meist im Einklang mit dem Gartenstil.

ZENTRALE WEGE

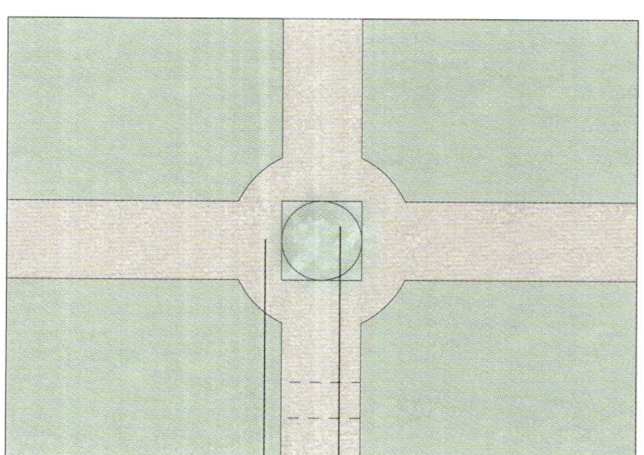

Die Wege kreuzen sich in der Mitte.

Ein Gefäß markiert das Wegende.

Geometrisch

Eine geometrische Anlage wird durch ein symmetrisch verlaufendes Wegeraster geordnet. Die Wege rahmen bepflanzte Bereiche ein. Die Wegekreuzungen im Zentrum der Anlage werden hervorgehoben.

GEWUNDENE WEGE

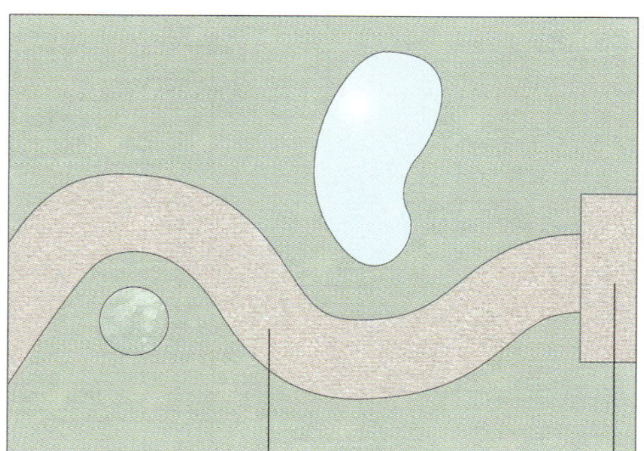

Der Weg streift einen Gartenteich.

Der Weg führt zum Ziel: z. B. zu einem Sommerhäuschen oder einem Sitzbereich.

Verlockend

Gewundene Wege wirken geheimnisvoll und schaffen Dynamik bei der Raumaufteilung und -wirkung. Sie sind als Spazier- oder Verbindungspfade angelegt. Am Wegrand sollten Überraschungen platziert werden.

DIAGONALE WEGE

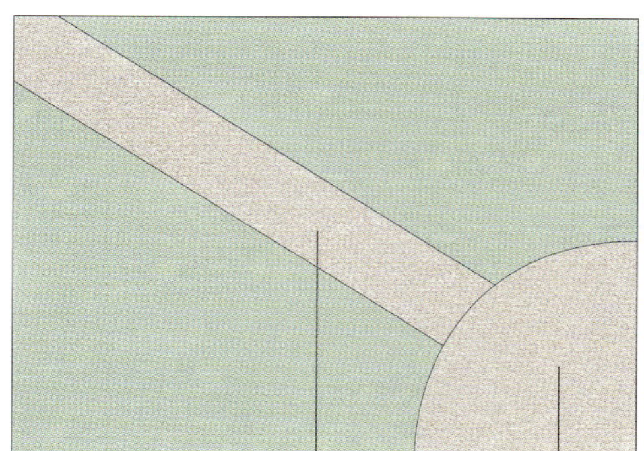

Der gerade Verlauf lässt das Grundstück größer wirken.

Eine runde Terrasse setzt einen Kontrapunkt.

Illusion

Über einen diagonal verlaufenden Weg erblickt man einen Garten entlang seiner längsten Strecke. Die Wegdiagonale bietet auf einem kleinen Areal die Illusion von Großzügigkeit und Tiefe.

ABSCHWEIFEN

Der Natursteinbelag mit bepflanzten Fugen wirkt naturnah. Da feste Orientierungspunkte und -linien fehlen, folgt der Benutzer seinen eigenen Vorstellungen und Bedürfnissen.

RUNDWEGE

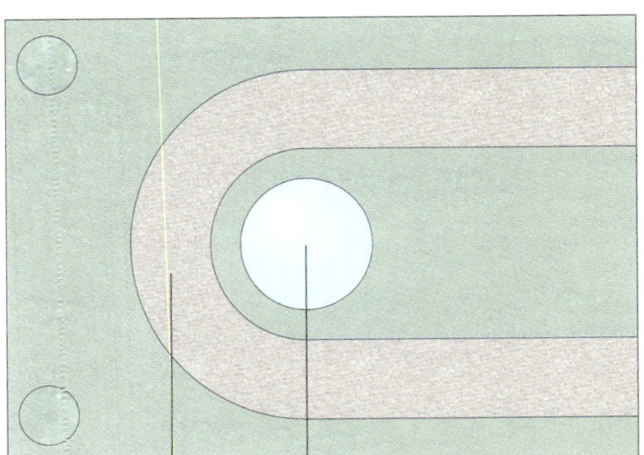

Fließende Linien
Der Rundweg führt die Reise durch den Garten. Sie können ihn so anlegen, dass er – je nach Gehrichtung – unterschiedliche Ansichten wichtiger Gartenelemente und anderer Besonderheiten bietet.

Nebenwege

Während Hauptwege den Stil eines Gartens prägen können, unterstützen Nebenpfade die Anlage gestalterisch und funktional. Sie werden aus praktischen Gründen angelegt, z.B. als Zugang zu einem Sitzbereich, Schuppen oder Komposthaufen, oder führen vom Hauptweg weg auf eine geheimnisvolle Reise zu einer verborgenen Ecke. Nebenwege verlaufen auch direkt durch große Rabatten, damit der Nutzer die Farben und Düfte der Pflanzen genießen kann. Sie werden in der Regel nur geringfügig belastet und können deshalb aus weicheren, organischen Materialien angelegt oder durch eine Gras- oder Wildblumenfläche gemäht werden.

Zugang
Nebenpfade sind als Zugang zu Gartenbereichen nützlich, doch sollten sie sinnvoll angelegt werden, um ein unübersichtliches Wegenetz zu vermeiden. Nebenwege können gut sichtbar sein (rechts) *oder versteckt werden – hier hinter einer Pflanzung* (unten links)*. Als wichtiger Bestandteil des Gestaltungskonzeptes* (unten rechts) *tauchen sie im Grundrissplan auf.*

Praktisch
Der Nebenweg im Hintergrund ist nicht direkt einsehbar. Als befestigter Zugang zu Schuppen und Kompost hat er jedoch eine wichtige praktische Funktion.

Angepasst
Die Kiesflächen sind wichtiger Bestandteil dieses Gartenkonzeptes. Gleichzeitig erlauben sie den Zugang zu einer Sitzgruppe und einem Spielbereich.

Geheimnisvoll
Der Betrachter erhält keine Gewissheit, ob der Hauptweg weiterführt. Erst im letzten Moment wird der Pfad, der in einen abgeschiedenen Gartenteil führt, sichtbar.

Unauffällig
Haupt- und Nebenweg wurden aus dem gleichen Material hergestellt. Zurückhaltend fügt sich der Weg zum Essbereich ein – ohne Bruch des Konzeptes.

An- und Aussichten

Gestalten Sie Ihre Gartenbilder sorgfältig vor einem Hintergrund, sodass ein gesichtsloser Wohnblock in der Nachbarschaft Ihnen den Blick in den Garten nicht verdirbt. Lenken Sie den Blick, rahmen Sie Gewünschtes ein und decken Sie anderes ab, z. B. mit Pergolen oder vertikalen Begrenzungselementen.

Wegverlauf

Eine einzige gekonnt geplante Aussicht ist viel wert, eine Abfolge verschiedener Perspektiven aber noch mehr. Sie werden möglich, wenn man die Größe offener Flächen variiert, Sichtschutze platziert und Attraktives ins Blickfeld rückt. Auch das Einplanen von Aussichtspunkten in Form von Sitzgelegenheiten oder das Ausrichten eines Wegs entlang einer Sichtachse lenkt die Aufmerksamkeit. Widmen Sie dem Blick vom Gartenende zurück zum Haus so viel Aufmerksamkeit wie der Hauptaussicht vom Haus in den Garten. Im Plan rechts können Sie der blauen Route durch den langen, schmalen Familiengarten von Fran Coulter folgen. Die nummerierten Ansichten entsprechen den Bildern und zeigen, wie die Ideen in der Praxis funktionieren.

1 Blick vom Haus
Der wichtigste Blick in den Garten prägt den Grundriss. Die Pergola betont die Wegflucht und lenkt den Blick auf den mit Blütenpflanzen geschmückten Kübel in der Ferne, auf scheinbar halber Wegstrecke. Der Garten wirkt dadurch sehr lang.

ZEICHENERKLÄRUNG

- Weg durch den Garten
- Blickrichtung

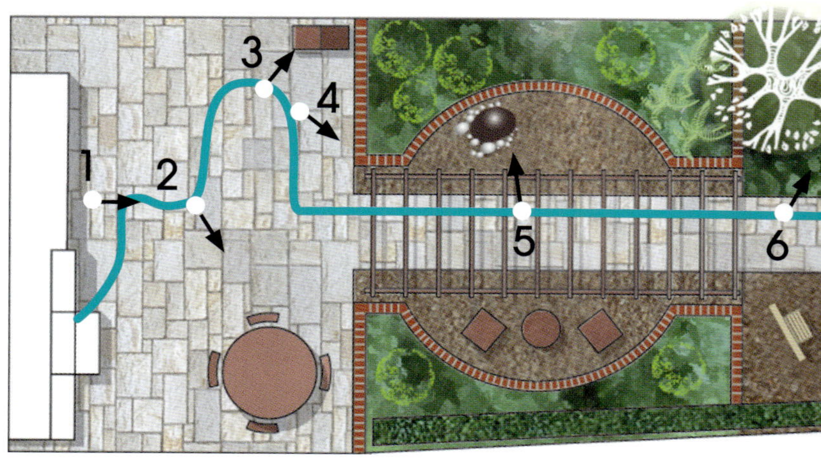

2 Speisen
Tisch und Stühle stehen vor einer grünen Hecke in Hausnähe: Ungestört und in heimeliger Atmosphäre genießt der Nutzer den Ort.

3 Geräteschuppen
Der schmale Schuppen auf der Terrasse wirkt dekorativ und ist funktional. Zudem dient er an dieser Stelle als Blickfang.

4 Meer aus Pflanzen
Aus dieser Perspektive wirkt die Pergola anders als von vorn. Der Garten sieht von hier aus natürlich aus – und keinesfalls geometrisch streng.

5 Wasser
Der Blick zur Seite offenbart unvermittelt einen weiteren Höhepunkt: einen von Funkien und Gräsern eingerahmten Miniteich.

6 Schattiger Winkel
Außer Sichtweite des Hauses, hinter der Pergola, weitet sich der Gartenraum. Hier ist es relativ schattig. Blattschmuckpflanzen wie Funkien finden hier optimale Standortbedingungen.

7 Entspannung
Der Schaukelsitz steht am Ende der Pergola geschützt in einer Ecke. Von hier aus fällt der Blick auf den Ziegelkreis und den Schattengarten.

8 Markierung
Das runde Ziegelpflaster bricht die gerade Wegflucht und lockert sie auf. Als Blickfang dient der große bepflanzte Kübel.

9 Spielplatz
Der Spielbereich liegt hinter einem halb transparenten Wandschirm. Diese Grenze trennt den Spielbereich vom restlichen Garten.

»Geborgte« Landschaft

Wenn die Umgebung vom Haus aus zu sehen ist, können Sie sie auch in Ihren Garten einbinden – etwa indem Sie die attraktivste Perspektive einrahmen oder eine niedrige Hecke entlang der Grenze pflanzen, welche den Übergang des Gartens zur Umgebung überspielt. Die Veränderungen der Natur im Jahreslauf sollten Sie dabei ebenfalls berücksichtigen. Es kann sich lohnen, die Gartenbepflanzung an die Umgebung anzupassen.

Fließend
Kein klarer Grenzverlauf scheint das Grundstück von der Umgebung zu trennen: Der Garten erstreckt sich bis zum Horizont.

Eingerahmt
Das Zaunelement rahmt einen idyllischen Teil der Umgebung ein und macht ihn zu einem Bild.

Kaschiert

Gerade auf einem kleinen Grundstück gibt es Bereiche mit Schuppen oder Mülleimern, die man nicht im Blickfeld haben möchte. Auch hoch aufragende Nachbarhäuser stören den Gesamteindruck oder machen eine Privatsphäre unmöglich. Hilfreich sind in solchen Fällen hohe Pflanzen und Hecken, die abschirmen. Wenn diese allerdings nicht gepflanzt werden können, hilft nur noch, die Aufmerksamkeit des Betrachters auf Schöneres zu lenken.

Zugewachsen
Hässliche, alte Schuppen können Sie unter einem Blüten- und Blätterdach aus Kletterpflanzen verstecken.

Hochgewachsen
Die hohen Bambuspflanzen schirmen neugierige Blicke ab und bieten sich als lebhafte Kulisse an.

Geometrisches Design

Symmetrische Gartengrundrisse eignen sich für kleine, rechteckige Grundstücke, wie man sie oft in Städten findet, aber auch für einzelne Bereiche großer Landhausgärten. Meistens basieren diese Grundrisse auf einfachen Kombinationen von Rechtecken und Quadraten mit linearen Elementen, wie Mauern, Sichtblenden, Hecken und Treppen.

Dynamisch
Schwarze Blockmauern in unterschiedlicher Höhe, rechteckige erhöhte Beete, helle Markierungen und Liegestühle bilden eine Abfolge paralleler Streifen. Die Bepflanzung ist auf einige wenige Arten beschränkt und ordnet sich der ausdrucksstarken Gestaltung unter.

Flächenstaffelung

Verschiedene Höhenebenen verleihen dem Garten unterschiedliche Perspektiven – er wird spannungsvoller und gewinnt zudem an Funktionalität. Die Formen der Höhenebenen können dem Grundriss der Anlage entsprechen. Werden die Grundrissformen jedoch gespiegelt wiedergegeben, entsteht ein interessantes Schatten- und Linienspiel. Nutzen Sie hierzu z. B. Pergolen, Decks und Baumkronen.

Überlappungen
Die Anordnung der Elemente lockert das kleine rechteckige Areal auf und macht verschiedene Raumeffekte möglich.

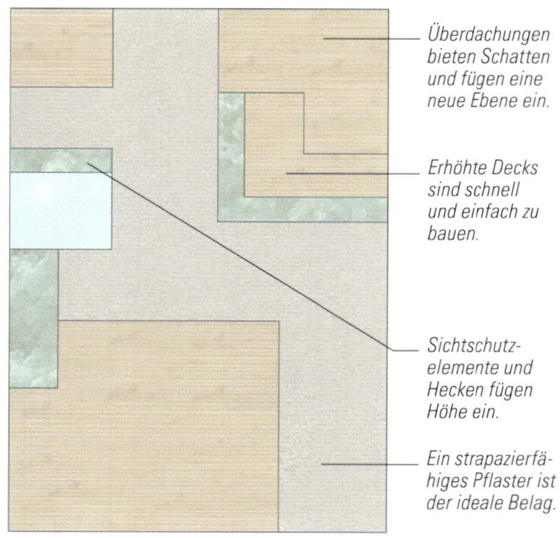

Ebenen
Der subtile Ebenenwechsel, betont durch verschiedene Materialien – Pflaster, Holz und Wasserbecken –, erhöht die Wirkung.

Kreise

Kreise, Bögen und Strahlenmuster als Grundrissformen lassen Räume voller Dynamik entstehen. Perfekte Kreise und Bögen sind jedoch handwerklich und bautechnisch eine Herausforderung. Da verzogene Kreisfiguren keine Lösung darstellen, können Sie natürlich fließende Formen stattdessen wählen *(siehe S. 160–161)*.

Strahlenförmig
Strahlenförmig um den Rasen herum wurden Rabatten angelegt. Ordnung, Bewegung und Rhythmus stehen hier im Einklang miteinander.

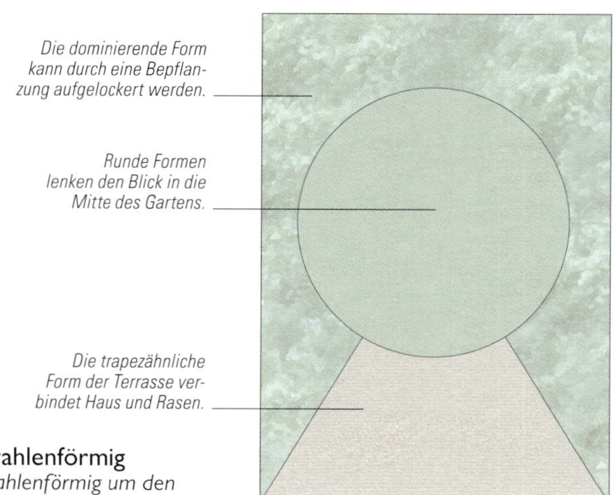

Ausrichtung
Der Blick des Betrachters wird in die Gartenmitte gelenkt. Ein schöner Gegenstand könnte dort die Aufmerksamkeit bündeln.

Diagonale

Die Diagonale als Spiegelachse rechteckiger Grundformen zu verwenden, ist ein Gestaltungstrick für lange, schmale Grundstücke. Der Blick folgt einer möglichst langen, diagonal verlaufenden Strecke im Garten. Die Seitenräume bieten Überraschungen an.

Dynamisch
Der Logik der abgestuft angeordneten Beete, die an einer Diagonalen ausgerichtet sind, folgen Akzente: der schachbrettartige Holzbelag und das Wasserbecken.

Gewunden
Die diagonal ausgerichteten Wege und Stufen bilden eine Zickzacklinie im Garten. Das Verweilen und Genießen der breiten farbenfrohen Rabatten ist möglich.

Flächen definieren
Tiefe Rabatten schirmen die befestigten Flächen ab. Der Garten wirkt auf diese Weise größer, als er tatsächlich ist.

Symmetrischer Grundriss

Vom Mittelalter bis ins frühe 18. Jahrhundert wurden Gärten in aller Welt – ausgenommen die Gärten des Fernen Ostens – symmetrisch angelegt. Nach islamischem und antikem Vorbild gestaltete man die Natur zu einem Kunstwerk, dessen Schönheit und Ordnung als Vollendung des Natürlichen betrachtet wurde.

Moderne Symmetrie

Aktuelle Grundrisse nutzen Symmetrien, um die Wünsche der Gartenbesitzer zu integrieren, wie z. B. die Abstimmung von Flächen für geselliges Beisammensein und einen Küchengarten. Eine gelungene Gestaltung kombiniert und setzt bauliche Elemente sinnvoll ein, um einen einfachen, aber eleganten Rahmen für Pflanzen und Nutzer aufzubauen.

Kühl und beherrscht
Entdecken Sie die moderne Interpretation eines traditionellen Formats: ein Schachbrett aus weißen Pflaster- und Grasfeldern vor dunkler Hecke.

Vollendete Harmonie
Dieser durchkomponierte Garten ist ein Beispiel für Symmetrien. Die Bedeutung von Proportionen ist deutlich erkennbar.

Rechteckig und flächig
Rechteckige Beete, die nur mit einer Art bepflanzt werden, sind typisch für aktuelle Gartenanlagen.

Naturnahe Bepflanzung

Ein symmetrischer Grundriss ist nicht immer klar zu erkennen, vor allem, wenn Pflanzen die Strukturen überwuchern. Aber auch durch eine Vielfalt an Formen, Texturen und Farben wird die Härte geometrischer Formen abgemildert. Der Mix aus geometrischen und natürlichen Elementen hat sich bewährt, erfordert aber viel Geschick und Disziplin. Die Symmetrie einer Anlage wird durch eine reduzierte Farbpalette und die rhythmische Wiederholung von Pflanzen, z. B. im Sinne einer Achsenspiegelung, unterstützt.

Spiegeleffekte
In einem symmetrischen Garten werden die prägenden Formen wiederholt und bilden dann eine Abfolge harmonischer Räume.

Weiche Linien
Die Staudenpflanzung ergießt sich wie eine üppige Woge in den Weg und steht im Kontrast zum geometrischen Grundriss der Anlage.

Rhythmisches Grün
Diese lange, luftige Allee aus Gräsern lenkt den Blick durch den Garten und zeigt die besondere Wirkung symmetrischer Bepflanzungskonzepte.

Traditionsreich

Die an einer Spiegelachse ausgerichteten geometrischen Gärten, z.B. die berühmten Hecken-Parterres des Barock, sind beliebte Vorbilder: Küchengärten werden noch heute nach diesen Grundrissen angelegt, da sie den Zugang zu den Beeten für Pflegearbeiten erleichtern. In den Gärten großer Besitzungen positioniert man den Blick lenkende Elemente wie Zierteiche und Brunnen, Plastiken oder große Vasen, um Orte innerhalb des Grundrisses hervorzuheben oder um dem Betrachter einen gestalterischen Höhepunkt zu bieten. Einen Garten im geometrischen Stil sollte man von der Terrasse oder vom oberen Stockwerk des Hauses voll überblicken können.

Höhepunkte
Ein Blickfang wie diese Steinschnecke zieht die Aufmerksamkeit an. Buchskugeln und Eibenhecken entlang des Wegs verstärken den Blickfangeffekt.

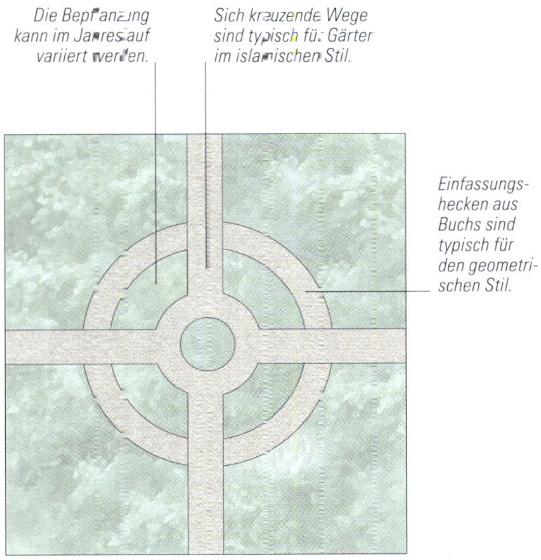

Kreis und Quadrat
Der Grundriss gleicht einem keltischen Kreuz und teilt die Fläche in Quadrate und Quadranten rund um das Zentrum auf.

Flexible Muster
Die mit Buchs gesäumten Beete der symmetrischen Anlage werden saisonal bepflanzt – hier die Frühjahrspflanzung.

Organische Formen

Organische Formen funktionieren in größeren Arealen und eignen sich vor allem für Gärten mit ländlichem Charme. Typisch sind fließende Linien und Rundungen, wenige bauliche Elemente und eine möglichst naturnahe Pflanzung. Ein natürlich wirkender Garten entsteht im Lauf der Jahre, da die Ränder und trennenden Strukturen von den Pflanzen sanft überwuchert werden.

Gewunden
Großzügige Bögen, breite Beete und Engstellen lenken den Blick durch den Garten.

Verwoben

Zwei Gartenteile, die mit einer Engstelle voneinander abgetrennt werden, sind durch eine direkte Blickbeziehung miteinander verbunden. Dieser Grundriss bietet sowohl offene als auch geschlossene Bereiche, sodass hohe Gehölze eine Kulisse für niedrigere Sträucher und Stauden bilden können. Die Engstelle, die den hinteren vom vorderen Gartenteil trennt, bietet Platz für augenfällige Farbspiele oder andere attraktive Elemente, die die Mitte des Gartens aufwerten *(rechts)*. Da nicht alle Gartenabschnitte einsehbar sind, wirkt die Anlage großzügig.

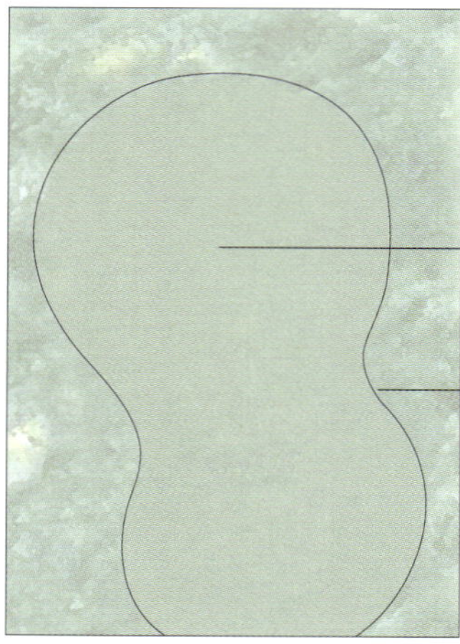

Ohne Kanten
Für naturnahe Gärten sind fließende Linien typisch. Meiden Sie kleine Wellen und harte Kanten, sie stören die natürliche Dynamik.

Fließender Raum

Um Raumtiefe oder Dynamik in einem kleinen Garten vorzutäuschen, wählen Sie eine S-Form für den Grundriss: Dafür werden zwei runde Flächen durch eine gewundene Form, z. B. einen Weg oder ein Rasenstück, verbunden. Wird die Verbindung als Pfad angelegt, sollte sein Anfang oder Ende als Beet, Sitzbereich oder für ein Zierelement genutzt werden. Sind die runden Flächen der S-Form unterschiedlich gewichtet, setzt man durch eine stärkere Krümmung an einem Ende des Pfades einen Akzent.

Eingerollt
In diesem Spielgarten führt der gewundene Weg durch eine robuste Bepflanzung zu einem geschützten Raum.

Geschwungen
Die organischen Formen von Deck- und Rasenfläche werden von subtilen Grüntönen begleitet.

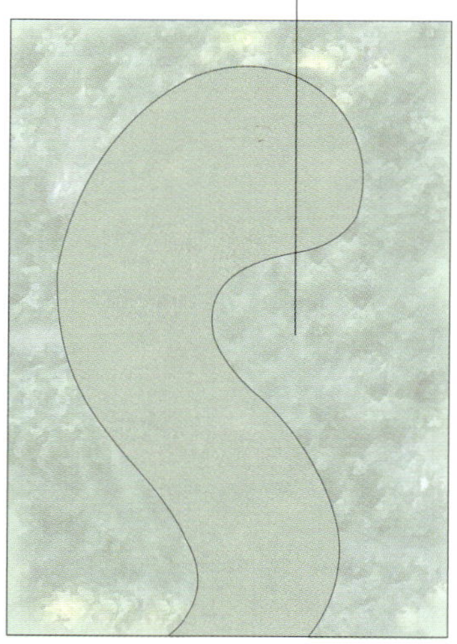

Mäandern
Die Grundform des Grundrisses ist gewunden. Für den Betrachter erschließen sich attraktive Ein- und Ausblicke.

Beschwingt

Geschwungene Formen entstehen durch Hindernisse, wie ein Bach, ein Teich oder ein Gebäude, an denen der Betrachter elegant vorbeigeführt wird. Fließende Formen wirken immer natürlich und gehören deswegen in Gartenbereiche, die eine beschauliche oder unaufdringliche, entspannte oder natürliche Atmosphäre verbreiten sollen.

Kühne Kurve
Die gewundene Designerwand umschließt einen Sitzplatz. Die Terrasse erhält dadurch einen starken Impuls.

Ein Wegebelag aus Kies oder Rindenmulch unterstreicht die natürliche Wirkung der Form.

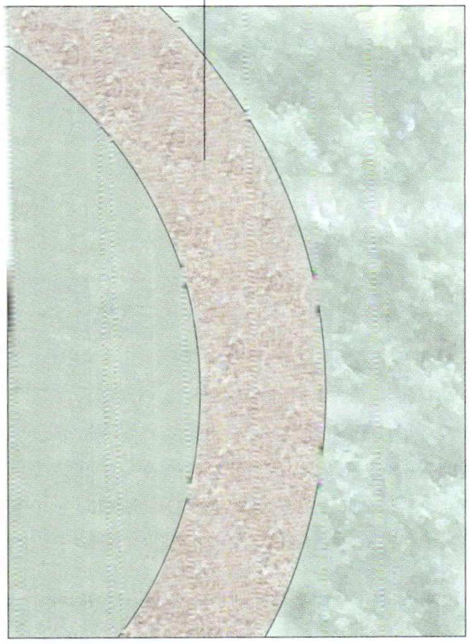

Sanfter Bogen
Ein im Bogen geführter Weg bietet zu beiden Seiten viel Platz für tiefe Rabatten oder großzügige Wasserelemente.

Fortsetzung ungewiss
Eingefasst von Wasserbecken und Rabatte setzt sich dieser mäandernde Weg nach der Biegung ins Ungewisse fort. Auf diese Weise entstehen Spannung und Neugier.

Mehrstufig

Ist die Neigung eines Hangs Teil des Gartenkonzeptes, entstehen naturnahe Gartenbilder, während eine Gliederung des Hangs in mehrere Terrassen die Basis für geometrische oder moderne Gestaltungen darstellt. Bei Gestaltungsarbeiten am Hang müssen Sie immer die Entwässerung sorgfältig an die neuen Gegebenheiten anpassen *(siehe S. 136–137)*.

Terrassen

Terrassen bringen Dynamik in einen Garten. Sie führen die Architektur des Wohnens in Stufen den Hang hinab oder hinauf. Die Kosten für Planung und Ausführung von Stützmauern und Treppen sind hoch, aber immer eine langfristige, sich lohnende Investition. Planung, Errichtung und Schutz der Bauwerke sowie die Absicherung des Hangs gehören in professionelle Hände.

Plattformen
Holzdecks auf Stelzen sind preisgünstiger als Terrassen, für die Erde bewegt werden muss.

Stützmauern
Schwellenwand und Mauer sind niedrig. Sie fangen das leichte Hanggefälle ab.

Leichtes Gefälle

Verändert sich das Geländeniveau nur geringfügig, kann eine optisch lebhafte Anlage entstehen, die zudem noch Raumtiefe suggeriert. Aus praktischen Gründen können Sie Gelände mit kaum vorhandenem Gefälle wie ein ebenes Areal behandeln. Setzt eine Gestaltungsidee ebene Flächen voraus, z. B. ein Sitzplatz, müssen Sie die Höhendifferenz jedoch ausgleichen. Die Übergänge zwischen den Niveaus gestalten Sie mit Stufen oder Terrassen.

Stufen zum Schreiten
Dekoratives findet auf tiefen Auftrittsflächen und Podesten Platz: eine elegante Lösung, um Stege und Terrassen am Hang zu integrieren.

Treppen

Beim Bau von Treppen im Freien ist das Verhältnis von Auftrittsbreite und Steigung entscheidend für die Sicherheit und Bequemlichkeit des Nutzers. Die Auftrittsfläche liegt zwischen 30 cm und 62 cm, die Steigung beträgt entsprechend 16 cm bis 8 cm. Stufengestaltung und Materialwahl sind von der Umgebung und den Nutzungsanforderungen abhängig.

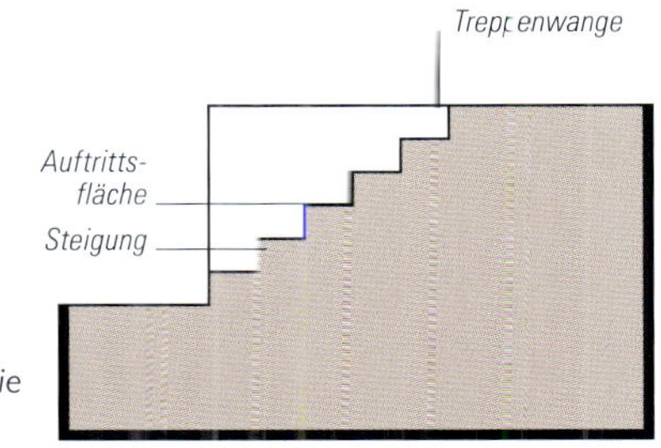

Steile Treppe
Steile Treppen entstehen auf engem Raum. Durch eine hohe Steigung und einen kurzen Auftritt sind diese Treppen jedoch unfallträchtig. Sie wirken spannungsvoll.

Flache Treppe
Treppen mit tiefem Auftritt und geringer Steigung ermöglichen eine entspannte Nutzung. Die Auftrittsfläche der Stufen bietet Platz für dekorative Gegenstände.

Gestufte Rampe
Sie ist leicht zu bewältigen, jedoch für Rollstuhlfahrer nicht optimal geeignet. Die Steigungshöhe beträgt maximal 8 cm und die Auftrittsfläche ist tiefer als 62 cm.

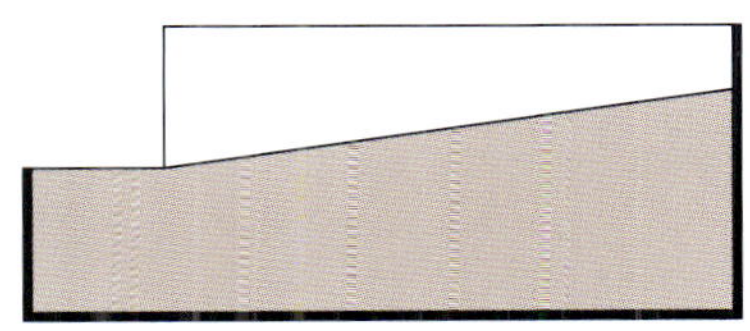

Stufenfreie Rampe
Für Rollstuhlfahrer oder Schubkarrenbenutzung etc. bestens geeignet. Die Bedingung: Auf 1 m Wegstrecke steigt das Bauwerk nicht mehr als 6 cm an.

Natürliches Gefälle

Gehört zu Ihrem Garten ein natürlich verwilderter Hang, so verändern Sie immer nur das Notwendigste zur Gestaltung. Der Grund ist, dass in solchen Lagen meist nur eine geringe Bodentiefe zur Verfügung steht. Vor Erosion und Windabtrag wird der Boden durch die Vegetation geschützt. Entfernen Sie die Pflanzen, müssen Sie mit Bodenverlust und sogar Erdrutschen rechnen. Nutzen Sie die natürlichen Gegebenheiten und gestalten Sie den Hang in Etappen.

Wildnis
Unebene, verwitterte Steinstufen führen durch ein lauschiges, verwildertes Dickicht in einen anderen Teil des Gartens.

SICHERHEIT

Informieren Sie sich über die Bauordnung! Oft gilt: Für Treppen mit mehr als drei Stufen ist ein Handlauf Pflicht, ab 100 cm Höhenunterschied ein 90 cm hohes Geländer.

Dekoratives Geländer

Treppenabsatz
Ein Podest planen Sie bei langen Treppenläufen alle zehn bis elf Stufen ein oder dann, wenn die Treppe die Richtung ändert. Bequeme Treppenabsätze entsprechen mindestens der Länge von zwei bis drei Schritten.

Höhe und Struktur

Pflanzen oder Elemente, die im Gartenraum für Höhe und Struktur sorgen, beeinflussen die Wahrnehmung und Nutzung der Anlage. Das gilt vor allem für gleichförmiges ebenes Gelände und klare gerade Einfassungen. Die Einführung verschiedener Ebenen erzeugt in solch einem Umfeld Dynamik. Allerdings ist dabei die Perspektive des Betrachters zu beachten sowie die Distanz zu den strukturgebenden Elementen, denn sie wirken umso größer, je näher der Betrachter an sie herantreten kann.

Ebenen

Um die richtigen Ebenenhöhen zu ermitteln, orientieren Sie sich an Ihrer Wahrnehmung: Alles unterhalb des Knies wird von oben betrachtet und kann eingesehen werden. Auf hüfthohe Elemente sehen Sie in einem spitzen Winkel herab, sie bilden deswegen teilweise einen Sichtschutz und verdecken alles, was direkt hinter diesen Elementen platziert wird. Einen vollständigen Sichtschutz aus der Perspektive des Betrachters – vom Geländeniveau des Gartens aus gesehen – bieten alle Elemente, die über Augenhöhe hinausgehen. Je nach Gestalt der mindestens augenhohen Strukturen, z. B. Baumkronen, erzeugen sie auch eine Atmosphäre der Abgeschiedenheit: Sie verhindern den Blick zum Himmel oder dem nahen Gebäude. Bauliche Elemente bilden Fixpunkte, doch für Dynamik und Spannung sorgt in erster Linie ein Mix aus gebauten und gepflanzten Elementen.

Vielschichtig
Die Platzierung der Stauden und Gehölze wird – perspektivisch begründet – durch die Wuchshöhe bestimmt. Sie ist auch auf die Höhe der parallel verlaufenden Mauern und den halb transparenten Sichtschutz abgestimmt.

Ebenen erkennen
Pflanzen und bauliche Elemente sollten so angeordnet werden, dass aus verschiedenen Betrachterperspektiven und -ebenen attraktive Gartenbilder entstehen. Die drei niedrigen Mauern gliedern und verdecken Bereiche des Rasengrüns und der Pflanzung – ein Gartenbild entsteht.

Höhenunterschiede
Stamm und Krone dieser eleganten Olivenbäume werden durch die niedrige Unterpflanzung betont.

Höhenstufen

Durch mehrere Ebenen bringt man Vielfalt in einen Garten. Gebaute vertikale Elemente, wie Barrieren – Mauern, Zäune, Sichtschutzwände, Klettergerüste –, dachartige Strukturen – Pergolen, Laubengänge, Kronendächer – sowie Spielgeräte entfalten ihre Wirkung sofort. Bäume, Sträucher, aber auch Bambus, begrünte Spaliere und Rankgerüste, Hecken sowie Ein- und Zweijährige kommen infrage, wenn Pflanzen Ebenen bilden sollen. Es dauert zwar länger, bis sie ihre Wirkung entfalten, doch sie sind kostengünstiger und weniger verpflichtend.

Schutz vor neugierigen Blicken
Bäume und Sträucher, entlang eines Gerüstes gezogen, bilden einen intimen Garten, abgeschirmt von den Blicken der Nachbarn. Das Rahmengerüst gliedert den Raum und suggeriert Großzügigkeit.

Leichtes Dach

Pergolen und Lauben zeichnen sich durch lichte und luftige Dächer aus, die eine weitere Ebene in den Garten bringen. Doch nicht jeder Garten hat Platz oder die konstruktiven Voraussetzungen für ein solches Bauwerk. Ziehen Sie dann Sonnensegel als Alternative vor. Die weißen oder farbigen Stoffe erzeugen eine heimelige, familiäre Atmosphäre. Sonnensegel müssen sorgfältig befestigt werden, die Kraft des Windes sollten Sie nicht unterschätzen.

Segeltuch
Ein leichtes, elegantes Dach aus Segeltuch bietet Schatten und schafft in kleinen Stadtgärten Privatsphäre, ohne dass der knappe Raum durch Stützen verstellt wird.

Perspektiven

Wie Gartenelemente erlebt werden, hängt von der Perspektive des Betrachters ab. Zum einen scheinen sich alle parallelen Linien in seiner Augenhöhe am Horizont in einem Punkt zu schneiden. Zum anderen verändert sich die Größe und Detailschärfe der Elemente über die Distanz zum Betrachter. Ein hoher Baum oder ein Kunstwerk fällt, aus der Nähe betrachtet, auf, aus der Distanz wirken sie unscheinbar. Durch das Spiel mit einem Fluchtpunkt sowie der Größen- und Detailwahrnehmung wird die Raumästhetik manipuliert. Regelmäßige Intervalle entlang einer Achse, die vom Betrachter wegführt, lassen den Garten tiefer wirken.

Ausblicke
Mit einem Blickfang am Ende einer Sichtachse schafft man Perspektiven. Die Skulptur in der Ferne mit Blütenpflanzen davor lädt Besucher ein, über das üppige grüne Gras durch den Laubengang aus Bäumen zu schlendern.

Transparente Barriere

Rankgitter, Glasflächen und andere durchsichtige oder halbtransparente Barrieren trennen Gartenräume voneinander, ohne den Lichteinfall zu verändern. In kleinen Gärten wird dieser Effekt besonders gewünscht. Sie gliedern den Raum in unterschiedliche atmosphärische Bereiche und erlauben zugleich ihre visuelle Verknüpfung.

Vielseitig
Der Bambuszaun kann durch Kletterpflanzen begrünt werden oder halb verdeckt zwischen Immergrünen stehen.

Glaswände
Diese strukturreiche Glasscheibe verändert die Intensität der Wahrnehmung: Sie differenziert Räume und erlaubt visuelle Bezüge.

Struktur

Grenzen legen den Rahmen des Gartens fest und können zur Kulisse des Gartenbildes werden. Abschirmende Elemente gliedern das Areal in einzelne Bereiche. Die Vielfalt an Materialien ist groß, doch Ihre Wahl bestimmt, ob sie trennend oder verbindend wirken.

Hintergrund und Kulisse

Zur Grenzgestaltung nutzt man vor allem Mauern, Zäune und Hecken. Mauern kosten viel, sind aber dauerhaft und verbinden Garten und Haus optisch miteinander. Preiswerter sind Zäune, doch man muss sie regelmäßig pflegen und erneuern. Hecken bilden eine weiche Grenze, brauchen aber einen Schnitt.

Holz
Rankgerüste eignen sich zur preisgünstigen Grenzgestaltung – hier mit Clematis.

Materialmix
Stehende Betonplatten, lackiertes Holz und begrünte Wände stehen in starkem Texturkontrast.

Strahlend
Leuchtende Farben sowie ein transparenter und ein opaker Wandschirm setzen unübersehbare Akzente.

Säulengang
Die hohen, schlank geschnittenen Koniferen bilden einen auffallenden Hintergrund – eine rhythmische, interessante Alternative zur üblichen Heckengestaltung.

Raumteiler

Trennwände oder Wandschirme eignen sich zur Gliederung rechteckiger Gärten. Sichtblenden, die maximal hüfthoch sind, erlauben den Blick in den Bereich dahinter, definieren aber eine untere Rahmenkante. Höhere Sichtschutzelemente unterbrechen die Blickbeziehungen. Lücken oder transparente Materialien erlauben verführerische Blicke in die abgeschotteten Bereiche. Transparenz, Farbe und Textur der Materialien setzen subtile Blickpunkte. Die konstruktiv notwendigen Stützen und Rahmenelemente müssen gestalterisch integriert werden.

Natürliche Wirkung

Strukturen können auch allein durch Pflanzen geschaffen werden – viele Sträucher eignen sich als Hecken. Bei langsamer wachsenden Arten brauchen Sie zwar etwas Geduld, doch sie wird reich belohnt. Natürlich wirkende, abschirmende Elemente sollten Sie für traditionell gestaltete Gärten einsetzen. In modernen Konzepten wird die Pflanze jedoch in geometrische Formen geschnitten oder eine strukturgebende Art wie Bambus bevorzugt. Betonen Sie die vertikale Linie von Bäumen durch eine niedrige Unterpflanzung.

Formschnitt
Geschnittene Lorbeerbüsche – auf Stämmchen gezogen – stehen auf einer mit Buchs gesäumten Rabatte. Sie markieren den Essbereich dieses Gartens.

Bambuswall
Die Gruppen aus hohen Phyllostachys sulphurea *fo.* viridis *spiegeln sich im Teich.*

Skulpturen und Plastiken

Raumgliedernde und -trennende Elemente wirken schon für sich genommen dekorativ, deswegen kann auch eine Plastik die Funktionen des Gliederns übernehmen. Unübliche Materialien, z. B. Glas oder Metall, entfalten in einem durch Pflanzen dominierten Garten spannungsgeladene Effekte. Glas steht in vielen Ausprägungen zur Verfügung: mit glatten, rauen oder bedruckten Oberflächen, in unterschiedlichen Transparenzgraden und Verformungen sowie mit weiteren Herstellungseffekten. Metallische Werkstoffe werden ebenfalls in vielfältigen Qualitäten angeboten.

Drahtgitter
Dieser ungewöhnliche elliptische Tunnel aus Drahtgitter wirkt wie ein Kunstwerk. Er ist Weg, Sichtschutz und Kunstobjekt in einem.

Bedruckt
Die Glasscheibe mit transparenten und mattierten Bereichen ist mit Pflanzenmotiven bedruckt. Glaswand und Sitz scheinen dank der filigranen Konstruktion zu schweben.

Farben

Farben gehören zu den wichtigsten Stilmitteln der Gartengestaltung. Sie beeinflussen die Art und Weise, wie wir unsere Umgebung wahrnehmen. Unterschiedliche Atmosphären und Botschaften lassen sich auf diesem Weg vermitteln: Warme Töne wirken lebendig, freundlich und schaffen Nähe, kühlere Töne verbreiten Ruhe, Beschaulichkeit und bieten Distanz.

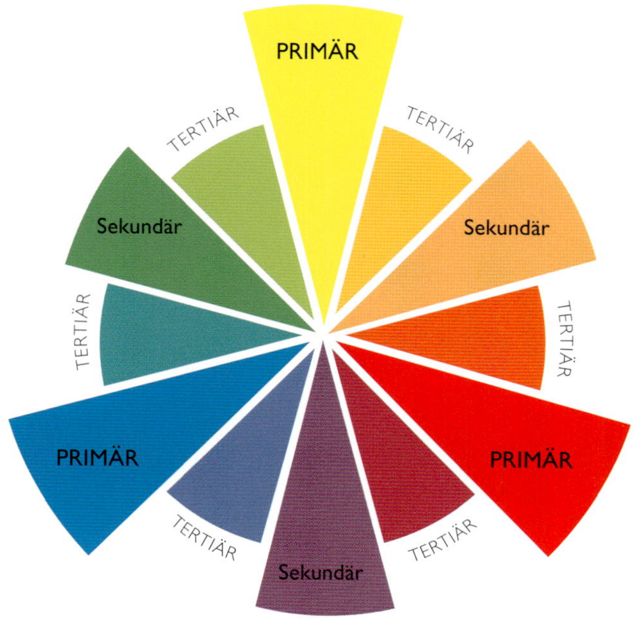

Farbkreis

Die Sprache der Farben lässt sich am leichtesten mithilfe eines Farbkreises verstehen. Dieses Spektrum wird von vielen Gestaltern verwendet, um die Beziehungen zwischen Farben und ihr Zusammenwirken abzulesen. So wird deutlich, warum einige Kombinationen harmonieren oder Gegensätze manifestieren und warum Grundfarben Tönungen und Schattierungen dominieren.

Primärfarben
Rot, Blau und Gelb, die großen Ecken im Farbkreis oben, sind Primärfarben. Von ihnen leiten sich alle anderen Farben ab. Die drei Grundfarben lassen sich nicht durch Kombination aus anderen Farben mischen.

Sekundärfarben
Zwei benachbarte Primärfarben ergeben miteinander vermischt eine der Sekundärfarben: Grün, Orange und Violett.

Tertiärfarben
Mischt man benachbarte Primär- mit Sekundärfarben in verschiedenen Mengenanteilen, so entstehen Tertiärfarben – der Farbkreis ist komplett.

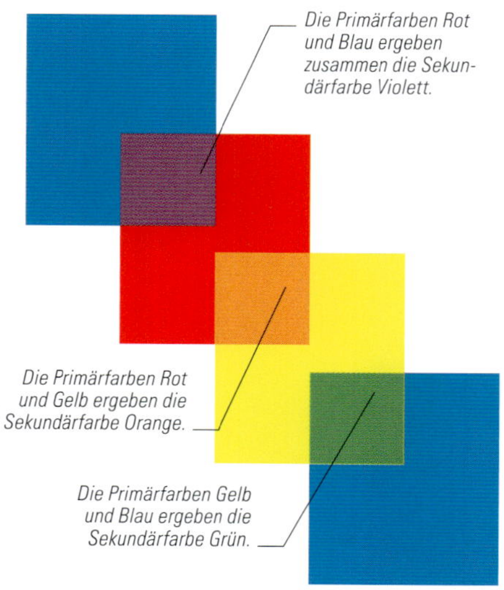

Farben, Schattierungen, Tönungen
Die Grundfarben werden im dritten Ring dargestellt. Die beiden inneren Ringe zeigen hellere, mit Weiß gemischte Tönungen, während die äußeren Ringe Schwarzbeimischungen abbilden.

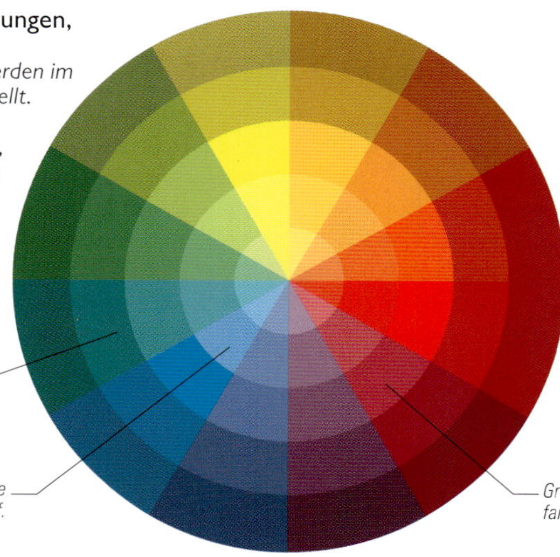

Farben im Garten

Pflanzenkombinationen
Farbarrangements mit Blättern und Blüten, aber auch Dornen und Rinden machen viel Freude. Das Farbspiel verändert sich im Jahresverlauf mehrmals.

Farbenfrohe Baumaterialien
Wenn nichts blüht, können bauliche Elemente Farbe in den Garten bringen. Sie sind dauerhaft, doch auch sie verändern sich im Lauf der Zeit durch Verschleißspuren.

Farbwahl
Erdige Töne aus natürlichen Pigmenten passen gut zu naturnahen Gestaltungen, während kräftige, helle Farben energievoll, lebendig und optimistisch wirken.

Farbklassiker

Eine Herausforderung für jeden Gartengestalter ist die Kombination von Farben und Tönungen. Der für die Gestaltung beste Farbeffekt kann am Farbkreis ermittelt werden. Im Prinzip arbeitet der Gestalter mit Kontrasten und Harmonien, um den Betrachter des Gartens in den Bann zu ziehen. Die Farbe, der Sie den meisten Raum gewähren, wird Ihr Gestaltungskonzept dominieren.

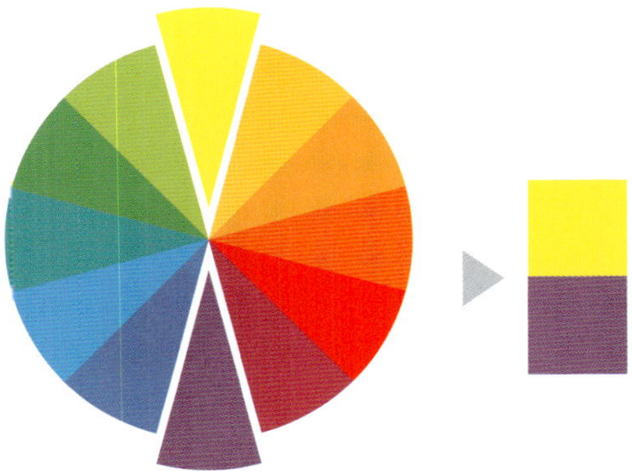

Gegenfarben oder Komplementärfarben
Sie stehen sich im Farbkreis gegenüber, z. B. Gelb und Violett oder Rot und Grün, und unterstreichen ihre Wirkung gegenseitig. Der starke Kontrast zwischen ihnen bringt Spannung in ein Arrangement und ermüdet das Auge schnell. Sie sollten deswegen sparsam eingesetzt werden.

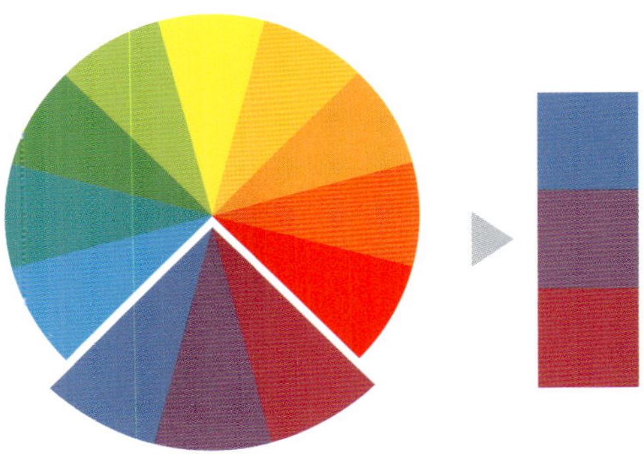

Verwandte Farben
Farbkombinationen, die nebeneinander angeordnet sind, werden als angenehm empfunden, da ihre Farbanteile stufenlos ineinanderfließen. Das Prinzip lautet: Eine dominierende Farbe wird von Mischfarben unterstützt; je nach Farbanteil entsteht eine kühle oder warme Atmosphäre.

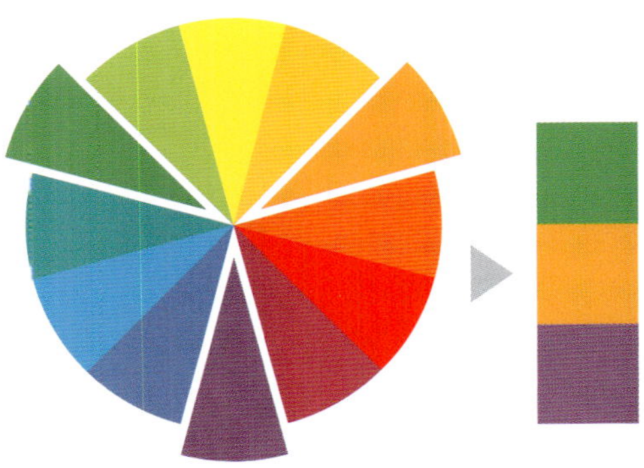

Dreiklang
Farben und Tönungen, die im gleichmäßigen Abstand voneinander entfernt im Spektrum liegen, bilden einen resonanzreichen, lebendigen Farbdreiklang. Mit Blüten- und Blattfarben lässt sich ein solcher Dreiklang besser arrangieren als durch bauliche Elemente.

Farbeffekte

Farben werden immer innerhalb einer Gesamtkomposition wahrgenommen, die auch Formen, Linien, Texturen und unterschiedliche Größenverhältnisse umfasst. Die Intensität des Sonnenlichtes und des Schattens beeinflusst die Wirkung der Farben unter freiem Himmel. Für den Gartengestalter ist unerlässlich, Farbeinsatz und Farbwirkung zu studieren.

Kürzer
Wird vor einer Farbe der Nähe, wie Rot, eine Distanzfarbe, wie Grün, platziert, so tritt der Hintergrund nach vorne.

Farben in der Planung

Farben können die Aufmerksamkeit auf bestimmte Elemente und Bereiche lenken. Je stärker sich ein Objekt von seiner Umgebung abhebt, desto deutlicher wird es wahrgenommen. Grundfarben werden als dominant empfunden, sie bauen untereinander die stärksten Gegensätze auf – dunklere oder hellere Tönungen büßen jedoch Kontraststärken ein. Akzente und Kontraste entstehen zudem durch Hell-Dunkel-Kombinationen.

Länger
Beherrscht eine Farbe der Nähe, wie Violett, den Vordergrund, während eine Distanzfarbe, wie Grün, den Hintergrund bildet, so wirkt der Raum länger.

Unsichtbar
Ohne Farbgebung hebt sich der Baum nicht von dem Hintergrund ab.

Rot auf Grün
Rot auf komplementärem Grün lässt das Rot »vibrieren« – mit klarer Silhouette.

Grün auf Rot
Rot dominiert im Hintergrund – die Silhouette des Baumes ist weniger klar erkennbar.

Warm
Die gelben Blüten stehen kontraststark vor der Mauer. Durch die Öffnung wird das Violett-Ziegelrot-Farbspiel mit Kontrast zu dunklem Wald und heller Wiese fortgeführt.

Kalt
Violett und Grün stehen im Farbkreis dicht beieinander. Reines Weiß reflektiert am meisten Licht. So kombiniert bringt es kühle Frische – ein starker Kontrast zur Wand.

Akzente setzen

Komplementärfarben, z. B. Rot und Grün oder Violett und Gelb, unterstreichen gegenseitig ihre Farbintensität, während verwandte Farben, die auf dem Farbkreis nah beieinanderliegen, also Violett, Rot und Rosa, ihre Farbwirkung gegenseitig hemmen *(siehe S. 169)*. Der Betrachter empfindet dieses zurückhaltende Farbspiel als harmonisch. Wird eine intensiv farbige Pflanze, z. B. in leuchtendem Gelb, vor einem zurücktretenden Hintergrund in mattem Grün oder Blau platziert, so wird die Pflanze betont. Bei der Kombination von warmen und kalten Farben bestimmt die dominierende Farbe die Atmosphäre. Weiß kann das meiste Licht reflektieren. Je nach Lichteinfall tritt es deswegen hinter andere Farben zurück oder dominiert.

Sonnenlicht als Farbverstärker
Sonnenlicht lässt die gelbe Wand stärker leuchten und intensiviert die Rotwahrnehmung der Blume im Topf und der Heckenpflanze im Hintergrund.

Die neutralen Farben der Natur
Auf dunklen Rabatten wirken beruhigende Grau-, Blau- und Grünschattierungen zusammen mit aufhellenden Weiß- und Gelbtönen.

Licht und Schatten

Wie der Betrachter die Sinneswahrnehmung »Farbe« interpretiert, hängt von der Menge und Intensität des Lichts und einigen individuellen Eigenschaften ab. Sonnige Bereiche lassen Farben kräftiger und intensiver erscheinen, während in Schattenarealen die Farben gedämpft wirken. Die Wirkung einer farbigen ebenen Farbfläche, etwa einer Wand, hängt von den vorherrschenden Lichtverhältnissen ab und von der Oberflächenbeschaffenheit der Wand. Die Farben von Blüten und Blättern verändern sich je nach Standort und der Lichtintensität. Selten verändern sie sich im Tageslauf oder während der Blütezeit.

FARBEIGENSCHAFTEN

Warme Farben (Rot-, Gelb- und Orangetöne) machen Räume kleiner und lauschiger. Kühle Farben (Blau- und Weißtöne) lassen sie größer und offener wirken. Grün ist neutral

ROT
Rot und Orange vermitteln Aufregung, Wärme, Leidenschaft, Energie, Lebendigkeit. Sie heben sich gegen neutrales Grün ab und wirken in der Sonne am besten. Zu viel davon erdrückt jedoch

GELB
Gelb ist sonnig und fröhlich. Die meisten Tönungen sind warm und passen gut zu Rot und Orange. Grünliches Gelb wirkt kühler und eignet sich eher für zartere Kombinationen.

BLAU
Dunkles Blau ist sehr intensiv, hellere Töne wirken luftiger. Normales Blau schafft eine friedliche, beschauliche, kühle Atmosphäre. Violett hat Eigenschaften von Rot und Blau.

GRÜN
Grün ist die häufigste Farbe im Pflanzenreich und in vielerlei Variationen enthalten – die Palette reicht von kühlem Blaugrün zu warmem Gelbgrün. Grün vermittelt Ruhe, Fruchtbarkeit und Frische.

WEISS
Weiß ist eine Mischung aus allen reinen (Licht-)Farben und kommt in der Natur sehr häufig vor. Es vermittelt Reinheit und Harmonie. Weiß wirkt geräumig, aber auch kahl und öde.

SCHWARZ/GRAU
Schwarz und Grau sind keine Farben. Sie absorbieren das Licht. Schwarz wirkt glamourös, wenn es sparsam eingesetzt wird, auf größeren Flächen aber bedrückend

Farben und Tönungen

Als Faustregel gilt: Reine oder gesättigte Farben wirken intensiver, Mischfarben erscheinen immer gedämpft. Schwarz und Grau findet man in der Natur sehr selten, doch als ein Lichteffekt (Schatten) kommen sie vor. Eine mit Weiß versetzte gesättigte Farbe wirkt hell und luftig und erscheint weiter in die Ferne gerückt, eine mit Schwarz abgetönte, gesättigte Farbe wirkt »näher« als die Ursprungsfarbe. Grautöne entstehen durch den Schattenwurf auf eine Farbe. Insgesamt wird die Farbwirkung vom Lichteinfall beeinflusst: Am Morgen empfindet man die Farben rund um eine Terrasse anders als abends im Dämmerlicht.

Heller
Farbe + Weiß = Helltönung. Je mehr Weiß hinzugefügt wird, desto heller erscheint die Farbe.

Dunkler
Farbe + Schwarz = Dunkeltönung. Dunklere Töne treten nach vorn. Sie wirken wärmer und näher als helle.

Grau
Farbe + Grau = Grautönung. Meist im Schatten zu finden. Grautöne wirken weniger intensiv und gedämpfter.

Farben anwenden

Mutig sind die meisten beim Umgang mit Farben im Garten – entgegen den Gewohnheiten bei der Wohnraumgestaltung. Möglicherweise sind Helligkeit und Weite des Gartens die Ursache hierfür. Zudem dämpfen das neutrale Grün der Pflanzen und das Graublau des Himmels den Farbeindruck der Anlage.

Vibrierende Farben

Kräftige Farben beleben subtile Pflanzarrangement oder werden als Farbinseln in einer Masse grüner Farbnuancen eingesetzt. Komponieren Sie ein Farbenspiel, das mit ruhigem Blau und Violett beginnt und sich zu feurigem Rot und Orange aufschwingt. Die warmen Farben kommen besser zur Geltung, wenn man sie mit lindgrünem, bronzerotem und violettem Laub kombiniert.

Strahlende Farben
Setzen Sie leuchtende Blütenfarben an sonnigen Standorten ein, dort wo die Farben im Licht zu flirren scheinen.

Anregend
Mit den Farben dieses Sitzbereichs wird eine lebendige Atmosphäre erzeugt – das ideale Ambiente für angeregte Gespräche.

Beruhigende Farben

Grau-, Violett- und Blaugrüntöne, eine Farbkomposition, die an den mediterranen Raum erinnert, eignen sich für Orte der Kontemplation. Doch man kann auch frische Grün- und Pastelltöne wählen, um den gleichen Effekt zu erzielen. Wiederholt man die Violetttöne von den Hügeln der umgebenden Landschaft im Garten – mit Blickbezug –, so wirkt der Garten größer.

Erfrischend
Frische Zitronen- und Grüntöne kombiniert mit leuchtendem Rosa und Weiß schaffen ein lebendiges, aber dennoch ruhiges Ambiente – geeignet für einen lauschigen Sitzplatz in einiger Entfernung vom Haus.

Ländlich
Ein geometrischer Garten mit Lutyens-Bank: Die ruhige Farbpalette wurde durch Salbei in rot und blau getöntem Violett ergänzt.

Neutrale Farben

Erdige Herbsttöne in Braun und Beige verbreiten eine heimelige Atmosphäre. Verwitterte Holzelemente sind wie geschaffen für solch ein Farben- und Materialspiel im ländlichen Stil. In Städten fühlt man sich der Natur näher, wenn man den Garten mit Sichtschutzwänden, Hochbeeten und Möbeln aus Holz oder Weidengeflecht gestaltet. Als Bodenbelag empfehlen sich Sandsteinplatten, Holzpflaster, Holzdielen oder Kies.

Rustikal und einfach
Korbflechtstühle und ein Tisch, aus einem Baumstamm hergestellt, fügen sich nahtlos in den rustikalen Garten ein.

Gedämpfte Töne
Stauden wirken auch im Winter dekorativ. Mit ihren Brauntönen und Texturen zieren sie jeden winterlichen Garten.

Naturraum
Regelmäßige Wände aus Holzblöcken und Birken bilden die Kulisse für Gräser und Blattschmuckpflanzen.

Monochrome Kombinationen

Rabatten und bauliche Elemente in der verhaltenen Schwarz-, Grau- und Weißpalette wirken elegant. Das Farbspektrum eignet sich für Gärten im geometrischen Stil. Weiße Blüten und silbriges Laub harmonieren in urbanen Anlagen mit Metall. Die cremefarbenen oder weißen Blüten hellen schattige Rabatten auf. Weiß wird hier mit panaschiertem und lindgrünem Laub kombiniert.

Frühlingsweiß
Dieses elegante Ensemble enthält weiße Vergissmeinnicht, Tulpen, Gänseblümchen und Silberblatt – außerdem Blattschmuck von Funkie und Astelia.

Schwarze Rauten
Waldmeister und eine niedrige Buchshecke fassen den Weg beidseitig ein. Der grau und cremeweiß gehaltene Weg mit schwarzem Kieselsteinmosaik ist der Blickfang im kleinen Vorgarten eines Stadthauses in Buckinghamshire.

KÜNSTLICH

Aufmerksamkeit wird durch Farben erzielt, die in der Natur selten zu finden sind. Moderne Designer verwenden Neonfarben bei Materialien wie Möbelbezügen und Acrylglaswänden oder LED-Beleuchtung, um einem Gartenraum avantgardistisches Ambiente zu verleihen.

Leuchtfarben
Kräftige Bonbonfarben wie Kaugummirosa, Lindgrün, Orange und Türkis scheinen von selbst zu leuchten. Man sollte sie jedoch sparsam einsetzen.

Malen mit Licht
LED-Leuchter gibt es in unzähligen Farben. Sie können sogar so programmiert werden, dass die Beleuchtung die Farbe ständig wechselt.

Texturen

Farben verführen schnell, doch müssen Sie bei Ihrer Planung auch Formen und Texturen berücksichtigen, um Ihre Gestaltungsidee perfekt zu realisieren: Die verschiedenen Formen und Texturen werden so kombiniert, dass der Gesamteindruck und das Detail überzeugend wirken. Um die Formen und Texturen besser zu erkennen, sollten Sie sich die »harten« und »weichen« Elemente, z. B. Mauern und Pflanzen, als Negativbilder vorstellen. Bedenken Sie auch das Licht, es verändert Formen!

Erwartungen

Texturen spielen bei der sinnlichen Erfassung des Raums eine Hauptrolle. Sie vermitteln Ihnen auf den ersten Blick das Wissen, wie sich etwas anfühlt, machen neugierig oder überraschen. Bestimmte Formen und Texturen laden zum Berühren ein, andere bereichern den Garten durch Farb- und Lichteffekte. Starke Texturkontraste erhöhen die Spannung. Oberflächenbeschaffenheit und Lichteinfall bestimmen die Wirkung der Texturen und die Atmosphäre des Gartens.

Rau
Schotter, Natursteinmauern, Flechtzäune, rissige Borken, stachelige oder dornige Äste

Glatt
flache oder runde Formen – Beton, Ton, glatte Borke und Kieselsteine, gebürstete Metalle

Schimmernd
viele immergrüne Pflanzen, geschliffene Natur- und Kunststeine, poliertes Metall, Wasser und glasierte Keramik

Matt
Holz, verzinkte Metalle, Sandstein und Cortenstahl

Weich
Pflanzen mit weichem, filzigem oder behaartem Laub, bauschige Samenstände und Gräser

Hart und starr
matte oder glänzende Oberflächen aus Gusseisen, Stein, Beton, Feuerstein, Granit und Terrazzo

Kombinationen

Texturvielfalt entsteht durch Materialien, Lichtverhältnisse und die Kombination der Elemente im Garten. Übertreiben Sie es jedoch nicht mit Gegensätzen und Extremen, da sonst Unruhe entsteht. Kontraste entwickeln sich aus ablesbaren Unterschieden: z. B. die Vertikalität des Bambus mit Bezug zum Terrassenbelag oder die glitzernden, harten Effekte von Wasser und Stahl im Verhältnis zum Laub von Farn, Funkie oder Gräsern.

Texturkontraste rechts
Die Kombination verschiedenster Texturen bringt optische Spannung in dieses harmonische Design. Mit den horizontalen Linien des Pflanzgefäßes werden die Linien der in Beton gesetzten Steine aufgegriffen. Die Rinne setzt einen glitzernden Kontrapunkt dazu.

Rau und glatt
In diesem Hofgarten werden Kies, glatter farbiger Beton, rauer Beton und Naturstein kombiniert. Das Wasserspiel mit Natursteinen teilt die farbige Wand.

Glänzend und matt
Glasflächen und Metalltüren glitzern wie das Wasser. Optisch getrennt werden die Elemente durch Terrasse und Wand – beide mit matten Oberflächen.

Weich und hart
Der Holzbelag, die runde Terrasse und die gewundene Mauer bilden das perfekte Gegengewicht zur üppigen Vegetation aus Funkien, Schwertlilien und Gräsern.

Kleingartenlösungen

Klein heißt nicht automatisch langweilig. Gerade wenn man erfindungsreich ist und ein Auge für interessante Details hat, kann man aus einem kleinen Garten viel machen. Erfassen Sie sein Potenzial und optimieren Sie es durch clevere Pflanzenwahl, ausgefeiltes Design und platzsparende Lösungen. Flexibilität ist entscheidend, wenn ein Garten ganzjährig etwas bieten soll. Pflanzen lassen sich in Gefäßen umarrangieren, während man mit maßgefertigten Stauräumen »toten« Raum nutzt. Binden Sie Wände und Dächer ins Design mit ein.

Flexible Pflanzgefäße

Wachsen Pflanzen in Gefäßen, lassen sie sich je nach Jahreszeit aufstellen. Was gerade Saison hat, bekommt den besten Platz, und wenn es die beste Zeit hinter sich hat, wird es unauffällig auf die hinteren Plätze verbannt. Topfpflanzen erweitern die Palette einsetzbarer Arten enorm. Man kann sie einzeln oder zu mehreren im großen Gefäß präsentieren oder als Minirabatten in einem einzigen Container kombinieren. Dabei verwendet man aber immer das größtmögliche Gefäß: Es vergrößert kleine Räume optisch und bietet viel Wurzelraum.

Kreativräume oben rechts
Dachrinnen an einer Wand sind eine gute Idee, um Salate auf kleinstem Raum unterzubringen.

Flexible Fülle rechts
Die breiten Gefäße mit einem Staudenmix und einem mehrstämmigen Rhus *geben dem Raum Struktur.*

Formschnittakzente
Geflochtene Hainbuchen geben dem Garten Höhe und dem Hochbeet geometrische Eleganz. Zudem greifen sie die Form der Lorbeerbäume im Topf auf.

Mehrstämmig
Die Stämme der Felsenbirne sind ein skulpturales Element, während ihre Krone den Funkien und Farnen Schatten spendet.

Raum für einen Baum

Es mag kontraproduktiv wirken, große Pflanzen in kleinen Gärten einzusetzen, doch gerade das ist eine ausgezeichnete Möglichkeit, sie aufzuwerten. Selbst Bäume in Kübeln können, sofern sorgfältig ausgewählt, integriert werden. Ihre Krone lenkt den Blick nach oben und vermittelt den Eindruck von Raum, während im Streuschatten darunter unzählige Arten ideale Bedingungen vorfinden. Besonders eignen sich schwachwüchsige Gehölze oder solche, die sich regelmäßig schneiden lassen. Ebenfalls eine gute Wahl sind große Sträucher, deren untere Äste man entfernen kann, damit sie baumartig wachsen. Verwenden Sie Bäume, die lange gut aussehen, also etwa im Frühjahr oder Sommer blühen, eine schöne Herbstfärbung haben und einen dekorativen Stamm, der sie auch im Winter ansehnlich macht. Sommergrüne Bäume mit lichter Krone sind oft ideal, da sie im Sommer Schatten spenden, im Winter aber kein Licht wegnehmen. Manche Gehölze gedeihen sogar jahrelang in Pflanzgefäßen.

Stauraum

Die meisten Gärten brauchen einen Stauraum. Wenn Platz allerdings knapp ist, bekommt man oft keinen vollwertigen Schuppen draußen unter. Einen Unterstellplatz für Fahrräder oder Mülltonnen auf kleinen Grundstücken zu finden ist oft ein Problem. Ideal sind in solchen Fällen speziell angefertigte Stauräume. Dafür bieten sich kleine, nicht genutzte Flächen oder ungünstige Ecken an, in denen man Räder, Tonnen, Brennholz oder die Gartenmöbel im Winter unterbringen kann. Mit begrünten Dächern, Wänden oder Rankgittern für Kletterpflanzen lassen sie sich optisch besser in den Garten integrieren und sogar zu ansehnlichen Elementen aufwerten, selbst wenn man sie vom Haus aus sehen kann.

Fahrradgarage oben rechts
Ein maßgeschneiderter Abstellplatz für Räder löst Aufbewahrungsprobleme. Mit begrüntem Dach sieht er sogar noch gut aus.

Tonnengewölbe rechts
Mülltonnen gelten als hässliche Notwendigkeit. In Müllhäuschen mit begrüntem Dach sind sie gut versteckt und laufen nicht Gefahr, vom Winde verweht zu werden.

Die Wände hoch

Mit etwas Erfindungsreichtum lassen sich Wände und Begrenzungen in schöne und zugleich nützliche Grünflächen verwandeln. Ideal sind dafür Gefäße, die an der Wand befestigt und mit Blüten oder Gemüse bepflanzt werden. Davor kann man Bodentöpfe stellen und mit Kletterpflanzen wie Clematis bestücken – in Nutzgärten auch mit Freilandgurken, Kletterbohnen und Zucchini. Rankgitter und Spanndrähte bieten wüchsigen Pflanzen Halt, die vertikale Flächen im Nu begrünen. Als Alternative kommen Gartenregale oder Halterungen infrage, an denen man Blumenampeln befestigt. Zum Einsatz bringen lassen sich recycelte Materialien. Sie sind ideal als kurzfristige Lösungen in Mietobjekten mit Minigärten oder -höfen.

Geordnete Produktion
Recycelte Plastikflaschen und Dosen lassen sich vorzüglich als Pflanzgefäße für Kräuter, Gemüse und Blumen nutzen. Sie können aufgehängt oder in improvisierte Regale gestellt werden.

Wasserfässer, gut getarnt

Nachhaltigkeit bekommt einen immer höheren Stellenwert. Die meisten neuen und viele ältere Gebäude werden deshalb mit Auffangbehältern für Regenwasser ausgestattet. Sie lassen sich problemlos an Fallrohre anschließen, die das Wasser von Haus-, Gewächshaus- oder Schuppendächern leiten. Wo Platz Mangelware ist, können die Wassertonnen allerdings recht unansehnlich wirken. Als Lösung bietet sich an, sie hinter Pflanzen oder begrünten Rankgittern zu verstecken, doch gibt es immer öfter ansehnlichere Modelle zu kaufen.

Gut gestaffelt ganz oben
Diese Regentonnen sind alles andere als unansehnlich – dank integrierter Pflanzschalen.

Holzverkleidung oben
Der Wassertank wurde hier perfekt integriert. Man könnte ihn fast für ein modernes Pflanzgefäß halten.

Weiche Kanten

In vielen Gartenstilen werden Pflanzen bewusst eingesetzt, um die Härte und Nüchternheit baulicher Elemente und Begrenzungen abzumildern. Grün lockert große Mauerflächen und Bodenbeläge auf und gibt Freilufträumen ein weicheres, entspannteres Gepräge. Kletterpflanzen ziehen sich an vertikalen Flächen hoch, an denen Rankgitter und Drähte befestigt werden. Modernere Gärten enthalten auch oft eine grüne Wand.

Grüner Wandteppich

Grüne Wände bieten die Möglichkeit, selbst bei begrenztem Platz Pflanzen zu ziehen. In freier Natur gibt es viele Pflanzengesellschaften, die vertikale Flächen wie Felshänge oder moosbewachsene Baumstämme besiedeln. Mit grünen Wänden lassen sich diese Lebensräume nachempfinden. Im Handel sind verschiedene Begrünungssysteme erhältlich. Das einfachste ist ein Wandbehang aus erdgefüllten Stofftaschen. Ausgefeilte Systeme mit eingebauter Bewässerung versorgen alle Gewächse regelmäßig mit lebenswichtigem Nass. Wandbegrünungen passen zu vielen Gartenstilen. An sonnigen Stellen kann man sie mit Sukkulenten bepflanzen, in geschützten Ecken mit Schattenpflanzen. In Städten entfalten sie nachweislich kühlende Wirkung.

Wasser- und Pflanzenkaskade oben rechts
Der Wasserfall in der Mitte ergießt sich in einen Horst aus Zantedeschia. *Daneben begrünen Blattschmuckstauden die Wand.*

Essbares Kunstwerk oben
Die Holzverkleidung wird durch eine grüne Wand aus Nutzpflanzen aufgelockert, unter anderem Walderdbeeren, Kapuzinerkresse und Rosmarin.

Exotenwall rechts
In einer geschützten Ecke oder unter Glas vereinen sich Melianthus *und* Schefflera *zu einem spektakulären Wall aus grünem Laub.*

Kanten kaschieren

Viele Stauden, Sträucher, Kräuter und Alpinpflanzen sind von Natur aus niedrig und breitwüchsig. Deshalb eignen sie sich gut für den vorderen Rand von Beeten und Rabatten, wo sie die Grenzen zwischen Belag und Pflanzung verschwimmen lassen. Dieser angenehm weichmachende Effekt ist besonders bei manchen Stilen (etwa dem Cottage-Garten) gefragt, wo es darum geht, eine natürlich-üppige Bepflanzung mit einem geometrischen Layout in Einklang zu bringen. Auch Naturgärten arbeiten damit, harte Übergänge zu überspielen. Gelegentlich werden Pflanzen wie Thymian und *Aubrieta* bewusst in Fugen von Backstein- und Wildpflaster gesetzt, damit das Ganze noch natürlicher wirkt. Manche erobern auch ganz von selbst Wegränder, ob in der Sonne oder im Schatten. Wichtig ist dabei, nicht allzu wüchsige Arten zu wählen, denn sie sollen die Kanten nur leicht kaschieren, nicht komplett überwuchern und außerdem einen jährlichen Schnitt aushalten.

Nicht nur als Gewürz gut oben
Thymian ist ideal für sonnige, durchlässige Wege und Terrassenränder. Er blüht im Sommer und duftet, wenn man darauf tritt.

Saum aus Wildblumen rechts
Die Üppigkeit von Wildblumen (hier die Blütenstände von Schafgarben) wird vom Backsteinweg begrenzt und gemildert.

Kugelige Reihe unten
Die Reihe aus kugeligen, immergrünen Hebe 'Emerald Gem' macht den Rand aus Granitsteinen dezent weicher.

Kletterpflanzen

Kletterpflanzen und Wandsträucher spielen eine wichtige Rolle als Sichtschutz sowie beim Kaschieren und optischen Aufweichen harter Linien. Wisterien und Passionsblumen klettern mithilfe windender Triebe oder Ranken an Gittern und Drähten, die an Wänden und Zaunpaneelen befestigt sind, während sich Efeu und Co. mit Haftscheiben und -wurzeln festhalten. Wandsträucher wie *Pyracantha* und *Ceanothus* müssen an ihre Stütze geführt werden. Man kann Kletterpflanzen auch von Mauern oder alten Bäumen hängen lassen. Kletterrosen werden oft mit Clematis oder Geißblatt kombiniert. Einjährige Kletterer wie *Ipomoea* und Duftwicken bringen im Sommer Blüten ins Spiel.

Akzente in Violett oben
Die windenden Triebe von Ipomoea klettern rasch Zäune und Gitter hoch, ohne sie zu dominieren.

Traditionsreich unten
Kletterrosen gehören zu den verlässlichsten Blühern unter den Kletterpflanzen, ob an Gittern oder Drähten.

Planung

Grundriss- und Pflanzplanung gehören zu den wichtigsten Schritten auf dem Weg zu einem neuen oder veränderten Garten: Erst wenn Sie Ihre Ideen maßgenau zu Papier bringen, sehen Sie, ob sich Ihre Vorstellungen im verfügbaren Raum umsetzen lassen. Außerdem legen Sie in dieser Phase fest, welche Elemente und Pflanzungen auf welche Art und Weise realisiert werden sollen. Planunterlagen erlauben Ihnen außerdem, zielgerichtet mit Handwerkern und Verkäufern zu sprechen. Und erst dann können Sie Handwerker und Gärtner beauftragen.

Ein paar einfache Werkzeuge und ein Freund helfen Ihnen, Ihr Grundstück zu vermessen. Auf dieser Basis zeichnen Sie dann einen Plan. Softwareprogramme unterstützen Sie bei dieser Arbeit. Falls Sie ein schwieriges Terrain gestalten möchten oder keine Planungsunterlagen erstellen wollen, beauftragen Sie hierfür einen Fachmann.

Wenn der Gartenplan steht, können Sie anfangen, mit verschiedenen Grundrissvarianten zu experimentieren. Es lohnt sich anzusehen, wie sich eine Veränderung der Sichtachse, das Hinzufügen einer Gehölzgruppe oder das Verändern einer Terrassenform auswirken.

Mit einem separaten Pflanzplan können Sie die Pflanzung optimal auf alle Erfordernisse abstimmen, sodass Sie die Wirkung der gesamten Anlage besser überblicken können. Darüber hinaus ermitteln Sie auf dieser Grundlage die benötigte Anzahl von Pflanzen und können die Kosten dafür kalkulieren.

Erfolgreiche Planungen setzen sich zunächst immer mit dem Standort auseinander, bevor die kreative Phase beginnt: Begutachten Sie Ihr Areal aus allen Blickwinkeln, analysieren Sie den Boden und den Sonnenstand – erst dann legen Sie los!

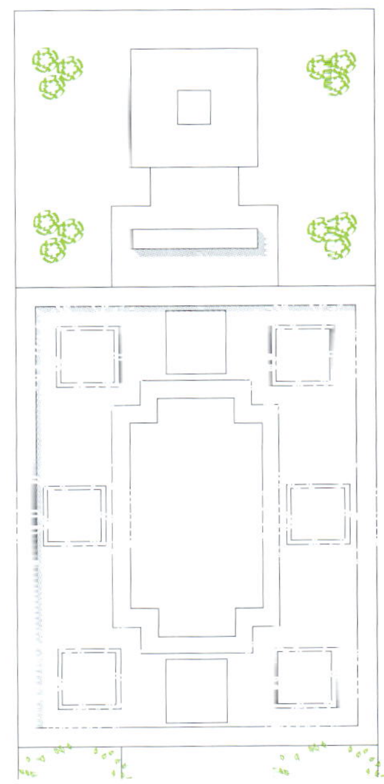

Ganz oben und oben

Mit einem Plan visualisieren Sie Ihre Ideen.

Planen Sie Ihre Pflanzungen sorgfältig.

Pläne zeichnen

Der Plan zeigt Ihren Garten in zweidimensionaler Darstellung. Die Plandarstellung ermöglicht Ihnen, eigene Ideen darzustellen und anderen Ihre Ideen zu vermitteln. Hierzu setzen Sie unterschiedliche Darstellungsarten ein – von der simplen Handskizze bis hin zur detaillierten, maßstabsgetreuen Computerzeichnung. Sie erfahren hier, welche Plantypen es gibt, wann sie genutzt werden und wie Sie Pläne lesen.

Der fertige Garten
Sara Jane Rothwell, Besitzerin des Gartengestaltungsstudios London Garden Designer, veranschaulichte ihren Kunden mit Plänen (gegenüber, oben und Mitte) das Designkonzept.

Entwurfsskizzen

Diese Zeichnungen sind nicht maßstabsgetreu. Sie spielen auf dieser Planungsebene Ideen durch, besonders das Verhältnis zwischen Flächen (horizontale Elemente) und Mauern, Sichtschutzelementen, Bäumen oder anderen vertikalen Elementen. Räumliche und optische Bezüge durchdenken Sie ebenfalls anhand dieser Skizzen.

Skizzen mit Fotovorlagen
Perspektivische Zeichnungen sind nicht einfach anzufertigen. Legen Sie einfach Transparentpapier über ein Foto und zeichnen Sie Ihre Ideen darauf.

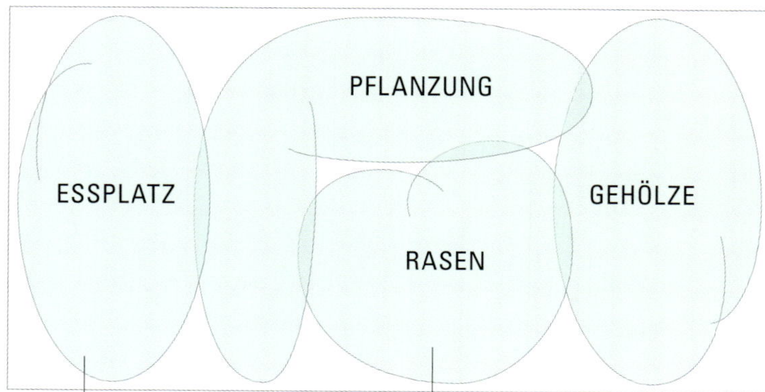

Beziehungen darstellen
Mithilfe der Zeichnung (oben) erhalten Sie einen Überblick über die verschiedenen Beziehungen der Gartenbereiche untereinander. Sie spielen Ihre Ideen auf diese Weise durch, bevor Sie ins Detail gehen.

Symbole

Profis nutzen gängige Symbole, um einen Gestaltungsplan schnell zu verstehen. Die Symbole können Sie schwarz-weiß oder farbig darstellen. Notieren Sie auf Ihrem Plan die Bedeutung Ihrer Symbole. Hier sind die wichtigsten der gängigen Symbole aufgelistet.

WASSER

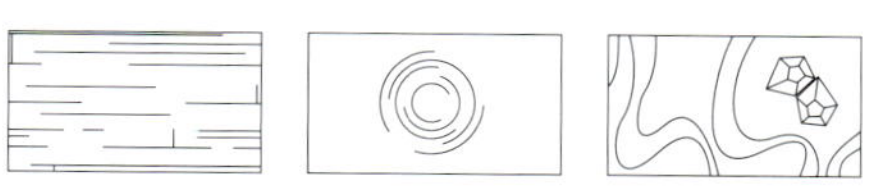

BEPFLANZUNG

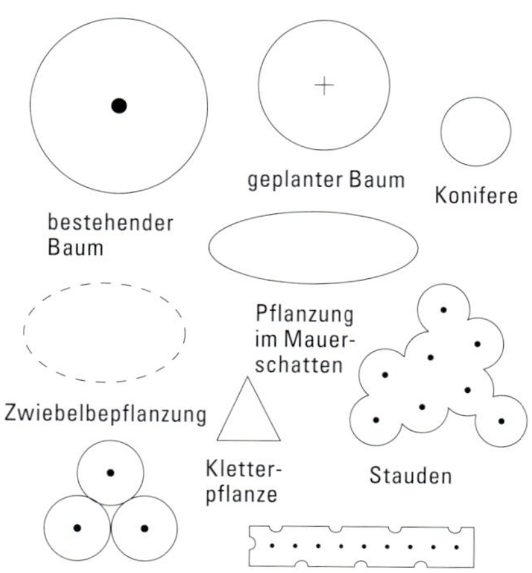

BODENBELAG

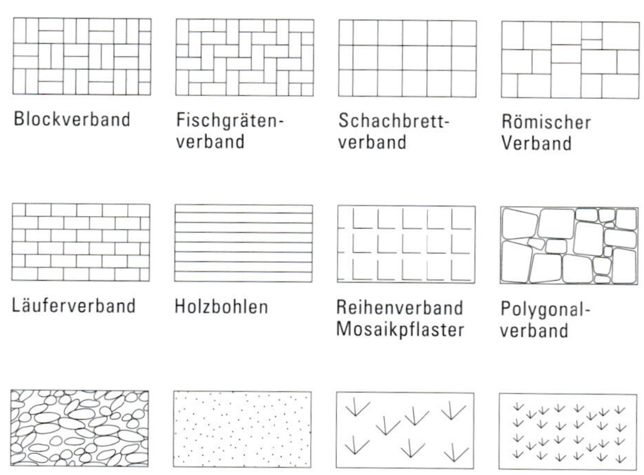

Vollständige Planung

Erst maßstabsgetreue Pläne mit einer eindeutigen Anordnung und klaren Größenangaben zu allen baulichen und pflanzlichen Elementen sowie Ausstattungsgegenständen sind vollständig *(detaillierte Tipps zur Erstellung eines Plans finden Sie auf S. 184–191)*. Sie dienen als Vorlage für Baufirmen, die auf dieser Basis jedes Element auf dem Grundstück einmessen müssen und zum Teil auch Kostenvoranschläge auf dieser Grundlage erarbeiten. Veränderungen des ursprünglichen Geländeniveaus werden mithilfe zusätzlicher Schnittzeichnungen, deren Positionen im Grundrissplan eingetragen werden, beschrieben und dargestellt.

GRUNDRISSPLAN

Der Grundrissplan sollte die korrekte Größe und den Standort aller Elemente Ihrer Gartengestaltung enthalten. Er zeigt Bodenbeläge, Pflanzbereiche, Einfassungen (Mauern, Zäune, Sichtschutz, Hecken) sowie einzelne Bestandteile wie Bäume, Solitärsträucher, Teiche, Trittsteine, Stufen, Beleuchtung und Abflüsse.

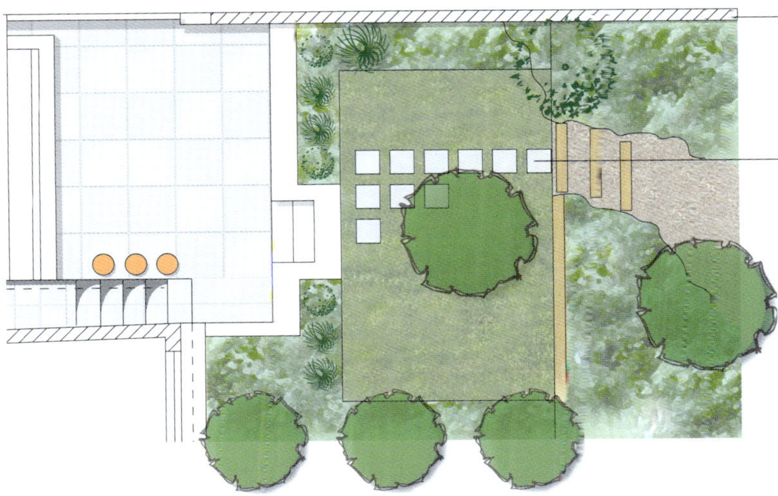

Zeichnen Sie Grenzen und alle wichtigen Gebäude, Türen und Fenster ein.

Ein Grundrissplan muss die korrekten Materialien und Maße sämtlicher baulicher Elemente enthalten

Detailtreue
Bei kleinem Maßstab stellen Sie die einzelnen Materialien direkt dar. Bei größerem Maßstab verwenden Sie Symbole für die Materialien (siehe auch S. 188).

PFLANZPLAN

Mit einem Pflanzplan legen Sie die Gehölzarten und den Standort einer Pflanze fest. Auf dieser Grundlage ermitteln Sie auch die Anzahl der benötigten Pflanzen. Sie legen in diesem Plan zeichnerisch die Position von dominanten Solitärpflanzen und untergeordneten Pflanzengruppen fest. Die Standorte müssen exakt durch Symbole markiert werden, damit ein Gärtner das Ensemble auch dann noch pflanzen kann, wenn Sie nicht selbst vor Ort sind. *(Näheres zur Erstellung eines Pflanzplans auf S. 192–197).*

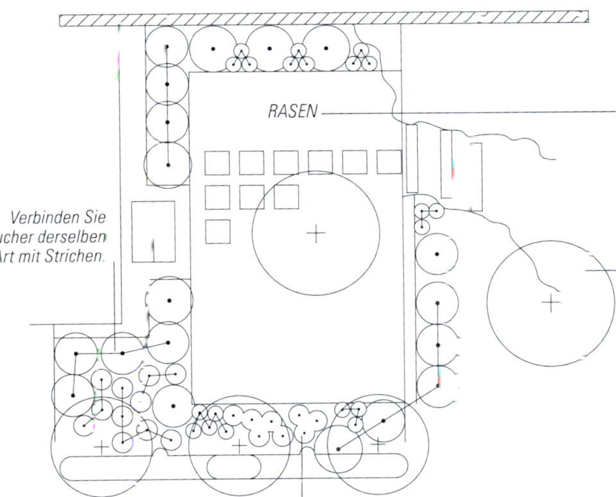

Flächenelemente bezeichnen Sie am einfachsten durch den passenden Begriff.

Verbinden Sie Sträucher derselben Art mit Strichen.

Zeichnen Sie Gehölze in der Größe, die diese in etwa 5 Jahren erreicht haben werden, und räumen Sie ihnen genügend Platz ein.

Mit speziellen Symbolen für Gartenpläne (siehe gegenüber) lassen sich lesbare und exakte Zeichnungen anfertigen.

Erstellen eines Pflanzplans
Symbole für Gartenpläne können von Hand gezeichnet oder mit spezieller Design-Software erstellt werden (siehe auch S. 191). Durch farbige Symbole lassen sich Pflanzpläne übersichtlicher gestalten und einfacher lesen.

SCHNITTE

Bei der Gestaltung von Hanganlagen müssen Sie überprüfen, wie sich die geplanten Veränderungen auswirken. Vermessungsingenieure unterstützen Sie hierbei mit Schnittzeichnungen, Grundrissplan und einer korrekten Höhenabwicklung. Je steiler und komplizierter das Grundstück ist, desto stärker müssen Sie diese Experten einbeziehen.

Die Geländeabstufung und die Anordnung der Grenzmauer sind in diesem Plan zu sehen.

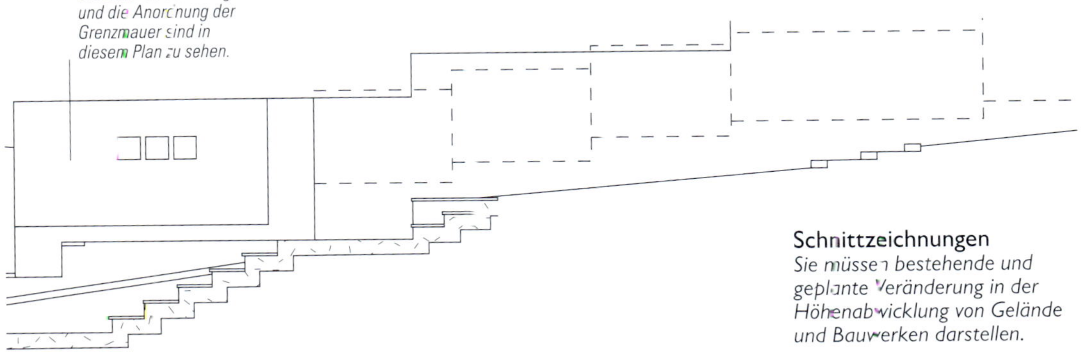

Schnittzeichnungen
Sie müssen bestehende und geplante Veränderung in der Höhenabwicklung von Gelände und Bauwerken darstellen.

Grundrissplan

Sie haben sich mit der Gartengestaltung theoretisch auseinandergesetzt – jetzt bringen Sie Ihre Ideen zu Papier. Es gibt verschiedene Arten von Plänen *(siehe S. 182–183)*. Vor dem endgültigen Design müssen Sie einen Grundrissplan zeichnen. In ihm werden sämtliche Abmessungen und Formen der bestehenden Elemente und des Grundstücks selbst maßstabsgerecht wiedergegeben. Er ist die Ausgangszeichnung für Ihre späteren Gestaltungspläne.

Ausmessen
Verwenden Sie die geeignete Ausrüstung, um sicherzugehen, dass Ihre Maße exakt sind. Falsche Werte machen Ihren ganzen Plan zunichte.

Erste Schritte

Keine Sorge: Die Merkmale und Maße eines Grundstücks sind einfach zu ermitteln und aufzunehmen, vor allem, wenn Sie nur ein kleines bis mittelgroßes Grundstück oder einen einfach geformten Garten mit unkomplizierter Topografie beplanen wollen. Falls Sie allerdings ein großes, unregelmäßiges, welliges oder ein sehr dicht bewachsenes Areal zu bewältigen haben, sollten Sie einen Vermessungsingenieur beauftragen.

Nehmen Sie einen Bleistift und einen DIN-A3- oder DIN-A4-Block zur Hand. Gehen Sie in den Garten und skizzieren Sie die Standorte aller Elemente, die Sie behalten möchten, von Nebengebäuden und Bodenbelägen, aber auch Pflanzen. Ihr Haus erfassen Sie gleichermaßen mit Türen und Fenstern, um die Blickbeziehungen in Ihre Planung miteinzubeziehen. Wählen Sie einen oder mehrere markante Punkte am Haus und markieren Sie diese – von hier aus messen Sie die Elemente auf.

Skizzieren Sie nun die Form des Gartens und den Standort aller wichtigen Gartenelemente sowie der Pflanzgruppen und Solitärpflanzen. Verfeinern Sie Ihre Skizze, Element für Element und Form für Form. Dann sind Sie so weit, dass die ermittelten Distanzmaße eingetragen werden können, und beginnen mit dem Aufmaß *(siehe unten und S. 186–187)*.

Selbst wenn Sie nur minimale Änderungen planen, sollten Sie die wichtigsten Maße, wie Länge und Breite des Grundstücks, eintragen, um ein Gefühl für die Dimensionen Ihres Gartens zu erhalten – nur so können Sie gestalterische und planerische Sicherheit bekommen, dass Ihr Vorhaben gelingen könnte. Lassen Sie sich beim Aufmaß von einem Familienmitglied oder Freund helfen, ganz gleich, wie groß der Garten ist.

GRUNDAUSSTATTUNG

Um einen Garten auszumessen, brauchen Sie die passende Ausrüstung. Sie bekommen sie im Baumarkt oder in Läden für Künstler- und Zeichenbedarf.

- Wasserwaage
- Maßbänder unterschiedlicher Länge (z. B. kurz, mittel oder lang) oder ein Laser-Entfernungsmesser
- Pflöcke und Schnur
- Skizzenblock, Bleistift

Aufmaß rechteckiger Flächen

Rechteckige und quadratische Gärten sind am leichtesten auszumessen. Zusammen mit Ihrem Helfer messen Sie die vier Seiten des Grundstücks mithilfe eines Maßbands aus und tragen das Ergebnis in Ihre Skizze ein. Anschließend messen Sie die beiden Diagonalen und notieren diese Distanzmaße ebenfalls. Den Standort einzelner Elemente und Pflanzen, die Sie behalten möchten, ermitteln Sie, indem Sie die Entfernung zum Haus und zu einer Grenze in einem rechten Winkel ausmessen.

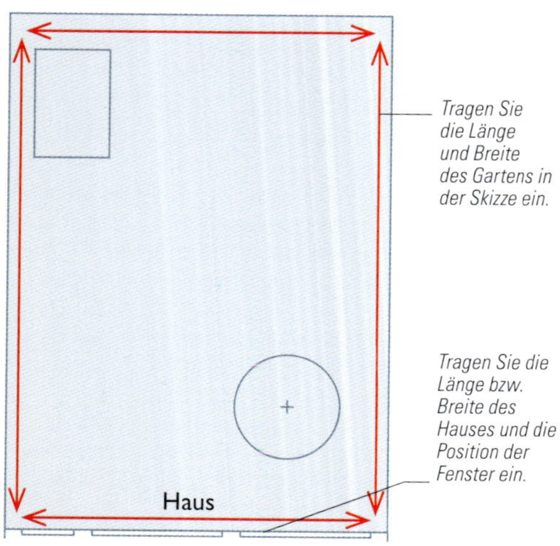

Grenzverlauf
Messen Sie alle vier Seiten des Grundstücks, aber auch das Haus und seine Entfernung zur Grenze aus.

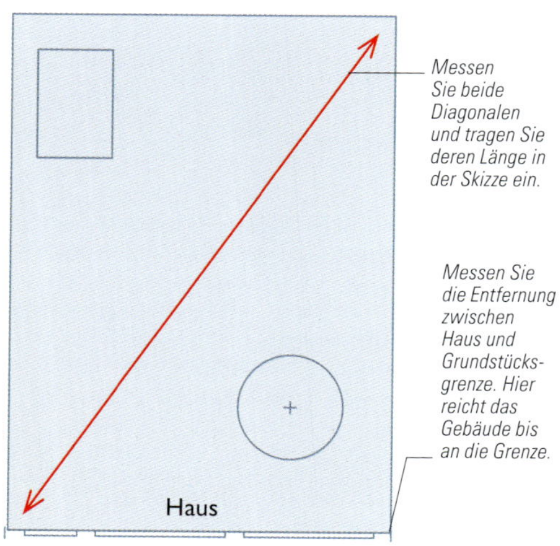

Diagonale
Mithilfe der Diagonalen können Sie einen genauen Plan des Grundstücks zeichnen.

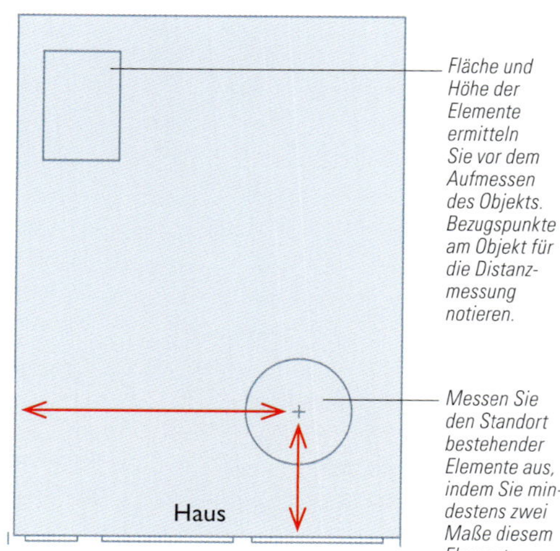

Elemente
Tragen Sie die Lage erhaltungswürdiger Elemente ein, indem Sie deren Entfernung zu Haus und Grenze im rechten Winkel messen.

Grundrissplan rechteckiger Flächen

Sobald Sie einen geeigneten Maßstab *(siehe S. 188)* gewählt haben, übertragen Sie die ermittelten Maße. Bei größeren Grundstücken müssen Sie gegebenenfalls die Plangrafik auf mehrere Bögen Papier verteilen oder Sie setzen unterschiedliche Maßstäbe ein. So können Sie einzelne Bereiche detaillierter und andere nur im Überblick betrachten. Fertigen Sie den Plan auf DIN-A3-Millimeterpapier an – weißes Papier ist nur mit gutem Zeichenwerkzeug eine geeignete Grundlage. Ihren maßstabsgetreuen Plan erstellen Sie zunächst mit Bleistift und Lineal. Später zeichnen Sie die Bleistiftstriche mit einem feinen Stift nach.

Sie brauchen

- einen Papierbogen A3, kariert, weiß oder Millimeterpapier
- Winkelmaß
- Maßstabslineal oder durchsichtiges Lineal
- Bleistift und Filzstifte
- Radiergummi

1 Beginnen Sie in der linken unteren Ecke des Blatts. Zeichnen Sie die Mauern Ihres Hauses mit Lage und Größe der Türen und Fenster ein.

2 Dann sind Länge und Breite des Grundstücks mit den Diagonalen an der Reihe. Anhand der Diagonalen erkennen Sie, ob das Grundstück rechteckig ist.

3 Große, langlebige Pflanzen werden anhand der Maße eingeplant. Den Standort markieren Sie mit einem Punkt und den Kronenumfang durch den Kreisbogen.

4 Zum Schluss kommen alle anderen Bestandteile hinzu, die Sie behalten möchten, etwa Schuppen, Terrassen, Teiche, Wege und Nebengebäude.

Hangneigung

Diese Methode eignet sich nur für kleine geneigte Areale. Sie ist nützlich, wenn Sie eine Treppe bauen oder Beete terrassieren wollen und dazu die Maße benötigen. Für große Hänge und komplexe Oberflächen ziehen Sie einen Fachmann hinzu.

Sie brauchen

- eine Holzlatte, länger als 1 m
- Wasserwaage und Bandmaß
- zwei oder drei Pflöcke

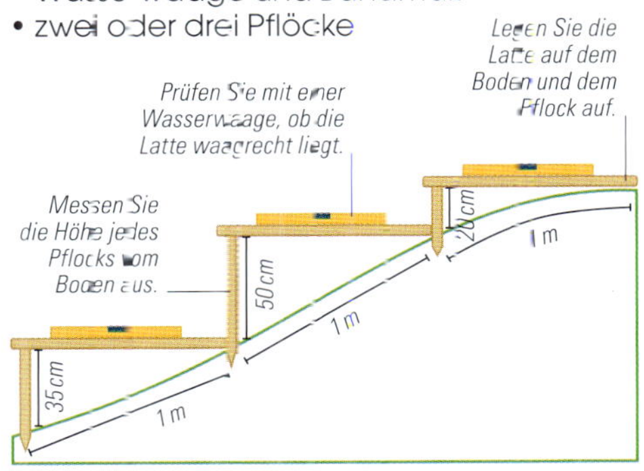

1 Messen Sie von einer bestimmten Stelle am Hang 1 m hangabwärts und schlagen Sie dort einen Pflock ein. Prüfen Sie den senkrechten Stand per Wasserwaage.

2 Legen Sie die Latte auf den Boden und den Pflock. Justieren Sie die Latte so, dass sie exakt waagrecht liegt. Messen Sie dann die Höhe des Pflocks.

3 Schlagen Sie 1 m weiter einen zweiten Pflock ein. Legen Sie die Latte an das untere Ende des ersten Pflocks und auf das obere Ende des zweiten.

4 Messen Sie die Höhe des zweiten Pflocks – und so fort. Im nächsten Schritt errechnen Sie die Neigung des Hangs.

5 Sie addieren die Höhen aller Pflöcke und setzen sie ins Verhältnis zur Länge der Latten: z. B. 35 cm + 50 cm + 20 cm = 105 cm Neigung auf 3 m.

PROFESSIONELLES AUFMASS

Um komplexe Areale zu kartografieren oder die Grundlagen für umfangreichere Baumaßnahmen zu schaffen, sollten Sie ein Vermessungsbüro beauftragen. Adressen finden Sie online, etwa über den Bund der Öffentlich Bestellten Vermessungsingenieure (BDVI).

Die Kosten für die Vermessung eines Grundstücks hängen von der Größe und dem Schwierigkeitsgrad bzw. der Genauigkeit des Vermessungsauftrags ab. Sie werden auf Basis einer Honorierungsempfehlung ermittelt. Vereinbaren Sie die benötigte Leistung vor Vertragsabschluss. Sprechen Sie über die zu erwartenden Kosten. Nicht alle Vermessungsingenieure sind mit dem Vermessen von Gärten vertraut, erläutern Sie daher Ihr Anliegen gut.

Aufmaß unregelmäßiger Flächen

Wenn Ihr Grundstück sehr groß ist, eine unregelmäßige Form hat und wellig oder zugewuchert ist, beauftragen Sie am besten einen Vermessungsingenieur mit der Erstellung eines Plans. Die hier vorgeschlagenen Methoden sind aber nicht sonderlich schwierig. Probieren Sie sie aus, bevor Sie Experten zu Hilfe holen.

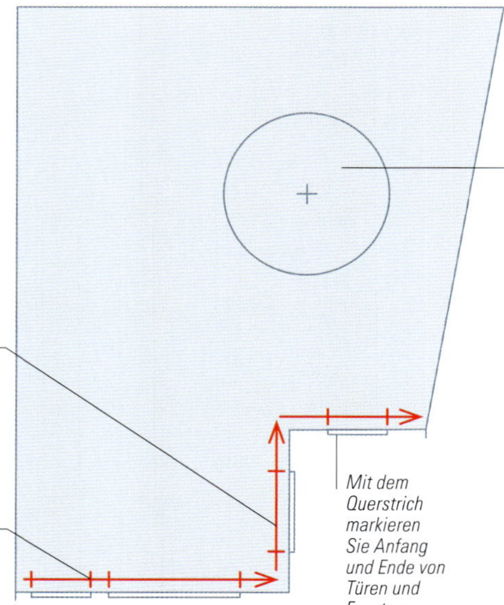

1 Messen Sie die Hausfassade aus mit den genauen Positionen von Türen und Fenstern. Außerdem erfassen Sie den Raum zwischen Haus und Grundstücksgrenze. Tragen Sie die Maße in Ihrer Skizze vom Grundstück ein, sodass Sie später jedes Maß maßstabsgerecht übertragen können.

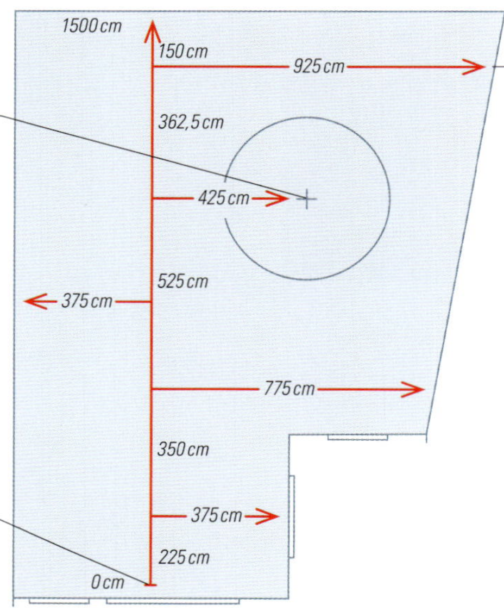

2 Legen Sie das lange Maßband an der Fassade an und führen Sie es im rechten Winkel vom Haus weg. Ziehen Sie das Band gerade durch den Garten. Legen Sie ein zweites Maßband im 90°-Winkel an das erste an und messen Sie die Distanzmaße auf der Achse, zu den Elementen und zur Grenze.

Erste Schritte

Diese Methode ist etwas komplexer als die auf S. 184, aber immer noch einfach umzusetzen. Sie können dabei entweder mit einer Vermessungsachse arbeiten oder auf Basis einer Triangulation. Fertigen Sie zunächst die Umrissskizze Ihres Gartens auf DIN-A3- oder DIN-A4-Papier an *(siehe S. 184)*. Dann wählen Sie die Methode, die Ihnen leichter fällt und die am besten zum Grundstück passt. Kombinieren Sie aber nicht beide Methoden in einem Aufmaß, da die Übertragung der Maße *(siehe S. 188)* sonst zu kompliziert wird. Die Distanzmaße, die sich aus dem Haus- und Grundstücksgrundriss sowie dem Abstand zwischen Haus und Grenze ergeben, tragen Sie wieder zuerst in Ihren Plan ein.

Aufmaß über Achsen

Sie brauchen ein sehr langes und ein kürzeres Maßband und ein sehr großes Winkelmaß, um die Hauptmessachse senkrecht zum Haus sowie die davon im 90°-Winkel abgeleiteten Messachsen ausrichten zu können. Messen Sie die Länge der Hauptmessachse und markieren Sie diese mit dem langen Maßband. Messen Sie jedes Element mit dem kürzeren Maßband und dem Winkelmaß senkrecht auf. Notieren Sie die Distanzwerte in der Skizze, die zwischen Hauptmessachse und Objekt sowie an der Hauptmessachse abgenommen werden.

Raumsimulation

Den meisten fällt es schwer, sich auf der Basis des Lageplans die Gestaltung vorzustellen. Doch es gibt Hilfsmittel, um die Raumdimensionen zu verdeutlichen, die aus den Bilddimensionen erwachsen. Zugleich ermitteln Sie bei diesem Transfer Punkte, über die Sie nachdenken müssen, um die Gestaltung ausdrucksstärker zu machen.

Sie brauchen Bambusstäbe von mehr als 1 m Länge, ein Maßband und ein großes Winkelmaß. Unterteilen Sie den Garten in ein Quadratmeterraster, indem Sie die Stäbe in 1-m-Abständen gleichmäßig aufstellen. Die Stäbe müssen alle gleich hoch sein, wenn sie im Boden stecken, und deshalb möglicherweise gekürzt werden. Dann fotografieren Sie den Garten und drucken das Bild farbig im Format DIN A4 oder DIN A3 aus. Legen Sie ein Transparentpapier über den Ausdruck und zeichnen Sie mithilfe der Stäbe ein perspektivisches Bild *(siehe S. 182)*. Die perspektivisch korrekten Höhen ermitteln Sie jeweils durch die perspektivisch verzerrt dargestellten, aber immer 1 m hohen Stäbe.

Basis für Perspektivzeichnungen
Mit dieser Methode können Sie Ihre Ideen zeichnerisch und im Gelände erproben. Machen Sie zunächst von der Stelle aus, von der Sie den Garten betrachten möchten, ein Foto.

Triangulation

Diese Aufmaßtechnik sieht schwieriger aus, als sie ist, und die Methode ist zuverlässig, da Messfehler leicht erkannt werden. Außerdem kann jeder Punkt, auch wenn er versteckt liegt, gemessen werden.

Bei dieser Methode werden zwei etwa 1–2 m voneinander entfernt liegende Punkte am Haus markiert (auf größeren Grundstücken können sie auch weiter voneinander entfernt sein). Dann misst man von diesen Punkten auf einen Grenzpunkt oder ein Element, sodass sich ein Dreieck ergibt. Es wird mit den Distanzmaßen in der Aufmaßskizze eingetragen. Das wiederholt man so oft wie notwendig mit Punkten entlang der Grenze, an Gartenelementen oder an Gehölzstandorten. Je mehr Messungen durchgeführt werden, desto genauer wird der Lageplan.

Das Prinzip der Methode wenden Sie beim Zeichnen Ihres Plans wieder an, um die aufgemessenen Punkte maßstabsgetreu einzufügen *(siehe S. 189)*.

Die Triangulation eignet sich ausgezeichnet zur Ermittlung einer nicht geraden Linie, z. B. einer Grenze.

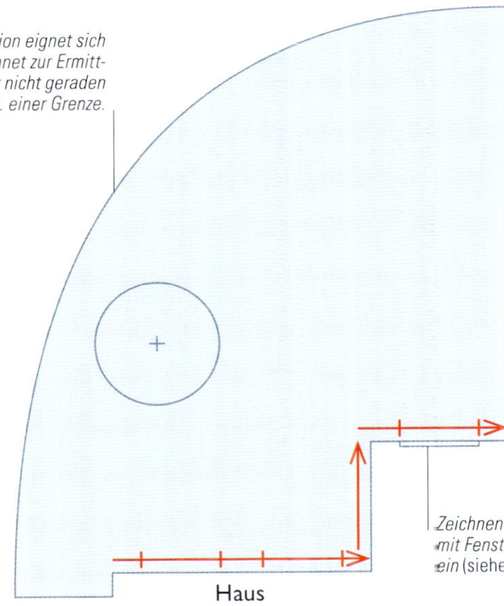

Zeichnen Sie das Haus mit Fenstern und Türen ein (siehe gegenüber).

1 Messen Sie die Hausfassade aus und ermitteln Sie die Position von Fenstern und Türen, um diese in der Skizze einzutragen *(siehe Schritt 1 gegenüber)*.

Messen Sie mehrere Punkte entlang der Grenze, um einen exakten Grundriss zu ermitteln.

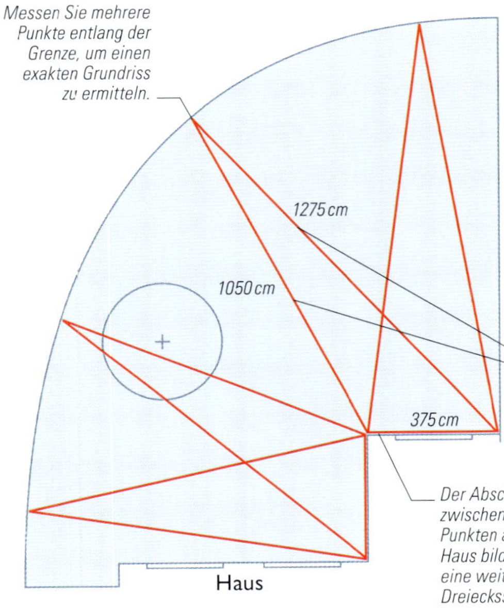

Messen Sie von zwei Punkten am Haus aus zu einem Punkt an der Grenze. Die gemessenen Distanzen bilden zwei Seiten eines Dreiecks.

Der Abschnitt zwischen den Punkten am Haus bildet eine weitere Dreiecksseite.

2 Messen Sie von einem Punkt an der Hausfassade zu einem Punkt an der Grenze. Wiederholen Sie das Gleiche von einem anderen Punkt am Haus zum selben Punkt an der Grenze, und ermitteln Sie die Entfernung zwischen den beiden Punkten am Haus. Tragen Sie alle drei Distanzmaße in die Skizze ein.

Messen Sie zu einem Punkt am Element.

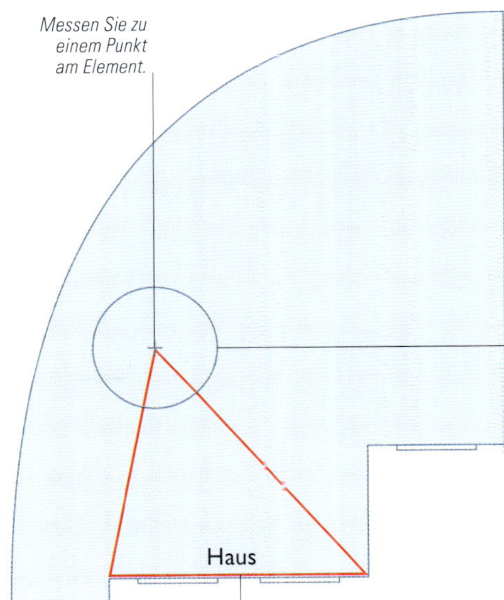

Messen Sie den Kronenradius von Bäumen und die Größe von Beeten und Rabatten aus.

Messen Sie die Entfernung zwischen zwei Punkten am Haus.

3 Messen Sie von einem Punkt am Haus zu einem Element. Wiederholen Sie das Ganze von einem anderen Punkt vom Haus aus. Zum Schluss wird die Entfernung zwischen den beiden Punkten am Haus gemessen. Tragen Sie alle drei Distanzmaße ein.

1 Stecken Sie die Bambusstäbe in gleichmäßigen Abständen von 1 m in die Fläche. Setzen Sie dazu ein Maßband und ein Winkelmaß ein.

2 Die Stäbe müssen alle in gleicher Höhe aus der Erde ragen – am besten 1 m –, da die Zeichnung sonst nicht maßstäblich gezeichnet werden kann.

3 Das Bild vergrößert ausdrucken, Transparentpapier darüberlegen und die neuen Elemente einzeichnen. Orientieren Sie sich dabei an den Stäben.

Maßstabsgetreue Planzeichnungen

Um die Realität oder Ihre Idee der Gartengestaltung auf dem Papier darzustellen, verkleinern Sie die genommenen Maße *(siehe S. 184 und 186–187)* um einen Faktor. Die im Garten aufgenommenen Werte werden so in den gewünschten Maßstab übertragen. Besorgen Sie sich ein Dreikantlineal mit den Maßstäben 1:10, 1:20 und 1:50, da man sich damit viel Rechnerei erspart. Mit der fertigen maßstabsgetreuen Zeichnung haben Sie eine Grundlage geschaffen, die Sie für weitere Planungsschritte nutzen.

Maßstab wählen

Sie wählen 1:10, 1:20, 1:50, 1:100 oder 1:200 etc. Der Maßstab 1:1 gibt ein Objekt in seinen realen Dimensionen wieder. Beim Maßstab 1:10 entspricht 1 cm auf dem Papier 10 cm im Garten. Bei kleinen Gärten setzen Sie den Maßstab 1:20 oder 1:50 ein, bei größeren Anlagen 1:100 oder 1:200. Entscheidend ist, welche Detailschärfe Sie mit dem Plan darstellen möchten.

Gartengestalter arbeiten immer mit mehreren Maßstäben für unterschiedliche Planungs- und Darstellungsziele. Für Pflanzplanungen reicht beispielsweise ein Maßstab 1:50 aus, während bauliche Detailplanungen im Maßstab 1:20 angefertigt werden. Anschlüsse und Installationen rund um den Gartenteich sollten Sie ebenfalls detailliert im Maßstab 1:20 oder 1:10 planen.

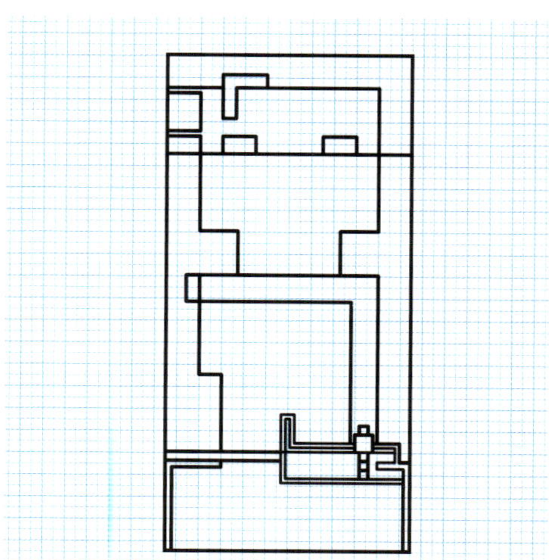

Grundriss – M 1:100
Ideal, um die Elemente und Raumbeziehungen mittelgroßer bis großer Gärten im Überblick darzustellen.

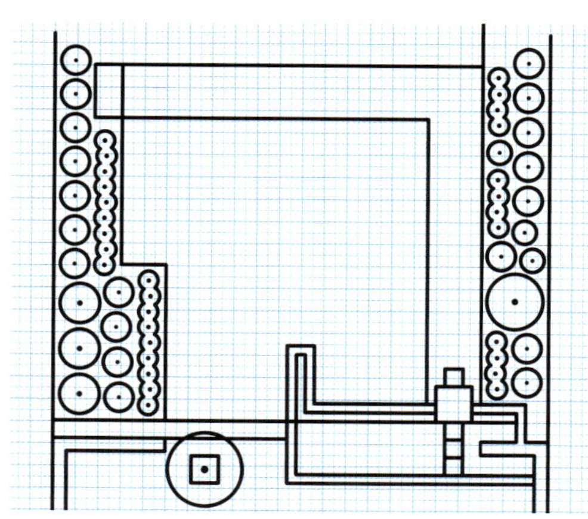

Pflanzplan – M 1:50
Ideal, um den Standort von Stauden und Gehölzen auf den Beeten darzustellen. Um detaillierter planen zu können, ist jedoch eine Pflanzplandarstellung im Maßstab 1:20 sinnvoll.

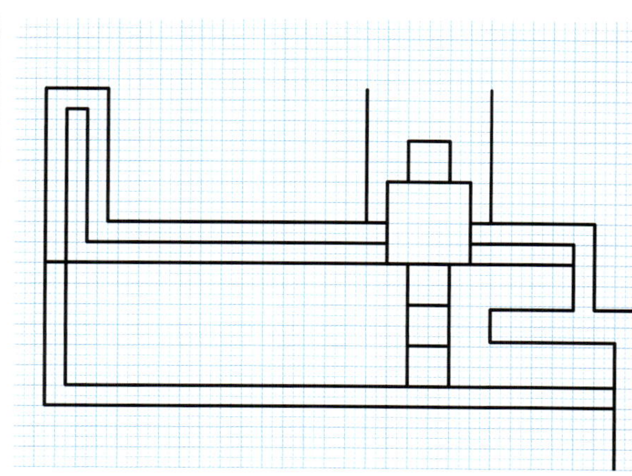

Detail – M 1:20
Materialbedarfe und konstruktive Zusammenhänge können bei dieser Detailschärfe abgelesen werden. Je nach Volumen und Beschaffenheit wird der Maßstab eingesetzt, um auch für weitere bauliche Elemente zu ermitteln, welche Materialmengen benötigt werden.

Darstellung unregelmäßiger Grundstücke

Sie brauchen

- Papier A3, kariert oder Millimeterpapier
- großen Zirkel (für die Triangulation)
- Dreikant-Maßstab oder durchsichtiges Schullineal
- Bleistift und Filzstifte, Radiergummi

Zeichnen Sie zuerst das Haus mitsamt den Türen und Fenstern. Dann beginnen Sie die Daten Ihrer Grundstücksskizze in den Plan zu übertragen.

Wenn Sie über eine Messachse die Dimensionen des Gartens ermittelt haben, zeichnen Sie die Hauptmessachse in den Plan und ergänzen die aufgemessenen Punkte. Mit einem Lineal oder Kurvenlineal verbinden Sie dann die Punkte zur Grenze etc.

Wenn Sie mit der Triangulationsmethode Ihren Garten aufgemessen haben, gehen Sie in den Schritten 1 bis 4 vor *(siehe rechte Seite)*.

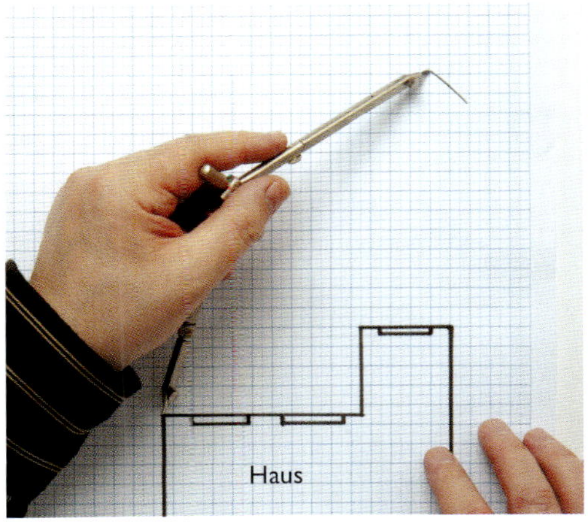

1 Zeichnen Sie Haus, Türen und Fenster ein. Nehmen Sie mit dem Zirkel das Maß des ersten Abstands zwischen Haus und Grenze auf und ziehen Sie einen kurzen Bogen um den ersten Punkt am Haus.

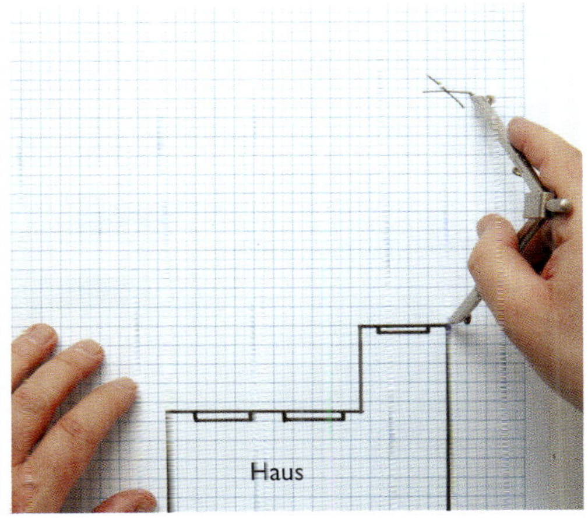

2 Nehmen Sie mit dem Zirkel das Maß des zweiten Abstands zwischen Haus und Objekt auf und schlagen Sie einen kurzen Bogen um den zweiten Punkt am Haus.

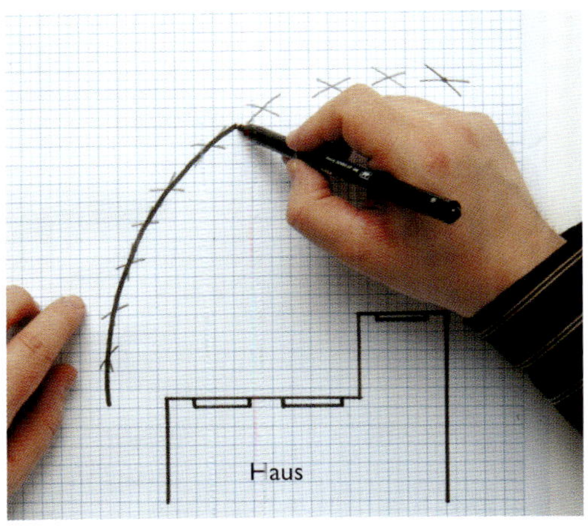

3 Wiederholen Sie die Schritte 1 und 2 für alle anderen Grenzpunkte. Die Schnittpunkte, die sich zeichnerisch ergeben, verbinden Sie mit einem Bleistiftstrich.

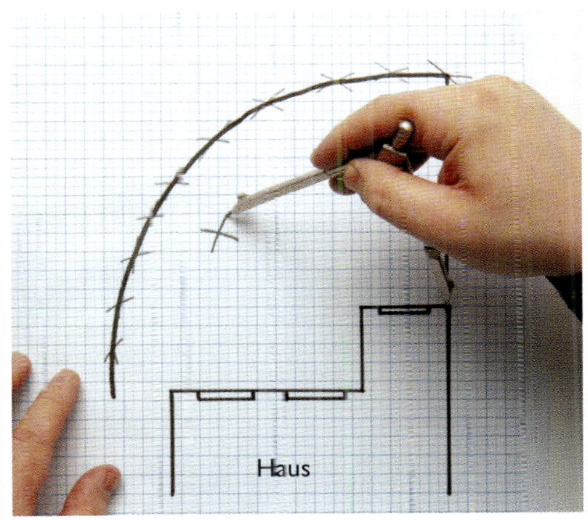

4 Alle anderen aufgemessenen Elemente werden ergänzt. Die Schritte 1 bis 3 werden so lange angewandt, bis alle Elemente und Grenzen sowie Einbauten im Plan vermerkt sind.

TIPPS

- Mit Google Earth können Sie die Umrisse Ihres Grundstücks kontrollieren. In größeren, offeneren Gärten kann man sogar einzelne Bäume, Beete oder Schuppen sehen.
- Stellen Sie nicht zu viel auf einem Plan dar. Verwenden Sie bei Bedarf mehrere Papierbögen für den Hauptgarten und weitere für Details.
- Die Dimensionen von Dickichten, die Sie nur grob messen können, schätzen Sie einfach ab.
- Millimeterpapier hilft Ihnen, genaue Pläne auch ohne viele Erfahrungen zu zeichnen.

Kreativität

Wenn alle Distanzmaße maßstabsgetreu im Plan vermerkt wurden, sodass der Plan eine verkleinerte, abstrakte, aber vollständige Darstellung Ihres Gartens ist, dann notieren Sie den verwendeten Maßstab neben der Zeichnung und fertigen Kopien davon. Auf den Kopien können Sie nach Belieben Ihre Gestaltungsvorstellungen erproben und festhalten. Auf diese Weise werden Schritt für Schritt Ideen zu einem planungsreifen Entwurf entwickelt.

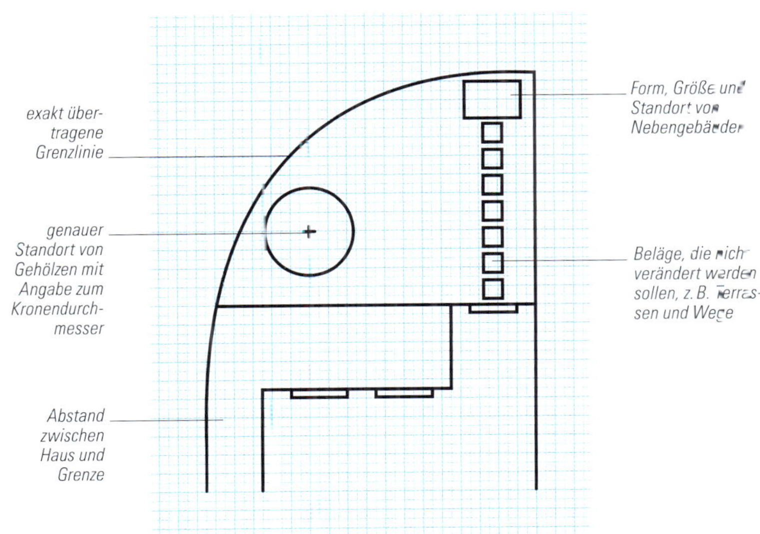

Wer braucht solch einen Plan?
Ein Plan erlaubt Ihnen, Gestaltungsideen zu vermitteln, sodass Sie mit Handwerkern, Nachbarn und Freunden Ihre Vorstellungen besprechen können. Ein Grundrissplan über den Bestand in Ihrem Garten kann auch als Grundlage eines professionellen Entwurfs genutzt werden.

Experiment und Entwurf

Auf Basis des Grundrissplans, der all die Elemente und Pflanzen wiedergibt, die erhalten bleiben sollen, starten Sie in die Entwurfsphase. Obwohl alle neuen Elemente maßstabsgetreu eingezeichnet werden, brauchen Sie sich nicht im Detail zu verlieren. Vier Entwürfe des Gartengestalters Richard Sneesby demonstrieren den Umgang mit einem schlichten Grundriss.

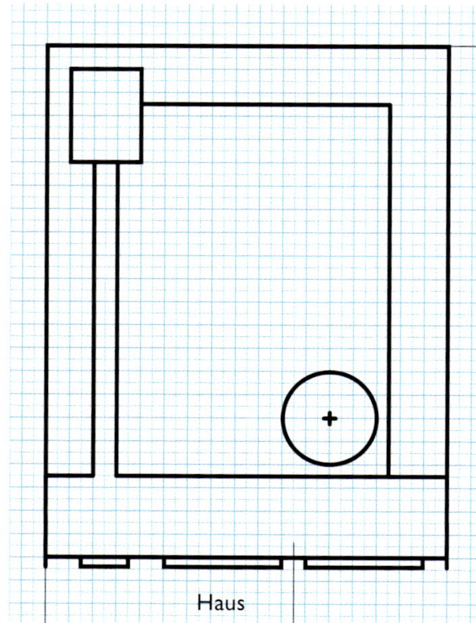

Grundriss
Dieser Plan gibt im Maßstab 1:100 den Garten wieder. Jedes Zentimeterquadrat entspricht also einem Quadratmeter. Eine 2,5 m breite Rabatte am Rand des Grundstücks wird auf dem Plan als 2,5 cm breite Fläche dargestellt.

Ein Grundriss – vier Ideen

Der Plan *(siehe rechts)* zeigt ein rechteckiges Grundstück. Die Rückseite des Hauses schließt an den Garten über eine Terrasse an. Ein Schuppen und ein Baum sind Elemente des Gartens. Am Ende des Areals ist eine Gartentür. Die Gestaltungen enthalten jeweils Rasen, Wasserbecken, Pflasterflächen bzw. Holzdecks und einen Weg zur Tür am Gartenende. Der Schuppen wurde bei einer Variante nicht eingeplant. Bei zwei Entwürfen wurde der Baum entfernt, weil er die Gestaltungsidee geschwächt hätte.

IDEE EINS – DIAGONALE

Die rechteckigen Bereiche entlang der Diagonale bauen Spannung auf. Die Pflanzbereiche bieten ausreichend Platz für Solitärs. Ein dreieckiges Wasserbecken zieht Aufmerksamkeit auf sich, es schließt sich unmittelbar an eine Sitzecke an. Der Garten wird durch Hecken in zwei Räume unterteilt – das erlaubt unterschiedliche Nutzungs- und Gestaltungskonzepte in einem Garten zu verwirklichen.

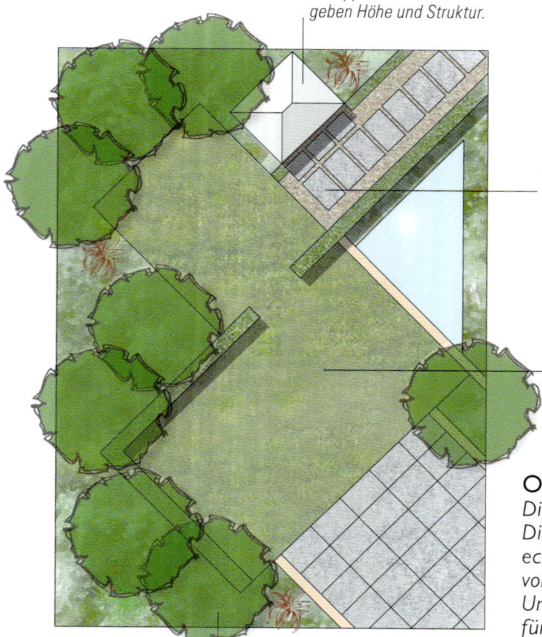

Optimale Nutzung
Die Ausrichtung an der Diagonale wertet rechteckige Grundflächen auf – vor allem in städtischer Umgebung: Genug Raum für Pflanzbeete entsteht und der Blick wird in die Ecken geführt. Der vorhandene Platz wird optimal genutzt.

IDEE ZWEI – BREITE

Der Gartenraum wird von Hecken gegliedert, die den Blickwinkel einengen, kurze Sichtachsen einführen und die beiden Bereiche verbinden. Die Hecken werden auf unterschiedliche Höhen geschnitten, damit sie abschirmen und für Vielfalt sorgen. Baumreihen betonen die Struktur und gestatten einen Blick unterhalb des Kronendachs hinüber auf dahinter liegende Beete. Mit dabei sind auch rechteckige Blumenbeete, ein Teich und ein Schuppen hinter hohen Bäumen.

Privatsphäre
Die Teilung des Gartens mittels paralleler Heckenbarrieren lädt den Betrachter ein, das Grün zu durchstreifen. Der lauschige Garten lässt viel Raum für Gestaltungsdetails wie Gehölzpartien und Skulpturen.

IDEE DREI – ELLIPTISCH

Eine ovale Rasenfläche schafft einen zentralen Raum, der durch die niedrige Blütenhecke markiert wird. Die Bäume unterstreichen die geometrische Grundfigur und bilden einen optimalen Sichtschutz. Ein Blickfang ist der Gartenpavillon. Holzdeck und Teich ragen in die Rasenfläche hinein und bieten sich an für eine dekorative Detailgestaltung. Die Pflanzbereiche fallen sehr großzügig aus.

Großzügige Einheit
Runde und elliptische Formen in der Mitte des Grundstücks fassen die Vielfalt eines Gartens in einem Zentrum zusammen. Die ovale Form lenkt den Blick des Betrachters automatisch an die sich verjüngenden Stellen der Ellipse.

IDEE VIER – FLIESSEND ORGANISCH

Aufwendiger in der Realisierung, aber sehr schön und effektiv ist dieser Entwurf mit geschwungenen Linien. Ein natürliches Erscheinungsbild begleitet den Garten mit Teich. Zwei deutlich abgegrenzte Sitzbereiche sind vorhanden. Weil die Pflanzbeete unregelmäßig geformt sind, lassen sie eine breite Vielfalt von Pflanzkombinationen zu. Hoch wachsende Gehölze schirmen das Grundstück wirkungsvoll ab.

Entspannt
Eine entspannte Atmosphäre geht von diesem Entwurf aus. Wenn die Pflanzen größer werden, sollte der Grundriss überarbeitet werden. Das Verlegen geschwungener Beläge ist aufwendig.

Gartenplaner-Software

Für die Erstellung eines Gartenplans auf dem PC steht allerlei Software zur Verfügung. Suchen Sie sich ein Programm, das Ihren Vorkenntnissen und der gewünschten Detailliertheit entspricht. Die meisten sind unkompliziert in der Anwendung – manche gibt es auch kostenlos als Download, obwohl die Qualität des fertigen Plans in der Regel natürlich preisabhängig ist. Inzwischen gibt es Software mit ausgefeilten Funktionen, die zum Teil die Lichtwirkung, den Lauf der Sonne, unterschiedliche Pflanzen und sogar Animation darstellen können.

Profis arbeiten mit CAD-Software, um exakte 2-D-Pläne für Auftragszeichnungen und Ausschreibungen zu erstellen, oft in Kombination mit dem Programm SketchUp, das Ideen in 3-D-Darstellungen umsetzt.

Aus der Vogelperspektive unten
Planungssoftware kann inzwischen unterschiedliche Ebenen, Materialtexturen, Pflanzentypen und Gartenmöbel darstellen. Die Simulationen wirken verblüffend echt und vermitteln dem Betrachter ein exaktes Bild vom anvisierten Garten.

Detailreich oben
Dank einer realistischen Darstellung von Texturen und Farben können Planer und ihre Kunden sehr gut abschätzen, wie das Endergebnis aussieht.

Pflanzungen planen

Die Kombination von Praxiswissen und Kreativität ist hierbei wichtig. Die praktischen Überlegungen beziehen sich auf die Bodenart, die kleinklimatischen Besonderheiten des Orts und die Lichtverhältnisse. Die Funktion der Pflanzung, also Sichtschutz, Duftoase oder Farbtupfer, muss auch bedacht werden – das ist der Rahmen für Ihre Kreativität.

Wie wird meine Pflanzkombination wirken?
Vielleicht fällt es Ihnen leichter, sich Pflanzungen vorzustellen, wenn Sie Utensilien ähnlicher Größe als Platzhalter einsetzen, etwa Bambusstäbe, Eimer, Kartons oder Töpfe.

Optimale Voraussetzungen

Bevor Sie mit der Pflanzplanung beginnen, brauchen Sie einen Grundriss *(siehe S. 184–189)*. Erst dann haben Sie einen Überblick über alle Raum- und Standortbeziehungen im Garten. Skizzieren Sie die geplanten Beete und machen Sie Fotos vom Garten – entweder von einem Zimmer im oberen Geschoss oder von dem Standort aus, von dem Sie den Garten am häufigsten einsehen. So ausgestattet können Sie besser kontrollieren, wie Ihre Idee sich optisch auswirken wird.

Pflanzen auswählen

Sie haben die Wahl: Entweder Sie listen zuerst Ihre Lieblingspflanzen auf und versuchen, diese auf dem Beet zu einer Rabatte zu arrangieren, oder Sie suchen sich die Pflanzen aus, deren Größe, Form und Erscheinungsbild am besten zu Ihrer Gestaltungsidee passen. Wahrscheinlich werden Sie beide Ansätze mischen, doch bedenken Sie immer: Die gewählten Arten müssen mit den Bedingungen vor Ort zurechtkommen. Sie sollten in Größe, Textur und Form zu den Nachbargewächsen passen. Blütezeit, die Blütenfarbe und die Herbstfärbung sind ebenfalls wichtige planerische Aspekte. In kleinen Gärten erzielen Sie die beste Wirkung mit einer auf wenige Arten und Typologien, z. B. Blattformen, beschränkten Pflanzenpalette. Inspiration finden Sie im Gartencenter, wo Sie die ausgewählten Pflanzen zusammenstellen können. Auch auf Pinterest, Instagram oder Houzz bekommt man reichlich Anregungen.

Ausgewogen
Gewächse mit unterschiedlichen Laubformen wie Iris und Astilben vereinen sich hier zu einer stimmigen Uferbepflanzung.

Angepasst
In dieser naturnahen Pflanzung wachsen trockenheitsverträgliche Sukkulenten und alpine Pflanzen zwischen Kies.

Saisonal
Nutzen Sie im Spätwinter und Frühling das Licht und den feuchten Boden für eine geeignete Unterpflanzung unter Laub abwerfenden Bäumen.

Gestaltungsfunktion

Fixieren Sie sich nicht nur auf Blüten- und Laubfarben, sondern betrachten und nutzen Sie auch die weiteren dekorativen Vorzüge einer Pflanze. Das kann der Duft sein, der in der Nähe von Terrassen, Türen und Fenstern seine Wirkung am besten entfaltet. Doch auch mit strukturstarken Pflanzen sollten Sie Ihre Rabatten aufwerten, wie den rundlichen Polstern von *Hebe* und den schwertähnlichen Blättern von *Phormium*. Mit Kletterpflanzen können Sie Unansehnliches kaschieren. Hainbuchen und Eiben wiederum geben einen perfekten Windschutz ab.

Attraktive Lückenfüller
Zwiebelpflanzen sorgen in dauerhaften Pflanzungen zuverlässig für saisonale Highlights. Sie bringen Leben in Rabatten, wenn die meisten Stauden gerade erst austreiben. Auf Allium *(links) im Frühsommer folgen* Gladiolus *und* Nerine.

Ganzjährig interessant
Laub erzielt Wirkung in jeder Rabatte über mehrere Jahreszeiten hinweg. Beziehen Sie dieses gestalterisch tragende Element in die Rabattenplanung mit ein.

Winterfarben rechts
Winterblühende Pflanzen, z. B. Hamamelis, *sind eine Kostbarkeit. Pflanzen Sie diese Schätze so, dass sie im späten Winter optimal vom Haus oder Weg aus zu sehen sind.*

Wohlgeruch ganz rechts
Duftpflanzen gehören in warme, geschützte Gartenwinkel, wo der Wind ihren Wohlgeruch nicht wegweht.

Pflanzpläne zeichnen

Pflanzpläne helfen Ihnen dabei, Ihre Ideen zu ordnen und die Anzahl der benötigten Pflanzen zu ermitteln. Mithilfe Ihres Grundrissplans *(siehe S. 184–189)* wählen Sie die zu bepflanzenden Areale aus und legen dort die Form und Größe des Beetes fest. Gegebenenfalls werden Sie die Beete in einen größeren Maßstab transferieren, um zielgerichteter gestalten zu können.

Pflanzen gruppieren

Bringen Sie nicht zu viele Pflanzen auf kleinem Raum unter. Pflanzen brauchen Abstand zu ihren Nachbarn auf dem Beet, das sollten Sie nie vergessen. Pflanzen wirken jedoch seltsam isoliert, wenn sie nicht in Gruppen eingebunden werden. Um eine üppigere Wirkung zu erzielen, pflanzen Sie drei oder mehr Individuen derselben Staudenart zusammen. Dabei können Sie gewundene, lange Kolonien bilden – gut für Cottage-Gärten oder prärieartige Pflanzungen – oder dreieckige Gruppierungsmuster bevorzugen. Beide Verbände erlauben Ihnen einen einfachen und wirkungsvollen Rabattenaufbau mit verschiedenen Pflanzengruppen und Bereichen. Wenn Sie gelegentlich ein Exemplar der Gruppe ein wenig abseits von den anderen der Art platzieren, vermitteln Sie den natürlichen Eindruck, als hätte es sich ausgesät. Sträucher können Sie im Ensemble oder einzeln setzen. Pflanzen, die allein stehen, präsentieren ihre Wuchsform. Bedenken Sie, alle Bäume und alle hohen Sträucher sollten Sie mit ausreichendem Abstand zum Haus und zur Grenze pflanzen.

Achten Sie darauf, dass die Beete nicht zu klein sind. Kombinieren Sie geometrische und natürliche Pflanzungsstile und nutzen Sie diese Kontraste zu einer wirkungsvollen Inszenierung.

Präriepflanzen
Ineinander verwobene, sich schlängelnde Kolonien verleihen der Pflanzung ein natürliches Erscheinungsbild.

Architektonische Formen
Geometrische Gärten werden durch geometrisch geschnittene Hecken und wenige architektonische Arten gestärkt.

Parterres
Das Planen von Parterres ist wegen der geometrischen Form recht einfach. Zuerst wird der Verlauf der Hecken festgelegt.

Naturnah
Sich wie zufällig ausbreitende Pflanzen wirken natürlich. Wählen Sie nur wenige Blütenfarben, sonst droht Chaos.

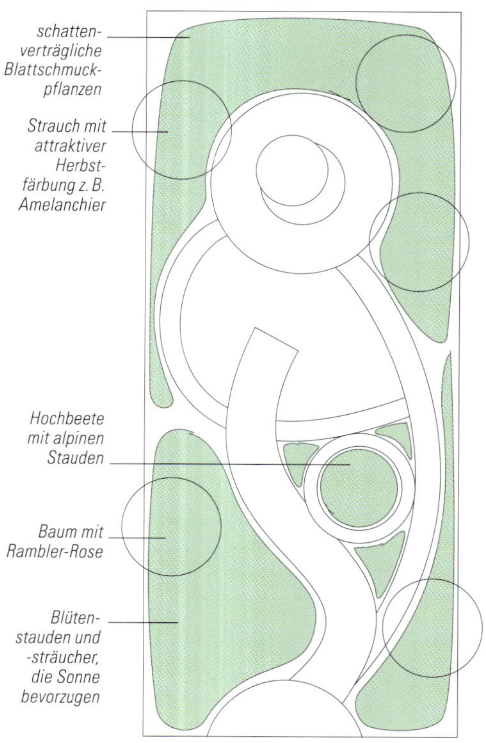

Ideen erproben
Wenn Sie nicht immer aus der Vogelperspektive Ihren Garten gestalten wollen, skizzieren Sie Ihre Ideen auf einem Transparentpapier, das über dem Foto liegt.

Konzept erstellen
Diese vereinfachte Grundrissdarstellung mit simplen Formen erlaubt, Standorte für größere Gewächse zu finden und sonnige und schattige Areale zu bestimmen.

Planungsskizzen

Überprüfen Sie Ihre Pflanzidee oder entwickeln Sie neue mithilfe von Zeichnungen, die sich auf eine oder mehrere wichtige Erlebnisperspektiven Ihres Gartens beziehen. Kümmern Sie sich dabei nicht um Genauigkeit und Darstellungsästhetik, sondern konzentrieren Sie sich auf die Pflanzung. Überlegen Sie sich, ob Sie eine Blickbeziehung betonen, einrahmen oder verdecken wollen. Zum Schluss gehen Sie gedanklich durch den Garten und machen sich klar, welche Formen und Farben die Pflanzen haben sollen, welche Erlebnisse im Garten den Betrachter überraschen, beruhigen oder amüsieren könnten. Arbeiten Sie diese Erkenntnisse auf eine unkomplizierte Art und Weise in Ihre Skizzen ein.

Als Basis einer solchen Skizze verwenden Sie Schwarz-Weiß-Ausdrucke. Sie sind oft anschaulicher als Farbbilder. Ein strukturierter Pflanzplan entsteht auf Basis dieser Skizzen.

Pflanzplan

Wenn der Pflanzplan nicht von anderen realisiert werden soll oder gar für andere bestimmt ist, brauchen Sie keine ausgefeilte Grafik – doch lesbar und verständlich sollte er unbedingt sein *(siehe Symbole auf S. 182)*. Eine Legende, die alle verwendeten Symbole erklärt, darf nicht fehlen, genauso wie der Maßstab des Plans.

Zuerst platzieren Sie Bäume oder Sträucher. Dafür wird der Standort durch einen Punkt und die Krone durch einen Kreisbogen markiert. Der Kreis gibt den mutmaßlichen Kronenumfang in etwa zehn Jahren – oder auch eher – wieder. Stauden zeichnet man über Symbole ein, die in etwa auch der Größe der Staude entsprechen. Ist die Pflanze zu klein für ein Symbol, so markieren Sie den Pflanzbereich durch eine Schraffur und notieren, welche Pflanze hier stehen soll.

Erstellen Sie Ihren Plan auf Millimeterpapier oder zeichnen Sie mit einem Bleistift ein Gittermuster aus 1 cm großen Quadraten als Grundlage für Ihre Zeichnung – das Hilfsraster radieren Sie später wieder aus. Solch eine Basis erlaubt Ihnen, die Pflanzabstände einzuschätzen. Der Maßstab bestimmt, wie viel Fläche sich hinter dem Zentimeterraster tatsächlich verbirgt *(mehr dazu auf S. 188)*.

Über Transparentpapier kopieren Sie Ihre Skizze und zeichnen einen sauberen Plan. Copyshops und Druckereien vor Ort bieten oft einen Kopierservice für große Pläne an. Fertigen Sie zwei Kopien an: eine zum Arbeiten, eine als Kopiervorlage. Durch Laminieren werden sie wetterfest.

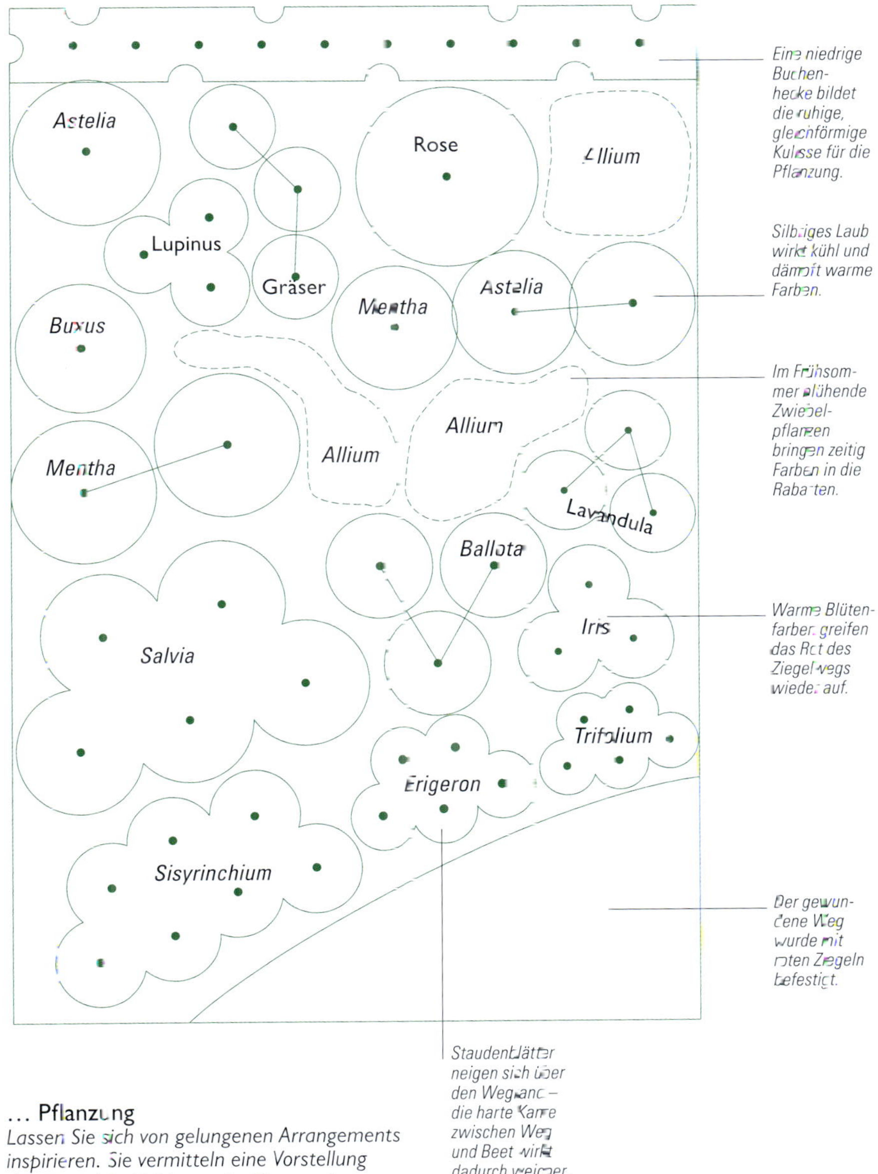

Pflanzplan und …
Das ist der Pflanzplan der unten abgebildeten Rabatte. Die Konturen markieren die Pflanzenausdehnungen in einigen Jahren. Die Anzahl der Pflanzen ergibt sich aus der Zahl punktförmiger Standortmarkierungen.

… Pflanzung
Lassen Sie sich von gelungenen Arrangements inspirieren. Sie vermitteln eine Vorstellung davon, welche Wirkung die Pflanzen im Garten entfalten. Machen Sie sich Notizen zu ansprechenden Kombinationen und halten Sie sie mit Smartphone oder Digitalkamera fest.

KOSTEN

Wenn Sie große Sträucher und Bäume pflanzen, so wirkt Ihr Garten sofort eingewachsen, aber Ihre Kosten für Pflanzen sind sehr hoch. Bei knapperem Budget müssen Sie auf junge Exemplare zurückgreifen. Mit Stauden erreichen Sie sehr schnell eine gute Optik.

Wenn Sie größere Mengen einer Pflanze einkaufen, wird man Ihnen einen Rabatt einräumen. Doch sollte nicht der Preis das vorrangige Entscheidungskriterium sein, sondern die Pflanzenqualität – robuste, gesunde Pflanzen.

Beispielhafte Pflanzpläne

Unabhängig davon, welchen Gartenstil Sie planen, die Pflanzen müssen immer an den Standort und das Klima angepasst sein. Wenn Sie den Garten für Auftraggeber gestalten, dann sollten Sie Ihre Bepflanzungsvorstellungen mit ihnen besprechen. Sie können sich dann den Garten, der entstehen soll, besser vorstellen, und Sie gegebenenfalls auf mögliche Nutzungskonflikte hinweisen.

Raum gliedern

Ein rechteckiger Garten hält keinerlei Überraschungen parat, wenn Sie diese nicht durch eine Unterteilung erzielen. Die Gestalterin Fran Coulter zog eine optische Trennung ein, zwischen der Holzdeckterrasse an der hinteren Seite des Hauses und dem Garten.

Pflanzen

1 *Rosa* 'New Dawn'
2 *Clematis* 'Pink Fantasy'
3 *Trachelospermum jasminoides*
4 *Lonicera nitida* 'Baggesen's Gold'
5 *Buxus sempervirens*
6 *Weigela* NAOMI CAMPBELL ('Bokrashine')
7 *Nepeta nervosa*
8 *Vitis vinifera* 'Purpurea'

Gestaltung

Um den Sitzplatz vor den neugierigen Blicken der Nachbarn aus dem oberen Geschoss zu schützen, wurde eine Pergola gebaut, die mit Rosen, Clematis und Wein berankt wird – der optimale Sichtschutz. Der gezeigte Bereich ist etwa 3,5 × 2,5 m klein. Die Pergola markiert die farbenfrohe Grenze zwischen Wohnterrasse und Garten: Das Holz ist mattrot lackiert, damit es zum Anwesen im skandinavischen Stil passt. In Schweden wird die Farbe traditionell mit Eisen- und Kupfererzen hergestellt. Diese Farbtöne werden von der violetten Rebe, der weinroten Weigelie sowie der rosa blühenden Rose und Clematis aufgegriffen.

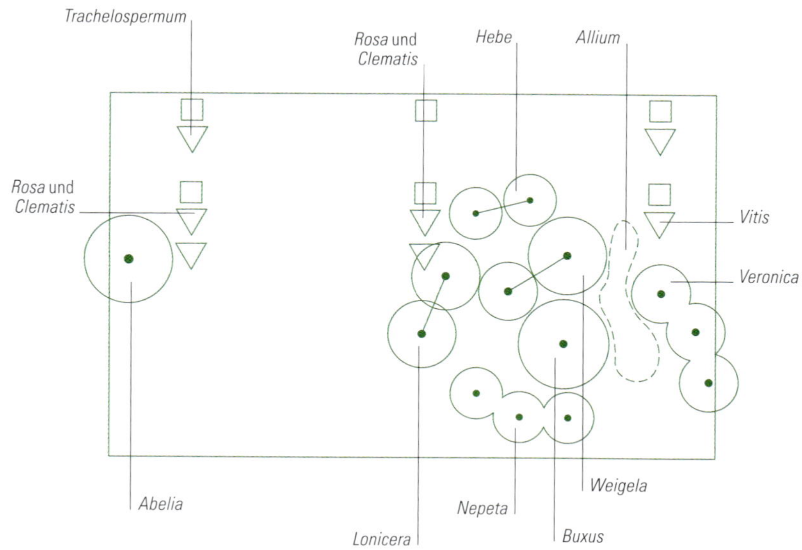

Schatten

Die quadratische Rabatte mit 3,5 m Seitenlänge liegt vor einer Steinmauer und einer Lorbeerkirsche. Der Besitzer bat Paul Williams eine schattenverträgliche Bepflanzung zu planen, welche die Struktur des geometrischen Gartens, der sich anschließt, spiegelt.

Pflanzen

1 *Dryopteris affinis* 'Cristata'
2 *Gazania*
3 *Prunus laurocerasus*
4 *Hosta* 'Krossa Regal'
5 *Taxus baccata*

Gestaltung

Um den geometrischen Formalismus der Anlage aufzunehmen, die auf der anderen Seite des Weges liegt, wurde die Rabatte im 3-m-Rhythmus durch Säuleneiben unterbrochen. Jeder Abschnitt enthält eine Bepflanzung, die durch Blattschmuck Kraft entfaltet. In jedem Abschnitt steht eine Vase. Die Wechselpflanzung in der Vase harmoniert mit der Umgebung oder setzt einen Kontrapunkt zu ihr.

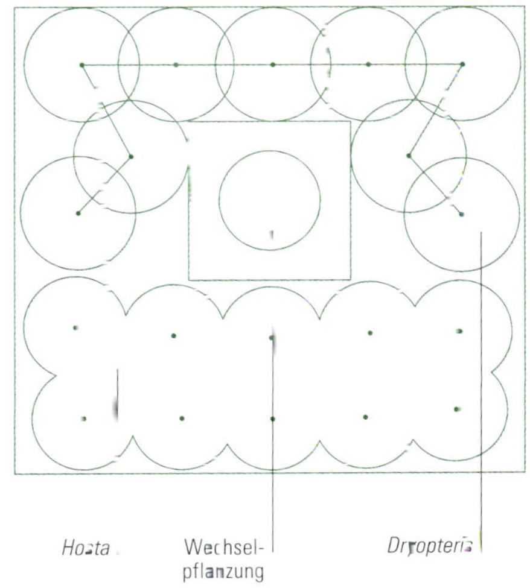

Urban

Adam Frost entwarf diesen kleinen Stadtgarten mit romantischer Cottage-Garten-Bepflanzung. Die roten Ziegel bilden den idealen Hintergrund für die Komposition aus Karminrot, Rosa und Lilarosa.

Pflanzen

1 *Salix elaeagnos* subsp. *angustifolia*
2 *Persicaria bistorta* 'Superba'
3 *Rosa* 'Souvenir du Docteur Jamain'
4 *Heuchera* 'Chocolate Ruffles'
5 *Astrantia major* 'Roma'

Gestaltung

In der Mitte dieser rund 1,2 × 2 m großen Rabatte wächst die intensiv duftende, dunkel karminrote Rose. Ihre glänzend grünen Blätter bilden ein lockeres Gerüst, durch das Persicaria *und* Astrantia *hindurchwachsen. Diese blassrosa Stauden ergänzen die satte Tönung der Rose und bringen Helligkeit ins Spiel. Am Boden werden sie gesäumt von einer weinfarbenen* Heuchera. *Die Weide,* Salix, *mit ihrem blassgrünen filigranen Laub gibt eine ideale neutrale Kulisse ab für die warmen Farben der Pflanzung davor.*

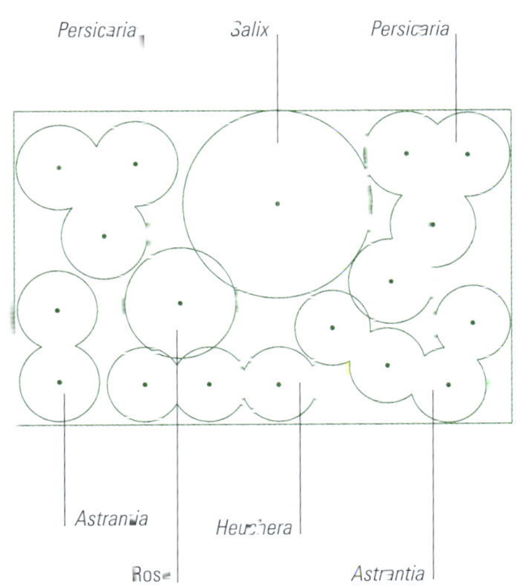

Mit Pflanzen gestalten

Pflanzen wachsen dort am besten, wo sie ideale Standortbedingungen vorfinden. Wenn Sie ihre Bedürfnisse kennen und wissen, welche Böden sie brauchen, fällt es Ihnen leicht, das passende Arrangement für Ihren Garten zu planen.

Soll Ihr Garten ganzjährig interessant aussehen, wählen Sie aus jeder Pflanzengruppe einige Vertreter aus: Bäume und Sträucher, die für Höhe, Tiefe und Schattenwurf sorgen und ein Grundgerüst im Garten bilden, Immergrüne, die den Garten ganzjährig begrünen, und sommergrüne Gehölze, die das Spiel der Jahreszeiten in Ihren Garten bringen und im Winter sehr attraktiv sind. Wertvolle Dienste leisten auch dauerhafte Gewächse wie duftende Kletterpflanzen, Gräser und Stauden. Ein- und Zweijährige sowie Zwiebelpflanzen setzen jahreszeitliche Farbakzente gerade dann, wenn frischer Wuchs und neue Energie besonders willkommen sind.

Pflanzen sind vielseitiger einsetzbar, als man meint. Sie können in einem Arrangement unterschiedliche, oft auch unerwartete Rollen übernehmen. Strukturierend wirkt oft ein Solitär – etwa eine Artischocke, die in einer Rabatte den Hauptpart spielt – oder eine immergrüne Hecke um ein Parterre. Leitpflanzen lenken das Auge des Betrachters zuverlässig durch den Garten. Um diesen Zweck zu erfüllen, müssen die Pflanzen nicht langlebig sein: Ein Solitär mit lebhaften Blüten oder einer intensiven Laubfärbung wirkt als Eyecatcher ebenso stark wie ein immergrüner Neuseelandflachs oder die Silhouette eines bizarren Gehölzes.

Ein dynamisches Arrangement erhalten Sie, wenn Sie markante Formen und Wuchseigenschaften sowie die Farben und Texturen von Blüten- und Laubblättern arrangieren. Die Gruppen der hohen und mittelhohen Pflanzen ergänzen Sie durch bodendeckende Arten. Die sich verändernden Pflanzen vermitteln im Lauf des Jahres – der Vegetationsperiode – immer wieder neue Eindrücke.

Es ist gleich, ob Sie die traditionelleren Pflanzenkompositionen oder das Experiment bevorzugen, Pflanzen machen das Gärtnern immer aufregend.

Ganz oben und oben
Blüher wie Dahlien sind Farb- und Formgeber zugleich.
Mit verschiedenen Pflanzen in mehreren Schichten kann man erstaunliche Wirkung erzielen.

Über Pflanzen

Aus allen Teilen der Welt und den unterschiedlichsten Lebensräumen finden Pflanzen den Weg in unsere Gärtnereien. Um diese Lebewesen im Garten zu beherbergen, müssen Sie ähnliche Standortverhältnisse schaffen – vergleichbar mit denen in der Pflanzenheimat. Das Erscheinungsbild gibt oft Hinweise auf die Standortansprüche einer Art, zuverlässige Kulturangaben finden Sie auf dem Pflanzenetikett. Denken Sie daran: Arten aus demselben Lebensraum harmonieren miteinander.

Sonne und Schatten

Eine schattenliebende Pflanze trägt meist dunkelgrüne chlorophyllreiche, große Blätter, um das wenige Licht optimal auszunutzen. Vor austrocknenden Winden und sengenden Sonnenstrahlen ist sie durch das Laubdach ihrer Pflanzenpartner geschützt. Die Sonnenanbeter unter den Pflanzen leiden nicht unter austrocknenden Winden und dem Sonnenlicht: Ihr silbrig grüngraues Laub – oft mit weißen Härchen bedeckt – schützt sie. Ledrige, fleischige Blätter deuten eine hohe Trockenheitstoleranz an. Diese Indizien geben leider nicht immer zuverlässige Standorthinweise.

Schatten
An feuchten, schattigen und geschützten Standorten gedeihen Rheum, Darmera *und* Rodgersia. *Die meisten Schattenarten vertragen etwas Sonne, wenn der Boden ausreichend feucht ist.*

Sonne
Volle Sonne und Trockenheit sind harte Voraussetzungen für Pflanzen. Solche mit silbrigem, reflektierendem Laub, wie Artemisia, *oder schmalen grauen Blättern, wie* Lavandula, *haben sich an diese Standorte angepasst.*

Boden

Es ist leichter, Pflanzen für einen Boden auszuwählen, als den Boden an die Pflanzenbedürfnisse anzupassen. Schwerer Ton kann kalt und nass sein, ist jedoch ein nährstoffreicher Lebensraum. Sandiges Erdreich kann problemlos bearbeitet werden, trocknet jedoch im Sommer rasch aus. Auf sauren Böden wachsen Pflanzen wie *Pieris, Camellia* oder *Rhododendron,* die alkalische Böden meiden. Nicht immer ist der erforderliche pH-Wert auf dem Etikett angegeben. Mehr dazu auf S. 134.

Ton
Pflanzen mit einer Vorliebe für nährstoffreiche Böden, z. B. Berberis, *gedeihen auf tonigen Böden gut.*

Sand
Ist die Erde zu feucht, faulen Zwiebeln wie Allium. *Zwiebelpflanzen bevorzugen deswegen Sandböden.*

Alkalisch
Böden mit einem pH-Wert höher als 7 sind alkalisch. Oft sind sie nährstoffreich und behagen Rosen.

Sauer
Azaleen lieben saure Böden. Sie bevorzugen einen pH-Wert im Boden unter 6,5.

LEBENSFORMEN UND GRUPPEN

EINJÄHRIGE
Pflanzen mit einjährigen Lebenszyklen. Sie blühen in der Regel reichlich, da sie viele Samen für die Vermehrung bilden müssen.

ZWEIJÄHRIGE
Pflanzen mit zweijährigen Lebenszyklen. Im ersten Jahr treibt das Laub, im zweiten die Blüten.

STAUDEN
Pflanzen mit mehrjährigen Lebenszyklen, die nicht verholzen. Sie treiben im Frühjahr aus und ziehen nach der Blüte ein. Einige tragen grüne Blätter über den Winter.

GRÄSER UND SEGGEN
Stauden mit Grasblättern, die kompakte Horste und/oder Ausläufer bilden. Höhe: wenige Zentimeter bis 2–3 Meter.

IMMERGRÜNE
Gehölze und Halbsträucher, die ihre Blätter über den Winter nicht verlieren.

SOMMERGRÜNE
Gehölze und Halbsträucher, werfen ihr Laub im Herbst ab, treiben im Frühjahr aus.

STRÄUCHER
Dauerhafte, mehrstämmige Gehölze mit immergrünem oder sommergrünem Laub. Höhe: 30 Zentimeter bis 7 Meter hoch.

BÄUME
Gehölze mit einem Stamm. Können sehr hoch werden, sind sehr langlebig. Sommergrünes oder immergrünes Laub. Sorgfältige Standortwahl!

KLETTERPFLANZEN
Gehölze, Stauden, Ein- und Zweijährige mit attraktivem Laub und/oder Blütenschmuck. Sommergrünes oder immergrünes Laub.

WASSERPFLANZEN
Stauden und Schwimmpflanzen, die im nassen Boden eingewurzelt sind und teilweise Schwimmblätter tragen oder frei schwimmen bzw. unter Wasser leben *(siehe S. 214)*.

Wuchsformen

Wer die Ansprüche eines Gewächses kennt, findet dafür das geeignete Plätzchen und pflanzt es im angemessenen Abstand zu den benachbarten Pflanzen. Stimmen Standort und Pflanzabstand, so entstehen harmonische Pflanzungen. Einen Anhaltspunkt für den Pflanzabstand geben die Angaben auf dem Etikett.

Matten
Matten bildende Pflanzen breiten sich oberirdisch aus und treiben Wurzeln in den pflanzenbedeckten Boden. Die Korsische Minze (Mentha requienii) *überzieht allmählich Kies- und Pflasterflächen.*

Horste
Japanisches Federborstengras, Pennisetum alopecuroides, *bildet dichte Horste aus. Die benachbarten Pflanzen werden nicht verdrängt, wenn der Pflanzabstand stimmt.*

Aufrecht
Straff aufrecht wachsende Pflanzen wie die Königskerze, Verbascum, *können meist dicht gepflanzt werden. Sie eignen sich als vertikale Gartenelemente.*

Kletternd
Kletterpflanzen wie die Clematis brauchen wenig Platz, weil sie nach oben und nicht in die Breite wachsen. Man zieht sie über Sträucher oder entlang von Klettergerüsten.

Schnell wachsend
Pflanzen wie z. B. Malven, Lavatera, *gewinnen rasch an Volumen. Gehölzetikette geben meist die Größe nach zehn Jahren an. Staudenetikette beziehen sich auf eingewachsene, ältere Exemplare.*

Langsam wachsend
Viele Gehölze, die nur wenige Zentimeter pro Jahr wachsen, erreichen im Lauf der Zeit eine stattliche Größe. Ilex crenata *wächst sehr langsam und ist daher ideal für niedrige Hecken.*

Topf statt Beet

Töpfe und Kübel können üppig und vielfältig bepflanzt werden. Nutzen Sie die Flexibilität von Topfgärten, ohne auf Schönheit verzichten zu müssen. Sie können die unterschiedlichsten Pflanzen zu einer Komposition arrangieren. Obst und Gemüse wächst auch im Topf. Das Wurzelwachstum wird durch den Kübel begrenzt.

Großzügig
Große Gefäße sind komfortabel, allerdings sollten sie nicht überdimensioniert sein. Sie bieten mehreren Gewächsen genügend Raum zum Wachsen.

Eng
Nicht alle Pflanzen kommen mit dem begrenzten Platzangebot in kleinen Töpfen zurecht. Wässern und düngen Sie Ihre getopften Nomaden regelmäßig.

Natur als Vorbild

Wer Pflanzen unterschiedlicher Regionen, aber ähnlicher Lebensräume kombiniert, kann ästhetische Arrangements schaffen. Anregungen für eine solche Pflanzung und ein Gefühl für die Ansprüche der jeweiligen Arten bekommen Sie, wenn Sie deren natürliche Umgebung eingehend studieren.

Küstenklima
Für Küstengärten wählt man Pflanzen, die Böen und salzige Gischt vertragen. Zum Glück gibt es Gewächse, die den rauen Bedingungen trotzen und gut aussehen.

Waldklima
Man muss kein Botaniker sein, um einen Waldgarten anzulegen. Sie können sogar Gewächse aus mehreren Ländern kombinieren, solange sie kühlen, trockenen Schatten bevorzugen.

Höhenlagen
Steingärten empfinden die trockenen, von stark durchlässigen Böden geprägten Bedingungen alpiner Wiesen nach. Das Vorbild alpiner Matten ist hilfreich.

Pflanzen auswählen

Gartengestalter sprechen oft von einer Pflanzen-»Palette«, die in einem Garten eingesetzt wird, so als ob es sich hier um die malerische Gestaltung mit Farben und Formen handeln würde. Tatsächlich ist die Gartengestaltung eine Art Malerei, die jedoch zusätzlich um die dritte Dimension – den Raum – und lebendige Materialien, die sich verändern, ergänzt wird. Die folgenden Tipps helfen Ihnen, eine klarere Vorstellung von den Pflanzenkompositionen in Ihrem Garten zu entwickeln.

Auswählen

Sie sollten eine klare Vorstellung von Ihrem Garten haben, wenn Sie mit der Pflanzenauswahl beginnen. Das heißt, dass Sie den Stil und die Farbgestaltung Ihrer Anlage kennen sollten: Auf diese Weise vermeiden Sie teure Fehlkäufe und können sich auf die gezielte Suche nach Pflanzen machen. Je nach Gartenstil verändert sich die Pflanzenauswahl: Ein Cottage-Garten ermöglicht Ihnen, viele verschiedene Pflanzen in natürlich anmutenden Rabatten zu kombinieren. Modernere Anlagen wiederum werden jedoch nur von wenigen Arten optisch unterstützt. Pflegeleichte Gärten zwingen Sie, die Vielfalt der Pflanzen zu beschränken.

Exoten
Ein farbenfrohes Ensemble aus Einjährigen, kombiniert mit winterharten und empfindlichen Stauden, erfordert viel Pflege, doch die Mühe lohnt sich.

Pflegeleicht
Die gut entwickelten winterharten Stauden und Sträucher dieser geometrischen Anlage brauchen nur wenig Pflege – und trotzdem sieht der Garten bis in den Winter sehr attraktiv aus.

Funktionen

Pflanzungen übernehmen auch Funktionen, die dann stilgetreu gestaltet werden: Windschutzpflanzungen für windexponierte Lagen. Sichtschutzpflanzungen für leicht einsehbare Grundstücke. Vorgärten, gestaltet als repräsentatives Entree. Schatten spendende Pflanzungen, die ein Treffpunkt im sommerlichen Garten sind.

Die Gestaltung mit Pflanzen ist also auch zweckorientiert, das begrenzt die Auswahl. In der folgenden Liste sind alle Funktionen aufgeführt, die Pflanzen erfüllen können.

1 *Windschutz*
2 *Begrenzung*
3 *Nahrungsmittel*
4 *Schatten*
5 *Duftspender*
6 *Sichtschutz*
7 *Kaschieren*
8 *Lebensraum für Tiere*

Geschützter Sitzbereich
Mit Hecken erreichen Sie dasselbe wie mit einem Zaun oder einer Mauer. Hecken und Wälle wirken als Lärm- und Windschutz jedoch effektiver.

Allrounder

Ist der Platz knapp, rücken Pflanzen in den Mittelpunkt des Interesses, die den Garten lange Zeit im Jahr attraktiv gestalten. Die Blühdauer, ein attraktives Herbstbild, die Färbung der Blätter sowie dekorative Früchte und ein überraschender Austrieb sind dann die Kriterien. Solche Mehrfachtalente sind selten, aber es gibt sie.

Struktur und Farbe
Die Pfingstrosen leisten gute Dienste als Struktur- und Farbgeber. Im Frühjahr folgen auf den roten Austrieb grüne, üppige Blätter und ansprechende Blüten.

Laub und Form
Die Blüten stehen leicht über dem dichten Laub der Pfingstrose. Sie wirkt dadurch wie ein eigenständiges Gartenelement. Einige Arten verfärben sich im Herbst.

Blüte
Die vielen gefalteten knautschigen Blütenblätter verleihen der Pfingstrose ihren Charme. Bei anderen Arten rücken andere Blütenmerkmale ins Zentrum des Interesses.

Pflanzenkomposition

Für jeden Standort und Zweck gibt es passende Arten. Überlegen Sie sich immer, wo eine Pflanze den optimalen Standort finden könnte. Entscheiden Sie, ob die Pflanze Ihr Gestaltungsziel unterstützt, und vergewissern Sie sich, dass sie zu den Nachbarpflanzen am Standort auch wirklich passt.

Fülle und Dichte
Das Gros der Pflanzen im Garten gehört zu der Gruppe der mittelhohen Stauden und niedrigen Sträucher. Sie sorgen für Masse, füllen die Lücken und sind hohen Elementen beigeordnet.

Höhe
Pflanzen schaffen zweierlei Strukturen: Sie definieren die Grenzen – und damit Raum oder Rahmen des Gartens – und komponieren den Bildaufbau der Rabattenpflanzung.

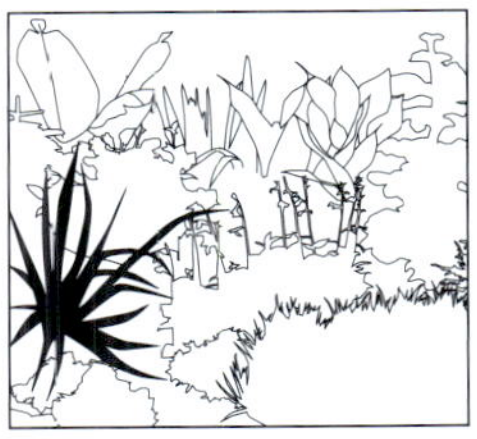

Blickfang
Eine als Blickfang platzierte Pflanze ist das optische Highlight einer Pflanzung. Solch eine Pflanze hebt sich vom übrigen Grün durch ihr auffälliges Erscheinungsbild positiv ab.

Bodendecker
Sie sind ebenso dekorativ wie andere Pflanzen. Richtig ausgewählt, gepflanzt und gepflegt verhindern sie das Keimen von unerwünschten Kräutern. Sie machen den Garten pflegeleicht.

Saisoneffekte
Gerade die Jahreszeitenwechsel schaffen reizvolle Effekte. Wenn Sie Pflanzen wählen, die sich im Lauf des Jahres verändern, ziehen diese immer wieder Ihr Interesse auf sich.

Struktur schaffen

Leitpflanzen bilden das Rückgrat eines Gartens. Sie verankern untergeordnete Pflanzen in einem Rahmen, der teilweise durch sie gestaltet wird oder unbeeinflussbar bleibt: Eine mächtige Buchenhecke um ein Areal übernimmt also die gleiche Funktion wie eine niedrige Buchseinfassung um eine Rabatte. Physisch eindrucksvolle Pflanzen, wie *Gunnera* oder *Cordyline,* wirken vergleichbar. Die Auswahl von Leitpflanzen und ihrer Standorte ist ein erster Schritt zur Pflanzenkomposition.

Rahmen

Strukturpflanzen rahmen oder verdecken Aus- und Einblicke des Gartens, zudem führen sie das Auge des Betrachters durch die Pflanzung oder den Garten. Sträucher bilden in einer Rabatte das Gerüst. Rhythmische Wiederholungen schaffen visuelle Bezugspunkte. Mit Hecken markieren Sie idealerweise die Grenzen eines mindestens mittelgroßen Grundstücks. Die Pflanzung schützt die Privatsphäre. Immergrüne Hecken bilden einen ganzjährig dichten Wall, werfen jedoch unter der tief stehenden Wintersonne lange und kalte Schatten in den Garten. Sommergrüne Hecken lassen immer etwas Licht durch, doch sie beleben die Gartenanlage, weil der Verlauf der Jahreszeiten zu beobachten ist.

Heckenstruktur
Hecken können, ob groß oder klein, die innere Struktur eines Gartens vorgeben. Eine Buchenhecke ist hier zu sehen.

Rabattenstruktur
Ein grüner und ein violetter Ahorn rahmen die Statue, dahinter steht eine Gunnera, welche die Pflanzung weiter strukturiert.

Übergang

Das Hauptgerüst eines Gartens ist oft von Dauer, jedoch kann sich ein Großteil der Bepflanzung mit den Jahreszeiten verändern. Manche Stauden geben ihm für ein paar Wochen im Frühjahr eine wichtige Struktur. Diese Leitpflanzen werden erst dann zurückgeschnitten, wenn sie neu austreiben, wie z. B. Gräser. Große formschöne Blattschmuckpflanzen wie *Miscanthus* dienen als Anker für kleinere Arten oder kontrastieren mit laubreichen Blütensträuchern wie *Deutzia*. Lockere Arrangements erhalten durch diese Charaktere Gewicht, da sie dem Grazilen etwas Massiges entgegensetzen.

Mit Akzenten strukturieren
Markante Blätter, z. B. der Canna, bilden in Pflanzungen die Kulisse für Blumen mit schlanken Stielen. Sie setzen stark strukturierende Akzente.

Mit Gruppen strukturieren
Durch Ansiedlung großzügiger Gruppen einer Art entsteht keine Unruhe. Dieses Ensemble wirkt, obwohl es stark strukturiert ist, sehr natürlich.

365 Tage lang

Immergrüne Gewächse scheinen wie gemacht für ganzjährig interessante Pflanzungen, doch lassen sie einen Garten schnell überladen und statisch erscheinen. Sommergrüne Gehölze dagegen zeigen sich im Jahreslauf von einer immer wieder anderen Seite. Im Frühjahr mit dem frischen Austrieb, im Sommer mit Blüten, im Spätsommer mit Beeren und im Herbst mit farbigem Laub. Die nackten Gehölze bereichern den winterlichen Garten durch ihre Silhouette. In einem Kleingarten zaubern Ebereschen, *Sorbus*, diese Effekete. Im Winter bereitet der Blick in den Garten den schönsten Genuss – und manchmal zieht es Sie dann doch in die Kälte hinaus.

Farbe und Form rechts
Wer sommer- und immergrüne Arten mischt, kann sich im Winter an einem dekorativ strukturierten, farbenfrohen Garten erfreuen.

Frühling unten
Bäume sind ein wichtiger Bestandteil der Frühlingslandschaft. Manche bieten Blüten, andere leuchtend grünen Neuaustrieb.

Form ganz unten
Der geometrische Stil verlangt ausgeprägte und viele Strukturen. Dieses Defilee aus Immergrünen wirkt harmonisch und sieht zu jeder Jahreszeit gut aus.

Zuordnen und füllen

Es steht Ihnen die ganze Bandbreite an Formen, Farben und Texturen zur Verfügung, um den von Ihnen geschaffenen Leitstrukturen weitere Pflanzen beizuordnen. Aus einer Vielzahl mittelhoher Pflanzen können Sie Zwiebelgewächse, niedrige Sträucher und Halbsträucher sowie Stauden auswählen. Etliche Arten werden Sie finden, die Ihren Gartenstil unterstützen oder die unliebsamen Lücken schließen. Die Halbsträucher und niedrigen Sträucher erfüllen sehr rasch die ihnen zugedachten Funktionen.

Form und Textur

Einige der beliebtesten mittelgroßen Pflanzen sind nicht wegen ihrer Blüten, sondern vor allem wegen ihrer Formen und Texturen von Interesse. Mit dekorativen Blattformen trumpfen *Acanthus, Hosta, Ligularia* und *Rodgersia* auf. Oft pflanzt man sie in Gruppen zusammen, neben Pflanzen mit kontrastierenden Formen und Texturen. So entsteht eine starke optische Dynamik. Vorzügliche Kombinationen sind z. B. das fiedrige Laub des Fenchels, *Foeniculum vulgare*, mit der Artischocke, *Cynara cardunculus* Scolymus-Gruppe, oder des zarten, aber lebhaften Schleierkrauts, *Gypsophila*, mit den runden *Bergenia*-Blättern. Durch Gruppierung von Pflanzen mit weichen Texturen ergeben sich weichere Effekte. Fenchel neben *Anemanthele lessoniana* oder *Molinia caerulea* subsp. *arundinacea* 'Windspiel' neben *Aruncus dioicus* 'Kneiffii' bzw. *Thalictrum delavayi* ergeben diese sanfteren Eindrücke.

Vielschichtige Textur links
Diesen Hang bereichern schöne Blatttexturen und -farben, etwa von Kugel-Lauch oder filigranem Fenchel.

Gezückte Laubschwerter unten
Das strukturbetonte Laub von Crocosmia *bleibt lange dekorativ. Ihre Blüten sind eine schöne Dreingabe.*

Sträucher

Kleingehölze verleihen Staudenpflanzungen eine gewisse Dauerhaftigkeit im Erscheinungsbild. Niedrige immergrüne Sträucher sollten in den vorderen Bereichen einer Rabatte gesetzt werden, wo sie den vielen Stauden, die im Lauf der Saison kommen und gehen, einen Rahmen bieten. *Teucrium chamaedrys, Lotus hirsutus, Hebe pinguifolia* und *Iberis sempervirens* eignen sich hierfür.

Dauerhafte links
Auch wenn sich die trompetenähnlichen Blüten verabschieden, unterstützt der immergrüne Halbstrauch Convolvulus cneorum *weiterhin andere Stauden.*

Niedrig ganz links
Niedrige Halbsträucher wie Helianthemum *eignen sich als Strukturgeber, lassen sich gut mit Stauden kombinieren, haben aber auch einen hohen Zierwert.*

Schlicht unten
In Gruppen gepflanzte, niedrige immergrüne Strauchveronika, Hebe, bildet den markanten Vordergrund, der mit dem filigraneren Gras dahinter harmoniert.

Farben

Die Palette der Blatt- und Blütenfarben ist unerschöpflich und umfasst nahezu jede Tönung, dank der Vielfalt, die Stauden bieten. Beim Entwerfen einer Pflanzung sollten Sie die Wirkung jedes Gewächses auf das benachbarte Grün bedenken und dann entscheiden, ob Sie Harmonien oder Kontraste *(siehe S. 168–169)* an dieser Stelle in der Rabatte erzielen wollen.

Als Faustregel gilt: Farbmischungen verbreiten eine üppige, leicht aufgeregt wirkende Atmosphäre, während monochrome Kompositionen ausgefeilter und auf das Auge angenehmer wirken. Machen Sie sich bewusst, dass schon die Andeutung eines ähnlichen Farbtons in einer Blüte oder einem Blatt zwei Pflanzen optisch miteinander verknüpft.

In einer größeren Rabatte entfalten Kombinationen aus zwei oder drei Blüten- oder Blattfarben eine gute Wirkung. Man kann die Pflanzen saisonal abstimmen – gelber Goldlack zusammen mit der fast schwarzen Tulpe 'Queen of Night' – oder eine dauerhafte Kombination anstreben, beispielsweise *Anthemis tinctoria* 'E.C. Buxton' mit der violettblättrigen *Heuchera* 'Plum Pudding' und dem Laub von *Hakonechloa macra* 'Aureola'.

Lebhafter Mix
Das wilde Durcheinander aus Blütenfarben und Laubtexturen verleiht der Rabatte viel Energie. Mit ein paar Sommerblumen verstärken Sie diesen Effekt noch.

Starke Begleiter
Die großen gerippten Blätter der blaugrünen Funkie begleiten andere Pflanzen auf ideale Art und Weise und verhelfen der Staude selbst zu einer Hauptrolle.

Boden bedecken

Um die unerwünschten Kräuter, die zwischen Ihren Pflanzen auflaufen, in Schach zu halten, setzen Sie bodendeckende Pflanzen ein. Deren undurchdringliches Dickicht aus Blättern, Trieben und Blüten über dem Boden verhindert, dass Licht hindurchdringt, und nutzt die Feuchtigkeit. Viele den Boden bedeckende Pflanzen haben einen hohen Zierwert und sind ideale Begleiter, die anderen Gewächsen beigeordnet werden sollten, um sie gestalterisch in die Pflanzung einzubinden.

Sonnig und trocken

Diese beiden Extreme treten häufig in Verbindung mit »hungrigen« Böden auf. Deren Nährstoffarmut kann nur durch regelmäßige Dünger- und Humusgaben gezähmt werden. Statt zu versuchen, den Boden zu verändern, sollten Sie die zum Standort passenden Pflanzen setzen, damit Sie und Ihre Pflanzen mehr vom Garten haben. Blühende Bodendecker für sonnige Standorte sind *Helianthemum, Genista*-Arten und das niedrige strauchige Fingerkraut *Potentilla fruticosa* 'Dart's Golddigger'. Schmückende Blätter bieten Gewächse mit silbrigem Laub, wie *Hebe pinguifolia, Santolina chamaecyparissus* oder *Salvia officinalis*. Aromatisch duftende Asketen sind Lavendel und Thymian. Weil viele Zwiebelpflanzen aus trockenen, warmen Klimaten stammen, eignen sie sich ebenfalls: z. B. *Iris reticulata* oder niedrige Wildtulpen.

Asketen
Diese Kiesrabatte wird überwiegend von mediterranen Bodendeckern wie Thymian und Katzenminze, Nepeta, *bevölkert.*

Schutzfaktor
Das silbrige Laub des Woll-Ziest, Stachys byzantina, *reflektiert die Sonnenstrahlen und verhindert, dass die Pflanze austrocknet.*

Schattig und trocken

Böden unter dichten Laubdächern sind oft den ganzen Sommer extrem trocken. Solche Lagen sind eine Herausforderung! Sie können die Baumkronen auslichten, damit mehr Licht und Feuchtigkeit zum Boden durchdringt, und in den Boden Humus einarbeiten, der die Feuchtigkeit länger im Boden hält. Als dichte, breitwüchsige, weniger anspruchsvolle Bodendecker eignen sich *Aegopodium podagraria* 'Variegatum' (panaschierter Giersch), *Galium odoratum* (syn. *Asperula odorata*), *Cornus canadensis*, *Geranium macrorrhizum*, *Pachysandra terminalis* oder *Hedera*-Arten. Liegt die Fläche im Gebäudeschatten, kann der Boden etwas feuchter sein, was ihn zum idealen Medium für die meisten Bodendecker macht. Im Schatten gedeihen *Bergenia*, *Epimedium*, Funkien, Gedenkemein und viele Farne, allen voran trockenheitsverträgliche *Dryopteris*.

Halbschattig
Mit halbschattigen Bedingungen kommen viele Bodendecker zurecht, darunter auch Asarum, Carex *und* Rodgersia. *Dieser Mix aus Grüntönen wirkt sehr natürlich.*

Vollschattig
Viele farbenfrohe Storchschnabel-Arten sind robust und wachsen unter einem relativ dichten Laubdach recht gut.

Blütenwert
Pflanzen, die das Laub lange halten, geben gute Bodendecker ab. Wenn sie wie Astilben auch noch Blüten tragen, sind sie wertvoll.

Pflegeleicht

In großen Gärten sind wüchsige Bodendecker wie *Hedera helix*, *Lonicera pileata*, *Trachystemon orientalis* und *Vinca major* die idealen pflegeleichten Pflanzenpartner, sofern man ihnen genügend Platz einräumen kann. In kleineren Anlagen ist es nicht immer ratsam, einer einzigen Art größere Bereiche zu überlassen. Sie würden damit Raum verschenken, den andere Pflanzen brauchen können. Bei begrenztem Platzangebot ist ein Mix aus dicht beblätterten Gewächsen wie *Astilbe*, *Astrantia*, *Bergenia* und *Geranium endressii* einer großen monoton bepflanzten Fläche vorzuziehen. Der Ziereffekt bei gleicher Wirkung und einem minimalen Pflegeaufwand ist Ihnen sicher.

Dicht und farbig
Niedrige Lysimachia *und* Ajuga reptans *unterdrücken Unkräuter und bilden eine farbenfrohe Kulisse für größere Pflanzen.*

Expansiv
Vinca minor *bildet erst Ausläufer und daran dann neue Wurzeln. Kontrastreich durchwirken ihre Triebe hier Bergenien-Laub.*

Aufmerksamkeit einfangen

Mit Pflanzen können Sie den Blick des Betrachters einfangen und gezielt führen. Gewächse mit markanten Wuchsformen oder auffallenden Färbungen, die das ganze Jahr über nichts von ihrer Attraktivität einbüßen, eignen sich für diesen Zweck. Gleichwohl können Sie – wie im Hollywoodfilm – auch »Stars« engagieren, doch nach ein paar Wochen ist der Blickfang verpufft. Dann hilft nur ein neuer »Star« an anderer Stelle im Garten oder das Warten aufs nächste Jahr.

Täuschen

Mit markanten Pflanzen, die sich als »Lockvogel« eignen, lenken Sie die Aufmerksamkeit des Betrachters weg von Unansehnlichem und hin zu etwas Erfreulichem. Manchmal gelingt es sogar, über einen Blickfang die Neugier auf den Garten zu schüren. Werden Pflanzen mit solchen Qualitäten in einer langen Rabatte rhythmisch angeordnet, bilden sie einen optischen Anker, der dem Betrachter ermöglicht, Raumdimensionen zu erfassen und gleichzeitig – falsch – zu interpretieren. Mithilfe dieser Pflanzencharaktere und der richtigen Anordnung können Sie also manipulieren: Steht ein Blickfang im Vordergrund, wirkt der Garten dahinter wie ein separater Bereich, der darauf wartet, erkundet zu werden.

Einnehmendes Wesen
Achten Sie darauf, dass eine Pflanze durch ihr natürliches Wachstum nicht zum unerwünschten Blickfang wird.

Eine Diva
Pampasgräser sind auch ohne Blüten nicht zu übersehen. Ihre spätsommerliche Blüte zieht sehr viel Aufmerksamkeit auf sich.

Ein Star
Die Schönheit einer einzigen Pflanze – hier einer Yucca – kann den Saisonhöhepunkt des Gartenbereichs bilden.

Auffallende Formen

Viele Arten zeichnen sich durch eine klar ausgeprägte, eindeutige Struktur aus – meist ist es die Wuchsform. Deshalb werden *Acer palmatum* var. *dissectum, Cornus alternifolia, Phormium* und *Yucca* sehr häufig als architektonisch wirksame Pflanzen bezeichnet. Sie eignen sich hervorragend, um die Aufmerksamkeit des Betrachters auf sich zu ziehen. Andere Arten können im Lauf der Jahre durch sorgfältigen Schnitt zu architektonischen Charakteren erzogen werden. Ein gutes Beispiel sind alle langsam wachsenden immergrünen Gehölze, wie Buchs, Eibe, *Ilex crenata* oder *Ligustrum delavayanum*. Schnell wachsende Arten wie *Lonicera nitida* sind dafür ungeeignet, sie müssen im Sommer mehrmals geschnitten werden. Mit den richtigen Arten können Sie Ihrer Fantasie freien Lauf lassen und Formen schneiden. Gut schnittverträglich sind auch sommergrüne Arten, wie *Carpinus betulus, Cotoneaster frigidus, Thuja plicata* oder *Viburnum plicatum* fo. *tomentosum* 'Mariesii'. Das winterliche Skelett sommergrüner Gehölze ist ebenso gefällig wie das sommerliche Erscheinungsbild.

Farbwechsel

Nur sehr wenige Pflanzen bereichern den Garten eine ganze Vegetationsperiode lang mit Farbe. Das kurze Aufflammen von kräftigen Blüten- oder Laubfarben wirkt in diesem Umfeld Wunder. Garantiert viel Aufmerksamkeit erzielen Sie mit herbstlich gefärbtem Japan-Ahorn, Azalee, *Fothergilla* und Lärchen sowie mit der Blütenpracht von *Hamamelis*, *Laburnum* und *Viburnum plicatum* fo. *tomentosum* 'Mariesii'. Farbakzente setzen über den Winter die Rinden von Birke, Hartriegel und Weide.

Solche strahlenden Farbgeber müssen jedoch mit Bedacht eingesetzt werden. Helle Rot- oder Gelbtöne im hinteren Garteneck verkürzen die Anlage. Blasse Tönungen verlängern den Garten optisch *(siehe S. 170)*.

Späte Verlockung rechts
Herbstlich verfärbte Ahornarten stehlen allen Pflanzen die Show. Platzieren Sie die Bäume zwischen verhaltenen Herbstfärbungen, damit der große Auftritt gelingt.

Frühe Verlockung ganz rechts oben
Die leuchtend rosa Schmetterlingsblüten von Cercis siliquastrum *öffnen sich im zeitigen Frühjahr vor dem Laub. Später fällt das Gehölz durch seine Wuchsform auf.*

Vielseitigkeit ganz rechts
Hortensienblüten sind von unschätzbarem Wert: Im Sommer erfreuen sie durch frische Farben, im Herbst durch ihre welke Schönheit und im Winter durch ein dekoratives Frostkleid.

Im Rampenlicht
Diese Birken werden durch die helle Wintersonne besonders effektvoll inszeniert.

Mit Humor
Auch mit Extravaganz und Humor kann ein Gartenelement in den Mittelpunkt gerückt werden: Die Eiben wurden hier in einem besonders auffälligen Formschnittgerüst gezogen.

Saisonale Höhepunkte

Den Wechsel der Jahreszeiten im Gartenbild zu erleben ist wohltuend, aber die Gestaltung darauf abzustimmen eine wirkliche Herausforderung. Am Anfang des Gartenjahrs stehen die frischen Triebe, die ersten Blüten und Blätter, während der Sommer üppiges Grün und Überfluss bietet. Warme Herbstfarben sowie die herbe Schönheit des Winters bilden den Abschluss. Formen, Farben und Düfte faszinieren immer wieder auf unerwartete Art und Weise.

Erwachen

Nach dem düsteren Winter verheißt das Frühjahr mit Farben und frischer Kraft einen Neuanfang. Früh blühende Gehölze wie Felsenbirne, Wild-Kirsche, Magnolie, Rhododendron und Schneeball haben jetzt ihren großen Auftritt. Zwiebeln gehören ebenso zum Frühlingsgarten mit blauen – von Anemone, Hyazinthe und Traubenhyazinthe – und gelben Farbtupfern von Osterglocke oder Tulpe. Violette Krokusse oder rote Tulpen vervollständigen das Spektrum meist reiner, kräftiger Farbtöne. Subtiler bereichern Elfenblume, Schachbrettblume und Nieswurz die Blütenpracht. Wem die Frühlingsfarben nicht gefallen, der findet unter den weiß blühenden Zwiebelpflanzen passende Arten und Sorten. Doch was wäre der Frühling ohne Farbe?

Frühlingsboten
Sind die Kronen der Bäume noch blattlos, so entwickelt sich im Kronenschatten eine Vielzahl von Zwiebelgewächsen prächtig.

Natürlicher Blütenteppich
Ein Teppich aus weißen und gelben Narzissen unter einer Magnolie: Um ein natürliches Bild bei einer Zwiebelpflanzung zu erzielen, werfen Sie eine Handvoll Bulben aus und pflanzen sie dort ein, wo sie liegen.

Überschwang

Da die Bienen und andere bestäubende Insekten während der warmen Sommermonate zuverlässig fliegen, werben in dieser Zeit die meisten Pflanzen mit ihren Blüten um Aufmerksamkeit. Schließlich geht es hier um die Nachkommenschaft der Pflanzen. Die Gestaltung einer im Sommer attraktiven Rabatte fällt deswegen nicht schwer. Vergleichen Sie die Blütezeiten und -farben der Arten und stellen Sie dann eine Pflanzenkomposition zusammen. Wählen Sie Stauden mit dekorativem Laub, damit auch nach der Blüte ein harmonisches Erscheinungsbild gewährleistet ist. Sie verstärken die Wirkung der Pflanzung, wenn die Arten in Gruppen zu je drei Pflanzen gesetzt werden. Setzen Sie sommerblühende Zwiebel- und Knollenpflanzen wie Gladiolen zuletzt in die Rabatte.

Feuriger Mix
Alle Farben und Nuancen stehen Ihnen im Sommer zur Gestaltung zur Verfügung. Hier formieren sich feurige Farben zu einem »lodernden Ensemble«.

Reife

In geschützten Gärten blühen viele kälteempfindliche Pflanzen, wie *Dahlia* und *Canna*, bis zu den ersten Frostnächten. Andere, wie *Aconitum* und *Cimicifuga*, beginnen in den späten Sommermonaten zu blühen. Zusammen mit *Fuchsia magellanica* sind sie gute Begleiter für feurig gefärbte Herbststräucher. Pfingstrosen und Funkien ergänzen das Bild mit ihrem dekorativen Laub. Doch die Hauptdarsteller sind Bäume und Sträucher: Ahorn, Hartriegel und Essigbaum sowie einige Berberitze-, Zwerg-Mispel- und Schneeball-Arten ziehen die Blicke auf sich.

Übergang
Wenn Pflanzen sich herbstlich verfärben und sich zurückziehen, entfaltet der Garten eine feierliche, aber auch melancholische Abschiedsstimmung.

Miteinbeziehen der Landschaft
Die Rabatte unterstreicht im Sommer den Buchenwald, der sich an den Garten anschließt. Wenn aber das Herbstfeuer durch Cotinus *und* Prunus *sowie durch Gräser entfacht wird, wirkt der Wald nebensächlich.*

Distanz

An Pflanzen, die im Winter Abwechslung in den Garten bringen, herrscht kein Mangel. Die bei uns meist spät im Winter blühenden Sträucher wie *Fothergilla*, *Hamamelis* oder *Viburnum* geizen nicht mit Blüten und Düften, während die Beeren oder unscheinbareren Blüten von *Corylus*, *Cotoneaster*, *Crataegus* und *Salix* zarte Farben und starke Texturen beisteuern. Immergrüne Arten und ihre panaschierten Formen bereichern die Gärten ebenso wie die abgestorbenen Blütenstände und Blätter von Stauden wie *Rudbeckia*, *Sedum* und *Miscanthus*. Die weiße Borke der Birke und die gewundenen Zweige von *Corylus avellana* 'Contorta' sind weitere farb- und texturintensive Elemente, die den Garten im Winter schmücken.

Aufhellung
Eine Unterpflanzung aus Schneeglöckchen hellt die dunkle Basis von Sträuchern, hier ein Hartriegel, Cornus, *auf.*

Ein Garten – vier Jahreszeiten

Zwiebelpflanzen unter Sträuchern und Stauden beleben den Garten. Die wahren Helden des Winters sind jedoch sommergrüne Bäume: Ohne Laub lassen sich ihre dekorative Borke und ihr Wuchs studieren.

Frühjahr: frisch und voller Leben

Sommer: üppig und dichtlaubig

Herbst: prächtige Gelb- und Brauntöne

Winter: bis auf das Gerüst entblösst

Wasserelemente bepflanzen

Durch Bewegung, Klang und eine spiegelnde Oberfläche bereichert das Element Wasser jeden Garten um neue Sinneseindrücke. Teiche, Bachläufe und kleine Tümpel bieten sich auch als Lebensraum an. Die Wasserspezialisten des Tier- und Pflanzenreichs stellen sich ein, gleich ob Sie einen Naturteich oder ein streng geometrisches Becken Ihr Eigentum nennen.

Der richtige Standort
Durch den Standort dürfen keine Rohre und Leitungen verlaufen. Er sollte sonnig sein, etwas entfernt von Baumkronen und mit etwas Schatten im Tagesverlauf.

Die Bäume sind weit genug weg, sodass keine Blätter ins Wasser fallen.

Der Teich steht im Mittelpunkt des gesamten Gartenbereichs.

Rohre und Leitungen verlaufen in einiger Entfernung.

Vom Haus aus hat man einen schönen Blick auf den Teich.

Standort

Kleine Wasserspeier sowie Schalen und Vasen mit überlaufendem Wasser werden zwischen den Pflanzen einer Rabatte platziert. Ruhende Wasserflächen entfalten ihre Wirkung am stärksten an hellen Standorten in einiger Entfernung von Bäumen, um nicht mit Laub verschmutzt zu werden. In der Nähe des Wassers sollten niemals Rohr- oder Stromleitungen liegen. Die nötigen Filter- und Pumpenanlagen versteckt man unter Steinen oder Belägen. Oberste Priorität hat die Sicherheit von Kindern!

Pflanzenwahl

Planen Sie die Uferbepflanzung so sorgfältig wie eine Rabatte und berücksichtigen Sie die Höhe, Farbe und den saisonalen Zierwert der Gewächse. Die für sie optimale Wassertiefe ist auf den Etiketten angegeben. Wählen Sie nur Pflanzen, die für die Tiefe und Größe Ihres Teichs geeignet sind. Ideal ist eine Mischung von Exemplaren aus allen vier Hauptgruppen: Sauerstoffproduzenten, im Teichboden wurzelnde Wasserpflanzen – also Schwimmblatt- und Unterwasserpflanzen – sowie Ufer- und Sumpfpflanzen.

Sumpfpflanzen
Sie gedeihen in feuchten oder nassen Böden. Zahlreiche Arten stehen zur Verfügung. Farbenprächtige Uferpflanzen wie Iris, Primula, Lythrum *und* Lysimachia *gestalten diese Zone lebendig und sehr dynamisch.*

Uferpflanzen
Sie wachsen in wenige Zentimeter tiefem Wasser und kaschieren den Übergang zwischen Land und Wasser. Saururus *und* Orontium *tragen farbenfrohe, interessante Blüten.* Sagittaria sagittifolia *und* Pontederia *haben dekoratives Laub.*

Wasserpflanzen
Sie wurzeln im Teichboden mindestens 50 cm unter der Wasseroberfläche, bilden Schwimmblätter aus oder leben ganz unter dem Wasser. Die Gruppe ist sehr klein, umfasst aber Stars wie Seerosen.

Sauerstofflieferanten
Sie reichern das Wasser mit Sauerstoff an – stärker als andere Arten. Das Algenwachstum wird dadurch etwas reduziert. Einige Arten, z. B. Ranunculus aquatilis, *blühen auf der Wasseroberfläche.*

Planung
Das Teichufer wird durch Stufen terrassiert. Auf diese Weise entstehen unterschiedliche Lebensräume für Pflanzen, die nur mit wenigen, geeigneten Stauden bestückt werden sollten.

Wasser- und Uferpflanzen werden in Körben im Teich platziert und in nährstoffarme Substrate gepflanzt.

Schwimmblattpflanzen werden in Körben gepflanzt. Platzieren Sie den Korb so tief wie auf dem Etikett vermerkt.

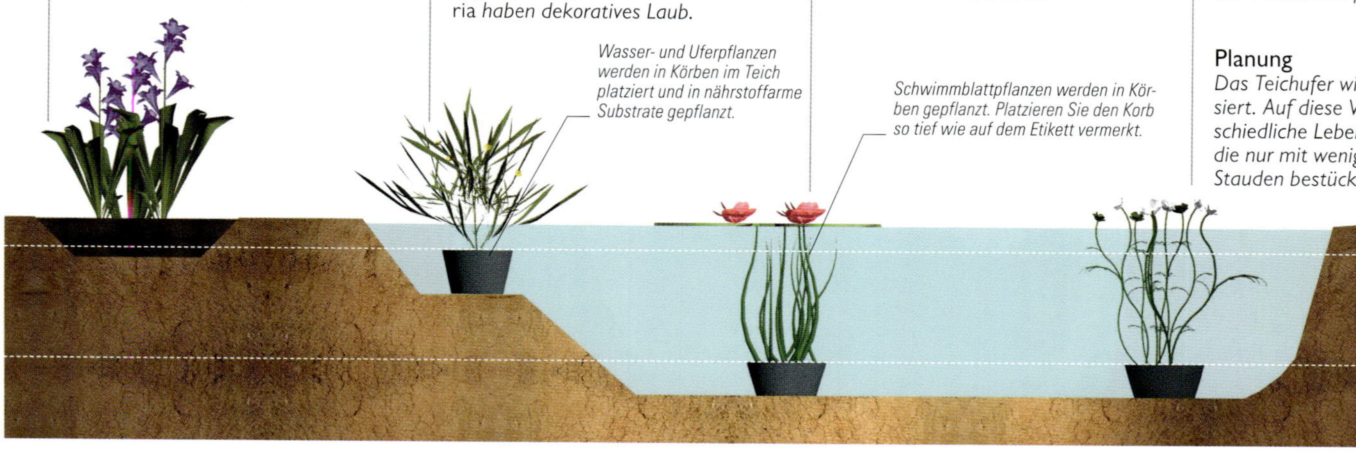

Uferpflanzen – Pflanztiefe

Wasserpflanzen – Pflanztiefe

Zeitgemäß

In aktuellen Gartenentwürfen dienen Wasserflächen der Lichtreflexion. Wasserspiele sind eine Klangkulisse oder ein dynamisches Element im Garten. Als Lebensraum für Fauna und Flora wird der Teich in diesem Umfeld nicht gesehen. Einige Wasserpflanzen, darunter Arten von *Juncus*, *Carex*, *Cyperus* und *Equisetum*, unterstreichen jedoch die harte Formensprache solcher Entwürfe durch ihr klares Erscheinungsbild.

Spannungsreich
Der Winter-Schachtelhalm, Equisetum hyemale, verbreitet sich stark, doch seine straff aufrechte Form und intensive Färbung machen ihn interessant.

Symmetrisch
Die runden Blätter der Seerosen betonen die Form des geometrischen Teichs, während das bizarre Laub der Zantedeschia einen Hauch Exotik verbreitet und das Gewässer mit dem Grün der Umgebung verknüpft.

Refugium

Durch Wasser und Pflanzen entsteht ein Lebensraum für Tiere: Einheimische Pflanzenarten locken Insekten, Frösche, Kröten und Molche an, während Exoten nur den im Wasser lebenden Tieren Schutz und Nahrung geben. Bei ausreichend Platz lohnt es sich, einen kleinen Wasserfall anzulegen. Durch das feine Spritzwasser gedeihen Farne und Moose viel besser. Richten Sie möglichst alle Wassertiefen ein, damit Sie eine vielgestaltige Pflanzung im und am Teich ansiedeln können.

Beobachtungsposten
Selbst ein kleiner Teich lockt viele Tiere an. Gibt es etwas Besseres, um das Interesse von Kindern an der Natur und an Gärten zu wecken?

En miniature

Bei begrenztem Platzangebot reicht ein kleiner Brunnen, um eine angenehme Atmosphäre zu verbreiten. Besonders an einem Sitzbereich oder in Blicknähe des Hauses ist das Wasserspiel ein Genuss. Nicht immer bieten die kleinen Becken und Brunnen genug Platz für Pflanzen. Platzieren Sie dann den Miniteich in der Rabatte, möglichst zwischen typischen Uferpflanzen.

Miniteich
Nur schwach wachsende Pflanzen kommen hier als Grün infrage. Aber auch hier gibt es passende, kleinwüchsige Schönheiten, wie z. B. Nymphaea tetragona.

EMPFEHLENSWERTE PFLANZEN

MODERNE WASSERELEMENTE
Cyperus alternifolius
Equisetum scirpoides
Isolepis cernua
Juncus patens 'Carman's Gray'
Schoenoplectus lacustris subsp. *tabernaemontani* 'Albescens

TIERE ANLOCKEN
Butomus umbellatus
Caltha palustris
Iris pseudacorus
Myosotis scorpioides
Ranunculus flammula

KLEINE WASSERELEMENTE
Juncus effusus f. *spiralis*
Orontium aquaticum
Primula vialii

Klimafeste Pflanzen

Unser Klima verändert sich immer stärker. Deshalb gilt es, für den Garten Pflanzen zu finden, die robust genug sind, um mit den wechselnden Bedingungen zurechtzukommen. Ganz gleich, ob es zu viel oder zu wenig regnet, zu heiß wird, der Wind zu sehr weht oder die Böden karg werden – wir brauchen Arten, die schön, zäh und anpassungsfähig sind. Der Klimawandel mag eine enorme Bedrohung sein, doch wir können trotzdem Gärten mit tollen Pflanzen genießen.

Euphorbia characias* subsp. *characias oben rechts
Diese schöne Staude kommt im Mittelmeerraum an Felshängen vor und verträgt deshalb volle Sonne. Ihre grüngelben Blüten bereichern Gärten im Frühjahr mit einem interessanten Farbton.

***Stachys byzantina* 'Big Ears'** rechts
Trotz ihrer samtigen Blätter, die weich und empfindlich aussehen, ist diese Pflanze robust und eine gute Wahl für Kiesgärten. Sie kommt mit kargen Böden und sengender Sonne zurecht.

Ginkgo biloba unten
Der Klimawandel kann diesem zähen, verlässlichen Baum mit unregelmäßig geformten, fächerförmigen Blättern wenig anhaben. Er ist der Nachfahre von Gehölzen, die noch aus der Zeit vor den Dinosauriern stammen. Sein Laub färbt sich im Herbst buttergelb.

Verbena bonariensis ganz oben
Beliebt ist die Staude vor allem, weil sie sich überall selbst aussät und unterschiedlichste Areale besiedelt. Sie ist zäh, aber trotzdem hübsch und lockt mit ihren violetten Blüten, die sich im Wind wiegen, Insekten an.

***Pyrus calleryana* 'Chanticleer'** oben
Diese Birne steckt Wind, Trockenheit und belastete Luft weg. Sie eignet sich gut für Kleingärten. Mit ihren duftenden weißen Blüten setzt sie im April und Mai Zeichen.

Stipa gigantea oben
Das zähe Gras bereichert Gärten um eine filigran-zarte, natürliche Komponente. Es verträgt Wassermangel und starke Winde.

***Viburnum opulus* 'Roseum'** links
Von nassen Böden und etwas Schatten lässt sich dieser sommergrüne Strauch nicht beeindrucken. Auf seine duftenden weißen oder rosa Blüten folgen im Herbst blaue oder schwarze Beeren.

Pflanzen für Tiere

Manche Pflanzen sind für Tiere von großem Nutzen und leisten daher einen wichtigen Beitrag zur Biodiversität. Sie locken Bestäuber an, dienen Kleinsäugern als Unterschlupf, bieten Amphibien einen Lebensraum und sorgen generell für ein ausgewogenes Ökosystem, in dem Mensch und Natur harmonisch koexistieren. Wer diesen wertvollen Arten einen Platz im Garten einräumt, darf sich über ein tierfreundliches Refugium freuen.

***Lavandula* (Lavendel)** rechts
Kaum eine Pflanze verkörpert den Sommergarten besser als der Lavendel mit seinem himmlischen Duft und silbrigen Laub. Es gibt viele schöne Arten, die allerlei Bienen und Schmetterlinge anlocken.

Rosa rugosa unten links
Der mittelgroße Strauch trägt duftende, ungefüllte magentarote Blüten, die eine Extraeinladung für Bestäuber sind, und im Herbst rote Hagebutten. Er ist robust und winterhart.

Fagus sylvatica unten rechts
Buchen sind mit ihren hübschen, parallelnervigen Blättern ideale Heckenpflanzen. Auch als Lebensraum und Unterschlupf für nützliche Insekten und Vögel haben sie sich bewährt.

Origanum vulgare ganz oben
Oregano, auch Wilder Majoran genannt, kommt in der Mittelmeerküche zum Einsatz. Aber auch Bienen und Schmetterlinge schätzen seine nektarreichen Blüten.

Ribes sanguineum oben
Die Blut-Johannisbeere trägt früh im Jahr dunkelrote, röhrenförmige Blüten. Auf sie folgen im Herbst blauschwarze Beeren. Der Strauch wird nicht allzu groß und ist bei allerlei Tierarten beliebt.

Lonicera periclymenum links
Die ansehnliche Kletterpflanze gedeiht auch im Halbschatten. Sie hält reichlich Nektar für Schmetterlinge bereit. Ihre roten Beeren dienen später im Jahreslauf Vögeln und Kleinsäugern als Nahrung.

Crataegus laevigata rechts
Weißdorn kommt oft als Heckenpflanze zum Einsatz, wird aber ebenso als Baum gezogen. Er öffnet kleine weiße Blüten, auf die Bestäuber fliegen. Die Blätter dienen allerlei Tierarten im Frühjahr als Nahrung, die Beeren werden im Herbst von Vögeln geschätzt.

Ganzjährig schöne Pflanzen

Viele Pflanzen sind zu einer ganz bestimmten Zeit am schönsten, manche jedoch haben das ganze Jahr etwas zu bieten, sei es dekoratives Laub, strahlende Blüten, eine auffallende Herbstfärbung oder einen ungewöhnlichen Wuchs. Solche Alleskönner werden von Mensch und Tier gleichermaßen geschätzt. Sie bringen zwölf Monate im Jahr Farbe und Leben in den Garten.

Amelanchier lamarckii oben rechts
Felsenbirnen sind als Sträucher oder Bäume kaum zu toppen. Sie haben alles, von weißen, sternförmigen Blüten im Frühjahr über schwarze Beeren im Sommer bis zu strahlender Laubfarbe im Herbst.

***Mahonia eurybracteata* 'Soft Caress'** rechts
Diese Mahonie unterscheidet sich von anderen Arten der Gattung durch ihr weicheres, stachelloses, strukturbetontes Laub und gelbe Blüten im Spätsommer. Sie verträgt die meisten Böden und ist bis –17 °C winterhart. Eine ganz besondere Pflanze.

***Aucuba japonica* 'Crotonifolia'** unten
Der ganzjährig ansehnliche, verlässlich immergrüne Strauch beeindruckt durch die goldgelbe Panaschierung seiner Blätter, die Farbe selbst in dunkle Ecken bringen. Er gedeiht in der Sonne wie im Schatten und wächst auch dort, wo andere Pflanzen eingehen.

Camellia ganz oben
Kamelien tragen je nach Art ungefüllte bis gefüllte Blüten. Ihre Bandbreite ist enorm. Alle bereichern mit ihren immergrünen, glänzenden Blättern und der Vielfalt ihrer Blüten Gärten. Sie brauchen saure Böden.

Hebe oben
Strauchveronikas überzeugen mit einer breiten Palette an Laubformen sowie Blatt- und Blütenfarben. Die immergrünen Sträucher gibt es in allen Größen. Auch Bestäuber schätzen sie.

***Bergenia* 'Bressingham White'** oben
Die pflegeleichte, ungemein verlässliche Pflanze besticht mit glänzenden immergrünen Blättern und schönen weißen Blüten im Frühjahr. Sie verträgt unterschiedlichste Böden und Sonne wie Schatten.

Pinus mugo links
Die Bergkiefer kann zwar keine prachtvollen Blüten oder farbenfrohen Beeren aufbieten, dafür aber mit einem dezenten Farbwechsel von Grün zu Goldgelb, wenn es kalt wird. Sie ist eine ausgezeichnete immergrüne Strukturpflanze für Rabatten.

Pflanzen für Stadtgärten

Pflanzen in größeren Städten haben es nicht immer leicht: Der städtische Wärmeinseleffekt setzt ihnen zu, im Regenschatten von Gebäuden bekommen sie mitunter nicht genug Niederschläge ab und der Boden ist oft karg. Dennoch gibt es etliche Arten, die schön aussehen, hart im Nehmen sind und so ziemlich alles verkraften, was das urbane Umfeld ihnen zumutet. Sie machen das Stadtleben lebenswert.

Cotoneaster franchetii rechts
Der kleinblättrige, immergrüne Strauch wird bis zu 3 m hoch. Er gilt als einer der besten Schadstoffsammler unter den Pflanzen. Im Verlauf von zehn Tagen kann eine Hecke die Emissionen binden, die bei einer 800 km langen Autofahrt ausgestoßen werden.

Elaeagnus × submacrophylla unten
Der große, silbrig belaubte, immergrüne Strauch öffnet im Herbst kleine weiße Blüten. Sein dichter Wuchs kämmt förmlich Schadstoffe aus der Luft.

Ligustrum ovalifolium unten rechts
Liguster ist in vielen Städten ein vertrauter Anblick. Er bindet vorzüglich Niederschläge und senkt so das Risiko von plötzlichem Hochwasser in bebauten Gebieten.

Prunus laurocerasus ganz oben
Die großen runden, glänzenden Blätter der Lorbeerkirsche tragen dazu bei, Lärm zu schlucken. Mit ihren kirschartigen roten Beeren liefern sie zudem Nahrung für Tiere.

Hedera helix oben
Efeu hat viele Vorzüge. Er ist nicht nur fast unkaputtbar und gedeiht an unterschiedlichsten Standorten, er isoliert auch Wände. Mit seinen Blüten spät in der Saison liefert er außerdem allerlei Insekten Nahrung.

Phyllostachys aureosulcata* fo. *aureocaulis rechts
Bambus kann Stadtgärten enorm bereichern. Er bringt Bewegung und Vielfalt in einen grünen Raum, dient aber auch als Sichtschutz.

Berberis links
Berberitzen sind für ihre Vielfalt an Blattfarben und Beeren bekannt. Sie werden als niedrige oder hohe Hecke eingesetzt und halten mit ihren Dornen Eindringlinge fern.

Saisontöpfe

Die besten Topfpflanzen sind wahre Multitalente. Sie versprechen monatelangen Nutzen bei minimalem Aufwand. So dürfen sie es einem nicht übel nehmen, wenn man einmal das Wässern oder Düngen vergisst, müssen aber trotzdem immer eifrig blühen oder schönes Laub zur Schau stellen. In der Regel ist ihre Pracht allerdings nicht von Dauer. In sommerlichen Gefäßarrangements sollten sie Hitze aushalten und bis in den Frühherbst schön sein, im Winter Nässe und Kälte vertragen und bis in das Frühjahr etwas hermachen.

Echeveria elegans ganz oben
Die horstbildende Sukkulente mit blau getöntem Laub eignet sich hervorragend für ein pflegeleichtes Arrangement. Sie mag Hitze und Trockenheit und bildet im Sommer rosa Blüten an überhängenden Stängeln.

Begonia 'Glowing Embers' oben
Eine kompakte Schönheit mit vielen orangen Blüten über silbrig geädertem, bronzerotem Laub. Sie brilliert bis zum ersten Frost und eignet sich für gemischte Pflanzungen, sieht solo in der Ampel aber am besten aus.

Viola ganz oben
Die unkomplizierten, vielseitigen Stiefmütterchen gibt es in unzähligen Farbkombinationen. Sie sind im Herbst und Winter bis in das Frühjahr hinein hübsche Farbtupfer, sofern das Wetter mild ist. Das Abzwicken welker Blüten verlängert ihre Blühsaison.

Nemesia 'Wisley Vanilla' oben
Mit ihren nach Vanille duftenden, weiß-gelben Blüten im Sommer ist diese niedrige Nemesia die Idealbesetzung für Schalen oder Blumenampeln. Man sollte das Substrat aber nicht austrocknen lassen und welke Blüten gelegentlich abzwicken.

Felicia amelloides links
Die Kapaster ist eine der wenigen blaublütigen Pflanzen für Sommertöpfe. Sie bleibt relativ klein und stellt auch an heißen, sonnigen Plätzen keine besonderen Ansprüche. Damit sie eifrig blüht, werden welke Blüten regelmäßig abgezwickt.

Dianthus barbatus Festival-Serie ganz oben
Diese Nelkensorte beeindruckt im Spätsommer und Herbst mit unzähligen weiß gerandeten, violetten und roten Sternblüten, blüht aber im darauffolgenden Frühjahr noch einmal. Sie sollte eine niedrige Schale ganz für sich bekommen.

Calibrachoa Million-Bells-Serie oben
Wenn es um Flower Power geht, kann dieser petunienähnlichen Pflanze kaum ein Gewächs das Wasser reichen. Ihre Blüten in vielfältigen Farben kommen in Töpfen und Ampeln perfekt zur Geltung. Man sollte das Substrat nicht austrocknen lassen.

Pflanzen für die Sinne

Bei der Suche nach Pflanzen, die die Sinne anregen, sollte man umdenken und nach ansprechenden Gewächsen mit unterschiedlichen Charakteristiken Ausschau halten. Manche haben einen ganz bestimmten Vorzug, etwa einen intensiven Duft, einen guten Geschmack oder weich behaartes Laub, andere sind Multitasker, die schön aussehen, im Wind rascheln und zugleich angenehm riechen. Stachelige oder giftige Arten hingegen sollte man meiden – also alle, mit denen man nicht in Kontakt kommen möchte …

Stipa tenuissima links
Geschätzt wird dieses mehrjährige Gras wegen seiner immergrünen Horste aus filigranem Laub, das sich im Wind wiegt. Die fiedrigen Blüten- und Samenstände fühlen sich seidig an. Ideal ist ein sonniger Standort.

Salvia argentea unten links
Diese kurzlebige Staude bildet das weichste Laub, das man sich vorstellen kann. Die großen Blätter schimmern silbrig im Sonnenlicht. Im Sommer treibt der Silber-Salbei auch weiße Blütenstände aus. Man sollte ihn regelmäßig durch Aussaat nachziehen.

Cosmos atrosanguineus unten
Mit ihren einnehmenden, dunkelvioletten Spätsommerblüten, die für ihren Schokoladenduft berühmt sind, ist diese Kosmee eine herausragende Sinnenpflanze. Sie bevorzugt sonnige, durchlässige Standorte. Wer sie mehrere Jahre lang genießen will, muss ihre Knolle ausgraben und im Winter drinnen lagern.

***Lonicera periclymenum* 'Scentsation'** links
Diese Sorte des Wald-Geißblatts beeindruckt mit Unmengen weichgelber Blüten. Ihr verführerischer Duft erfüllt die Luft im Frühjahr, vor allem am frühen Abend. Man lässt sie Bäume oder Zäune hochwachsen.

***Lavandula × intermedia* 'Grosso'** ganz oben
Eine der Lavendelarten mit dem intensivsten Duft. Sie zieht mit blauvioletten Blüten im Sommer die Blicke auf sich. Als Hecke und Bestäuberweide ist sie unschlagbar.

Melissa officinalis oben Mitte
Die pflegeleichte, duftende Zitronenmelisse gedeiht im Halbschatten und Schatten. Man setzt sie gern als Unterpflanzung ein. Ihr zitrusduftiges Laub kann gekaut oder zu einem beruhigenden Tee aufgegossen werden.

Miscanthus sinensis oben
Für den Herbst und Winter gibt es hervorragende Gräser mit raschelndem Laub und seidigen, fiedrigen Samenständen. Besonders empfehlenswert: die panaschierte Sorte M. s. var. condensatus 'Cosmopolitan'. 'Purple Fall' macht mit kräftigen Farben auf sich aufmerksam.

Materialien

Nicht nur Pflanzen, auch Materialien prägen einen Garten. Die Texturen und Formen von baulichen Elementen, ob es sich nun um Beläge, Begrenzungen oder Gebäude handelt, sind fester Bestandteil des Designs. Unterschiedliche Materialien geben dem Ganzen Form, Farbe und Bewegung. Sie locken in den Garten und lenken den Blick. Wählt man Materialien, die zum Haus oder zur weiteren Umgebung des Grundstücks passen, entsteht zudem ein harmonischeres Bild.

Die Materialwahl wird auch durch den Blick aus dem Haus in den Garten bestimmt: Große, zu befestigende Flächen sollten durch eine Kombination von Materialien wie Schiefer und Kies, Holz und Muschelschalen strukturiert werden. Oft benutzte Wege müssen den Belastungen standhalten und mit entsprechendem Material gebaut werden. Ein Seitenpfad kann jedoch mit Kies, Rindenmulch oder Schrittplatten gestaltet werden. Kontinuität und Großzügigkeit entstehen, wenn derselbe Belag immer wieder eingesetzt wird.

Wie Beläge verlegt werden, ob längs oder quer, so beeinflussen sie die Führung des Betrachterblicks entsprechend der Verlegerichtung. Die subtile Führung des Betrachters, die mit der Neugier auf Materialien und Pflanzen begann, wird auf diese Weise fortgeführt.

Auch das Mobiliar muss in den Garten passen. Grundsätzlich sind nachhaltig produzierte, klimaneutrale Produkte zu bevorzugen.

Die Materialinszenierung geschieht zum einen über Wasserflächen, die Spiegel- und Lichteffekte, aber auch Farb- und Klangwirkung verstärken können. Zum anderen zaubern Materialien im Zusammenspiel mit Beleuchtungselementen nächtliche Effekte im Garten. Aber auch die Platzierung von Kunst ist eine Entscheidung, die oft auf der Grundlage ihrer Materialbeschaffenheit gefällt wird.

Ganz oben und oben
Hohe Metallgefäße bilden entlang dieses Gartenwegs eine klare räumliche Trennung.
Umweltfreundliches Parken ist dank robuster Gitterroste möglich.

Flächen gestalten

Versiegelte, große Flächen für Terrassen oder Auffahrten bestimmen das Bild eines Gartens. Durch den Materialmix sowie Muster oder auch nur die Verlegerichtung führen Sie den Blick des Betrachters durch den Garten. Die Materialien müssen zum Stil, den Farben und den Texturen der Anlage passen. *Mehr über Materialien auf S. 350–367.*

Einfacher: Holzdecks
Holz lässt sich gut schneiden und mit anderen Materialien kombinieren. Hier ein ungewöhnliches Design mit Intarsien aus blau lasierten Fliesen.

Großflächig

Neben der Flächenform und -farbe zeichnen die Fugen zwischen den Steinen ein Muster: Je kleiner die Pflasterstein- oder Plattenformate ausfallen, desto komplexer wirken die gepflasterten Flächen. Aus rechteckigen Steinen und Fliesen können rechteckige oder gitterförmige Flächen entstehen – ohne Steinschnitt. Für runde oder organisch geformte Areale sollten Sie Kies und Beton bevorzugen. Die Flächen müssen auf einer – je nach Nutzung gestalteten – Gründung angelegt werden. Ein leichtes Gefälle der Flächen erlaubt, das Regenwasser abzuführen.

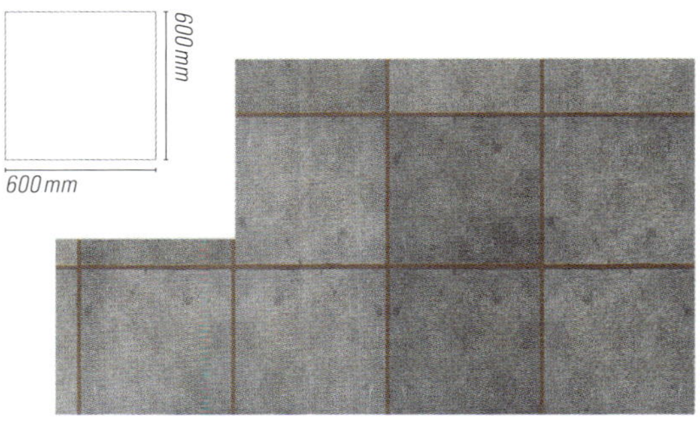

Großformate – Steinschnitt notwendig
Planen Sie eine große Fläche als exaktes Vielfaches des Steinformats, sonst müssen Sie die Steine oder Fliesen häufig schneiden – das kostet Zeit und Material.

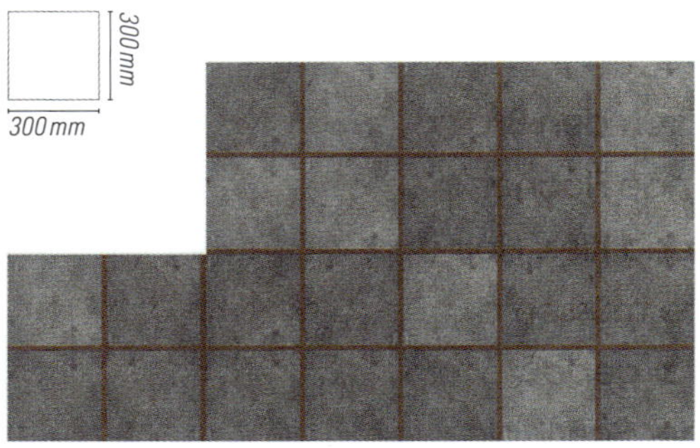

Mittelformate – für kleine Flächen
Mit kleineren Einheiten sind Sie flexibler: Oft können Sie ohne Steinschnitt eine Fläche exakt ausführen. Außerdem lässt sich das Material leichter schneiden.

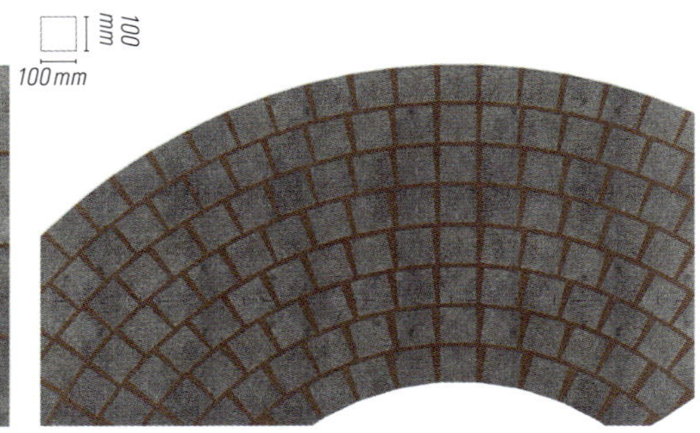

Kleinsteinformate – für Ornamente
Mit Kleinsteinformaten oder Mosaiksteinen können Sie komplizierte Formen und Muster legen. Der Zeitaufwand ist hierfür hoch und es bedarf handwerklichen Könnens.

Seitenwirkung
Gehflächen mit quer verlegten Steinformaten, durch ein Ziegelband eingefasst, lenken den Blick auf die Pflanzung.

Tiefenwirkung
Das traditionelle Verlegemuster des Ziegelwegs lenkt den Blick des Betrachters auf Tor und Haus am Ende des Weges.

Flächentextur
Pflasterfläche und Wegeeinfassung wurden aus demselben Material, Mosaiksteinen, gelegt. Der Aufwand für solch einen Weg ist hoch, doch der helle, texturreiche Belag, der die Fläche komplexer wirken lässt, passt gut zur ruhigen Wasserfläche.

Wege

Wege im Garten sind vergleichbar mit Arterien. Doch sie dienen nicht nur der Versorgung und Pflege, sondern auch dem Gartenerleben, insbesondere von Pflanzungen, die durch die Wegeanbindung erst vervollständigt werden. Dynamik und Tempo erhält ein Wegabschnitt durch längs verlegtes Rechteckpflaster, quer verlegte Formate beruhigen das Tempo und lenken die Aufmerksamkeit auf die Umgebung rechts und links des Weges. Ziegel und Kies eignen sich für Gärten mit rustikalem Charme, aber auch für aktuelle Gestaltungen. Beton passt in moderne Anlagen.

Materialkombination

Mit ausgewählten Materialien sowie wechselnden Flächentexturen und Höhen lassen sich interessante Effekte erzielen. Die Materialien grenzen auch kleine Gartenbereiche deutlich von der ebenfalls mit harten Belägen gestalteten Grundfläche ab, wie z. B. ein erhöhtes Holzdeck über einem Steinboden. Nichts falsch machen Sie mit harmonierenden oder kontrastierenden Farben und aufeinander abgestimmten Fertigteilen. Aufwendig wird eine Gestaltung, wenn Sie unterschiedliche Materialstärken auf einer Verlegeebene einsetzen möchten.

Holz und Schiefer
Harte und weiche Materialien in unterschiedlichen, aber harmonischen Farben und gleichen Tönungen gestalten vier Ebenen.

Kies und Mosaik
Mit Kleinsteinpflaster und Mosaiksteinen wurden Verzierungen in die Kiesfläche gebracht. Die Steinornamente müssen in einem Mörtelbett verlegt werden.

Kieselsteine und Granit
Granit und ausgesuchte Kieselsteine markieren texturreich und kontraststark den Übergang eines Schieferwegebelags zu einem Kieswegebelag.

Einfassungen

Einfassungen stabilisieren die Pflasterflächen und sind notwendig. Ausnahmen: Ortbeton sowie Pflaster, das in einem Mörtelbett oder – zwecks noch höherer Belastungstoleranz – in Beton verlegt wird. Art und Materialwahl der Begrenzung müssen zum Gartenstil passen. Einfassungen trennen Beet- und Nutzflächen voneinander und erleichtern die Rabattenpflege.

Kiesel
Große Kieselsteine füllen dekorativ den Spalt zwischen Holzdeck und Podest.

Schiefer
Die Schieferplattenfläche wird von einer hellen Granitpflasterreihe eingefasst.

Aussagekräftig
Eine aufwendige, dekorative Randgestaltung, die das Gartenbild beeinflusst.

Grüne Ritzen

Pflanzen können Ritzen und Spalten begrünen und bereichern so eine Fläche durch Texturen und Farben. Arten, die trittfest sind und Trockenheit vertragen, sind dafür geeignet. Die Begrünung ist unmöglich, wenn Steine und Platten in einem Mörtel- oder Betonbett verlegt werden müssen. Berücksichtigen Sie dies bei der Planung.

Fugen
Die dekorative Belagsgestaltung nutzt Farb- und Textureffekte virtuos. Platten und Bubiköpfchen, Soleirolia soleirolii, in Bändern gepflanzt, wechseln sich ab.

Drainage

Platten- und Pflasterflächen entwässert man über ein leichtes Gefälle, ebenso Kiesflächen, wenn sie auf Tonböden angelegt werden. Das Regenwasser großer Flächen und Dächer muss über Rinnen und Schächte abgeleitet werden. Beachten Sie die Bestimmungen Ihres Bauamtes.

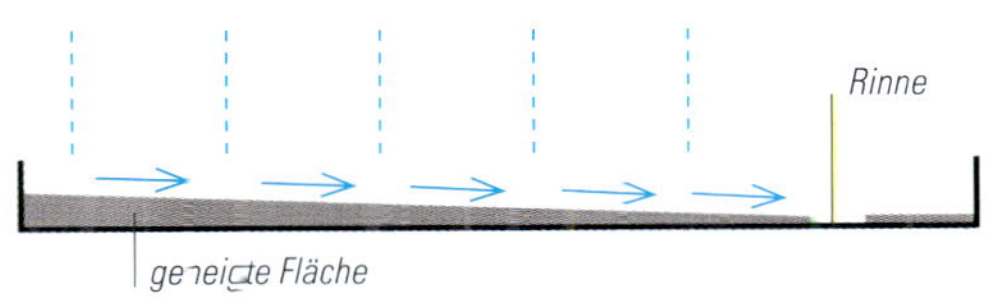

Einseitiges Gefälle
Vom Gebäude weg und zu einem Ablauf hin führt das Gefälle. Materialien mit einer groben Oberflächenstruktur müssen stärker abgeschrägt werden als glatte Flächen.

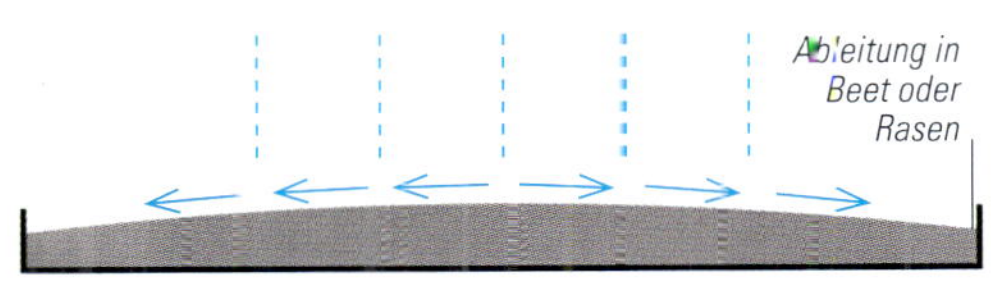

Beidseitiges Gefälle
Legt man Wege mit einer leichten Wölbung an, kann Wasser zu beiden Seiten in Rinnen oder einfach in die nicht versiegelten Flächen ablaufen.

Grenzen gestalten

Hoch aufragende Elemente wie Mauern, Zäune oder Wandschirme prägen das Aussehen eines Gartens entscheidend. Traditionell werden regionaltypische Baustoffe für die Errichtung dieser Bauwerke eingesetzt, heute stehen uns neben dieser Materialpalette weitere moderne Baustoffe zur Verfügung. Zeitgemäße Gestaltungen setzen z. B. verputzte Mauerscheiben, Beton-, Stahl- oder Glasschirme ein. Wer seine Grenzen mit Nachbarn teilt, muss Materialkompromisse eingehen, sollte aber auf Farbgebung, Form und Textur achten.

Beständig
Fachmännisch errichtete Steinmauern halten fast ewig, erfordern aber eine hohe Anfangsinvestition.

Wandschirme

Mauern rahmen Gartenareale ein und bilden eine Art Gerüst für den Garten. Um sie zu errichten, müssen Sie von Fachleuten frostsichere Fundamente anlegen lassen. Der Bau ist mitunter recht teuer.

Materialien wie Ziegel und Naturstein werden aufgrund ihres natürlichen, traditionellen Charmes und der typischen Farbe verwendet. Berücksichtigen Sie, dass sich das Bild des Mauerwerks je nach Stein, Bearbeitungsweise und Formatwahl unterscheidet. Künstliche Materialien wie Beton erlauben präzise Kanten, pflegeleichte Oberflächen sowie gleichmäßig fließende Strukturen in allen Farben aufzubauen.

Mauerziegel rechts
Ziegel sind ein dauerhaftes Material. Mit ihnen lassen sich dekorative Muster legen.

Putz ganz rechts
Wer unkompliziert Mauern hochziehen will, wählt verputzte Betonwände.

Mauern aufwerten

Nach der Wahl des Baumaterials bedenken Sie die Details. Je nach Beschaffenheit der Mauer wirken einige Farbtupfer Wunder. Außerdem benötigen Wände aus Ziegelsteinen oder Beton (starre Bauweisen), verputzt oder unverputzt, eine Mauerkrone, die das Wasser seitlich abführt. Die Krone muss zu den Proportionen und der Optik der Mauer passen. Bei Natursteinmauern (nicht starre Bauweise) wird die Feuchtigkeit im Idealfall durch die Steine und das nicht starre Fundament abgeführt.

Ritzenfüllung
Eine Natursteinmauer, deren Steine aufgeschichtet wurden, bietet in mit Erde gefüllten Nischen Platz für Pflanzenarten, die auch Trockenperioden überstehen können.

Kronenzierde
Eine hinterbetonierte Natursteinmauer, deren Betonrückwand die Mauerkrone bildet: Der Abschluss ist ein optischer Höhepunkt und schützt das starre Bauwerk vor eindringendem Wasser und damit vor Frostschäden.

ORNAMENTE

Solange Mauern stabil sind und das Wasser abfließen kann, eignen sich fast alle Materialien zur Mauergestaltung. Lassen Sie sich von Websites, Büchern und Ausstellungen inspirieren. Vergessen Sie aber nicht, dass mitunter Spezialkonstruktionen nötig sind.

Texturierte Wand
Die Wände dieses kleinen Stadtgartens wurden mit alten Reklameflächen aus Vinyl verkleidet – eine individuelle, originell texturierte Hintergrundfläche.

Filigrane Zäune

Zäune werden auf Punktfundamenten errichtet – eine Bauweise, die ohne schweres Baugerät und -material auskommt und daher meist preisgünstig ist. Ein Zaun besteht aus längs oder quer aneinandergereihten »Materialstreifen«. Bei der Gestaltung des Zauns geht es darum, über den Rhythmus, die Oberfläche und die konstruktiven Verbindungen dieser »Streifen« einen mehr oder weniger filigranen, vertikalen Abschluss zu formulieren. Oft ist das Aufgreifen des ursprünglichen Zauntyps die einfachste, preiswerteste und schönste Lösung. Bei Neuanlagen ist die Zaungestaltung jedoch eine Herausforderung.

Wirkungsvoller Windbrecher

Massive Begrenzungen lassen keinen Wind durch und erzeugen daher Turbulenzen auf der dem Wind abgewandten Seite. Abhilfe schafft ein winddurchlässiger Zaun.

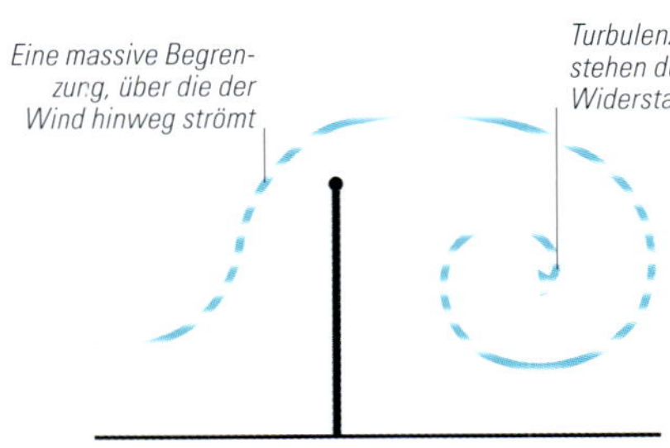

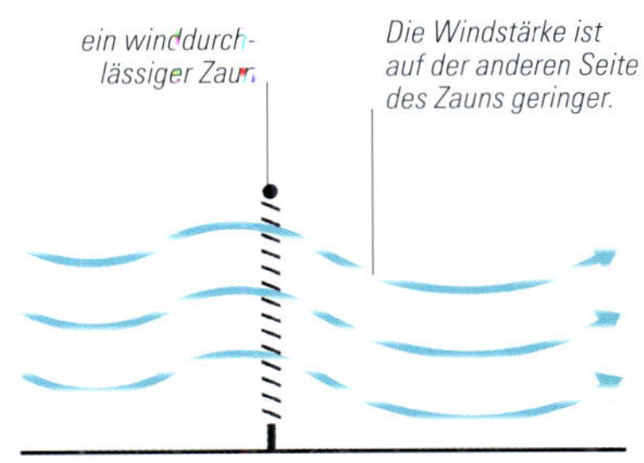

Dicht gemacht
Dieser geschlossene Zaun schafft Privatsphäre. Seine graue Lackierung unterstreicht die Gesamtkomposition.

Durchbrochen
Das auffällige Muster des Zauns passt zum Garten. Zudem dient er als dekorativer Windschutz.

Geschlossen
Die einfache, traditionelle Türkonstruktion bereichert die alte Ziegelmauer als Dekorationsgegenstand. Weit geöffnet gewährt sie verlockende Einblicke.

Öffnungen und Durchbrüche

Mauern beschränken die Bewegung und den Ausblick. Tür, Tor und Fensteröffnung sind deswegen wichtige Gestaltungselemente, die den Bezug zur Umgebung bewusst herstellen oder eine optische Verknüpfung mit anderen Gartenbereichen erlauben. Mit gezielt ausgewählten Materialien setzen Sie Akzente im Rahmenwerk des Gartens, verschließen und öffnen Ein- und Aussichten – je nach Bedarf, Jahres- oder Tageszeit – oder begleiten den geführten Blick des Betrachters mit dekorativen Spielereien.

Lattung
Bei geschlossener Tür umschließt die gleichmäßige Lattung das Grundstück nahtlos. Nur die Pfosten und Streben, die für Stabilität sorgen, unterbrechen den Rhythmus.

Runde Öffnung
Die durchbrochene, aber tragende statische Betonwand ist schwierig zu errichten. Sie bringt einen Hauch kühle Aktualität in die naturnahe Gestaltung des Gartens.

Hangflächen und Höhenebenen gestalten

Mauern oder vergleichbare Strukturen, welche die drückenden Bodenmassen terrassierter Gartenflächen auffangen, müssen aus wasser-, frost- und korrosionsbeständigem Material gebaut werden. Auf Natursteine und bestimmte Stähle fällt dann die erste Wahl, doch auch Beton und Blech können zum Einsatz kommen. Bauwerke im Hang sollten aus einfach zu verarbeitenden Materialien bestehen und sich problemlos zusammenfügen lassen. Achten Sie darüber hinaus auf Farb- und Texturwirkung.

Stützmauern

Für Stützmauern braucht man robuste, massive Materialien. Die Wälle müssen Wasser und Erdreich zurückhalten können sowie den natürlichen Bewegungen der Bodenmassen standhalten. Eine Drainage, die das anlaufende Wasser des Bodens abführt, ist immer vorzusehen, bei Trockenmauern ist sie jedoch nicht notwendig *(mehr Infos über den Bau von Trocken- und anderen Stützmauern auf S. 258–259)*. Stützmauern, die über 1 m hochgezogen werden, sollten Sie von Fachleuten planen und anlegen lassen. Stimmen Sie das Material auf die übrige Gestaltung ab.

Holzbohlen
Holz eignet sich für niedrige Stützmauern, die sehr geringe Lasten auffangen müssen. Die Balken sollten verschraubt werden, um Stabilität zu gewährleisten.

Trockenmauerwerk
Ländlichen Charme vermitteln Trockenmauern. Die Steine der Mauer müssen zu einem großen Teil sehr tief sein. Die Mauer wird mit einer leichten Dossierung errichtet.

Hochbeete

Hochbeete können elegant gestaltet werden, da sie nicht sonderlich massiv bzw. belastbar sein müssen. Kleiden Sie den Beetboden mit wasser- und luftdurchlässigem Geotextil aus, um überschüssiges Wasser abzuführen, und schützen Sie die hölzerne Einfassung mit Teichfolie vor Substratkontakt. So erhalten Sie das Holz länger und verhindern, dass Wasser durch die Fugen austritt und hässliche Flecken verursacht.

Blechverkleidung
Metall bekommt zwar leicht Dellen, verleiht Hochbeeten jedoch einen zeitgenössischen Look. Hell gefärbte, verzinkte Bleche leiten Wärme weniger stark als dunklere Metalle – die Wurzeln verbrennen wahrscheinlich nicht.

Flechtwerkeinfassung
Kräuter und Gemüse wirken in flechtwerkumzäunten Beeten sehr attraktiv. Die Einfassung ist relativ kurzlebig und muss nach einigen Jahren ersetzt werden. Von dieser Einfassungsart geht ein ländliches Flair aus.

Elegant
Detailliert gearbeitete und lackierte Holzkästen können Gärten bereichern. Der Kiesstreifen um die Beete herum hält das Holz sauber.

Bauwerke

Viele Hersteller bieten vorgefertigte Gartenelemente an. Wer über die entsprechenden Mittel verfügt oder handwerkliches Geschick hat, kann jedoch auch seine eigenen Vorstellungen verwirklichen. Sorgfältige Planung ist unerlässlich, damit ein Bauwerk gut in eine Anlage passt und nicht zu sehr dominiert – in kleinen Gärten ist besonderes Augenmerk nötig. Die Materialien sollten zum Gesamtbild der Anlage passen: Klarheit wird durch glattes Holz, Glas und Edelstahl vermittelt, den ländlichen Charme eines Waldgartens unterstreicht grob gesägtes Holz. Holz ist einfach zu bearbeiten und wird deshalb bevorzugt für Bauwerke verwendet, es sollte jedoch nachweislich aus nachhaltig gepflegten Beständen kommen (FSC-Siegel). Achten Sie bei Fertigteilen und Altholz darauf, dass sie nicht durch Schwermetalle und andere Umweltgifte belastet sind. Metallbauwerke schaffen Leichtigkeit und Eleganz; verzinkter oder in Teilen rostender Stahl (Cortenstahl) ist beliebt. Für Dächer eignet sich Kupfer, das mit der Zeit eine grüne Patina bildet.

Offen
Diese Pergola besteht aus pulverbeschichtetem Aluminium mit Holzbesatz (weitere Informationen über den Bau von Pergolen auf S. 266–267).

Integriert
Durch den dunklen Holzlack tritt dieses große Gartenbüro in den Hintergrund, während die Edelstahltreppe einen modernen Akzent setzt.

Treppen

Damit Stufen aus Holz und Metall nicht verwittern bzw. rosten, werden sie mittels einer Konstruktion über dem Bodenniveau geführt. Massive Blöcke aus Naturstein, Beton oder Holz können direkt auf eine vorbereitete Fläche als Trittstufen in den Hang eingefügt werden. Wird die Auftrittsfläche mit Pflastersteinen hergestellt, muss eine Einfassung die Stufe stabilisieren. Die Pflanzen rechts und links der Treppe umspielen die Stufen angenehm oder begrünen Fugen.

Verbundmaterial
Verzinkte Metallsetzstufen: Die Auftrittsfläche wurde mit einem CD-ROM-Granulat-Verbundstoff hergestellt.

Metallstufen
Unter den Gitterrosten aus Edelstahl bekommen die Pflanzen genug Licht, um zu wuchern.

Holztreppe
Die Konstruktion aus Stützen und Trägern ist schnell errichtet. Denken Sie auch an die Absturzsicherung.

Wasserelemente gestalten

Wählen Sie für Ihr Wasserspiel oder für die Gestaltung eines Wasserbeckens Baumaterialien, die Sie bereits in Ihrem Garten einsetzen. Wasserspiele verlangen mehr Geschick in der Realisierung und Planung als Becken, deswegen sollten Sie in diesem Fall einen Fachmann zurate ziehen – einen qualifizierten Elektriker benötigen Sie zudem. Viele Pumpenmodelle werden angeboten, die einfach zu installieren sind. Doch Sie müssen zuvor genau wissen, welche Pumpen Ihre Vorstellungen umsetzen.

Wasserbehälter

Ein Wasserbehälter muss absolut dicht sein, Fugen lassen immer etwas Wasser austreten. Gemauerte Becken werden deshalb innen mit einem Spezialputz versehen, der wiederum lackiert oder mit Fliesen aufgewertet wird. Als Abdichtungsmaterial für das Mauerwerk kann außerdem ein Butyl-Dichtstoff eingesetzt werden, der bis zu einem gewissen Grad elastisch bleibt. Unbedingt eine Verletzung der Dichtung vermeiden und Anschlussfugen, wie z. B. durch eine Rohrleitung, sorgfältig abdichten!

Bequemer Aus- und Eingang
Die dichtende Teichfolie ist mit flachen, nicht scharfkantigen Steinen abgedeckt, um Tieren den Wasserzugang zu erleichtern.

Becken über dem Boden
Ein glasfaserverstärktes Kunststoffbecken eignet sich für diesen Zweck. Als Sichtblende dient eine niedrige Ziegeleinfassung.

Wasserläufe

Natürlich wirkende Wasserelemente dichtet man mit Teichfolie ab *(siehe S. 270)*. In einigen Zonen des Wasserlaufes sollte das Wasser tief genug für Wasserpflanzen sein *(siehe S. 214)*. Das Wasserreservoir und Quellbecken wird am höchsten Punkt angelegt, dorthinein wird das Wasser aus dem Auffangbecken gepumpt. Die Ränder der Teichfolie deckt man mit Pflanzen oder Kies und flachen Steinen ab.

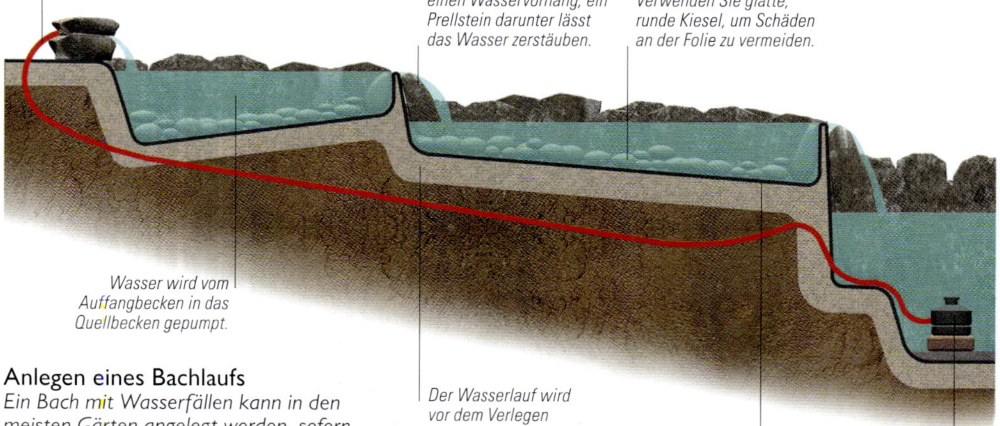

Anlegen eines Bachlaufs
Ein Bach mit Wasserfällen kann in den meisten Gärten angelegt werden, sofern zwischen höchstem und tiefstem Punkt ein leichtes Gefälle besteht. Mit einer Pumpe hält man den Kreislauf in Gang und das Wassersystem sauber. Die Teichfolie lässt sich unter Kieseln und Felsen verstecken.

Naturnaher Wasserfall
Dieser künstlich angelegte Bachlauf auf zwei Ebenen wurde mit einer Folie abgedichtet und mit flachen Steinplatten gestaltet. Große Steinplatten ragen über den Rand jeder Ebene hinaus und bilden schöne Wasserfilme.

Mit Material gestalten

Mit der Tabelle können Sie vergleichen, wie sich die verschiedenen Materialien für Gärten eignen. Die Liste gibt jedoch nur erste Anhaltspunkte. Wenn Sie die Materialien in Ihrem Garten verwenden möchten, sollten Sie unbedingt mehr Information über das Material sammeln und Websites oder andere Quellen konsultieren.

SYMBOLE

Haltbarkeit	Kosten
♦ gering	€ gering
♦♦ mittel	€€ mittel
♦♦♦ hoch	€€€ hoch

MATERIAL	GEEIGNET FÜR	HALTBARKEIT	NACHHALTIGKEIT DES BAUSTOFFS	KOSTEN	AUFWAND BEIM EINBAU
ORTBETON	Fundamente, Mauern, Teiche, Flächen, Treppen	♦♦♦	gut	€€	gering bis hoch, dekorative Oberflächen nur vom Profi
FERTIGBETONTEILE	Pflasterelemente, Blöcke, Bauelemente, Platten	♦♦♦	gut	€€	gering
PUTZ	Oberflächenveredelung von Mauerwerken	♦♦	mittel	€–€€	gering, dekorative Putze nur mit viel Erfahrung
KIESELSTEINE, SCHOTTER	Pflasterdekor, dekorative Beläge, Gabionen, Fundamente, Drainagen	♦♦♦	abhängig vom Abbauort	€–€€	gering, dekorative Ornamente sind sehr aufwendig
ZIEGEL, KLINKER	Pflasterbeläge, Mauern	♦♦♦	gut	€–€€€	gering, dekorative Mauer- und Pflasterverbände jedoch nur vom Profi
ERDMODELLIERUNGEN	begrünte Abtrennung von Räumen; Rampen, Bodenskulpturen	♦♦♦	sehr gut	€–€€€	hoch, da Maschineneinsatz für Anlage und standfeste Verdichtung notwendig
NATURSTEIN AUS DER REGION	Pflaster, Mauern, Strukturen	♦♦♦	gut bis mittel	€–€€€	mittel bis hoch, je nach Steinqualität und Gestaltungsziel
IMPORTIERTER NATURSTEIN	Pflaster, Mauern, Strukturen	♦♦♦	schlecht	€–€€€	mittel bis hoch, je nach Steinqualität und Gestaltungsziel
KERAMIKFLIESEN	Dekorflächen	♦ bis ♦♦	gut bis schlecht	€–€€€	gering bis hoch je nach Materialbeschaffenheit und Gestaltungsziel
WEICHHOLZ	Bauholz, Zäune, Tore, Decks, Beläge, Strukturen, Möbel, Skulpturen	♦ bis ♦♦	gut bis mittel	€	gering, dekorative Oberflächen erfordern jedoch Erfahrung
HARTHOLZ	Dekor, Zäune, Tore, Decks, Beläge, Strukturen, Möbel, Skulpturen	♦♦♦	gut, wenn aus nachhaltigem Anbau	€€	gering, dekorative Oberflächen erfordern jedoch Erfahrung
FLECHTRUTEN	Zäune, Abgrenzungen, Pflanzgefäße	♦	gut	€	mittel bis hoch je nach Erfahrung, Material und Gestaltungsziel
UNLEGIERTER STAHL, BAUSTAHL	Zäune, Bewehrung (Moniereisen)	♦♦ falls unbehandelt	mittel	€€	hoch, Profis hinzuziehen
EDELSTAHL	Zäune, Geländer, Blenden, konstruktive Verbindungen, Skulpturen	♦♦♦	schlecht	€€€	hoch, Profis hinzuziehen
STAHLLEGIERUNGEN	Zäune, Geländer, Blenden, konstruktive Verbindungen	meist ♦♦♦	unterschiedlich	€€€	hoch, Profis hinzuziehen
ALUMINIUM	Leichtbaustrukturen, Gewächshauskonstruktion	♦♦♦	schlecht	€€	gering bis mittel, je nach Erfahrung
KUPFER	Rohrleitungen, Dachflächen	♦♦♦	schlecht	€€	hoch, Profis hinzuziehen
ZINKBLECHE	Pflanzgefäße, Dachflächen, Blenden	♦♦♦	mittel	€€	hoch, Profis hinzuziehen
GLAS	Raumteiler, Fenster, Oberflächen, Gewächshäuser, Podeste, Schachtabdeckungen	♦ bis ♦♦	gut bis mittel	€€€	sehr hoch, Profis hinzuziehen
KUNSTSTOFFE	Möbel, Befestigungen, Oberflächen, dekorative Elemente, Skulpturen	♦♦	unterschiedlich, je nach Ausgangsmaterial	€	unterschiedlich, Profis hinzuziehen
PLEXIGLAS	Begrenzungen, Strukturen, Fenster	♦♦	schlecht	€€	mittel, Erfahrung erforderlich

Mit Möbeln gestalten

Eine Bank, eine Liege oder ein Sessel am richtigen Ort im Garten aufgestellt laden zum Entspannen ein. Gartenmöbel bestimmen oft das Flair der Anlage und geben Hinweise auf den Lebensstil der Besitzer. Stilvolles Mobiliar kann teilweise sogar schon als Gartenkunstwerk betrachtet werden. Aber natürlich ist der optische Eindruck nicht alles: Achten Sie darauf, dass Tische und Stühle bequem und praktisch sind.

Versteckte Winkel
Einfache, tragbare Klappmöbel lassen sich gleich in mehreren Gartenbereichen einsetzen. Vielleicht können Sie sie sogar passend lackieren.

Stilkonform

Das Mobiliar bringt die Aussage eines Gartens auf den Punkt. Gärten, die eindeutig einem bestimmten Stil zuordenbar sind, z. B. einem japanischen Garten, sollten durch typisches Mobiliar ergänzt werden oder durch solches, das stilistisch harmoniert. Der Sitzbereich eines Cottage-Gartens wirkt warm und verspielt, rustikal und gemütlich. Als Mobiliar eignen sich deswegen Korb- und traditionelle Bauernmöbel. Eine moderne Anlage dagegen erhält durch ein reduziertes, minimalistisches Möbeldesign, das mit Kunststoffen oder Metallen ausgeführt wird, die passende Ausstattung. Die Architektur des Hauses bestimmt den Gartenstil, was dazu führt, dass stilistische Missgriffe in der Ausstattung des Gartens leicht ablesbar sind und sich gravierend auswirken. Diese Anforderungen an das Mobiliar legen Sie nicht auf teure Originale fest – preisgünstige Modelle werden angeboten.

Raumkonform

Größe und Form des verfügbaren Raums beeinflussen die Wahl der Möbel und damit das Gartenerleben. Konkonartig ins Grün eingewobene Plätze bieten oft nur Raum für einen Klappstuhl. Ein Essplatz braucht ausreichend Fläche, um bequeme Stühle rund um den passenden Tisch aufzustellen. Stimmen Sie das Mobiliar immer auf die Form des Ortes ab: Ein runder Tisch passt perfekt auf eine runde Terrasse und unterstreicht auf diese Weise die Gestaltung der Anlage nicht nur über das stilgerechte Möbeldesign.

Minimalistisch
Möbelstücke wie diese Sonnenliege brauchen Raum und eine schlichte Kulisse. Erst dann kommt die Form zur Geltung.

Abgestimmt
Wählen Sie Mobiliar, das zu Ihrem Gartenstil passt. Die Bank – aus gebrauchten Holzteilen gefertigt – ist für einen rustikalen Gartenwinkel eine Bereicherung.

Passgenau
Achten Sie bei der Wahl der Ausstattung auf die Größe des Raums – oder planen Sie den Garten gleich um die Möbel herum. Diese Bank passt perfekt hierher.

Witterungskonform

Wer seine Möbel das ganze Jahr draußen lässt, sollte nur witterungs- und UV-beständige Teile kaufen. Für moderne Elemente aus Polyrattan, Kunstharz und anderen Kunststoffen bekommt man oft eine Garantie, aber selbst Sofas und Stühle mit einer Allwetterpolsterung, die nach Regen rasch trocknet, sollte man abdecken oder unterstellen, falls sie längere Zeit nicht benutzt werden. Das gilt auch für Holzmobiliar, das draußen zudem verwittert und sich verfärbt und deshalb regelmäßig geölt oder gebeizt werden muss, wenn es seine ursprüngliche Patina behalten soll.

Polster und Gestell
Polster für die Nutzung im Garten müssen aus licht- und wasserbeständigem Material gefertigt sein. Die Möbelkonstruktion muss die Witterungswechsel aushalten.

Essen mit Stil
Diese stilvolle und witterungsbeständige Essgarnitur aus Hartholz, Aluminium und synthetischem Webmaterial eignet sich vor allem für moderne Stadtgärten.

Umweltgerecht

Gartenmöbelhersteller setzen auf langlebige Holzarten bei der Realisierung ihrer Designs. Tropenhölzer wie Teak werden deswegen weiter bevorzugt. Vergewissern Sie sich, dass das Holz aus nachhaltigem Anbau stammt und ein entsprechend glaubwürdiges Zertifikat vorliegt. Alternativ greifen Sie auf heimische Harthölzer wie Eiche zurück – die Umweltbilanz fällt meist wesentlich besser aus. Die Verwendung von gebrauchtem Holz kommt für Gärten mit einem rustikalen Touch infrage.

Nachhaltigkeit
Kaufen Sie Möbel mit dem Forest-Stewardship-Council-(FSC-)Siegel, da diese Hölzer aus nachhaltig bewirtschafteten Wäldern stammen.

STAURAUM

Ein Mangel an Stauraum besteht vor allem in kleinen Gärten: Wohin mit Gartengerät, Kissen und Spielzeug? Als Lösung bieten sich hybride Funktionsmöbel an, die Sitzfläche und Stauraum in einem bieten – z. B. eine Stauraum-Bank mit Sitz-Deckel. Kleiden Sie die Innenseite mit wasserfestem Material aus, damit auch Empfindliches geschützt verwahrt werden kann. Auch einfache Gartenschränke und -kisten bieten sich an – eigentlich gedacht, um Sitzkissen im Winter aufzubewahren.

Doppelt praktisch: eine Sitzbank mit Staufach

Möbelstile

Gartenmöbel bekommt man bei den verschiedensten Anlaufstellen: natürlich in Gartencentern, Baumärkten und Einrichtungshäusern, aber immer öfter auch online bei Spezialanbietern, die eine breite Palette von Stilen und Ausführungen in allen Preisklassen anbieten. Die Auswahl auf dem Markt ist so groß, dass mit Sicherheit für jeden etwas dabei ist. Das werden Sie feststellen, sobald Sie sich auf die Suche machen. Lassen Sie sich also Zeit und spüren Sie genau die Möbel auf, die sich perfekt in Ihren Gartenstil einfügen.

Traditioneller Charme

In Cottage-Gärten und ländlich anmutenden Anlagen wirken elegante, kühle Möbel fremd. Aber moderne Entwürfe mit organischen Formen fügen sich durchaus in ein solches Ambiente ein. Der traditionelle Charme dieser Gärten wird auch über gebrauchte, traditionelle Möbel oder Korb- und Flechtmöbel unterstrichen. Letztere verwittern jedoch rasch, weshalb ein Unterstellplatz nötig ist. Scheuen Sie sich nicht, in diesen charmanten Anlagen Gartenklassiker aufzustellen: Leichte Klapptische und -stühle aus Holz oder Metall überzeugen im Zusammenspiel mit Reproduktionen wie etwa der Lutyens-Bank.

Zweckmäßig
Traditionelles oder Zweckmäßiges fügt sich in die zwanglose Atmosphäre eines ländlich charmant wirkenden Gartens ein.

Romantisch
Korbflechtwerk ist zwar nicht so robust wie Holz, unterstreicht jedoch ein altmodisches Ambiente mit romantischer Anmutung.

Urbaner Chic

Wertvolle Designermöbel pointieren aktuelle Gestaltungen von urbanen Gärten in den Metropolen, die als erweiterter Wohnraum betrachtet werden. Die Gestalter stellen über Polster, Lichteffekte und Pflanzenkübel eine Verbindung zwischen Innen- und Außenraum her. Minimalistische Designs, robuste hochspannbare Gaze-Bezugsstoffe oder Polyrattan vermitteln die individualistische, bequeme und stilorientierte Note urbaner Gärten. Für Farbakzente sorgen witterungsbeständige Sitzsäcke.

Swinging Sixties
Aktueller Sessel im Stil der 1960er-Jahre: Der rundliche Korpus steht im angenehmen Kontrast zum kargen Hintergrund.

Bequeme Ecke
Sitzlandschaften werden immer beliebter. Sie greifen einen Stil auf, den viele auch drinnen bevorzugen.

Trenddesigns

Warum manche Möbelstile modern wirken und andere nicht, weiß man nicht so genau. Zurzeit werden klare Linien und schmucklose Stoffe in neutralen Farben im Zusammenspiel mit künstlichen Werkstoffen wie Stahl, Glas oder Chrom bevorzugt. Auch die Reinterpretationen traditioneller Möbeldesigns mit Hightech-Materialien sind en vogue. Es fällt auf, dass die architektonische Rolle von Möbelstücken stärker wahrgenommen wird als früher – individuelle, standortspezifische Designs sind beliebter denn je.

Alles in einem
Ein Sitzplatz, ein Tisch, ein Steg und eine Spirale ist dieses schwebende Objekt – also ein eigenständiges Kunstwerk.

Farbe, selbstbewusst eingesetzt
Möbel müssen bei der Gartengestaltung nicht die zweite Geige spielen. Ihre Farbe kann ein Blickfang für sich sein.

Individuelle Designs

Form, Expressivität und Material – meist Holz, Metall, Keramik oder Kunstharz – unterscheiden individuelle Möbelstücke von den üblichen Designs. Sie sind eine Herausforderung für jeden Gartengestalter. Zu beziehen sind sie z. B. über die Website von Künstlern oder direkt über Studios, Gartenausstellungen und Galerien. Wenn möglich, zeigen Sie dem Künstler Ihren Garten und den geplanten Standort. Gestaltung und Nutzung des Möbels können auf diese Weise optimal auf den Gartenraum abgestimmt werden.

Surreal oben
Eine hölzerne Sitzfläche verbindet die als Schneckenhäuser nachgebildeten Füße der Bank.

Stahlklar unten
Diese skulpturalen Sessel sind aus Stahlgitter gefertigt. Die durchbrochene Struktur dämpft ihre Wirkung im Gesamtdesign.

Integriert

Stufen, Stümpfe, abgesenkte Bereiche, Modellierungen, Mauerkanten und Nischen – auf all diesen Elementen kann man sitzen. Kissen machen die Flächen bequem. Weitere Sitzplätze und ein Tisch können ergänzend aufgestellt werden und die Form des Objektes wieder aufgreifen.

Rückzugsort
Mulden und Nischen – in Wand- oder Bodenflächen integriert – wirken anziehend. Dieser Alkoven lädt zum Entspannen ein.

Flexibel

Viele Gartenbesitzer bevorzugen mobile Möbel wie diese Klappliege, weil sie dann frei sind, die schönste Aussicht, die angenehmste Sonnenintensität zu jeder Jahres- oder Tageszeit nach den persönlichen Vorlieben individuell zu nutzen.

Klassiker
Klappliegen stellt man da auf, wo man sich gerade niederlassen möchte. Den Garten betrachten Sie auf diese Weise immer von seiner schönsten Seite.

Objekte im Garten

Ein Künstler könnte ein Kunstwerk für Ihren Garten schaffen. Doch bedenken Sie auch, dass Alltags- und Dekorationsgegenstände sowie Fundstücke die Qualitäten einer Plastik entwickeln können, wenn sie gezielt platziert werden. Aus Treibhölzern, Findlingen oder alten Arbeitsgeräten werden dann Attraktionen. Überlegen Sie sich, in welcher Beziehung Objekt und Garten zueinander stehen, wo das Stück am besten zur Geltung kommt und wie es sich dort mit der Zeit verändern wird.

Auswahl

Ein Objekt muss beim Betrachter Emotionen provozieren, erst dann kann er es wertschätzen. Die abstrakte Formensprache passt zu einem Garten der Moderne und auch zu den natürlichen, verwilderten Gartenbildern. Figuren und Statuen, die Sie aus den großen, alten geometrischen Gärten kennen, wirken in einem aktuellen Grundriss mit rechtwinkligen Grundformen überraschend und pointieren urbane Gärten. Haustierskulpturen und Bienenstöcke passen in Anlagen mit ländlichem Charme.

Pflanzenform
Die Eisenskulptur rostet und verändert sich im Lauf der Zeit. Ihre Form erinnert an blühende und verblühende Pflanzen. Sie eignet sich für Gärten in mediterranem Stil.

Realistisch ganz oben
Verspielt und humorvoll wird die Figur dank der ruhigen Wasseroberfläche und der zeitgenössischen Pflanzung inszeniert.

Formschnitt oben
Formgehölze wirken wie eine Plastik. Vorbild sind viele Schnittmodelle – meist aus der japanischen Tradition.

Abstrakt links
Diese markante Plastik zieht in Form und Farbe die Aufmerksamkeit auf sich. Schatten und Licht setzen weitere Akzente.

Standort

Die Wirkung eines Objekts wird von der Umgebung geprägt: Die Ergänzung durch spiegelnde Wasserflächen oder die Umrahmung mit Rabattenpflanzen – all dies nimmt Einfluss. Massive Werke wirken im Zusammenspiel mit zarten Grashorsten oder dem Schleier aus Lavendelblüten. Filigrane, detailreiche Skulpturen verlangen eine schlichte Kulisse, z. B. eine verputzte Mauer. Matte Flächen von Naturstein oder verwittertem Holz bilden den Hintergrund zu Glänzendem oder bieten sich als Sockelmaterial kleinerer Plastiken an.

Blick nach oben
John O'Connors Bronzekind lenkt den Blick des Betrachters nach oben zu einem Pavillondach. Die Farbe der Plastik harmoniert mit der des Holzgerüsts.

Blickpunkt
Die abstrakte Plastik scheint über der Wasserfläche, in der sie sich spiegelt, zu schweben. Sie zieht in diesem kleinen Garten alle Blicke auf sich.

Raum für Auftritte
Die Plastik eines Mädchens, das mit weitem Schritt scheinbar durch den Garten eilt, braucht viel Raum, um die dynamische Energie dieser Skulptur aufzunehmen.

Proportion

Eine kleine Plastik wirkt auf einem großen, offenen Areal verloren. In einem geschlossenen Hof harmoniert sie dagegen mit den Raumproportionen des Ortes. Kleine Plastiken werden in großzügigen Räumen neben massiven Objekten platziert und über sie im Raum »verankert«. Genauso können Sie kleinteilige Dekorgegenstände oder Tafeln an Mauern oder in Heckennischen präsentieren. Um herauszufinden, welche Dimensionen Ihre Plastik haben darf, um z. B. als Blickpunkt am Ufer eines Teichs zu stehen, experimentieren Sie mit Kartons und Abfallsäcken – einem Arbeitsmodell im Maßstab 1:1 – bis sich die gewünschte Wirkung einstellt.

Kunst beauftragen

Bei Kunstausstellungen, Galeriebesuchen und Gartenschauen werden Sie vielleicht auf einen Künstler aufmerksam, dessen Arbeiten Sie berühren und die in Ihrem Garten Platz finden könnten. Nehmen Sie mit dem Künstler Kontakt auf und versuchen Sie, mithilfe von Skizzen und Fotos Ihr Vorhaben zu erläutern. Optimal ist es, wenn der Künstler Ihren Garten tatsächlich kennenlernt. Einigen Sie sich auf Stil, Größe, Material, Preis und Liefertdatum, bevor Sie ihn beauftragen.

Materialkosten

Es gibt preiswerte Alternativen zu den klassischen, teuren Materialien der Bildhauerei. So sind beispielsweise Kunststein, Terrakotta oder Keramikornamente wesentlich günstiger als Steinreliefe. Bronzeharz kostet weniger als Gussbronze und Reproduktionen aus Blei sind relativ erschwinglich. Gebrauchtes Holz und Treibholz werden von manchen Künstlern statt teurer Harthölzer eingesetzt.

Terrakotta statt Bronze
Dieser verwitterte, vom Laub halb verhüllte Terrakotta-Torso kostet nur ein Bruchteil dessen, was ein Bronze-Torso gekostet hätte.

DIEBSTAHLSICHERUNG

Stellen Sie Plastiken so auf, dass Passanten sie nicht sehen können. Eventuell lohnt sich die Installation einer Alarmanlage. Die Kunstobjekte werden in Sichtweite des Hauses aufgestellt. Im Vorgarten platzieren Sie die massiven Stücke, die zu schwer sind, um abtransportiert zu werden. Versichern Sie wertvolle Stücke und informieren Sie Ihre Versicherung über Neuerwerbungen.

Mit Licht gestalten

Nachts erscheint Ihr Garten in einem anderen Licht – und wirkt gleich ganz anders. Weiches, subtiles Licht, das ausgewählte Lichtpunkte setzt, ist unkompliziert in der Realisierung und bringt die Texturen Ihres Gartens optimal zur Geltung. Eine spannungsvolle, komplexe Lichtinszenierung mit aufwendigeren Effekten ist eine weitere Möglichkeit. Ihrer Fantasie sind keine Grenzen gesetzt. Doch arbeiten Sie immer mit einem Elektriker zusammen – Ihre Sicherheit hat schließlich stets Vorrang.

Gartenleuchten

Das Ausleuchten eines Gartens von oben herab hat keine gestalterische Wirkung, es ärgert nur die Nachbarn und trägt zur Lichtverschmutzung bei. Grundsätzlich sollten Sie vermeiden, dass der Lichtstrahl direkt in die Augen des Betrachters gerichtet ist. Indem Sie einige Areale bewusst im Dunkeln lassen, lenken Sie die Aufmerksamkeit von Lichtpunkt zu Lichtpunkt. Erstellen Sie einen Beleuchtungsplan und legen Sie die Lichtqualität aller Bereiche fest, z. B. eine dezente Beleuchtung, ein Spotlight oder eine Unterwasserleuchte. Planen Sie dann die Anschlüsse und Leitungen für den Strom. Ziehen Sie bei der Planung der Anlage einen Fachmann hinzu – die Installation sollte fachgerecht von einem Elektriker ausgeführt werden. In einem bestehenden Garten können Sie mit einer lichtstarken Taschenlampe die Beleuchtungseffekte während der Planung austesten.

Nachtleben
Die Außenbereiche können, ähnlich wie Innenräume, mit Bodenleuchten und Minispots für dekorative Zwecke beleuchtet werden.

Wasser und Licht
Wasserspiele lassen sich einfacher beleuchten als ruhige Wasserflächen. Die Kräuselung der Wasseroberfläche kaschiert die Lichtquelle, Pflanzen verdecken die Kabel.

Licht und Farbe
In einem modernen Ambiente erzielt man mit dem dezenten Einsatz von farbigem Licht schöne Effekte. Ebenfalls reizvoll: programmierbare Farbwechsel-LED-Leuchten.

Praktische Überlegungen

Für die Stromzufuhr muss ein Elektriker wasserdichte Außenanschlüsse installieren und Kabel sicher und geschützt verlegen. Bei Niedervolt-Leuchtanlagen sollte sich der Trafo in einem wasserdichten Gehäuse oder im Gebäude befinden. Ein Trafo reduziert die Spannung des Stromnetzes auf eine Voltzahl, mit der viele Gartenbeleuchtungsanlagen arbeiten. Seine Größe hängt von der Leistung und Zahl der Lichtquellen ab. Lassen Sie einen Schalter im Haus installieren, mit dem Sie die Gartenbeleuchtung von drinnen ein- und ausschalten können. LED-Leuchten sind energiesparend und erzeugen keine Wärme, sodass sie als Gartenbeleuchtung besonders sicher sind. Die Auswahl im Handel ist riesig. In ausreichend von der Sonne beschienenen Bereichen sind außerdem solarbetriebene Leuchten eine gute Alternative.

Stufen beleuchten
Nachts sollte man Wege und Stufen mit integrierten, schwach strahlenden Lampen mit seitlich oder nach unten gerichteten Lichtkegeln beleuchten.

Wege beleuchten
Wegbegleitende Leuchten können über einen Trafo am Stromnetz des Hauses angeschlossen oder mit Solarenergie betrieben werden.

Flackerndes Licht
Fackeln, Kerzen, Gas- oder Öllampen verbreiten ein stimmungsvolles Licht. Die Flammen dürfen niemals unbeaufsichtigt bleiben. Hohes Brand- und Verbrennungsrisiko!

Leuchteffekte

Langlebige, von einem Trafo gespeiste LED-Lichterketten sind einfach zu installieren und verbreiten eine romantische Aura, wenn sie in Pflanzen gelegt werden oder die Pergolakonstruktion betonen. Mit Ministrahlern können Pflanzen, eine Plastik oder Oberflächen ins rechte Licht gerückt werden. Diese Lichtinszenierungen stellen die Struktur und die Textur des Objektes in den Mittelpunkt. Versenkte, schwache Lichtquellen in Treppen, Wänden und Decks wirken unaufdringlich und blenden nicht. Sehr modern wirken kleine weiße oder farbige LED-Strahler in Holzdecks oder als Unterwasserbeleuchtung in Pools.

Lichtreflexe und Dunkelheit
Eine einzige Leuchte taucht die Terrasse in schwaches Licht. Sie spiegelt sich effektvoll auf der dunkel glänzenden Wasseroberfläche des unbeleuchteten Wasserbeckens.

Bodenstrahler und Wandleuchten
Mini-Bodenstrahler und -Wandleuchten sind tagsüber unauffällig und betonen nachts, wenn sie richtig ausgerichtet wurden, die Form und Textur von Pflanzen und Dekoelementen.

Strahler
Mit einem hoch an einer Wand befestigten, direkt auf ein Objekt gerichteten Strahler betonen Sie das Objekt, ohne den Betrachter zu blenden.

Scheinwerfer
Sie kommen oft aus Sicherheitsgründen zur Anwendung und können mit einem Bewegungsmelder verbunden werden. Schöne Effekte lassen sich mit nach oben oder unten gerichteten LED-Strahlern erzielen.

Hintergrundbeleuchtung
Eine im Boden eingelassene Hintergrundbeleuchtung betont die Silhouetten im Vordergrund und projiziert den Schattenriss anderer Pflanzen an die Wand.

Streiflicht
Ein Streiflicht erfasst das Objekt, z. B. Wand oder Boden, in einem spitzen Winkel. Seine Texturen und Formen werden dadurch deutlich sichtbar

Licht und Wärme

Bei dem heutigen Riesenangebot an Gartenbeleuchtungen fällt die Auswahl mitunter schwer. Diese Seiten geben einen Überblick über die Vorteile der jeweiligen Lampentypen. Immer beliebter werden auch Heizsysteme, die inzwischen in unterschiedlichsten Ausführungen erhältlich sind. In Betracht ziehen sollte man bei der Auswahl allerdings die Auswirkungen mancher dieser Systeme auf die Umwelt – und die Betriebskosten.

Lampen

Mit der Einführung energiesparender LED-Lampen und verlässlicherer, durchdachter Solarleuchten wurde die Gartenbeleuchtung förmlich revolutioniert. LEDs ermöglichen unterschiedlichste »Designer«-Effekte – so gibt es Leuchten, die die Farbe wechseln, und Systeme, die sich per Smartphone steuern lassen. Das Angebot in Baumärkten wird immer breiter, die größte Auswahl aber haben der Online-Handel und Spezialanbieter.

Mit Ausnahme von Solarleuchten, Kerzen und Öllampen müssen alle Beleuchtungselemente für Gärten mit dem Hauptstromkreis des Hauses – gegebenenfalls über einen Trafo – verbunden werden. Niedervoltanlagen sind ideal für Gärten, da durch Feuchtigkeit ausgelöste Stromunfälle entschärft verlaufen. Leuchten, Verbindungen mit dem Hauptstromkreis, Schalter und Steckdosen sollten Sie immer von einem Elektriker installieren lassen.

Lightshow
Dieser Hof der Janine Pattison Studios wird abends ausgefeilt beleuchtet. Dezente LEDs erhellen die Wände und das moderne Wasserelement.

LICHT

Die Vor- und Nachteile verschiedener Lampen und Solaranlagen werden hier kurz vorgestellt. Sprechen Sie unbedingt Ihre Wünsche mit einem Lichtplaner und mit einem Elektriker durch.

STANDORT

LEUCHTSTÄRKE

KOSTEN

INSTALLATION

WARTUNG

Wärmequellen

Eine Wärmequelle im Garten verlängert die Nutzungszeit in kühlen Abendstunden und der kühlen Jahreszeit. Für Öfen sollten Sie Holz und Schnittabfälle aus dem eigenen Garten verwenden. Behandeltes Holz darf keinesfalls zum Einsatz kommen. Lesen Sie die Gebrauchsanleitungen für Feueröfen gut durch. Tragen Sie Sicherheitshandschuhe oder verwenden Sie Kaminbesteck – Feuerroste werden glühend heiß. Rauchabzüge müssen auskühlen, bevor man sie abdeckt. Ein Feuerlöscher muss immer in Griffweite stehen.

WÄRMEQUELLEN	PRO	KONTRA
FEUERSCHALE	Selbstbau möglich. Mobile Modelle sind erhältlich. Blickfang. Rundumsitzen möglich. Kochen. Verbrennen von Schnittgut.	Braucht Platz und Sicherheitsschirm. Asche kann Lampen verschmutzen. Gefahr für Kinder und Tiere – nicht unbeaufsichtigt lassen.
KAMIN	Viele Modelle, auch aus Gusseisen. Als Brennstoff sind unterschiedlichste Materialien verwendbar.	Größere Modelle und solche aus Stein brauchen Platz und müssen dauerhaft eingebaut werden. Gusseisen rostet.
FEUEROFEN	Passt auf engsten Raum. Tonausführungen sind oft sehr dekorativ. Lässt sich leicht abdecken und vor schlechtem Wetter schützen.	Ton- und Metallmodelle bekommen mitunter Risse. Ton kann bei zu viel Feuchtigkeit bröseln. Schwer von Asche zu säubern.
GAS-/ELEKTROOFEN	Bequem: Muss nach Verwendung nicht gereinigt werden. Wärme und Kochhitze sofort verfügbar. Gut regelbar.	Verbrauch fossiler Brennstoffe. Hoher Energieeinsatz bei niedriger Wärmeausbeute. Bei Gasöfen: schwere Gasflaschen.

LED	FLAMME	ELEKTROLAMPEN	SOLARSTROMANLAGE

Fast überall im Garten einsetzbar, etwa in Pools, als Einbauleuchten, Lichterkette, Strahler oder zur Sicherheit.	Kerzen, Öllampen und Laternen kann man auf den Boden, in Nischen und auf Tische stellen, aufhängen und schwimmen lassen.	Leuchtstoff- und Halogenlampen dienen als Sicherheitsbeleuchtung, Strahler und Lampen, werden aber von LEDs verdrängt.	Wegrand und Terrassen, in Teichen (schwimmend oder in Steinen integriert), an Wänden; neben Pflanzen
Sehr hell bei geringer Größe. Fassungen unterstreichen und bündeln das Licht, Streuscheiben machen es weicher.	Schwache, stimmungsvolle Beleuchtung, Kerzenhalter und Laternen sind eine stimmungsvolle Lichtquelle beim Essen.	Je nach Installation unterschiedlich. Halogenfluter können ganze Gärten ausleuchten. Farblicht wirkt modern.	Einheiten mit solargespeisten LEDs können recht hell sein. Die Leuchtstärke hängt aber vom Batterietyp ab.
Sehr unterschiedliche Installationskosten, aber ausgesprochen geringe laufende Kosten. Leuchtmittel lange haltbar.	Kerzen, Gel- und Öllampen sind verglichen mit elektrischen Leuchten preiswert, aber weit weniger hell.	Relativ preiswert in der Anschaffung, aber laufende Kosten können sich summieren. Leuchtmittel nicht so haltbar wie LEDs.	Kosten hängen sehr stark von der Qualität ab. Kein Anschluss an die Stromversorgung nötig. Null laufende Kosten.
Wie bei herkömmlichen Glühbirnen: Anschluss an Stromkreis und Trafo. Gut für schwer erreichbare Standorte.	Brennendes muss auf einer nicht brennbaren, ebenen Fläche stehen. Kerzen und Lampen nie unbeaufsichtigt lassen.	Anschluss an die Stromversorgung des Hauses oder Trafos. Installation nur durch qualifizierte Handwerker.	Funktioniert aber nur an hellen Plätzen. Im Winter reicht das Licht evtl. nicht.
LED-Leuchtmittel halten um ein Vielfaches länger als andere Typen und müssen kaum oder gar nicht gewartet werden.	Docht stutzen, damit Flamme schwach bleibt und lange hält. Mit Dochtlöscher arbeiten. Kein Wachs verschütten.	Ausgebrannte Glühbirnen austauschen. Wandlampen und Bewegungsmelder sauber halten.	Photovoltaikzellen müssen regelmäßig gereinigt werden. Hochwertige aufladbare Batterien halten bis zu 20 Jahre.

Feuerschale

Eine Art modernes Lagerfeuer: Feuerschalen sind bei Feiern die Attraktion und können sogar zum Kochen verwendet werden.

Feuerofen

Feueröfen stammen ursprünglich aus Mexiko, wo sie zum Heizen und Kochen verwendet werden. Sie sind in unterschiedlichen Ausführungen erhältlich.

Offener Kamin

Dieser offene Kamin beherrscht den ganzen Garten und wertet den Essbereich enorm auf. Für kleinere Gärten sind auch Modelle in bescheideneren Dimensionen erhältlich.

EINEN GARTEN ANLEGEN

Vorbereitungen

Einen Garten von Grund auf neu zu gestalten ist ein schönes Stück Arbeit. Wenn Sie alles mit Ihren eigenen Händen realisieren möchten, jedoch nur an Wochenenden dafür Zeit finden, könnte es Monate dauern, bis Sie fertig werden. Eine exakte Planung ist daher genauso wichtig wie eine realistische Kalkulation aller Kosten für Materialien, Leihgeräte und Leistungen von Profis. Das gute Gefühl, einen Garten umsichtig gestaltet zu haben, belohnt Sie für Ihre Planungsbemühungen.

Eigen- oder Fremdleistung?

Vielleicht fühlen Sie sich erfahren genug, um ein einfaches Pflaster mit eigenen Händen zu verlegen, Sichtschutzwände aufzustellen oder ein Holzdeck zu bauen. Die meisten Gartenelemente lassen sich heutzutage leicht aufbauen und montieren. Wenn Sie Arbeiten selbst in Angriff nehmen, brauchen Sie jedoch geeignete Sicherheitsausrüstung, etwa Schutzbrillen und Stiefel mit Stahlkappen. Falls schwere Materialien verbaut werden oder fachliches Können gefragt ist, beauftragt man am besten Profis. Natursteine beispielsweise sind oft groß, schwer und teuer. Auch die glatten Elemente in modernen Gärten erfordern hohe Qualifikation, sonst sehen sie nicht gut aus. Besonders wichtig sind Erfahrung und Können auch dann, wenn es um die Sicherheit geht. Sie sollten eine gewisse Erfahrung mit dem Einbau der Materialien haben, damit sich keine Probleme ergeben.

Wenn Sie eher an Ihren Fähigkeiten zweifeln, holen Sie sachkundigen Rat bei Gartenarchitekten und Ingenieuren. Ein Fachbetrieb übernimmt die Verantwortung für alle durchgeführten Arbeiten und sorgt dafür, dass Sicherheitsbestimmungen und Bauvorschriften eingehalten werden.

Holzplatten selbst verlegen
Wenn Sie genug Erfahrung im Umgang mit speziellen Sägen besitzen, können Sie Ihre neue Holzterrasse selbst bauen.

Beläge für Profis
Trittsteine so zu verlegen, als würden sie auf der Wasseroberfläche schweben, ist nicht einfach, da sofort erkennbar ist, wenn nicht exakt gearbeitet wurde. Außerdem müssen die Platten gefahrlos begehbar sein.

Reibungsloser Ablauf

Erfahrene Garten- und Landschaftsbaufirmen wissen, wie viel Zeit das Graben und Setzen von Fundamenten oder der Bau einer Ziegelsteinmauer in Anspruch nimmt. Sie sorgen dafür, dass die entsprechenden Fachkräfte, Materialien und Arbeitsgeräte für den nächsten Arbeitsschritt in ausreichender Zahl zur Verfügung stehen.

Extreme Witterungen und Lieferengpässe können dazu führen, dass Verzögerungen beim Bauablauf auftreten. Um einen Richtwert zu bekommen, wann die einzelnen Arbeiten abgeschlossen sein sollten, stellen Sie gemeinsam mit dem ausführenden Unternehmen einen Zeitplan auf, dessen Einhaltung regelmäßig von Ihnen überprüft wird. Die ausführende Firma sorgt auch für die fachgerechte Beseitigung von Fehlern und Mängeln, die die Firma selbst zu verantworten hat.

Rechtzeitig Beleuchtung einplanen
Lichteffekte müssen frühzeitig geplant werden, damit für entsprechende Leitungen und Materialaussparungen gesorgt werden kann.

DAS BUDGET EINHALTEN

Wenn Sie eine Firma mit einem Projekt beauftragen wollen, holen Sie sich zunächst einen Kostenvoranschlag ein. So wissen Sie genau, welche Kosten auf Sie zukommen. Außerplanmäßige Änderungen während der Bauphase treiben die Kosten kräftig in die Höhe. Wenn Sie Ihr Projekt in Eigenleistung durchführen, ist eine gute Planung unerlässlich, vor allem, wenn Sie zusätzliche Arbeitskräfte mieten: Untätig herumstehende Arbeiter, die auf die Anlieferung von Material warten, müssen trotzdem bezahlt werden.

Spezialeffekte
Licht- und Wasserelemente müssen fachmännisch installiert werden. Achten Sie darauf, dass Ihr Landschaftsbauunternehmen die nötigen Kenntnisse und Erfahrung besitzt.

Hilfreiche Checkliste

Wenn Sie den Grundriss und die Details gründlich geplant haben, setzen Sie den Zeitpunkt für die Realisierung der Bau- und Pflanzarbeiten fest und bestimmen, wer diese Arbeiten durchführen soll. Ob Sie einen Profi damit beauftragen oder alles in Eigenleistung erstellen wollen: Je genauer Sie Ihr Projekt planen, desto effizienter und nervenschonender ist die Ausführung.

PHASE	ARBEITSSCHRITT	ERKLÄRUNG
1	GENEHMIGUNG	Für manche Baumaßnahmen, wie z. B. Wintergartenbau, sind Baugenehmigungen erforderlich. Setzen Sie bei starken baulichen Veränderungen immer Ihre Nachbarn in Kenntnis.
2	VERGABE	Beauftragen Sie Firmen, um die Baumaßnahmen zu überwachen oder die verschiedenen Arbeitsschritte zu realisieren. Wenn Sie Ihr eigener Projektmanager sind, müssen Sie die Hilfskräfte und Materialien beschaffen.
3	MATERIAL AUSWÄHLEN	Bitten Sie Hersteller und Planer um Materialmuster. Besuchen Sie die Ausstellungen von Holz und Steinhändlern oder Baufirmen. Wählen Sie alle benötigten Baumaterialien aus.
4	MATERIAL BESTELLEN	Berechnen Sie den Materialbedarf genau, um nicht zu viel und nicht zu wenig Material zur Verfügung zu haben. Die Lieferung muss rechtzeitig zu den entsprechenden Bauphasen erfolgen. Lagerraum muss zur Verfügung stehen.
5	BAUSTELLE EINRICHTEN	Beseitigen Sie alle störenden Elemente im Gelände. Wiederverwendbarer Rasen wird mit einem Rasensodenschneider (Geräteverleih) aufgenommen. Alle Pflanzen, die Sie behalten wollen, werden ausgegraben und aufbewahrt.
6	MUTTERBODEN SICHERN	Der wertvolle, humusreiche Oberboden wird bis zur Wiederverwendung sicher gelagert. Dazu wird er manuell oder mit einem Kleinbagger abgetragen und abseits der Baustelle aufgeschüttet und eingelagert.
7	GERÄTE ORGANISIEREN	Muss viel Erde bewegt werden, so mieten Sie einen Kleinbagger samt Fahrer. Das Fahrzeug muss eine Zugangsmöglichkeit zu Ihrem Grundstück haben, gegebenenfalls müssen Sie ein Stück Zaun entfernen.
8	FUNDAMENTE UND ENTWÄSSERUNG	Bestimmen und messen Sie Einbautiefen, Höhenabwicklungen und Fließgefälle mit einem Nivelliergerät genau ein. Zur Entwässerung von Fundamenten und Mauern müssen entsprechende Maßnahmen getroffen werden.
9	BELEUCHTUNG UND ELEKTRIZITÄT	Elektrische Leitungen im Garten müssen von einem Elektriker verlegt werden. Alle Leitungen sollten in einem Plan genau eingezeichnet werden. Die Leitungen werden erst nach Abschluss aller Bauarbeiten angeschlossen.
10	BAUTEN ERRICHTEN, FLÄCHEN VORBEREITEN	Errichten Sie alle Mauern, Treppen, Terrassen, Wege, Becken und Hochbeete. Bauen Sie Holzdecks, stellen Sie Pergolen und Sichtschutzzäune auf. Bereiten Sie die neuen Rasen- und Beetflächen im Anschluss vor.
11	ZÄUNE UND GRENZMAUERN	Wenn keine größeren Maschinen mehr Zugang zu Ihrem Garten benötigen, bauen Sie die neuen Grenzzäune und Mauern oder reparieren die alten Zäune und Mauern.
12	MUTTERBODEN UND PFLANZARBEITEN	Reinigen und ebnen Sie die Flächen. Bereiten Sie den Unterboden vor, füllen Sie Mutterboden auf. Beginnen Sie mit den ersten Pflanzarbeiten und pflegen Sie den Boden durch eine Gründüngung.

Zugewucherte Areale vorbereiten

Bei der Neuplanung eines Gartens ist man schnell versucht, alles Vorhandene zu entfernen, besonders wenn das Areal zugewuchert und verwahrlost ist. Macht man allerdings Tabula rasa, ohne den Bestand zu erfassen, läuft man Gefahr, einige schöne alte Pflanzen und andere nützliche Gewächse zu verlieren, die sich nachhaltig in die neue Anlage integrieren lassen. Auch bestehende Mauern, Zäune und Gartengebäude kann man sanieren und wiederverwenden. Das spart Geld und Ressourcen.

Bestandsaufnahme

Eine Bewertung vorhandener Gärten braucht Zeit. Wenn Sie damit ein Jahr vor der Neuanlage beginnen, können Sie beobachten, welche Bereiche morgens, nachmittags oder abends Sonne abbekommen oder welche Ecken im Sommer kühl und feucht bleiben. Sehen Sie sich die vorhandenen Elemente gut an. Bestehende Bäume schirmen womöglich vor neugierigen Blicken aus Nachbargebäuden ab. Bis Ersatz herangewachsen ist, vergehen Jahre. Hat der Garten schon eine Struktur, überlegen Sie, wie gut sie ist. Wer sie nicht übernehmen will, kann sie auch anpassen oder auffrischen. Bestehende Gebäude kann man versetzen oder kaschieren – manchmal ist das besser, als sie abzureißen. In welchem Zustand sind Mauern und Zäune? Vielleicht kann man sogar Bodenbeläge wiederverwenden *(siehe S. 144–145)*.

Dschungel rechts
Ein völlig zugewuchertes Areal zu bewerten ist schwer. Manchmal muss ein Teil der Pflanzen entfernt werden, damit man überhaupt beurteilen kann, welches Potenzial in einem Grundstück steckt.

Reminiszenzen oben
Hier sind noch Reste des alten Layouts – Beläge, Sträucher – erkennbar. Möglicherweise lässt sich alles restaurieren und mit dem Neuen kombinieren.

Leicht überschaubar links
Kleinere Gärten, die überwiegend aus Rasen bestanden, brauchen keine aufwendige Bestandsaufnahme. Sind die Zaunpaneele noch brauchbar? Kann man einige der Pflanzen behalten?

Grüne Inventur

Eine Bewertung der bestehenden Bepflanzung kann schwierig sein, lohnt sich jedoch. Idealerweise nimmt man sich ein ganzes Jahr Zeit, denn nur so sieht man, wie sich die einzelnen Gewächse schlagen, zum Beispiel Frühlingsblumenzwiebeln oder Sträucher, die im Winter einen Zierwert haben. Vielleicht ist das hässliche Dickicht ja mit einem Teppich aus Schneeglöckchen unterpflanzt, den wieder hinzubekommen Jahre dauern würde. Besonderes Augenmerk richtet man auf stark mit mehrjährigen Unkräutern infiziertes Terrain, das man nur mit besonderen Maßnahmen freiräumen kann. Der Blick über den Zaun zum Nachbarn gibt Anhaltspunkte, was Sie auch bei sich pflanzen können. Rhododendren und Kamelien etwa brauchen saure Böden.

Auf Schatzsuche oben
Es kann ein ganzes Jahr dauern, bis man einschätzen kann, welche Pflanzen zu behalten sich lohnt.

Hartnäckiges Unkraut rechts
Mehrjährige Unkräuter wie Winden sind schwer loszuwerden. Graben Sie die Wurzeln aus und entziehen Sie Sämlingen durch Mulchen das Licht.

Areale freiräumen

Nach der Bestandsaufnahme kann das Areal freigeräumt werden. Das Entfernen von Bäumen und maschinelle Arbeiten etwa mit Kettensägen oder Baumstumpffräsen überlässt man am besten Profis. Was stehen bleiben darf, muss klar mit Bändern oder Sprühfarbe gekennzeichnet werden, was aufgenommen und umgepflanzt wird, kann man vorübergehend in spezielle Beete umsiedeln, doch muss es unkrautfrei sein und gut gewässert werden. Materialien, die wiederverwendet werden, brauchen Platz zum Lagern. Alles, was man nicht mehr brauchen kann, aber noch einen Nutzen hat, etwa alte Mauerziegel oder sogar Betonbrocken, kann man weitergeben. Wenn Sie über die sozialen Medien verkünden, dass Sie etwas loswerden wollen (oder etwas brauchen), stehen die Chancen gut, dass Sie Abnehmer finden.

Herausforderung oben links
Das Freiräumen eines vernachlässigten Areals ist der erste Schritt zum neuen Garten. Sobald weg ist, was weg soll, kann man sein Potenzial leichter erfassen.

Eine Sache für Profis oben
Sofern Sie nicht gerade erfahren in der Handhabung von Motorsägen sind, überlassen Sie es besser Profis, unansehnlich gewordene Bäume schnell und sicher zu entfernen.

Böden sanieren

Der Boden in einem Garten hat stets Einfluss auf die Bepflanzung. Wird ein Garten neu angelegt, finden am Anfang vermutlich vor allem Erdarbeiten statt. Dabei kann es sich um einfache Maßnahmen wie das Entfernen von Rasen handeln oder um kompliziertere Projekte wie Terrassierungen etwa von Hanggrundstücken, die von Profis erledigt werden müssen. Eventuell braucht man zusätzliches Erdreich oder muss bestehende Materialien wie Betonschutt entsorgen. Eine gute Planung ist das A und O. Versuchen Sie aus Umweltschutzgründen immer möglichst viel Erdreich zu bewahren.

Von unten nach oben

Die schmutzigsten, unangenehmsten Arbeiten finden in der Regel zu Beginn statt, wenn Erdarbeiten anfallen. In dieser entscheidenden Phase werden buchstäblich die Fundamente für den neuen Garten gelegt. Oft wird das gesamte Areal dabei massiv verändert, etwa durch Erhöhen oder Absenken bestimmter Bereiche. Erdreich muss entfernt, verlagert oder hinzugefügt werden. Manchmal ist es nötig, Terrassen anzulegen, Fundamente für Stützmauern und Gebäude zu setzen und Baufälliges zu entsorgen. Das kostet Zeit und Geld, ist aber unabdingbar. Projekte mit solch tiefgreifenden Änderungen müssen gut geplant und organisiert werden, um Fehler und Kostenexplosionen zu vermeiden. Wer Profis engagiert, kann davon ausgehen, dass die Arbeiten einschließlich Anlieferung und Abtransport von Material reibungslos ablaufen, denn sie haben die nötigen Geräte, bringen alles schnell über die Bühne und leisten gute Arbeit.

Bodenlos oben
Wenn Beläge entfernt werden, sinkt das Bodenniveau oft erstaunlich stark ab. Die meisten Terrassen sind auf einer dicken Schotterschicht angelegt, die als festes Fundament dient.

Mit Niveau oben Mitte
Das Einebnen eines Areals für eine Rasenfläche wird am besten von Profis mit den nötigen Maschinen erledigt, vor allem, wenn auch noch größere Mengen Oberboden verteilt werden müssen.

Erdarbeiten oben
Wird ein Hang terrassiert, kommt man um größere Erdarbeiten nicht herum. Manchmal muss Erde entfernt werden, doch sollte man immer genug Oberboden für den neuen Garten behalten.

Bodentest ganz oben
Für die Bodenanalyse gibt es Testsets. Der Boden-pH verrät, welche Pflanzen Sie kultivieren können. Wer Oberboden zukaufen muss, sollte sicher sein, dass er zum bestehenden Erdreich passt.

Trümmerfeld
Sicherheit ist beim Entfernen von Beton oberstes Gebot. Tragen Sie Schuhe mit Stahlkappen, Augenschutz und Staubmaske.

Beton entfernen

Das Aufbrechen von Terrassen oder Wegen aus Beton kann mühsam und langwierig sein. Kleinere Bereiche lassen sich mit einem Vorschlaghammer zerkleinern, aber in der Regel werden diese Arbeiten besser, sicherer und schneller von Fachkräften mit Maschinen ausgeführt. Bewusst sein sollte man sich, dass es mehr schweres Material zu entsorgen gilt, als es zunächst scheint. Unter dem Beton befindet sich womöglich ein dickes Fundament aus Schotter. Wird es mitentfernt, entsteht eine Lücke, die gefüllt werden muss, etwa mit zugekauftem Oberboden. Bevor Sie jedoch Tiefbaufirmen beauftragen, überlegen Sie erst, ob Sie den Beton nicht bei künftigen Projekten wiederverwerten können, bevor Sie ihn auf die Deponie bringen lassen. Manchmal können ihn auch Nachbarn brauchen.

Eine Sache für Profis
Statt feste Beläge selbst zu entfernen und zu entsorgen, überlässt man solche Arbeiten lieber Fachkräften, die das schnell und sicher erledigen.

Die Grasnarbe entfernen

Beim Anlegen oder Vergrößern von Rabatten, dem Bau eines Wegs oder einer Terrasse und vielen weiteren Erdarbeiten im Garten muss zunächst die alte Grasnarbe entfernt werden. Der fruchtbarste Teil des Gartenbodens, Oberboden genannt, befindet sich in den obersten 5–20 cm Erdreich. Es dauert ungefähr 100 Jahre, bis sich 2–3 cm Oberboden gebildet haben, wenngleich sich das durch sorgfältige Bearbeitung etwas beschleunigen lässt.

Oberboden ist für den Garten von entscheidender Bedeutung. Durch Abtragen der Grasnarbe entfernt man zwangsläufig auch ein Stück Oberboden. Ihn neu zu kaufen kostet viel Geld und ist CO_2-intensiv. Zugleich variiert die Qualität der frischen Erde. An kleineren Stellen kann man die Soden selbst entfernen, doch bei größeren Flächen ist das nicht praktikabel. Am besten ist es, die Grasnarbe mit möglichst wenig Erdreich zu entfernen und die Soden umgedreht im Garten zu stapeln, damit sie sich zersetzen. Nach ein paar Jahren hat man fruchtbare, krümelige Erde, mit der man den Gartenboden verbessern kann. Alternativ kann man auch mit einer Handgabel und einem Sieb so viel Erde wie möglich von der Grasnarbe lösen und den Rest kompostieren.

Abgegrast
Oberboden ist wertvolle Erde. Stapeln Sie Soden ein, zwei Jahre lang in einer Ecke, damit sie verrotten. Dann können Sie sie wieder auf die Rabatten streuen.

Blumenwiese
Auf einer dünnen Oberbodenschicht, etwa von neuen Grundstücken, gedeihen einjährige Blumenwiesen gut.

Aus der Not eine Tugend

Die Gärten von Neubaugrundstücken oder die Böden neu angelegter Rabatten haben vermutlich nur eine dünne Schicht aus gutem Oberboden – der Rest dürfte aus relativ nährstoffarmer Erde bestehen. Das kann man sich zunutze machen, denn nicht alle Pflanzen vertragen fruchtbare Erde. Viele Wildblumen, trockenheitsverträgliche Einjährige und Arten aus dem Mittelmeerraum mögen es flachgründig, trocken und mager. Auf solchen kargen Böden gedeihen beispielsweise einjährige Pflanzungen im Wiesenstil. Bei ausreichender Drainage kann man auch einen Kiesgarten mit Gewächsen anlegen, die viel Sonne und wenig Wasser brauchen. Mit der Zeit verbessern sich Böden und ihre Struktur automatisch durch organische Substanz.

Neubaugrundstücke vorbereiten

Einen Traumgarten von Grund auf neu anzulegen ist verlockend, aber gerade Grundstücke in Neubaugebieten sind oft problematisch. Wichtig ist, zu wissen, wo man ansetzen soll. Priorität hat die Sanierung des Areals nach Beendigung der Bauarbeiten. Finden Sie heraus, was sich unter der Oberfläche verbirgt – häufig muss das Erdreich saniert werden, bevor man mit der Gartengestaltung selbst beginnt. Das können Profis meist am besten. Sie sorgen dafür, dass ideale Voraussetzungen für ein schönes grünes Reich geschaffen werden.

So werden Träume wahr

Nichts ist aufregender, als in ein neues Haus zu ziehen. Kein Wunder, dass der Garten anfangs nicht höchste Priorität hat. Bald aber wird man beginnen, sich mit dem leeren Areal draußen zu befassen. In gewisser Weise ist es einfacher, einen Garten von Grund auf neu anzulegen, als sich mit den Vorlieben und Hinterlassenschaften eines Vorbesitzers zu befassen, denn man muss sich nicht mit vorhandenen Elementen oder Pflanzen herumschlagen, die einem nicht zusagen. Andererseits weiß man bei einem jungfräulichen Stück Land nie, was einen erwartet, schließlich hat dort noch nie jemand gegärtnert.

Oft sind Neubaugebiete anfangs recht ungeschützt den Elementen ausgesetzt, denn es fehlen schützende Bäume und andere Vegetation. Wegen der Aushubarbeiten ist das Erdreich vermutlich ein wilder Mix aus Ober- und Unterboden, durchsetzt mit Bauschutt wie Mauerziegeln und Beton, außerdem schlecht durchlässig, unstrukturiert, hart zu bearbeiten und schwierig zu bepflanzen. Aber durch eine Sanierung sowie mithilfe von Lösungen wie Hochbeeten kann daraus trotzdem ein perfekter Garten werden.

Leere Leinwand oben
Der Vorteil von neu erschlossenen Grundstücken ist, dass man den Garten frei gestalten kann. Die sonnige Ecke hier lässt sich mit hübschen Blütenpflanzen füllen, während eine Kletterrose an der Eingangstür die Fassade enorm aufwertet.

Verbesserungswürdig rechts
Die Gärten neuer Häuser bestehen oft aus wenig mehr als einer dünnen Erdschicht und Zaunpaneelen. Viel hängt außerdem davon ab, wie gut man in den Garten gelangt und ob tiefgreifendere Änderungen überhaupt umsetzbar sind.

Bestandsaufnahme

Erfassen Sie zunächst die Gegebenheiten, also Größe und Form des Gartens, die Topografie und Ausrichtung, wann und wo er Sonne abbekommt, wo sich Nässe hält und ob er im Schatten liegt oder geschützt werden muss *(siehe auch S. 135)*. Wächst schon etwas auf dem Grundstück? Neue, vom Bauträger gepflanzte Sträucher sind womöglich nicht für den Standort geeignet oder müssen umgepflanzt werden.

Frisch angelegte Gärten enthalten oft neuen Rollrasen auf einer dünnen Oberbodenschicht, was in der Regel nicht verrät, wie es um die Bodenqualität einige Zentimeter tiefer bestellt ist. Versuchen Sie ein paar Löcher an unterschiedlichen Stellen zu graben, um herauszufinden, wie dick die Oberbodenschicht ist und wie viel Bauschutt im Boden steckt.

Wer herausfinden möchte, was gut wächst, sollte einen Blick zum Nachbarn oder in die weitere Landschaft der Umgebung werfen. Schöne Ausblicke kann man »borgen«, also gestalterisch in den Garten integrieren.

Gras drüber rechts
Gärten von Neubaugrundstücken werden oft vor dem Kauf mit Rollrasen über dünnem Oberboden ausgelegt. Darunter liegt verdichteter Unterboden.

Auch Unkräuter verraten etwas über den Boden. Manche deuten auf staunassen Untergrund hin, etwa Ampfer und Binsen, andere auf kargen, trockenen Boden. Vogelmiere und Greiskraut wachsen auf fruchtbarem, Kletten und Wegeriche auf verdichtetem Boden.

Das hilft Ihnen, sich ein Bild vom Erdreich zu machen und herauszufinden, was realistisch ist. Wer schnell Grün haben möchte, kann Sträucher in Töpfen ins Spiel bringen. Später, wenn sich die Bedingungen im Garten verbessert haben, lassen sie sich ins Freiland setzen.

Verräterisches Unkraut links
Nackte Erde um Neubauten herum wird bald von Unkraut besiedelt. Die meisten einjährigen Unkräuter treiben aus Samen im umgebrochenen Erdreich aus. Manche geben Auskunft über die Bodengüte.

Bodenlos

Der Boden von Neubaugebieten ist oft von uneinheitlicher Qualität. Bagger und andere Baumaschinen verdichten ihn und beeinträchtigen seine Struktur. Bevor Sie mit der Gartenanlage beginnen, müssen Sie Bauschutt und Abfälle entfernen. Den fruchtbaren Oberboden tragen Sie ab und häufen ihn vorübergehend zu einem lockeren Hügel auf, der keinen minderwertigen Unterboden enthält. Für neue Gärten muss eventuell Oberboden zugekauft werden, damit man eine ausreichend dicke Schicht Gartenerde bekommt. Besorgen Sie sich immer hochwertige, klumpenfreie Erde und arbeiten Sie zusätzlich gut verrottete organische Substanz ein. Mit der Zeit sollte sich die Bodenqualität und -struktur verbessern *(siehe auch S. 134)*.

Abgetragen
Idealerweise wird Oberboden während des Baus abgetragen und andernorts gelagert. Nach Abschluss der Bauarbeiten kann man ihn dann wieder verteilen.

Bauwerke im Garten

Dauerhafte Elemente und befestigte Flächen wie Fußwege, Terrassen, Zäune, Hochbeete, Teiche und Pergolen bilden das Gerüst eines Gartens und stärken die Wirkung von Rasen- oder Beetflächen.

Viele dieser baulichen Gartenelemente lassen sich einfach herstellen, sodass Sie sich auch mit geringer handwerklicher Erfahrung an deren Realisierung wagen können. Pergola-Bausätze sind beispielsweise fast überall erhältlich und einfach aufzustellen. Für Holz-Hochbeete und Terrassendecks werden meist sogar schon Fertigelemente angeboten.

Die Anlage Ihres Gartens beginnt mit den »harten« Elementen, doch müssen Sie sich vorher vergewissern, ob genug Platz für Ihr Vorhaben zur Verfügung steht. Ist genug Raum für einen gewundenen Weg? Ist die neue Terrasse groß genug für den Tisch mit sechs Stühlen? Es lohnt sich, genaue Vorstellung von Ihrem Traumgarten zu entwickeln, bevor Sie Ihre Baupläne in die Tat umsetzen. Denn die Enttäuschung ist groß, wenn Sie feststellen, dass Sie beispielsweise nicht die Stühle bequem zurückschieben und hinter den Stühlen entlanggehen können. Häufig benutzte Wege sollten mindestens 1,2m breit und entweder gepflastert oder mit Kies bedeckt sein. Breite Wege wiederum sind attraktiver als schmale, da der Rand mit überhängenden Stauden bepflanzt werden kann, ohne dass das Grün beim Begehen der Wege stört.

Bei aufwendigen Pflasterarbeiten oder größeren Terrassen- und Holzdeckprojekten sollten sich Profis ans Werk machen, vor allem wenn teures und aufwendiges Material wie Naturstein zum Einsatz kommt. Ausgefallene Verlegemuster müssen handwerklich perfekt verlegt werden, um die volle Wirkung zu entfalten. Ein Kiesbelag dagegen ist einfach zu realisieren und wirkt sehr elegant und großzügig.

Kleine Teiche sehen schön aus und sind einfach anzulegen. Bei größeren Gewässern erleichtert der Einsatz eines Minibaggers die Erdarbeiten.

Ganz oben und oben
Kleine, lauschige Sitzecken sind im Gärten stets willkommen.
Unterschiedliche Designs und Materialien lassen sich in jeden Garten integrieren.

Gepflasterter Weg

Mit kleinen Belageinheiten wie Pflastersteinen und Klinkern ist eine flexible Gestaltung möglich. Für dieses Projekt wurden Carpetstones auf flexiblen Matten verwendet, die sich rasch und problemlos verlegen lassen. Recycelte Klinker müssen frostbeständig und robust sein – normale Mauerziegel sind nicht geeignet.

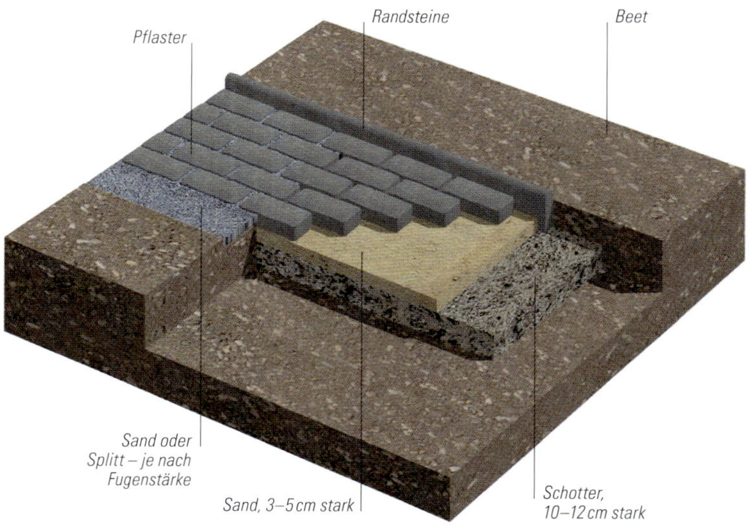

Sie benötigen

- Maßband
- Absteckpflöcke, Schnur
- Hammer, Nägel
- Spaten, Schaufel
- Wasserwaage
- Schalbretter als Lehren
- Schotter (0/32)
- Handrüttler oder Rüttelplatte
- Sand (0/2) und Fugensand
- Carpetstones
- Vorschlaghammer
- Mörtel
- Randeinfassung
- Gummihammer
- Besen
- scharfes Messer, Maurerkelle
- Erde, Kräuter, Kies

🕘 1 Tag

Weg abstecken

1 Messen Sie den Weg aus und stecken Sie ihn mithilfe von Pflöcken (Abstand etwa 1,5 m) und einer Schnur ab. Bedenken Sie Platz für Schalungsbretter *(Schritt 4)* und Randeinfassung.

2 Tragen Sie die markierte Fläche ab, so tief, dass Schotter-, Sandschicht und Pflastersteinhöhe insgesamt 1 cm über der Sollhöhe liegen. Bodenniveau ausgleichen und dem Gefälle des Weges anpassen.

Beläge verlegen und fertigstellen

5 Verteilen Sie ca. 12 cm Schotter auf der Wegefläche. Bei sandigem Boden können Sie Ihren Bodenaushub verwenden. Verdichten Sie die Schicht mit dem Rüttler entsprechend dem späteren Weggefälle.

6 Verteilen Sie den Sand (0/2) gleichmäßig auf dem Schotter. So stark, dass der Pflasterstein 1 cm über der späteren Weghöhe abschließt. Glätten Sie und gleichen Sie Mulden mit Sand aus.

Nachträgliche Randeinfassung und Bepflanzung

9 Um nachträglich Randsteine zu setzen, stechen Sie auf entsprechender Wegseite den Boden so tief ab, dass der Randstein auf einem Schotterbett von etwa 12 cm Stärke positioniert werden kann.

10 Verteilen Sie den Schotter und verdichten Sie ihn bis zur Standfestigkeit mit einem Vorschlaghammer. Die Oberkante des Randsteins liegt dabei über dem Beetniveau.

11 Klopfen Sie mit einem Gummihammer die Steine in Position. Bei Bedarf nutzen Sie erdfeuchten Beton zum Fixieren der Randsteine. Hinterfüllen Sie die Randsteine mit Erde.

12 Wenn Sie die Pflasterfläche auflockern möchten, entfernen Sie hin und wieder vorsichtig Steine aus dem Pflasterrand. Die Aussparung kann mit niedrigen Pflanzen bestückt werden.

3 Um das Regenwasser abzuführen, muss das Weggefälle zu einer Seite leicht abfallen, sodass die Feuchtigkeit von Haus- und Gartenmauern weggeführt wird.

4 Nageln Sie die Schalbretter an die Pflöcke. Überprüfen Sie die richtige Höhe mit der Wasserwaage. Notfalls regulieren Sie das Niveau durch Anheben oder Absenken der Pflöcke.

STEINE SCHNEIDEN

Wenn Sie einen Weg pflastern, kann es vorkommen, dass Sie Steine zuschneiden müssen.

Am besten legen Sie dazu den Stein auf eine harte, ebene Fläche. Mit einem Breitmeißel schlagen Sie an der Stelle, wo der Stein geschnitten werden soll, eine Kerbe. Setzen Sie dann den Meißel an der Kerbe an und schlagen Sie kräftig mit dem Fäustel darauf. Glätten Sie auf diese Weise auch raue Kanten. Vergessen Sie nicht, dabei eine Schutzbrille zu tragen!

So schneidet man Stein.

7 Die Sandschicht *(Schritt 6)* verläuft eben und parallel zur späteren Weghöhe. Carpetstones sind bereits auf Matten befestigt, sodass man sich das Austarieren der Fugen sparen kann. Auch Betonpflaster lässt sich ohne Fugen verlegen, aber für Klinker braucht man Abstandhalter.

8 Wenn Sie die Carpetstone-Bahnen verlegt haben, füllen Sie die Fugen mit Sand oder Splitt. Fegen Sie den Rest sorgfältig ab. Mit einer Handramme und einem Holzbrett nivellieren Sie die Steine und klopfen sie in den Sand.

13 Entfernen Sie dazu vorsichtig mit einer Maurerkelle Sand und Schotter unterhalb des Steins. Füllen Sie Blumenerde auf. Pflanzen und wässern Sie sorgfältig.

14 Einige Tage nach der Fertigstellung können Sie die Fugen noch einmal mit Sand, Splitt oder Kies abfegen. Bedecken Sie alle Flächen, die optisch zum Weg gehören, mit dem Fugenmaterial.

Auf Schritt und Tritt
Ein Weg führt Sie nicht nur durch den Garten, er ist auch ein attraktives Stilelement. Hier bringt der seilähnlich verzierte Randstein viktorianischen Charme.

Terrasse

Platten und Steine gibt es in allen Formen, Größen und Materialien, von Beton über Porzellan bis zum Naturstein. Sie liefern strapazierfähige Beläge. Am aufwendigsten ist die Vorbereitung des Untergrunds. Das Verlegen selbst ist zwar anstrengend, aber unkompliziert und geht schnell vonstatten.

Sie benötigen

- Pflöcke und Schnur
- Zimmermannswinkel
- Spaten, Rechen
- Rasenstecher (optional)
- Handrüttler oder Rüttelplatte
- Wasserwaage
- Schotter (0/32)
- Sand (0/2)
- Platten
- Maurerkelle
- passende Mörtelmischung
- Fäustel
- Abstandhalter
- harte Bürste
- Verfugwerkzeug
- Abdeckband

⏱ 2–3 Tage

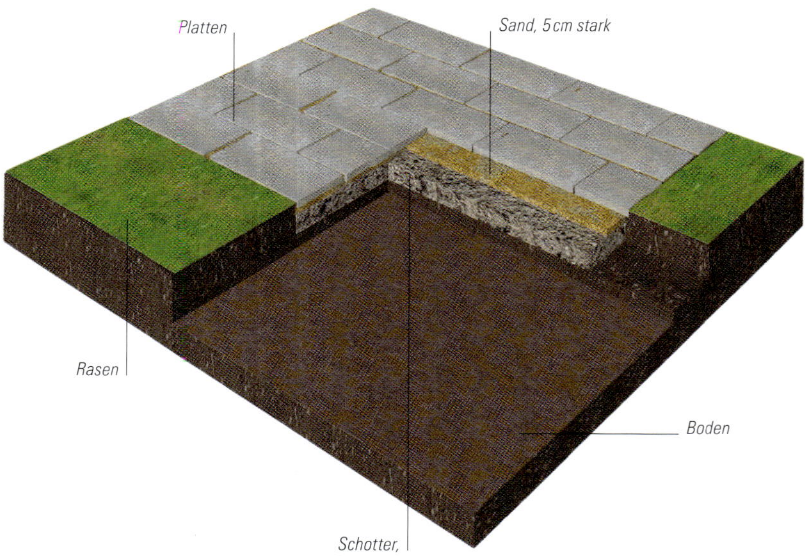

Terrasse abstecken

1 Stecken Sie die Terrasse als rechtwinklige Fläche mit Pflöcken und einer Schnur in Höhe der geplanten Terrasse ab. Überprüfen Sie die 90°-Winkel mit dem Zimmermannswinkel.

2 Stechen Sie die Grasnarbe mit einem Spaten oder Rasenstecher ab (vielleicht können Sie die Grasnarbe wiederverwenden). Heben Sie den Boden aus. Die Aushubtiefe beträgt 20 cm plus Plattenstärke.

Platten verlegen

5 Eine 5 cm starke Bettung aus Sand wird dem Gefälle entsprechend eingebaut und verdichtet. Verlegen Sie die erste Reihe Platten entlang der Schnur. Fixieren Sie jede Platte auf einem Mörtel, der sich für den jeweiligen Belag eignet.

6 Verwenden Sie beim Verlegen Abstandhalter für die Fugenbildung. Klopfen Sie jede Platte mit dem Stil eines Fäustels fest. Überprüfen Sie, ob die Platten waagrecht liegen.

Fertigstellen

7 Warten Sie etwa zwei Tage, bevor Sie die Abstandhalter herausziehen. Verteilen Sie dann mit der Bürste trockenen Fertigmörtel (oder ein Teil Zement auf drei Teile Sand) in den Fugen. Haltbarer und schöner ist jedoch eine Mörtelmischung *(siehe Schritt 8 und 9)*.

8 Bei trockenem Wetter werden die Fugen mit Wasser begossen, damit der Mörtel besser hält. Rühren Sie den Mörtel mit Wasser an und drücken Sie ihn mit einer Maurerkelle in die Fugen.

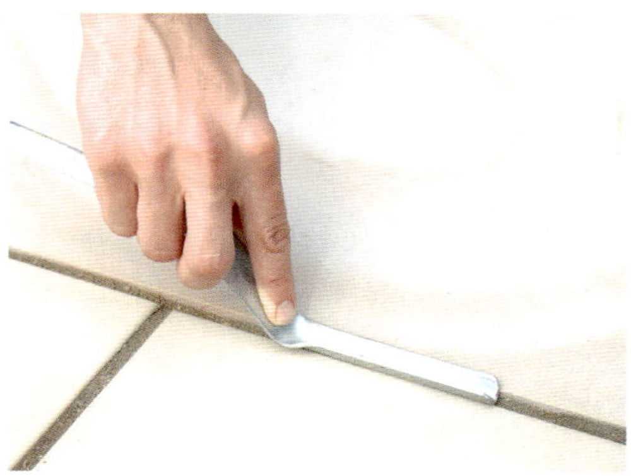

9 Drücken Sie den Mörtel mit einem Verfugwerkzeug fest *(oben)*. Abdeckband auf den Platten verhindert, dass sie beim Verfugen beschmutzt werden. Wischen Sie feuchten Mörtel ab, bevor er trocknet.

3 Verdichten Sie die Fläche mit Handrüttler oder Rüttelplatte. Setzen Sie Pflöcke in Höhe des geplanten Terrassenniveaus. Achten Sie auf 2% Gefälle und prüfen Sie mit der Wasserwaage nach.

4 Füllen Sie lagenweise eine insgesamt 15 cm starke Schotterschicht gleichmäßig, unter Einhaltung des Gefälles ein. Verdichten Sie den Schotter mit dem Handrüttler oder der Rüttelplatte *(oben)*.

Genießen
Eine schön gepflasterte Terrasse ist nicht nur eine praktische, ebene Fläche, auf der man gut sitzen und gehen kann, sie rundet einen Garten auch schön ab und macht deutlich, dass Profis am Werk waren.

Platten zuschneiden

Auch wenn Platten in allen möglichen Größen und Formen erhältlich sind, müssen Sie sie meist entsprechend den Gegebenheiten zuschneiden. Damit sie dabei nicht zerbrechen, legt man sie für den Zuschnitt am besten in ein ausreichend tiefes Sandbett.

1 Tragen Sie Schutzbrille, Lärmschutz, Staubmaske und Antivibrationshandschuhe. Zeichnen Sie den Bogen auf der Platte vor. Fahren Sie den Bogen mehrmals mit einem Winkelschleifer mit Steintrennscheibe entlang, ohne die Platte durchzuschneiden.

2 Zeichnen Sie auf dem Teil, der nachher weggeschnitten wird, parallele Linien auf. Schneiden Sie diese vorsichtig ebenfalls halb durch. Achten Sie darauf, dass Sie dabei nicht Ihre Kreislinie beschädigen oder queren.

3 Achten Sie darauf, dass die Platte vollständig im Sand aufliegt. Dann beginnen Sie an einem Ende der Platte. Klopfen Sie mit dem Gummihammer fest der Länge nach auf jeden einzelnen Streifen.

4 Brechen Sie jeden Streifen einzeln mit der Hand entlang der Schnittkante ab. Kleine Überstände und Unebenheiten am Bogen lassen sich mit dem Winkelschleifer entfernen.

Runde Sachen
Sanft geschwungene Linien geben einer rechteckigen Terrasse eine andere Note: Die Ecken der Terrasse wurden bogenförmig geöffnet, um eine kleine geschwungene Rasenfläche und ein Beet anzulegen.

Stützmauer

Stützmauern können aus vielerlei Materialien errichtet werden, etwa aus Betonblöcken, Mauerziegeln oder Naturstein. Alle müssen natürlich die Belastung aushalten. Wer unsicher ist, wie stabil die Wand steht, beschränkt sich auf nicht mehr als 50 cm Höhe, ansonsten zieht man Fachleute zurate. Diese Mauer setzt sich aus einem zweireihigen Läuferverband zusammen. Um Kosten zu sparen, verwendet man für die Front Tonziegel und für die nicht sichtbare Hinterseite Betonblöcke.

Materialien

- Bandmaß und Wasserwaage
- Maurerschnur und Markierungsspray
- Maurerwinkel
- Spaten
- Fäustel
- Holzpflöcke
- Schaufel, Mörtelwanne, Eimer und Schubkarren (oder Betonmischer)
- Beton (8 Teile Zuschlagstoffe auf 1 Teil Zement)
- Holzblock zum Stampfen
- Maurerkelle
- Verblender und Hintermauerziegel
- Mörtelmischung (4 Teile Bausand auf 1 Teil Zement)
- Drainageöffnungen und Mauerverbinder
- Kreissäge
- Spitzkelle
- Fugenkelle
- Drahtbürste

🕒 1–2 Tage plus Wartezeit bis zum Trocknen des Fundaments

Bau einer Stützmauer

1 Markieren Sie den Mauerverlauf mit Schnur oder Sprühfarbe. Heben Sie einen 30 cm tiefen und breiten Graben aus. In die Mitte schlagen Sie Pflöcke auf gleicher Höhe ein, um die Fundamenthöhe festzulegen.

2 Füllen Sie den Graben mit der Betonmischung aus 8 Teilen Zuschlagstoff (Sand, Steine und Kies) und 1 Teil Zement. Das obere Ende des Fundaments muss mit dem oberen Ende der Pflöcke abschließen.

7 Das versetzte Verlegen ist wichtig für die Stabilität. Ans Ende der zweiten Schicht kommt ein Querziegel als Abschluss. Prüfen Sie regelmäßig mit der Wasserwaage, ob alle Ziegel horizontal liegen.

8 Verlegen Sie die Längsziegel (Läufer). Richten Sie sie immer wieder mithilfe der Schnur und der Wasserwaage aus. Der Mörtel zwischen den Ziegeln und den Reihen wird 10 mm dick aufgetragen.

Bollwerk
Eine zweireihige Ziegelmauer ist stabil genug, um dem Druck von Erdreich auf einer Seite zu widerstehen.

3 Stampfen Sie den Beton mit einem Holzblock fest. Anschließend muss der Beton einige Tage aushärten. Markieren Sie den Mauerverlauf mit gespannten Schnüren.

4 Mischen Sie den Mörtel für die Fugen. Ideal ist eine Mischung von 4 Teilen Bausand auf 1 Teil Zement. Bestreichen Sie ein Ziegelende mit dem Mörtel. Der Ziegel kann nun verlegt werden.

5 Justieren Sie die gespannten Schnüre so, dass sie auf Höhe der ersten Ziegelreihe sitzen. Legen Sie jeden Ziegel auf eine 10 mm dicke Mörtelschicht. Er muss exakt eben sitzen.

6 Hinter die vordere Reihe kommt eine zweite Ziegelreihe. Dann legen Sie an den Anfang der zweiten Schicht einen Ziegel quer (Binder), damit die anschließenden Reihen versetzt über den unteren liegen.

9 Hinter Stützmauern staut sich Wasser im Erdreich, das ablaufen muss. Deshalb fügt man in beide Reihen der zweiten Schicht eine Drainageöffnung im Abstand von jeweils 1 m ein.

10 Setzen Sie zwischen die vordere und hintere Ziegelreihe etwa alle 1 m einen Mauerverbinder ein, um der Mauer zusätzlich Stabilität zu geben. Diese Anker sind gerade in höheren Mauern wichtig.

11 Wenn Fugen sich verschieben und nicht mehr mittig über dem unteren Ziegel ausgerichtet sind, kann man einzelne Ziegel leicht kürzen. Das ist okay, solange es nicht auffällt.

12 Kratzen Sie überstehende Mörtelreste weg. Die Mauer muss sauber sein. Wenn es nicht gelingt, sie an einem Tag hochzuziehen, sollten Sie sie mit einer Plane oder Sackleinen abdecken.

Der krönende Abschluss

Für die Mauer braucht man einen oberen Abschluss, auch Krone genannt. Wie diese aussieht, hängt von der Nutzung ab. Will man Pflanzen darüber wachsen lassen, die über die Vorderseite hängen, oder beginnt hinter der Mauer ein Belag? Die Krone ist der empfindlichste Teil der Mauer, denn sie ist Regen, frierendem Wasser, Unkraut und vielem mehr ausgesetzt. Man kann sie (wie hier) mit einer Lage Mauerziegel abschließen, aber auch mit Steinen und sogar Platten, die wie eine Traufe über die Kante hinausstehen.

1 Verlegen Sie einige Ziegel mit gleicher Fugendicke an beiden Mauerenden. Spannen Sie eine Schnur dazwischen und verlegen Sie daran ausgerichtet die Ziegel der Krone. Sie müssen exakt horizontal und vertikal ausgerichtet werden. Anschließend klopft man sie fest.

2 Die Fugendicke zwischen den Ziegeln muss immer exakt gleich sein. Das sorgt für ein sauberes Erscheinungsbild. Verwenden Sie bei Bedarf eine Spitzkelle und etwas zusätzlichen Mörtel, um Lücken in den Fugen zu schließen.

3 Mit einer Fugenkelle wird der Mörtel in den Fugen geglättet, damit die Wand schön aussieht. Lassen Sie den Mörtel einen Tag lang (über Nacht) trocknen. Ist er fest, können Sie mit einer Drahtbürste (oder anderen Bürste mit steifen Borsten) die Wandfläche säubern.

Holzdeck

Holzdecks sind vielseitig nutzbar und passen zu fast jedem Stil. Man baut sie aus Hart- oder Weichhölzern, doch auch Verbundwerkstoffe werden immer beliebter. Bei der Verwendung von Holz achten Sie jedoch darauf, dass das Holz aus nachhaltiger Forstwirtschaft stammt. Bei großflächigen und besonders hohen Decks müssen Bauvorschriften beachtet werden.

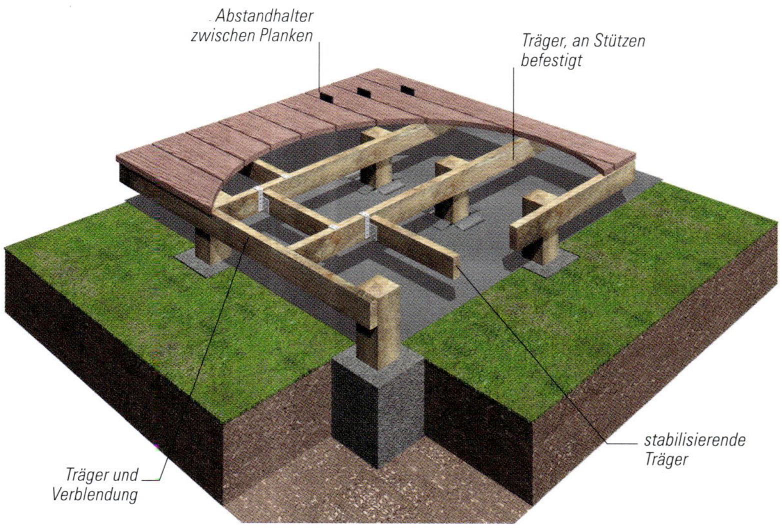

Sie benötigen

- Pflöcke, Schnur
- Zimmermannswinkel
- Geotextil
- Maßband, Spaten
- Schotter
- Metallstange
- Säge, Hammer
- Stützen (75×75mm)
- Beton (B15)
- Wasserwaage
- Träger (100×50mm)
- Bohrer, Oberfräse
- Bolzen, Unterlegscheiben, Schrauben
- Holzplanken
- Beitel
- Abstandhalter

⏱ 2 Tage

Stützen aufstellen

1 Mähen Sie den Rasen, stecken Sie Fläche und Höhe des Decks mit Pflöcken und Schnur ab. Prüfen Sie die 90°-Winkel mit einem Zimmermannswinkel. Gegebenenfalls entfernen Sie die Grasnarbe.

2 Legen Sie die Fläche mit Geotextil aus (unterdrückt Pflanzenwuchs), die Bahnen überlappen sich dabei um 45 cm. Markieren Sie im gleichmäßigen Rasterabstand von 1,2 m alle Stützpfosten durch Pflöcke.

Rahmen montieren

5 Beton trocknen lassen! Alle Tragbalken müssen so lang sein, dass sie gegebenenfalls über einen Pfosten miteinander verbunden werden können. Dehnfugen beachten! Löcher vorbohren.

6 Bohren Sie in der geplanten Höhe ein Bolzenloch an eine Eckstütze. Befestigen Sie einen äußeren Träger mit Bolzen und Unterlegscheibe am Eckpfosten. Ziehen Sie die Muttern nur leicht an.

Rahmen verstärken und Planken verlegen

9 Weitere Träger werden im regelmäßigen Abstand von 40 cm in den äußeren Rahmen geschraubt und an den Stützen befestigt.

10 Die Tragkonstruktion wird mit kurzen Trägern im Abstand von 1,2 m verstärkt. Diese werden mit Nägeln fixiert und dann über Balkenschuhe verschraubt *(siehe oben rechts)*.

11 Rechtwinklig zu den Trägern legen Sie die Planken auf. Schneiden Sie die Länge zu. Falls Sie eine Verblendung (optional) anbringen möchten, müssen die Planken auf beiden Seiten überstehen.

12 Bohren Sie Löcher der Planken vor, befestigen Sie sie mit Edelstahl-Senkschrauben an den Balken. Schneiden Sie alle Planken so zu, dass Stoßnähte später immer über einem Balken liegen.

3 Die Stützenfundamente messen 30 × 30 cm und sind 40 cm tief. Füllen Sie 10 cm Schotter ein und verdichten Sie die Schotterschicht bis zur Standfestigkeit mithilfe eines Vorschlaghammers.

4 Betonieren Sie alle Stützen ein oder verwenden Sie Stahlschuhe die die Langlebigkeit des Holzdecks erhöhen. Richten Sie die Konstruktion mit einer Wasserwaage exakt vertikal aus.

BALKENSCHUHE

Befindet sich Ihr Deck auf Bodenhöhe, können Sie den Rahmen zusammennageln oder -schrauben. Steht es jedoch erhöht oder direkt an einer Mauer, bieten sich verzinkte Balkenschuhe als robuste Alternative an. In einer speziell verstärkten Ausführung können diese sogar direkt in die Mauer einbetoniert werden. Es ist aber auch möglich, zunächst einen Balken an die Mauer zu schrauben und daran einen »gewöhnlichen« Balkenschuh zu befestigen.

Holz-an-Holz-Verbindung

In Mauer eingefügter Balkenschuh

7 Richten Sie den Träger waagrecht aus. Markieren und bohren Sie das Bolzenloch an der nächsten Stütze. Befestigen Sie den Balken wie in *Schritt 6*. Fahren Sie so mit allen anderen äußeren Trägern fort.

8 Befestigen Sie alle äußeren Träger auf diese Weise. Achten Sie darauf, dass die Ecken bündig verlaufen. Sägen Sie die Stützen auf Höhe der Oberkante des Trägerrahmens ab.

13 Verlegen Sie alle Planken mithilfe von Abstandhaltern, sodass etwa 5 mm breite Fugen entstehen. Nur so kann das Holz sich dehnen oder schwinden und Wasser ablaufen.

14 Eine Verblendung macht Ihr selbstgebautes Deck perfekt. Achten Sie auf exakte Ecken. Steht Ihr Bauwerk an einem Hang, kann die Verblendung hässliche Lücken kaschieren.

Nachbehandlung
Nicht alle Hölzer müssen lasiert werden, informieren Sie sich im Fachhandel! Die Farbe können Sie aus einem großen Sortiment an Holzlasuren auswählen.

Zaunpfosten setzen

Ein Zaun ist so robust wie seine Pfosten. Nehmen Sie deshalb Balken, 75 × 75 mm stark, aus witterungsbeständigem Hartholz, um Ihren Zaun aufzubauen. Sie können direkt die Pfosten einbetonieren oder Stahlschuhe verwenden. Stahlschuhe erhöhen die Haltbarkeit des Zauns. Pflegen Sie das Holz sorgfältig alle drei bis vier Jahre mit umweltfreundlichen Holzschutzmitteln.

Sie benötigen

- Klauenhammer oder Schraubendreher
- Spaten, Maßband
- Steine, Holz, Schnur
- Schaufel
- Schotter
- Zaunpfosten
- Metallstange
- Wasserwaage
- Holzlatte
- Beton (B15)
- Maurerkelle

2 Tage

Alte Zaunpfosten ersetzen

1 Lösen Sie das Zaunfeld mithilfe eines Schraubendrehers oder Klauenhammers vorsichtig von den Pfosten. Entfernen Sie die Befestigungen, von unten nach oben, die obersten zum Schluss.

2 Bevor Sie einen neuen Pfosten einsetzen, wird das Betonfundament des alten Pfostens entfernt. Wenn Sie die Zaunfelder entfernt haben, legen Sie mit dem Spaten das Pfostenfundament frei.

Pfosten einbetonieren

7 Legen Sie eine Wasserwaage an allen vier Seiten des Pfostens an und richten Sie ihn so lange aus, bis er genau senkrecht steht. Achten Sie darauf, dass der Pfosten die richtige Höhe für das Zaunfeld hat.

8 Um die Pfostenausrichtung zu erhalten, fixieren Sie die Pfosten mit einer Latten-Holzpflock-Konstruktion. Die Latte darf nicht auf den Pfostenseiten befestigt werden, an denen die Zaunfelder montiert werden.

Bodenhülsen zum Festschrauben

Zum Aufstellen von Zaunpfosten auf einer Stein- oder Pflasterfläche eignen sich Bodenhülsen, die man festschrauben kann. Sie lassen sich relativ leicht montieren und verlängern die Lebensdauer des Pfostens, weil dieser keinen Bodenkontakt hat.

1 Messen und markieren Sie die Position des Pfostens exakt. Setzen Sie die Hülse auf die Fläche und zeichnen Sie jedes Bolzenloch mit dem Stift nach.

2 Bohren Sie Löcher mit einem Schlagbohrer in den Stein. Halten Sie die Maschine dabei senkrecht. Achten Sie darauf, dass der Stein bis zur darunterliegenden Schotterschicht durchbohrt wird.

3 Füllen Sie die Bohrlöcher mit Harzkleber, platzieren Sie die Hülse und befestigen Sie sie mit Ankerbolzen. Diese dehnen sich beim Festdrehen mit dem Schraubenschlüssel im Bohrloch aus.

3 Nutzen Sie das Hebelgesetz, um den Betonfuß zu lockern und aus dem Loch herauszuheben: Sie binden ein Kantholz an den Pfosten und drücken es über einen Steinstapel nach unten.

4 Soll an derselben Stelle ein neuer Pfosten stehen, füllen Sie das Loch wieder auf und verdichten den Boden, bevor Sie ein neues Loch von 60 cm Tiefe und 30 cm Durchmesser graben.

5 Geben Sie in das Loch eine 10 cm dicke Schotterschicht. Stellen Sie den Pfosten hinein und richten Sie ihn dem Zaunverlauf nach aus. Füllen Sie weiteren Schotter auf.

6 Stampfen Sie den Schotter sorgfältig mit einer Metallstange fest, sodass er den Pfosten stabilisiert und umschließt. Weiterer Schotter wird aufgefüllt, sodass das Erdloch zur Hälfte gefüllt ist.

9 Füllen Sie Wasser in das Loch und lassen Sie es versickern. Der Schotter setzt sich dadurch. Rühren Sie den Beton vorschriftsmäßig an und füllen Sie das Loch damit langsam auf.

10 Nach 48 Stunden können die Zaunfelder wieder eingehängt werden. Die provisorische Fixierung durch die Latten-Holzpflock-Konstruktion sollten Sie erst nach drei Wochen entfernen.

EINSCHLAGHÜLSEN

Im anstehenden, nicht geschütteten Boden haben sich Bodenhülsen zum Einschlagen bewährt. Eine spezielle Einschlaghilfe aus Plastik kommt beim Setzen der Hülse zum Einsatz *(siehe Bild)*, sodass die Hülse gefahrlos mit dem Gummihammer in den Boden getrieben werden kann. Prüfen Sie mit der Wasserwaage nach, ob die Hülse senkrecht steht. Entfernen Sie die Einschlaghilfe, klemmen Sie den Pfosten in die Hülse und schrauben Sie ihn darin fest.

Neue Pfosten, neue Zaunfelder
Ein neuer Zaun bildet einen schönen und harmonisch wirkenden Hintergrund für Pflanzen. Man kann ihn farbig lackieren oder neutral beizen.

Kiesbeet

Kies wird auf Gartenwegen und auf Rabatten für dekorative Zwecke eingesetzt. Zudem hält eine dicke Kiesschicht, auf einer wiederverwertbaren Unkrautfolie verteilt, die Feuchtigkeit des Bodens und unterdrückt Unkraut.

Sie benötigen

- Schere
- wiederverwertbare Unkrautfolie
- Metallklammern
- Kies
- Maßband

1 Tag

Unkrautfolie auslegen

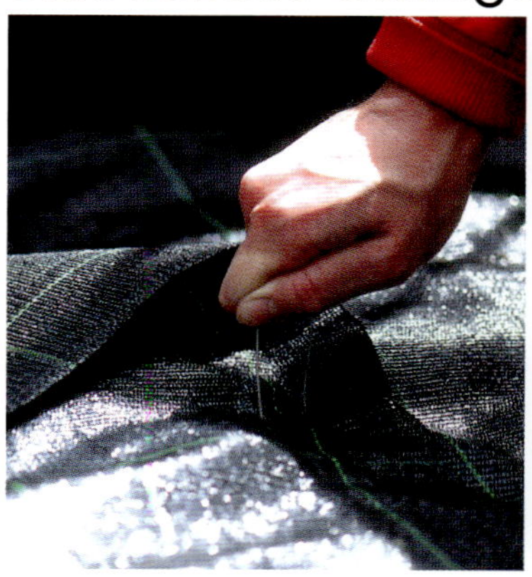

1 Schneiden Sie die Unkrautfolie auf die Größe der Rabatte zu. Falls notwendig, legen Sie mehrere Bahnen überlappend neben- und aufeinander. Die Überlappung ist großzügig zu bemessen.

2 Stellen Sie alle Pflanzen eine halbe Stunde lang mit Topf in einen Eimer mit Wasser. Stellen Sie dann die Pflanzen auf der Folie so auf, wie sie gepflanzt werden sollen. Achten Sie darauf, dass der Pflanzabstand stimmt, ein nachträgliches Versetzen ist schwierig.

3 Mit einer Schere schneiden Sie die Folie unter jeder Pflanze kreuzförmig ein. Die Öffnung muss weit genug sein, um ein ausreichend großes Pflanzloch graben zu können.

Beet bepflanzen

4 Nehmen Sie die Pflanzen aus den Töpfen und stellen Sie sie in die vorbereiteten Löcher. Sie sollten darin genauso tief stehen wie zuvor im Topf. Füllen Sie das Loch mit Erde auf.

5 Drücken Sie die Pflanzen gut an und klappen Sie die Pflanzöffnungen in der Folie wieder zu. Die Folie sollte den Ballen vollständig bedecken. Gießen Sie die Pflanze gründlich an.

6 Bedecken Sie die Folie mit einer gleichmäßigen Kiesschicht. Um kahle Stellen zu vermeiden, sollte die Schicht mindestens 5–8 cm stark sein. Wenn Sie später eine Pflanze entfernen müssen, legen Sie ein Stück Folie über das alte Pflanzloch, damit kein Unkraut keimen kann.

WUNSCHBELAG

Unkrautfolie können Sie mit jeder anderen Gesteinsart abdecken. Besonders dekorativ wirken Schieferbruch *(rechts)*, Glassplitt, Muschelbeläge oder verspielter farbiger Kies. Mehr Informationen zu diesen Materialien erhalten Sie auf *Seite 352–353*.

Sauber und ordentlich
Ein fertiger Kiesgarten macht viel Freude. Die weiche Tönung der Steine harmoniert mit der Bepflanzung. Ein nützliches und zugleich naturnahes Ensemble.

Wasserdurchlässig

Wasserdurchlässige Wegedecken erlauben dem Regenwasser, schnell zu versickern. Da diese Materialien wetterbeständig, leicht zu verlegen und preisgünstig sind, stellen sie eine attraktive Alternative zum traditionelleren Pflaster dar.

Kiesbelag erhalten
Beim genauen Hinsehen erkennen Sie, dass über dem Kies ein Kaninchendraht gespannt wurde. Verhindert wird dadurch, dass sich die kleinen Steinchen des Belages im ganzen Garten verteilen.

Wassergebundene Wegedecke
Normalerweise werden Kies und Sand gewaschen eingebaut. In diesem mineralischen Gemisch bleiben jedoch alle Bindemittel (z. B. Kalk) erhalten, so dass eine robuste, unkrautfreie, aber wasserdurchlässige Wegedecke entsteht.

Rindenmulch
Rindenmulch bietet Gehkomfort. Verteilen Sie den Mulch auf einer Unkrautfolie oder direkt auf dem eingeebneten Boden. Nach ein paar Jahren sollte der Rindenmulchbelag jedoch erneuert werden.

Pergola

Eine Pergola ist eine Rahmenkonstruktion mit Kletterhilfe und lichter Dachkonstruktion, die einen schattierten Gartenraum oder Gang bildet. Sie bietet Halt für wohlriechende Kletterpflanzen wie Geißblatt und Rosen. Eigene Konstruktionen sollten den Profis vorbehalten bleiben. Wir stellen hier einen Fertigbausatz mit Bogendach auf.

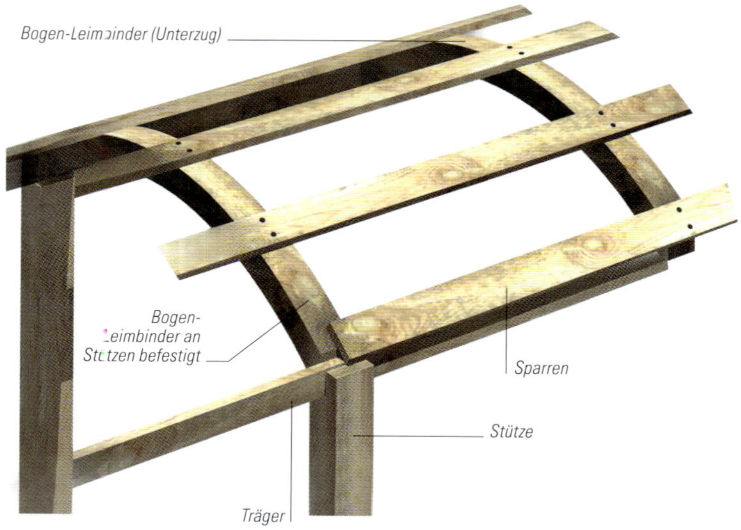

Sie benötigen

- Pergola-Bausatz
- Pflöcke, Schnur
- Zimmermannswinkel
- Schraubstock
- Bohrer
- Schraubendreher
- Edelstahlschrauben und -bolzen
- Maßband
- Hammer
- Holzlatte
- Sprühfarbe
- Spaten
- Schotter
- Metallstange
- Wasserwaage
- Beton (B15)

2 Tage

Bögen montieren

1 Sortieren Sie alle Teile des Fertigbausatzes. Markieren Sie den Standort der Pergola mit Pflöcken und Schnur. Winkel überprüfen! Möchten Sie die Fläche pflastern, entfernen Sie die Grassoden.

2 Legen Sie die Einzelteile auf dem Boden aus und prüfen Sie, ob alle Verbindungen passen. Spannen Sie gegebenenfalls die Teile in einen Schraubstock und bohren Sie Löcher für die Schrauben vor.

Bögen aufstellen

5 Markieren Sie die Positionen der beiden ersten Stützen mit Sprühfarbe. Heben Sie zwei 60 cm tiefe und 30 cm breite Löcher aus und füllen Sie eine 10 cm starke Schicht Schotter ein *(siehe Schritt 5, S. 263)*.

6 Verdichten Sie den Schotter mit einer Metallstange standfest. Stellen Sie die Stützen in die Löcher und prüfen Sie mit der Wasserwaage an allen Seiten nach, ob sie senkrecht stehen.

Dach montieren

9 Graben Sie Löcher für die Pfosten des zweiten Bogens *(siehe Schritt 5 und 6)*. Prüfen Sie zum letzten Mal die Position des zweiten Bogens, indem Sie die Träger auf die Stützen legen.

10 Prüfen Sie mit der Wasserwaage, ob die Träger waagrecht liegen und die Stützen senkrecht stehen, bevor Sie sie einbetonieren. Wiederholen Sie die *Schritte 5–10*, bis alle Bögen aufgestellt sind.

11 Lassen Sie den Beton 48 Stunden trocknen. Schrauben Sie dann erst alle Träger an. Achten Sie auf bündigen Sitz. Wenn Sie die Löcher vorbohren, splittert das Holz nicht.

12 Bei den meisten Pergolen wird das Dach durch weitere Unterzüge (hier Bögen) ergänzt. Markieren Sie deren Position auf der Trägerinnenseite. Bohren Sie die Löcher für die Schrauben vor.

3 Befestigen Sie die Unterzüge (hier Bögen) mit Bolzen an den Stützen. Ein untergelegtes Brett gibt Halt und gleicht Höhenunterschiede aus, die die Montage erschweren könnten.

4 Messen Sie direkt unterhalb des Bogens nach, in welchem Abstand die Stützen aufgestellt werden müssen, fixieren Sie diesen Abstand, indem Sie eine Latte am unteren Ende der Stütze aufnageln.

7 Fixieren Sie die Stützen mit einer aufgenagelten Dachlatte *(siehe Schritt 8, Seite 262*. Betonieren Sie die Stützen ein *(siehe Schritt 9 und 10, Seite 263)*. Entfernen Sie die Fixierung nach drei Wochen.

8 Legen Sie einen der Träger auf den Boden, um den Abstand des zweiten Bogens festzulegen (Überstand des Trägers mit einrechnen). Markieren Sie die Position der Stütze mit Farbe.

Schattiger Zufluchtsort
An sonnigen, heißen Sommertagen bietet die mit Pflanzen bewachsene Pergola einen angenehm kühlen, schattigen Aufenthaltsort.

13 Schrauben Sie die Unterzüge fest. Das geht am besten, wenn eine zweite Person die Unterzüge festhält. Ziehen Sie noch einmal alle Schrauben der Dachkonstruktion fest.

14 Markieren Sie, wo die Sparren auf den Unterzügen verschraubt werden sollen. Bohren Sie die Löcher vor und schrauben Sie die Sparren dann fest.

RANKHILFE

Drahtseilsysteme an den Stützen Ihrer Pergola geben Kletterpflanzen den nötigen Halt. Bringen Sie im Abstand von 30 cm an allen vier Seiten einer Stütze Ösen an. Befestigen Sie verzinkten Draht an der untersten Öse, führen Sie ihn durch alle anderen Ösen auf einer Stützenseite und fixieren Sie ihn an der obersten Öse. Verfahren Sie auf den anderen Stützenseiten genauso. Windende und rankende Kletterer werden an die Drähte geführt, Arten mit steiferen Trieben bindet man fest.

Ein Drahtseilsystem als Rankhilfe

Hochbeet

Ein quadratisches oder rechteckiges Hochbeet aus umweltfreundlich imprägnierten Holzschwellen ist einfach aufzubauen, wenn Sie sich das Holz beim Kauf fertig zuschneiden lassen. Wenn das Beet direkt neben dem Rasen steht, verlegen Sie zusätzlich eine Mähkante aus Klinker *(siehe Beschreibung rechts)*.

Sie benötigen

- Spaten
- Holzschwellen (260 × 160 × 2600 mm)
- Wasserwaage
- Maßband
- Gummihammer
- Bohrer, Schraubendreher
- feuerverzinkte Schwellenschrauben
- Schotter, Erde

1 Tag

Beetsockel setzen

1 Stechen Sie die Grasnarbe in der Breite der Holzschwellen ab. Wenn Sie eine langlebigere Bauweise bevorzugen, bringen Sie eine 10 cm tiefe Schotterschicht auf.

2 Legen Sie die Schwellen aus und überprüfen Sie deren korrekte Position mit der Wasserwaage auch diagonal *(siehe Bild)*. Falls die Wasserwaage nicht lang genug ist, nehmen Sie eine Latte zu Hilfe.

3 Das Beet ist rechtwinklig, wenn die beiden Diagonalen gleich lang sind. Für die perfekte Abmessung lassen Sie sich die Schwellen gleich beim Holzhändler zuschneiden.

Beet aufbauen

4 Klopfen Sie mit einem Gummihammer gegen die Schwellen, bis sie bündig liegen. Richten Sie die Schwellen mit der Wasserwaage exakt aus. Falls notwendig, entfernen Sie mehr Erdreich.

5 Bohren Sie an den Ecken oben und unten Löcher bis ins angrenzende Holz und verbinden Sie die Schwellen mit den feuerverzinkten Schwellenschrauben.

6 Platzieren Sie die oberen Schwellen auf dem Sockel. Die Fugen sollten versetzt zu den Fugen der unteren Reihe liegen. Legen Sie vor dem Verschrauben *(siehe Schritt 5)* die Wasserwaage an.

7 Schotter und Bruchsteine verhindern Staunässe. Füllen Sie dann Erde auf bis 8 cm unterhalb der Oberkante des Beetes. Mit einem Geotextil zwischen Schotter- und Erdschicht bleibt die Drainwirkung erhalten.

GEMÜSEHOCHBEET

Hochbeete sind ideal für Gemüse, Salate und Kräuter. Auch Knollen- und Wurzelgemüse, wie Kartoffeln und Karotten, fühlen sich in dem nährstoffreichen, gut entwässerten Boden wohl. Am besten gedeihen Ihre Gemüse-, Kräuter- und Salatpflanzen, wenn Sie unkrautfreie, nährstoffreiche Erde verwenden, die zudem auch weniger Schädlings- und Krankheitskeime enthält.

Erhöhte Lage
Ein Hochbeet ist nicht nur ein attraktives Gestaltungselement. Es erlaubt Ihnen einen leichten Blick auf Ihre Pflanzen und macht viele Pflegearbeiten weniger anstrengend.

Mähkante verlegen

Eine Reihe Pflastersteine, etwas tiefer als die Grasnarbe verlegt, schafft eine saubere Rasenkante und macht die Pflege des Rasens am Hochbeetrand einfacher. Zudem entsteht dadurch ein interessanter grafischer Effekt.

1 Legen Sie mithilfe eines Pflastersteins und einer gespannten Schnur die Maße der Mähkante fest. Heben Sie den Boden so tief aus, dass der Platz für die Steinhöhe und eine 2,5 cm dicke Mörtelschicht ausreicht.

2 Auf den gleichmäßig abgetragenen Boden bringen Sie den Mörtel auf und legen die Steine darauf. Lassen Sie dabei zwischen den Steinen eine Fuge frei. Die Mähkante kann auch kurvenreich oder in einem Bogen verlaufen.

3 Prüfen Sie mit der Wasserwaage, ob die Steine waagrecht und etwas unterhalb der Grasnarbe liegen, sodass Sie mit dem Rasenmäher darüber fahren können. Korrigieren Sie die Steinposition vorsichtig mit Gummihammerschlägen.

4 Füllen Sie zum Schluss mit der Maurerkelle erdfeuchten Mörtel in die Fugen. Beseitigen Sie den überschüssigen Mörtel mit einer harten Bürste.

Auf Kante gemäht
Die Mähkante wirkt dekorativ und erleichtert die Rasenpflege.

Kleiner Teich

Wenn Sie einen Gartenteich mit Teichfolie anlegen, können Sie ihn genau nach Ihren Wünschen, in beliebiger Form und Größe gestalten. Den Folienbedarf errechnen Sie, indem Sie die Tiefe doppelt nehmen und zur maximalen Länge und Breite addieren. Wählen Sie für den Teich eine geschützte Stelle, die nicht von Bäumen beschattet wird.

Sie benötigen

- Gartenschlauch
- Spaten
- Pickel
- Wasserwaage/ Latte
- Sand
- Schutzvlies
- Teichfolie
- Mörtel (IIIa), Eimer
- Maurerkelle
- scharfes Messer
- Steinplatten

⏱ 2 Tage

Boden ausheben

1 Markieren Sie eine organisch geformte, naturnahe Beckenform mit dem Gartenschlauch. Ein drei bis fünf Quadratmeter großer Teich sollte 60–80 cm tief sein, größere Teiche sind tiefer.

2 Tragen Sie die Grasnarbe ab. Trennen Sie den fruchtbaren Mutterboden von den Graswurzeln und lagern Sie ihn seitwärts. Der feste nährstoffarme Unterboden wird getrennt gelagert.

Folie auslegen

5 Zum Schutz der Teichfolie legen Sie den Boden, die Wände und den Rand des Teiches mit Schutzvlies aus. Auf besonders steinigem Boden sollten Sie zuvor zusätzlich eine 5 cm dicke Sandschicht einfüllen.

6 Breiten Sie die Folie mittig über dem vorbereiteten Loch aus, sodass sie durch ihr Eigengewicht auf den Boden sinkt. Glätten Sie überflüssige Falten. Warten Sie, bis sich der Teich mit Regenwasser füllt.

Einen Wasserlauf anlegen

Ein kleiner Bachlauf oder Kanal bringt Dynamik in den Garten. Lassen Sie sich dazu vom Elektriker eine Steckdose setzen.

Sie benötigen

- Pflöcke, Schnur
- Spaten
- Sand, Kies, Steine
- Wasserwaage
- Wasserreservoir
- Teichfolie
- scharfes Messer
- Tauchpumpe, Schlauch, Sieb
- Klinker
- Teichmörtel
- Metallgitter
- wiederverwertbares Schutzvlies

⏱ 1 Tag

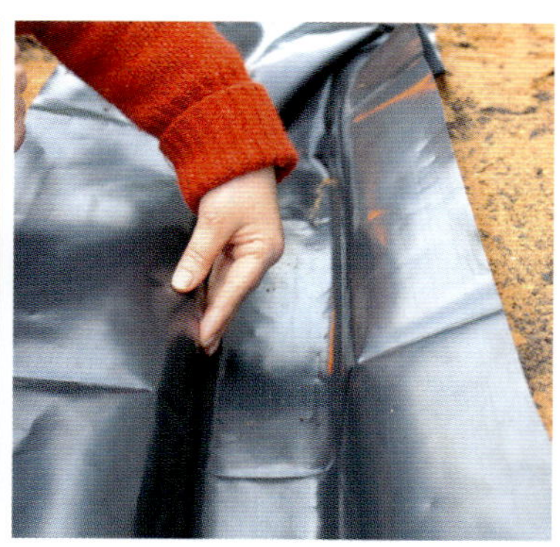

1 Markieren Sie Länge und Breite der Wasserrinne mit Pflöcken und Schnur. Legen Sie einen 15–20 cm tiefen Graben an. Heben Sie an den Rändern einen flacheren Bereich für die Randsteine aus.

2 Verteilen Sie Sand rund um die Rinne, verdichten Sie ihn. Heben Sie an einem Ende der Rinne Boden aus, um das Becken dort einzusetzen. Becken- und Rinnenoberkante müssen auf einer Höhe abschließen.

3 Kleiden Sie Rinne und Becken möglichst faltenfrei mit Kunststofffolie aus. Schneiden Sie sie so zu, dass die Folie über den Rand des Beckens hängt. Der Folienüberstand entlang der Rinne beträgt 20 cm.

3 Lockern Sie den Unterboden mit dem Pickel und arbeiten Sie zunächst die tiefe Teichsohle aus, schrägen Sie dann die Teichränder terrassenförmig ab. Diese Stufen sind jeweils etwa 30–45 cm tief.

4 Legen Sie die Wasserwaage auf eine Latte und prüfen Sie, ob der obere Teichrand waagrecht verläuft. Entfernen Sie lose Erde sowie große oder spitze Steine von Boden, Wänden und Teichrand.

7 Wenn der Teich gefüllt ist, schneiden Sie die Folie bis auf einen 45 cm breiten Überstand ab. Graben Sie den Folienrand tief ein *(siehe Bild)*. Bereiten Sie das Mörtelbett für die Randsteine auf der Folie vor.

8 Betten Sie die Randsteine im Mörtel. Der Steinüberstand beträgt ca. 5 cm, so wird die Folie überdeckt. Für aufrecht stehende Steine müssen Sie die Folienunterlage schützen (mehrlagige Folienschicht).

Bepflanzung
Lassen Sie den Mörtel eine Woche lang trocknen, bevor Sie Seerosen und Sumpfpflanzen in den Teich setzen *(geeignete Pflanzen siehe Seite 214–215)*.

4 Setzen Sie am Rand der Rinne eine Reihe Klinker in ein 2 cm starkes Mörtelbett, die Beckenseite bleibt jedoch frei. Verteilen Sie den Mörtel auch zwischen den Steinen.

5 Stellen Sie die Pumpe ins Becken und schließen Sie die Schläuche an. Verlegen Sie den Wasseraustrittsschlauch bis zum anderen Ende der Rinne. Schützen Sie die Ansaugöffnung durch ein Sieb.

6 Verstecken Sie den Schlauch in dem Kiesbett der Rinne. Legen Sie ein Metallgitter auf das Reservoir und darauf ein wiederverwertbares Geotextil (hält Schmutz fern). Dann erst verteilen Sie die Steine darauf.

Zu guter Letzt
Füllen Sie das Becken mit Wasser, schalten Sie die Pumpe ein und passen Sie den Durchfluss nach den Anweisungen des Herstellers an.

Pflanztechnik

Nachdem Sie einen wunderschönen Garten entworfen und sich viele Gedanken über dessen Bepflanzung gemacht haben, kommt der Zeitpunkt, die ersten Pflanzen zu setzen. Lassen Sie sich jedoch dabei Zeit – eine bedächtige Vorgehensweise trägt dazu bei, dass Ihre grünen Schätze später umso besser gedeihen.

Wählen Sie einen sonnigen Tag, an dem der Boden weder gefroren noch allzu nass ist. Stellen Sie alle benötigten Geräte und Hilfsmittel bereit: Spaten, Grabegabel, Naturdünger und Gießkanne. Jäten Sie zuerst das Unkraut, bevor Sie den Boden düngen und Pflanzlöcher graben. Die Pflanzen müssen vor dem Einsetzen gründlich gewässert werden. Dafür stellen Sie sie mitsamt den Töpfen so lang in einen mit Wasser gefüllten Eimer, bis keine Luftblasen mehr aufsteigen. Wurzelnackte Gehölze, wie Rosen oder Sträucher, werden im Herbst oder im sehr zeitigen Frühjahr gepflanzt. Pflanzen mit Topfballen können dagegen das ganze Jahr über gesetzt werden. Vorzugsweise pflanzt man winterharte Gewächse im Herbst, wenn der Boden noch warm und feucht ist. Bei jungen oder sehr empfindlichen Pflanzen wartet man dagegen besser bis zum Frühling.

Geben Sie Büschen und Bäumen genügend Platz, um sich auszubreiten. Die benötigte Fläche wird meist auf den Pflanzenetiketten vermerkt. Lücken in der Rabattenpflanzung lassen sich einfach mit einjährigen Pflanzen oder dekorativen Elementen, z. B. einem Vogelbad, füllen.

Spätsommer und zeitiges Frühjahr sind besonders geeignet, um einen Rasen anzulegen, gleich ob man ihn aussät oder Rollrasen zum Einsatz kommt. Wässern Sie ihn anfangs gut und betreten Sie ihn in den ersten Monaten nicht.

Ein guter Start der Pflanzen ist die Voraussetzung für gesunden Blatt-, Blüten- und Fruchtschmuck, der Sie über Jahre erfreut.

Ganz oben und oben
Bepflanzte Gefäße setzen überall reizvolle Farbakzente.
Wasserpflanzen bieten tierischen Besuchern einen neuen Lebensraum.

Bäume

Container- und Topfware wird ganzjährig gepflanzt, die beste Zeit, um einen Baum zu setzen, ist jedoch im Herbst, wenn die Blätter fallen. Bäume und Sträucher ohne Ballen sind jünger und preisgünstiger als Ballenware. Diese »wurzelnackte« Ware ist nur im Herbst und im sehr zeitigen Frühjahr erhältlich, sie muss schnell gepflanzt oder zumindest eingeschlagen werden.

Sie benötigen

- Eimer
- Spaten, Grabegabel
- gut verrottete organische Substanz
- Bambusstab
- Stützstab
- Hammer und Nägel
- Baumgurt mit Abstandhalter
- Rindenmulch

bis 2 Stunden

Containerware vorbereiten

1 Weichen Sie den Wurzelballen gut ein und lassen Sie das Wasser ablaufen. Der Pflanzbereich wird gejätet, Schutt und Unrat entfernt. Stellen Sie den Baum noch in seinem Topf an seinen Platz, um zu sehen, ob die Bepflanzung nicht zu dicht wird.

2 Lockern Sie den Boden großflächig bis in eine Tiefe, die der Höhe des Wurzelballens entspricht. Nun wird organische Substanz eingearbeitet. Graben Sie ein großes Loch, das so tief wie der Ballen hoch, aber idealerweise dreimal so breit ist.

Pflanzen und stützen

5 Bei Topfware ist der Ballen bisweilen arg durchwurzelt. In diesem Fall müssen die Wurzeln am Rand vorsichtig gelockert und herausgezupft werden, sonst kann der Baum nicht gut einwachsen.

6 Schaufeln Sie das Pflanzloch zu, während ein Helfer den Baum hält. Vermeiden Sie Lufträume, indem Sie die Erde zwischen den Wurzeln und rund um den Ballen sorgfältig einfüllen.

7 Wenn das Pflanzloch um den Ballen ausreichend mit Erde aufgefüllt ist, treten Sie sie behutsam fest. Die Zehen sollten dabei zum Stamm zeigen.

8 Kleine Bäume müssen nicht gestützt werden, kopflastige oder größere Exemplare aber brauchen einen Pfahl als Halt. Man schlägt ihn neben dem Stamm in einem 45°-Winkel in die Erde.

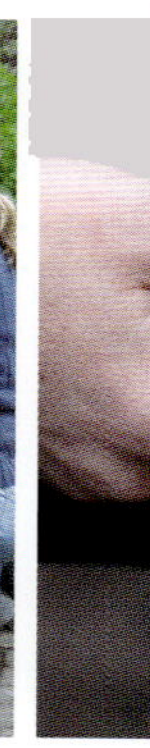

Hecken setzen

Eine lockere, gemischte Hecke aus heimischen Gehölzen bietet Lebensraum für viele Tiere und erfreut Sie mit Blüten und Früchten. Preisgünstig sind wurzelnackte Sträucher, die ab Herbst angeboten werden.

Sie benötigen

- Spaten
- Rechen
- Maßband
- Pflöcke und Schnur
- Gartenschere

etwa 3 Stunden

1 Jäten Sie einige Wochen vor dem Pflanzen Unkraut. Graben Sie um. Arbeiten Sie verrottete organische Substanz ein *(siehe Schritt 2 oben)*. Jäten Sie vor dem Pflanzen erneut. Rechen Sie die Fläche ab.

2 Markieren Sie die Pflanzlinie mit Pflöcken und Schnur. Bei ausreichendem Platz können Sie eine doppelte Reihe im Abstand von 40 cm pflanzen. Die Hecke wird dann kompakter und markanter.

3 Setzen Sie die Pflanzen im Abstand von 80 cm ein. Der Abstand ist wichtig, prüfen Sie daher mit dem Maßband nach. Achten Sie darauf, dass die Pflanzlöcher den Wurzeln ausreichend Platz bieten.

3 Heben Sie das Pflanzloch nicht zu tief aus, der Baum versinkt sonst später in der Erde. Lockern Sie mit der Grabegabel Wand und Boden des Pflanzlochs, so können die Wurzeln das Erdreich durchdringen.

4 Nehmen Sie den Baum aus dem Topf und stellen Sie ihn in das Pflanzloch. Die obersten Wurzeln müssen auf Höhe der Bodenoberfläche stehen. Kratzen Sie bei Bedarf die oberste Substratschicht ab, wenn Sie keine Wurzeln sehen.

9 Die Stütze sollte ein Drittel der Höhe des Baumes haben und in die Hauptwindrichtung zeigen. Fixieren Sie den Stamm mit einem Baumband am Pfahl. Es kann justiert werden, wenn der Baum wächst.

10 Nageln Sie das Baumband an der Stütze fest, damit es nicht verrutscht. Wässern Sie den Baum gründlich und legen Sie eine Mulchmatte um den Ansatz – sie verhindert, dass sich Unkräuter festsetzen.

Frühjahrsblüten der Waldrabatte
In kleine bis mittelgroße Gärten passen kompakte, dekorative Bäume. Diese Eigenschaften besitzt auch der Weißdorn, *Crataegus*, mit seinen attraktiven rosafarbenen Blüten und dem Fruchtschmuck im Herbst.

4 Setzen Sie wurzelnackte Pflanzen so tief ein, wie sie auf dem Feld standen. Man erkennt dies an dem dunkel verfärbten Wurzelhals. Rosen werden tiefer gesetzt. Drücken Sie die Erde um die Pflanze fest an.

5 In der zweiten Reihe werden die Gehölze versetzt zu den Pflanzen der ersten Reihe gesetzt. Die Wurzeln von Pflanzen ohne Ballen müssen bis zum Setzen in feuchter Erde eingeschlagen bleiben.

6 Wenn alle Pflanzen angedrückt und gewässert sind, schneiden Sie bei einer Frühjahrspflanzung die Pflanzen stark zurück. Weniger stark schneiden Sie bei einer Herbstpflanzung.

Tierfreundlicher Sichtschutz
Eine gemischte, natürlich wachsende Hecke ist für viele Tiere lebenswichtig. Schneiden Sie hier vor Vogelbrutbeginn und nach der schnee- und eisreichen Zeit.

Sträucher

Sträucher bilden das Rückgrat eines Pflanzschemas und erfreuen Sie mit Blüten- und Laubschmuck. Container- und Topfwaren können ganzjährig gepflanzt werden, wenn der Boden nicht gefroren oder allzu nass beziehungsweise trocken ist. Das Pflanzetikett vermerkt, welche Ansprüche die Pflanze bevorzugt.

Sie benötigen

- Spaten, Grabegabel
- Kompost
- Eimer
- Mulchmaterial

1 Stunde

1 Graben Sie den Boden um, jäten Sie Unkraut und mischen Sie den Kompost unter. Das Pflanzloch sollte zweimal so groß und etwas tiefer dimensioniert sein als der Pflanzenballen, den Sie setzen möchten.

2 Wässern Sie den Ballen sorgfältig *(siehe Seite 274, Schritt 1)*. Entfernen Sie den Topf, kontrollieren und kürzen Sie notfalls die Wurzeln. Setzen Sie den Ballen so tief, wie er zuvor im Topf stand.

3 Füllen Sie Erde auf, drücken Sie die Pflanze an und gießen Sie den Strauch gründlich. Eine Rinne rund um den Ballen erleichtert das Wässern. Mulchmaterial verteilen Sie mit Abstand zum Stamm.

Stauden pflanzen

Im Gegensatz zu zwei- und einjährigen Pflanzen kommen Stauden Jahr für Jahr wieder. Bei langlebigen Stauden müssen nur die verblühten und abgestorbenen Teile entfernt werden. Pflanzen Sie die Stauden in einen gut gedüngten Boden und versorgen Sie sie regelmäßig mit Wasser und Nährstoffen.

Sie benötigen

- Spaten, Grabegabel
- Kompost
- Naturdünger
- Eimer
- Mulchmaterial

etwa 1 Stunde

1 Entfernen Sie Unkraut und größere Steine aus dem Beet. Lehmige oder tonige Böden reichern Sie mit Kompost und Sand an. Sandige Böden sollten mit Naturdünger verbessert werden.

2 Das Pflanzloch muss breiter und tiefer als der Topfballen sein. Nach dem Wässern des Ballens setzen Sie die Pflanze ohne Topf so ein, dass der Ballen bündig mit dem Rand des Lochs abschließt.

3 Drücken Sie die Pflanze fest. Wässern Sie alle Stauden gründlich. Eine Mulchschicht schützt den Boden vor Feuchtigkeitsverlust und Unkrautaufwuchs. Treffen Sie Vorkehrungen zum Schutz vor Schnecken.

Ganzjährige Farbenpracht
Eine Rabatte mit Sträuchern und Stauden erfreut das Auge mit Farben und Formen, die sich im Jahreslauf verändern. Achten Sie darauf, dass die Pflanzen nach Höhe, Blüten- und Blattschmuck positioniert werden.

Mulchmaterial

Mulch wirkt als Verdunstungsschutz und hält deswegen die Feuchtigkeit im Boden. Aus diesem Grund muss Mulch nach dem Pflanzen auf den feuchten Boden aufgebracht werden. Wenige Mulchmaterialien verbessern den Boden, einige verhindern das Keimen von Unkraut. Dekorative und ökologische Aspekte sind weitere Entscheidungskriterien.

Gartenkompost
Unvollständig verrotteter Kompost wirkt als nachhaltiger Nährstofflieferant und verbessert den Boden. Eine 10 cm dicke Schicht wird Ende des Winters aufgebracht. Allerdings müssen Sie keimendes Unkraut kontrollieren.

Laubmulch
Er liefert kaum Nährstoffe, aber verbessert den Boden. Er hält optimal die Bodenfeuchte und wirkt harmonisch auf Waldrabatten. Laub wird zunächst in luftdurchlässigen Säcken 18 Monate gelagert und dann etwa 10 cm stark auf dem Beet ausgebracht.

Rindenmulch
Ist in feiner und grober Partikelgröße erhältlich. Er hält optimal die Bodenfeuchte und verhindert Unkraut, düngt jedoch nicht den Boden. Er sollte nicht in den Boden eingearbeitet, aber regelmäßig erneuert werden.

Kiesabdeckung
Kies hält die Bodenfeuchte und unterdrückt Unkräuter sehr wirkungsvoll. Sie müssen jedoch zur Pflegeerleichterung unter die Kiesschicht ein wasserdurchlässiges Geotextil legen (siehe auch S. 264–265). Kies wirkt gut in mediterranen Gärten.

Kletterpflanzen

Mauern, Zäune und Spaliere lassen sich mit einer großen Auswahl an Kletterpflanzen begrünen. Die Begrünung dieser Elemente ist besonders in kleinen Gärten bedeutsam, wo Raum knapp ist. Die Blüten und Blätter verschönern dann kahle Wände, bieten Tieren Schutz und Nahrung. Stark wachsende Kletterer erschweren jedoch schnell die Gartenpflege.

Sie benötigen

- Ringschrauben, verzinkten Draht oder Spalier
- Grabegabel, Spaten
- Kompost und Naturdünger
- Bambusstäbe
- Gartenschnur
- Handschaufel
- Rindenmulch
- Schling- oder Rankpflanze

1 bis 2 Stunden

Vorbereiten

1 Im Abstand von 10 cm montieren Sie ein Spanndrahtgerüst mit horizontalen und vertikalen Drähten oder ein Spalier auf Mauer oder Zaun. Die Rankhilfe liegt 50 cm über dem Boden. Drahtabstand: 30–45 cm.

2 Jäten und lockern Sie den Boden und arbeiten Sie reichlich Kompost ein. Der Boden kann dann die Feuchtigkeit besser halten. Das ist wichtig, da oft nicht genug Regen in die Nähe des Mauerfußes kommt.

Einpflanzen

5 Stellen Sie hinter dem Pflanzloch einen Fächer aus Bambusstäben auf und lehnen Sie ihn an die Wand. Die Stäbe führen die Ranken großflächig zu den Drähten des Rankgerüstes auf der Wand.

6 Pflanzen Sie die Kletterpflanze sorgfältig und drücken Sie die Erde an. Lösen Sie vorsichtig die Ranken von dem Aufzuchtgerüst. Entfernen Sie schwache und verletzte Triebe.

7 Binden Sie die Triebe mit einer weichen Gartenschnur und einer lockeren Achterschlinge an die Stäbe. Die äußeren Triebe führen Sie zu den niedrigeren und die mittleren zu den höheren Drähten.

8 Lockern Sie oberflächlich den durch Ihre Arbeit verdichteten Boden und legen Sie um die Pflanze einen Gießrand an. Dort sammelt sich während des Gießens Wasser an, das dann langsam versickern kann.

Halt für Kletterpflanzen

Kletterpflanzen erklimmen die Höhen durch verschiedene Techniken. Winterjasmin, Brombeere oder Kletterrosen sind Spreizklimmer. Clematis, Geißblatt, Glyzine, Wilder Wein, Passionsblume und Efeu gehören zu den Lianen, die mit Haftwurzeln, Ranken oder durch die Technik des Schlingens klettern.

Horizontale Drähte
Sie bieten Spreizklimmern den besten Halt. Richtet man die Triebe waagrecht aus, erhöht sich die Blühfreudigkeit und damit auch die Fruchtbildung.

Bäume und andere Pflanzen
Rambler-Rosen (und viele Lianen) können z. B. Obstbäume erklettern. Dazu werden sie 1 m entfernt vom Baumstamm gepflanzt. Als Wuchshilfe dient ein Seil zum untersten Ast.

Spalier
Mit genug Abstand zu einer Mauer oder einem Zaun bietet es Kletterrosen, Geißblatt und Clematis eine gute Kletterhilfe. Anfangs fixieren Sie die Triebe am Spalier.

3 Magere Standorte sollten mit Naturdünger verbessert werden. Beachten Sie dazu die Anweisung des Herstellers. Wässern Sie wie immer die Kletterpflanze vor dem Einpflanzen gründlich.

4 Graben Sie 45 cm vom Klettergerüst entfernt das Pflanzloch, das doppelt so groß wie der Ballendurchmesser, aber nur etwa topftief ist. Nur Clematis werden 10 cm tiefer gesetzt, als sie im Topf stehen.

9 Gießen Sie gründlich und bringen Sie dann eine Schicht Rindenmulch zum Schutz vor Unkraut und Trockenheit aus. Achten Sie darauf, dass der Mulch nicht zu nahe am Stamm der Pflanze liegt.

Duftende Wand
Das Geißblatt, das wir in unserem Beispiel gepflanzt haben, wird bald auch so üppig blühen und von Bienen und Schmetterlingen umschwärmt sein. Ein gut präparierter Boden und ein geeigneter Standort fördern die Pflanze und schützen sie vor Echtem Mehltau.

Obelisken
Sie bieten sich als Stütze an für großblütige Clematis, Winterjasmin, Geißblatt und einjährige Kletterpflanzen wie Wicken, Trichterwinden und Prunkbohnen.

Wände und Zäune
Über Haftwurzeln finden Wilder Wein, Efeu oder Kletter-Hortensie Halt an Mauern und Zäunen. Die Triebe müssen anfangs zu der Wand oder dem Zaun geführt werden.

TOPF-KLETTERGARTEN

Mithilfe großer Pflanzbehälter und Tröge, beispielsweise aus glasierter Keramik, können Sie Wände ohne Beetfläche begrünen. Im Fachhandel gibt es dafür geeignete Spaliere, die einfach in den Topf gesteckt werden. Mit schwach wüchsigen Kletterpflanzen, wie *Clematis alpina* und *C. macropetala*, aber auch einjährigen Kletterpflanzen, wie *Eccremocarpus scaber*, Schönranke, und Prunkwinde gelingt Ihnen das Blatt- und Blütenspiel ohne Beet am besten.

Rollrasen

Legen Sie Ihren Rasen im Frühherbst oder Frühling an. Graben Sie die Fläche unter Zugabe eines 15 cm breiten Randes um. Verbessern Sie die Durchlässigkeit lehmiger und nasser Böden durch Untermischen von Sand. Eine 8–10 cm dick aufgebrachte Kompostschicht, die Sie in den Boden einarbeiten, verbessert die Wasser- und Nährstoffversorgung des Bodens.

Sie benötigen

- Spaten, Grabegabel
- Rechen, Hacke
- Naturdünger
- gesiebten Mutterboden, mit Sand vermischt
- Holzdiele
- Besen
- Gartenschlauch
- Kantenstecher

1 Tag

Boden vorbereiten

1 Graben Sie den Boden um, entfernen Sie Steine und Unkraut. Die Erdkrume sollte möglichst fein sein. Glätten Sie die Fläche mit dem Rechen. Verdichten Sie mit kleinen Schritten, einmal längs und einmal quer über die Fläche, den Boden.

2 Rechen Sie die Fläche erneut glatt und lassen Sie sie fünf Wochen lang ruhen. Aufgekeimtes Unkraut wird mit der Hacke entfernt. Nach den fünf Wochen rechen Sie die Fläche erneut glatt und bringen Naturdünger aus.

Rollrasen auflegen

3 Der Rollrasen sollte wenige Tage nach dem Düngen angeliefert werden. Rollen Sie die Grasnarbe vorsichtig aus und drücken Sie sie mit dem Rechen fest. Stellen Sie sich auf eine Diele, um Ihr Gewicht zu verteilen.

4 Die Ränder der einzelnen Grasstücke müssen bündig aneinanderstoßen. Heben Sie sie dazu ein wenig an, sodass sie sich fast überlappen, wenn sie aufgelegt werden. Drücken Sie sie erneut mit dem Rechen fest.

In Form bringen

5 Rolle für Rolle legen Sie auf diese Weise aus. Die Rasenstöße sollten, wie bei einem Mauerwerk, versetzt angeordnet sein. Mit einem Messer schneiden Sie den Rasen zu. Vermeiden Sie kleine Stücke am Rand.

6 Damit die Rasenfugen miteinander verwachsen, bringen Sie an den Nähten eine Erde-Sand-Mischung aus. Verwenden Sie dafür einen Besen, mit dem Sie zugleich platt gedrücktes Gras aufrichten.

7 Den Rasen an trockenen Tagen gründlich gießen! Ist die Grasnarbe angewachsen, markieren Sie die gewünschten Rasenkanten mit dem Schlauch. Schneiden Sie dann mit dem Kantenstecher die Rasenkante zu.

UNKRAUT ENTFERNEN

In einem neuen Rasen siedeln sich oft mehrjährige Unkräuter an, vor allem solche mit Blattrosetten, z. B. Löwenzahn oder Distel. Sie können das Gras verdrängen. Entfernen Sie die unerwünschten Gäste mit einer langen Messerklinge oder einem speziellen Unkrautstecher. Entfernen Sie nach Möglichkeit die komplette Pfahlwurzel.

Grüner Teppich
Das saftige Grün eines gepflegten Rasens ist der perfekte Rahmen für Rabatten. Rasenflächen schaffen Raum im Garten und sorgen sogar im Winter für etwas Farbe.

Rasen aussäen

Große Rasenflächen sollten eingesät werden, das ist kostengünstiger. Das Gras darf dann erst nach einem Jahr richtig belastet werden, aber der Rasen wirkt schon vier Wochen nach der Aussaat gut. Kahle Stellen im Rasen können einfach durch eine Nachsaat repariert werden.

1 Wählen Sie eine für Ihre Ansprüche geeignete Mischung, z. B. Sport- oder Schattenrasen. Wiegen Sie nach Packungsanweisung Samen für 1 m² Rasenfläche ab, schütten Sie die Menge in eine Tüte und markieren Sie die Füllhöhe.

2 Der Gartenboden sollte fünf Wochen zuvor vorbereitet worden sein *(siehe gegenüber)*. Jäten Sie wenige Tage vor dem Aussäen das Unkraut. Bringen Sie einen Naturdünger aus und rechen Sie die Fläche glatt. Entfernen Sie alle Steine.

3 Säen Sie im Frühherbst, wenn der Boden warm und feucht ist, oder im Frühling, wenn das Wachstum einsetzt. Stecken Sie jeweils 1 m² ab und säen Sie mithilfe der markierten Papiertüte die entsprechende Samenmenge aus.

4 Streuen Sie die Hälfte des Samens in eine Richtung, den Rest in die andere, doch bleiben Sie in der Begrenzung. Fahren Sie fort, indem Sie den Rahmen über die ganze Fläche bewegen. Eine Handvoll Samen wiegt etwa 30 g.

5 Gehen Sie vorsichtig mit dem Rechen über die Fläche, bis der Samen leicht mit Erde bedeckt ist. Schützen Sie ihn mit Vogelnetzen. Die Saat sollte nach 14 Tagen keimen. Wenn das Gras 5 cm hoch ist, kann man es mit dem Rasenmäher in der höchsten Schnitteinstellung kürzen.

Wiesen

Ganz oben auf der Wunschliste von Gartenbesitzern stehen naturnahe Pflanzungen, die »Wiesen« oder »Prärien« genannt werden. Dabei handelt es sich um Pflanzengesellschaften mit natürlichem Aussehen, die fast wie eine Kombination aus Rabatten und Rasen wirken und unterschiedlichste Arten enthalten. Ihre Beliebtheit spiegelt das wachsende Bewusstsein für die Bedeutung von Gärten als Tierrefugien wider – und das Bedürfnis, sich aus der Welt draußen zurückzuziehen.

Der Wiesen-Look

Es gibt mehrere Wege zu wiesenähnlichen Pflanzungen, doch alle liefern unterschiedliche Ergebnisse. Am einfachsten ist es, Rasen nicht mehr zu mähen. Solche »Wiesen« setzen sich vorwiegend aus Gräsern zusammen. Dämpft man deren Wuchskraft *(siehe S. 283)*, kann man sie mit *Geranium pratense* und *Leucanthemum vulgare* ergänzen.

Am schnellsten bekommt man Wiesen, indem man eine Samenmischung auf vorbereitetem Terrain aussät. Es gibt mehrere Varianten; die meisten enthalten wüchsige Wildblumen und wenige Exoten. In der Regel muss jährlich neu ausgesät werden. Dauerhafte Wiesen, wie sie die europäischen Gartengestalter der New-Perennial-Bewegung favorisieren, bestehen aus Kolonien sorgfältig ausgewählter Mehrjähriger, die über Jahre Bestand haben.

Wachsen lassen
Am einfachsten bekommt man ein wiesenähnliches Areal, indem man Rasen ungehindert wachsen lässt. Als Kontrast kann man einen Weg hindurchmähen.

Eintauchen
Wiesenähnliche Pflanzungen lassen sich nur zur Gänze genießen, wenn man sich in sie hineinbegeben kann. Wege aus Naturholz eignen sich dafür besonders gut.

Viele Jahre schön
Echinacea *und andere Stauden, zu großen Bändern bzw. Kolonien kombiniert, sind zu unverwechselbaren Kennzeichen von Pflanzungen der New-Perennial-Bewegung geworden.*

Fünf-Sterne-Insektenhotel
Ein Insektenhotel bietet überwinternden Insekten nach dem Mähen der Wiese eine Bleibe. Außerdem faszinieren sie Nachwuchsgärtner.

Die Vorzüge genießen

Selbst in ihrer einfachsten Form haben Wiesenpflanzungen viele Vorzüge. Weniger mähen heißt, weniger arbeiten zu müssen. Hohes Gras und Wiesenblumen brauchen nicht gewässert, gestützt und gedüngt zu werden. Wiesenähnliche Pflanzungen bilden einen schönen Kontrast zu anderen Gartenbereichen und gliedern den Raum. Der Effekt wird durch hineingemähte Wege und Ränder verstärkt. Die Pflanzungen locken Insekten an, die dem ganzen Garten guttun, denn viele davon sind Bestäuber und Schädlingsvertilger.

Einjährige Wiesensamenmischungen bereichern Gärten mit einem spektakulären Farbenmeer, das nicht viel kostet und anfangs weniger Arbeit macht als mehrjährige Versionen. Letztere brauchen dafür später kaum noch Zuwendung, sind mit wenig zufrieden und locken mit ihren Stängeln und Samenständen, die bis in den Winter ansehnlich bleiben, weitere Tiere an.

Gedeckter Tisch für Bestäuber
Bienenstöcke werden im Garten etwas abseits, aber in sonnigen, geschützten Bereichen positioniert, die auch für Gras und Wiesenblumen ideal sind.

Weg zum Erfolg

Sät man den halbparasitischen Kleinen Klappertopf (*Rhinanthus minor*) im Herbst in eine Wildblumenwiese, hemmt er das Wachstum der Gräser. Auch kann man Wildblumensetzlinge in das gemähte Gras pflanzen. Selbst Zwiebelpflanzen wie *Narcissus* und *Camassia* sind hier gut aufgehoben.

Samenmischungen für einjährige Wiesen werden im Frühjahr oder Herbst auf geharkte, nivellierte Areale gesät. Mischt man etwas Sand ins Saatgut, erreicht man eine gleichmäßigere Verteilung. Anschließend wird der Boden festgetreten und gewässert. Will man die Saat vor Tieren schützen, spannt man ein Netz darüber.

Mehrjährige Wiesen werden angelegt wie Staudenrabatten, indem man Setzlinge in vorbereitete Erde pflanzt. Arrangieren Sie Exemplare einer Art zu Kolonien oder Inseln. Ein Vorne oder Hinten gibt es bei Wiesen nicht – sie sollen lediglich einen dreidimensionalen Teppich bilden.

Alles in einem
Einjährige Mischungen enthalten oft Wildblumen und einige unkomplizierte Exoten. Durch sie hat die Pflanzung längeren Bestand und ist facettenreicher.

Gartenpflege

Einen Garten zu gestalten beschränkt sich nicht allein auf das Errichten von Bauelementen und das Einsetzen der Pflanzen. Auch die pflegeleichtesten Gärten brauchen regelmäßig Zuwendung. Manche Arbeiten müssen einmal pro Woche ausgeführt werden, andere nur ein- oder zweimal im Jahr.

Gießen

Gutes Wassermanagement ist oberstes Gebot, ganz gleich, wo der Garten liegt. Mit fortschreitendem Klimawandel müssen wir Wasser sparsam und möglichst umsichtig einsetzen. Kübelpflanzen, Gemüsegärten und einige Beetpflanzen müssen im Sommer regelmäßig gegossen werden. Büsche, Bäume und Stauden werden nur beim Einpflanzen und bei extremer Trockenheit gewässert. Egal, wie braun der Rasen ist, Gras braucht in Trockenperioden nicht gegossen zu werden, es wird sich erholen. Wenn Sie gießen müssen, wählen Sie die kühlen Morgen- oder Abendstunden.

Gießen Sie Pflanzen nie von oben, sondern immer über dem Boden und an der Pflanze, die Mulchschicht müssen Sie dafür an einer Stelle auf dem Beet entfernen und nach dem Gießen wieder schließen. Eine Mulchschicht, z. B. aus Rinde, hemmt die Verdunstung des Wassers im Boden. Gießen Sie lieber selten, aber dafür ausgiebig, sodass die Feuchtigkeit den Boden durchdringt und die Pflanzen tatsächlich das Wasser aus dem Boden nutzen können. Oberflächliches, häufiges Gießen sollten Sie vermeiden.

Schutz vor Erosion
Häufiges Gießen führt bei Flachwurzlern in Töpfen zu ausgespülten Wurzeln. Dagegen hilft, das Wasser über eine Tonscherbe oder einen Ziegelstein laufen zu lassen, sodass der Gießstrahl nicht direkt auf die Erde trifft.

Wässern, leicht gemacht

Wer wenig Zeit oder einen sehr großen Garten hat, kann mit ein paar Tricks Aufwand und Kosten reduzieren. Sinnvoll ist es zum Beispiel, an verschiedenen Stellen im Garten Wasser aufzufangen und außerdem Brauchwasser einzusetzen, etwa Bade- und Spülwasser (das aber nicht stark mit Duftstoffen versetzt sein darf). Automatische Bewässerungssysteme sind sehr effizient und können ebenfalls dazu beitragen, den Wasserverbrauch gering zu halten.

Tropfschlauch
Ein perforierter Schlauch, der an einem Wasserhahn oder einer Regentonne angeschlossen ist, bringt das Wasser dorthin, wo es gebraucht wird: direkt zu den Pflanzen auf dem Beet.

Zeitschaltuhr
Wenn Sie häufig verreisen oder keine Zeit haben, Ihre vielen Kübelpflanzen zu gießen, sollten Sie ein automatisches Bewässerungssystem, gesteuert durch eine Zeitschaltuhr, installieren.

Regentonnen
Über Regentonnen sammeln Sie kostbares Wasser. Stellen Sie die Tonnen leicht erhöht auf, sodass eine Gießkanne bequem unter den Wasserhahn passt. Ein solcher Wasserhahn ist als Zubehör im Handel erhältlich.

Welke Blüten sollten stets entfernt werden.

VERWELKTES ENTFERNEN

Jede Pflanze muss Samen produzieren, um sich zu vermehren. Für die Samenbildung braucht die Pflanze viel Energie, die sie anderweitig nicht verwenden kann. Um also eine zweite Blüte oder eine längere Blütenperiode zu erzielen, müssen Sie verwelkte Blüten entfernen, ehe die Samenbildung beginnt. Das gilt vor allem für einjährige Pflanzen, die aufhören zu blühen, ja sogar eingehen können, wenn sie nicht regelmäßig »ausgeputzt« werden. Bei Kübelpflanzen wird durch das Entfernen verwelkter Pflanzenteile die Blühfreudigkeit erhöht, das Krankheitsrisiko minimiert und das Aussehen der Pflanze verbessert.

Pflanzen zurückschneiden

Pflanzen müssen nicht unbedingt gestutzt werden. Sie auszudünnen oder zurückzuschneiden kann jedoch vorteilhaft wirken. Durch den Schnitt werden Pflanzen verjüngt, zur vermehrten Blüten- oder Fruchtbildung angeregt, die natürliche Wuchsform der Pflanze wird gefördert oder die Krankheitsanfälligkeit reduziert. Wie geschnitten wird, hängt jedoch von der Pflanze ab.

Schnittstelle
Schere knapp über einer Blattknospe ansetzen. Schneidet man zu weit oberhalb, stirbt dieser Teil ab, das begünstigt Krankheiten.

Schnittrichtung
Den Schnitt grundsätzlich leicht schräg führen, sodass das Regenwasser von der Schnittfläche abfließen kann, weg von der Knospe.

Äste entfernen

Die Kronengröße, die Wuchsrichtung einzelner Äste oder die Dichte der Krone sind nach vielen Standjahren im Garten gelegentlich korrekturbedürftig. Aber auch kranke oder beschädigte Äste müssen entfernt werden.

Sehr starke oder weit oben wachsende Äste sollten Sie von einem Profi herausschneiden lassen! Sägen Sie einen Ast nie zu nah am Stamm in einem Stück ab, sondern kürzen Sie abschnittsweise, da das Eigengewicht den Stamm und die Rinde einreißt. Solch ein Schaden erhöht die Anfälligkeit gegenüber Krankheiten und Schädlingen erheblich.

1 Machen Sie zwei Schnitte: Sägen Sie den Ast zuerst von unten halb durch, dann vollenden Sie den Schnitt von oben.

2 Entfernen Sie den übrig gebliebenen Aststummel: Setzen Sie die Säge von oben direkt dort an, wo der Ast aus dem Stamm wächst. Schneiden Sie schräg vom Stamm weg.

3 Bei diesem sauberen Schnitt bleibt die Wachstumsschicht intakt, sodass der Baum die Schnittstelle mit Wundgewebe schließen kann.

Düngen und jäten

Lehmige Böden weisen einen natürlichen, mehr oder weniger gut verfügbaren Nährstoffvorrat auf, während Sandböden nährstoffarm sind. Die Zugabe von Kompost verbessert die Struktur, Wasserversorgung und den Nährstoffvorrat beider Bodenarten. Während der Wachstumszeit benötigen intensiv bewirtschaftete Pflanzungen jedoch zusätzlich einen Naturdünger. Regelmäßiges Jäten und natürliche Unkrautvernichter, bei Bedarf eingesetzt, erleichtern die Gartenpflege.

Kübelpflanzen
Blühende Kübelpflanzen benötigen regelmäßige Naturdüngergaben. Bequem sind Depotdünger, die Nährstoffe über Wochen hinweg freisetzen.

Flüssige Nahrung
Synthetische oder natürliche Dünger eignen sich für Kübel- und Beetpflanzen sowie für Ihre Gemüse. Setzen Sie den Dünger so ein, wie es der Hersteller vorschreibt, halten Sie die Konzentrations- und Ausbringungshinweise ein.

Unkrautvernichter
Wo immer möglich, sollte man unerwünschte Pflanzen von Hand jäten. Aggressive Unkräuter und solche die ein großes Areal in Beschlag genommen haben, kann man auch mit einem Unkrautvernichter entfernen. Auf kleineren Flächen leistet mitunter ein Unkrautbrenner gute Dienste.

Jäten
Auf Rabatten und im Küchengarten wird Unkraut von Hand gejätet. Der Boden sollte dazu nicht zu nass sein. Die Unkräuter werden aus dem gelockerten Boden entfernt. Harmlose Kräuter können in den Boden eingearbeitet werden. Wurzelunkräuter werden ausgegraben und mit dem Hausmüll entsorgt.

PFLANZEN- UND MATERIALFÜHRER

Pflanzenführer

WINTERHÄRTEZONEN

Die Tabelle rechts gibt einen Überblick über die in Mitteleuropa übliche Einteilung in Winterzonen. Bringen Sie in Erfahrung, in welcher Winterhärtezone der Garten liegt. Als winterhart gelten Pflanzenarten, die die in der jeweiligen Zone genannte Mindesttemperatur gerade noch überstehen.

Z1	unter –45,5 °C
Z2	–45,5 bis –40,1 °C
Z3	–40 bis –34,5 °C
Z4	–34,4 bis –28,9 °C
Z5	–28,8 bis –23,4 °C
Z6	–23,3 bis –17,8 °C
Z7	–17,7 bis –12,3 °C
Z8	–12,2 bis –6,7 °C
Z9	–6,6 bis –1,2 °C

Hohe Bäume

Acacia dealbata

Die Mimose, auch Silber-Akazie genannt, ist ein immergrüner Baum mit gefiederten, silbrig graugrünen Blättern. Die duftenden Blütenpompons sind zunächst orange, später gelb. Blütezeit: Winter bis Frühjahr. Der frostempfindliche Baum sollte einen geschützten Standort in voller Sonne erhalten.

↕15–30 m ↔ 6–10 m ❄ ☼ ◊

Acer campestre

Die gebuchteten Blätter des Feld-Ahorns sind im Hochsommer dunkelgrün und färben sich im Herbst gelb. Die grünen Blüten im Frühjahr produzieren die bei Kindern sehr beliebten »Helikopterfrüchte« (Spaltfrüchte). Die Sorte 'Schwerinii' eignet sich hervorragend als Hecke und gedeiht auch als Kübelpflanze.

↕8–25 m ↔ 4 m ❄❄❄ ☼ ◐ ◊

Acer platanoides 'Crimson King'

Der Blut-Ahorn ist ein kräftiger, stark in die Breite wachsender Baum, dessen große dunkelrote Blätter sich im Herbst orange verfärben. Die gelbroten Blüten erscheinen im Frühling. Er eignet sich gut für Sichtschutzpflanzungen, entfaltet seine volle Schönheit jedoch nur als Solitär.

↕25 m ↔ 15 m ❄❄❄ ☼ ◐ ◊

Acer rubrum 'October Glory'

Im Herbst färbt sich das glänzende, dunkelgrüne Laub des Rot-Ahorns leuchtend rot. Im Frühling erscheinen winzige Blüten in aufrecht stehenden doldenähnlichen Büscheln. 'October Glory' ist eine farbenprächtige Sorte, die leicht sauren Boden liebt. Damit dieser Baum zur Geltung kommt, benötigt er viel Platz.

↕20 m ↔ 10 m ❄❄❄ ☼ ◐ ◊

Betula nigra

In jungen Jahren rotbraun, später schwärzlich oder grauweiß: Die Rinde der Schwarz-Birke ist deren Hauptattraktion. Im zeitigen Frühjahr erscheinen gelbbraune Kätzchen. Die glänzenden, rautenförmigen Blätter werden im Herbst gelb. Die größte Wirkung erreichen Sie, wenn die Art in Gruppen gepflanzt wird.

↕18 m ↔ 12 m ❄❄❄ ☼ ◊

Betula utilis var. *jacquemontii*

Die glatte, sich schälende weiße Rinde der Weißen Himalaja-Birke passt gut in den winterlichen Garten. Die ovalen, spitz zulaufenden, dunkelgrünen Blätter werden im Herbst gelb. Im Frühling erscheinen bräunliche Kätzchen. Die Sorte 'Silver Shadow' besticht durch ihren blendend weißen Stamm.

↕18 m ↔ 10 m ❄❄❄ ☼ ◊

❄❄❄ winterhart ❄❄ kann in milden Regionen im Freien überwintern oder braucht guten Winterschutz ❄ verträgt keinen Frost ❄ verträgt keine Kälte
☼ volle Sonne ☼ Halbschatten ☀ Schatten ◊ gut durchlässiger Boden ◊ frischer Boden ♦ feuchter Boden Baumform

Cedrus atlantica fo. *glauca*

Blaugrüne Nadeln, aufrecht stehende, zylindrische Zapfen im Herbst und eine silbergraue Rinde sind die attraktiven Merkmale der Blauen Atlas-Zeder. Sie verträgt Kalkböden und sieht in Einzelstellung auf einem sonnigen Rasen sehr dekorativ aus. Wegen ihres starken Wuchses passt sie nur in große Gärten.

↕40 m ↔10 m ❄❄❄ ◊

Cercidiphyllum japonicum

Der Kuchen- oder Katsurabaum treibt bronzefarben aus, trägt grüne Blätter im Sommer, die sich gelb, orange und rot im Herbst verfärben. Die herabgefallenen Blätter riechen nach Karamell. Als Solitär gepflanzt, kann der Kuchenbaum seine Schönheit am besten präsentieren.

↕20 m ↔15 m ❄❄❄ ☼ ◊

Fagus sylvatica (Atropurpurea-Gruppe) 'Riversii'

Eine Rot-Buchen-Sorte mit dunkelvioletten Blättern, deren Färbung an einem sonnigen Standort am intensivsten ist. Sie eignet sich zur Heckenpflanzung oder als Solitär. Mit einem gelbblättrigen Baum, z. B. *Catalpa bignonioides* 'Aurea', bildet sie einen starken Kontrast im Gartenbild.

↕25 m ↔15 m ❄❄❄ ☼ ◊

Liriodendron tulipifera 'Aureomarginatum'

Ein wüchsiger, großer, sommergrüner Baum mit aufrechter, rundlicher Krone. Die unverkennbaren dreilappigen Blätter des Tulpenbaums haben einen hellgelben Rand, der zum Sommerende grüngelb wird. Gelbe Herbstfärbung. Im Sommer öffnen sich an älteren Exemplaren grünorange, tulpenähnliche Blüten.

↕20 m ↔8 m ❄❄❄ ☼ ◊

Pinus wallichiana

Die Tränen-Kiefer ist ein anmutiger, kegelförmig wachsender immergrüner Baum mit langen, abwärts geneigten, blaugrünen Nadeln und glatter, grauer Rinde. Im Frühling bilden sich junge, hellgrüne Nadeln und dekorative Zapfen, die im Herbst braun werden.

↕20–35 m ↔6–12 m ❄❄❄ ☼ ◊

Quercus ilex

Die majestätische Stein-Eiche besitzt eine rundliche, flache Krone und glänzende, dunkelgrüne Blätter. Nach den auffälligen gelben Kätzchen erscheinen im Herbst kleine Eicheln. Der Baum eignet sich als Sichtschutz oder Hecke und gedeiht auch an exponierten Küstenorten sowie auf kalkhaltigen Böden.

↕25 m ↔20 m ❄ ☼ ☼ ◊

Taxus baccata

Die langsam wachsende, immergrüne Europäische Eibe ist mit ihren dunkelgrünen, nadelähnlichen Blättern eine beliebte Heckenpflanze. Sie eignet sich für den Formschnitt. Die goldblättrige Sorte 'Standishii' hellt schattige Bereiche im Garten auf. Achtung: Giftpflanze!

↕20 m ↔10 m ❄❄❄ ☼ ☼ ☀ ◊

Zelkova carpinifolia

Die Kaukasische Zelkove ist ein langsam wachsender sommergrüner Baum mit ovaler bis urnenförmiger Krone und derben, gesägten, ulmenartigen Blättern. Der Hauptstamm verzweigt sich weit unten. An älteren Exemplaren blättert die glatte graue Borke ab. Im Frühjahr öffnen sich unscheinbare grüne Blüten.

↕25–30 m ↔20 m ❄❄❄ ☼ ☼ ◊ ◊

IMMERGRÜNE BÄUME

- *Acacia dealbata* S. 288
- *Arbutus unedo* S. 292
- *Cedrus atlantica* fo. *glauca* S. 289
- *Chamaecyparis pisifera* 'Filifera Aurea' S. 290
- *Cupressus macrocarpa* 'Goldcrest' S. 293
- *Laurus nobilis* S. 294
- *Olea europaea* S. 294
- *Picea breweriana* S. 291
- *Picea pungens* (Glauca-Gruppe) 'Köster' S. 291
- *Pinus sylvestris* (Aurea-Gruppe) 'Aurea' S. 291
- *Pinus wallichiana* S. 289
- *Quercus ilex* S. 289
- *Taxus baccata* S. 289
- *Taxus baccata* 'Fastigiata' S. 295
- *Tsuga canadensis* 'Aurea' S. 295

Mittelgroße Bäume

Acer negundo 'Variegatum'

Die meisten Ahorn-Arten tragen auffällig schönen Laubschmuck. Die sommergrüne Art wird wegen der geteilten Blätter auch Eschen-Ahorn genannt. Die grün und weiß gefärbten Blätter der Sorte 'Variegatum' kommen neben Pflanzen mit dunklen Blättern besonders gut zur Geltung.

↕15 m ↔10 m ❄❄❄ ☼ ◑ ◊ ◆ ♤

Carpinus betulus 'Fastigiata'

Das Laub der anspruchslosen Hainbuche färbt sich im Herbst leuchtend gelb. Sie gedeiht auch auf trockenen Böden und eignet sich gut zur Heckenpflanzung. Die schmale Säulen-Hainbuche 'Fastigiata' wird im Alter breiter und wächst zu einem schlanken Baum heran.

↕15 m ↔12 m ❄❄❄ ☼ ◑ ◊ ◊

Catalpa bignonioides 'Aurea'

Der ausladende Trompetenbaum besticht durch große, herzförmige Blätter, hohe Blütenrispen und lange, herabhängende Früchte. Er kann einzeln stehen oder in eine Rabatte integriert werden. Die Blätter der Sorte 'Aurea' sind im Austrieb bronzefarben und werden später gelbgrün.

↕12 m ↔12 m ❄❄❄ ☼ ◊ ◆ ♤

Chamaecyparis pisifera 'Filifera Aurea'

Die immergrüne Fadenzypresse mag keine nassen Böden. Sie eignet sich als Solitär oder zur Heckenpflanzung. Die Sorte 'Filifera' besitzt peitschenähnliche Triebe und dunkelgrüne Schuppenblätter. 'Filifera Aurea' dagegen trägt gelbe Blätter und wächst langsamer als die Art und die Sorte 'Filifera'.

↕12 m ↔5 m ❄❄❄ ☼ ◊ ◆ △

Davidia involucrata

Der Taschentuchbaum hat seinen Namen von den auffällig hängenden weißen Hüllblättern, die im Frühling die unscheinbaren Blüten umgeben. Die spitz zulaufenden Laubblätter sind rot gestielt. Im Herbst bilden sich tiefviolette Steinfrüchte. Der Baum eignet sich gut als Solitär.

↕15 m ↔10 m ❄❄❄ ☼ ◑ ◊ ◆ △

Gleditsia triacanthos fo. *inermis* 'Sunburst'

Der Lederhülsenbaum besitzt gefiederte Blätter sowie große Dornen an Stamm und Ästen. Im Herbst erscheinen lange dunkle Schoten. Die schnell wachsende, dornenlose Sorte 'Sunburst' erfreut im Frühjahr und Herbst mit gelben Blättern. Am schönsten in Einzelstellung. Achtung: Giftpflanze!

↕12 m ↔10 m ❄❄❄ ☼ ◊ △

Liquidambar styraciflua 'Worplesdon'

Der wegen seiner roten, gelben und orangen Herbstfärbung geschätzte Amerikanische Amberbaum bildet eine breite Krone. Die glänzenden, grünen, handförmigen Blätter setzen sich aus fünf schmalen Lappen zusammen. Äste und junge Zweige tragen eine korkige Borke. Diese Sorte trägt oft stachelige Früchte.

↕15 m ↔15 m ❄❄❄ ☼ ◑ ◊ △

Morus nigra

Die Schwarze Maulbeere wächst rundlich und trägt herzförmige Blätter mit rauer Oberfläche und gezähntem Rand. Die anfangs grünen, später roten und schließlich fast schwarzen Früchte schmecken im reifen Zustand – auch getrocknet – und hinterlassen dunkle Flecken auf dem Boden, wenn sie herabfallen.

↕12 m ↔15 m ❄❄❄ ☼ ◊ ◆ ♤

Nyssa sinensis

Der Laub abwerfende, kegelförmige Chinesische Tupelobaum wird vor allem wegen seiner schönen Laubfärbung geschätzt. Die länglichen, manchmal gezähnten Blätter färben sich im Herbst orange, rot und gelb. Der Baum sieht am schönsten in Einzelstellung aus – vor allem in Wassernähe.

↕12 m ↔10 m ❄❄ ☼ ◑ ◊ ◆ △

❄❄❄ winterhart ❄❄ kann in milden Regionen im Freien überwintern oder braucht guten Winterschutz ❄ verträgt keinen Frost ❄ verträgt keine Kälte
☼ volle Sonne ☼ Halbschatten ☀ Schatten ◊ gut durchlässiger Boden ◊ frischer Boden ♦ feuchter Boden Baumform

Paulownia tomentosa

Mit seinen länglichen Blättern und den glockenförmigen hellila bis bläulichen Blüten wirkt der rasch wachsende Blauglockenbaum anmutig. Die duftenden, innen gelb gestreiften Blüten öffnen sich im Frühling vor dem Blattaustrieb. Nach dem Entwipfeln der Krone bilden sich sehr große Blätter aus.

↕12 m ↔10 m ❄❄❄ ☼ ◊

Picea breweriana

Die Siskiyou-Fichte – auch Mähnen-Fichte genannt – ist ein langsam wachsender, immergrüner Nadelbaum mit waagrechten Ästen und langen, dünnen herabhängenden Zweigen, die ihm ein auffälliges Äußeres verleihen. Im Herbst erscheinen violette Zapfen. Der Baum eignet sich als Windschutz und als Solitär.

↕15 m ↔4 m ❄❄❄ ☼ ◊ ◊

Picea pungens (Glauca-Gruppe) 'Köster'

Als immergrüner Baum mit grauer Rinde und blaugrünen Nadeln sieht die Blau-Fichte bei ausreichendem Platzangebot sehr dekorativ aus. Die Sorte 'Köster' besitzt spitze, silberblaue Nadeln, die später leicht nachgrünen, sowie zylindrische, hellbraune Zapfen mit papierähnlichen Schuppen.

↕15 m ↔5 m ❄❄❄ ☼ ◊ ◊ ◊–

Pinus sylvestris (Aurea-Gruppe) 'Aurea'

Die goldgelbe Wald-Kiefer wird meist wegen ihres Holzes kultiviert, doch ihre Sorten machen sich auch im Garten in Einzel- oder Gruppenstellung gut. Ältere Bäume entwickeln oft eine halbkugelige Krone, die unteren Äste sterben ab. Die Sorte 'Aurea' besitzt im Winter auffällig goldgelbe Nadeln.

↕15 m ↔9 m ❄❄❄ ☼ ◊ ◊

Prunus padus 'Watereri'

Die ausladend wachsende Traubenkirsche bringt im Frühling wohlriechende weiße Blütenrispen hervor, denen schwarze Früchte folgen. Die Blätter färben sich im Herbst rot oder gelb. Die auffällig langen Blüten der Sorte 'Watereri' sehen besonders attraktiv aus.

↕15 m ↔10 m ❄❄❄ ☼ ◊ ◊

Salix alba var. *sericea*

Die Silber-Weide ist ein schnell und ausladend wachsender Baum. Die Blätter sind lang, schmal und von intensivem Silbergrau. Sie erscheinen im Frühling zusammen mit den gelben Kätzchen. Im Luftzug glitzern die Blätter – in Einzelstellung kommt dies besonders zur Geltung.

↕15 m ↔8 m ❄❄❄ ☼ ◊ ◊

Salix × chrysocoma var. *chrysocoma*

Die Goldene Trauer-Weide ist mit ihren gelben Ästen, die bis zum Boden herabhängen, ein majestätischer Anblick. Im Frühling bildet der sommergrüne Baum längliche, gelbe oder grüne Kätzchen und Blätter aus. In Wassernähe gepflanzt wirkt die Trauerweide besonders attraktiv.

↕15 m ↔15 m ❄❄❄ ☼ ◊ ◊

Toona sinensis 'Flamingo'

Der Chinesische Surenbaum erstaunt im Frühjahr mit ungewöhnlich rosa, gefiedertem großem Laub, das nach einigen Wochen cremefarben und schließlich grün wird. Die Bäume können ein- oder mehrstämmig sein; ihre aufstrebenden Äste bilden eine schmale Krone. Im Sommer erscheinen weiße Rispen.

↕12 m ↔8 m ❄❄ ☼ ◊

BÄUME ALS BLICKFANG

- *Acer griseum* S. 292
- *Albizia julibrissin* S. 292
- *Betula nigra* S. 288
- *Betula utilis* var. *jacquemontii* S. 288
- *Carpinus betulus* S. 210
- *Carpinus betulus* 'Fastigiata' S. 290
- *Cornus controversa* 'Variegata' S. 293
- *Cornus kousa* var. *chinensis* 'China Girl' S. 293
- *Davidia involucrata* S. 290
- *Dicksonia antarctica* S. 293
- *Gleditsia triacanthos* 'Sunburst' S. 290
- *Laburnum × watereri* 'Vossii' S. 294
- *Nyssa sinensis* S. 290
- *Paulownia tomentosa* S. 291
- *Prunus serrula* S. 294
- *Pyrus salicifolia* 'Pendula' S. 295
- *Toona sinensis* 'Flamingo' S. 291

Kleine Bäume

Acer griseum

Der Zimt-Ahorn zeichnet sich durch eine ungewöhnliche orange- bis mahagonirote Borke aus, die sich in papierartigen Streifen abrollt. Die dunkelgrünen Blätter färben sich im Herbst leuchtend rot. Dank der auffälligen Borke ist dieser Baum auch im Winter ein attraktiver Blickfang.

↕10 m ↔10 m ❄ ❄ ❄ ☼ ◑ ◇ ◆ ♤

Acer japonicum 'Vitifolium'

Eine Ahorn-Art mit breiten, fächerförmigen Blättern, die sich im Herbst leuchtend rot, golden und violett färben. Im Frühling erscheinen kleine, zarte, rotviolette Blüten. Der Japanische Ahorn wächst zu einem großen, buschigen Baum heran, eignet sich aber auch als Kübelpflanze.

↕10 m ↔10 m ❄ ❄ ❄ ☼ ◑ ◇ ◆ ♤

Acer palmatum 'Bloodgood'

Fächer-Ahorn-Sorten wirken besonders dekorativ im Garten. Die Sorte 'Bloodgood' bildet einen buschigen kleinen Baum mit tief geschlitzten, dunkelroten Blättern, die sich im Herbst hellrot färben. Im Frühling erscheinen kleine violette Blüten, gefolgt von attraktiven roten Spaltfrüchten.

↕5 m ↔5 m ❄ ❄ ❄ ☼ ◑ ◇ ♤

Acer palmatum 'Osakazuki'

Ein Fächer-Ahorn mit wunderschöner Herbstfärbung: Seine außergewöhnlich großen, mittelgrünen Blätter färben sich scharlachrot. Im Spätsommer erscheinen rote Flügelfrüchte. Der Baum eignet sich als Kübelpflanze, der Ballen darf aber nie austrocknen. Schützen Sie die Sorte vor kaltem Wind.

↕6 m ↔6 m ❄ ❄ ❄ ☼ ◑ ◇ ♤

Acer palmatum 'Sango-kaku'

Die perfekte Wahl, wenn das ganze Jahr über eine auffällige Blattfärbung gewünscht wird. Die geteilten Blätter sind im Frühling orangegelb, im Sommer grün und im Herbst wieder gelb. Im Winter färben sich die Triebe des vergangenen Jahres korallenrot – je weiter der Winter fortschreitet, desto intensiver die Färbung.

↕6 m ↔5 m ❄ ❄ ❄ ☼ ◑ ◇ ▯

Albizia julibrissin

Der bezaubernde Schlafbaum ist ein sommergrünes Gehölz mit schirmförmiger Krone über einem schlanken Stamm. Die bis zu 30 cm großen, geteilten Blätter erinnern fast an Farnwedel. Im Sommer öffnen sich bauschige Blütenstände mit auffälligen rosa Staubfäden. Winterhart ist der Baum nur in milden Lagen.

↕8 m ↔8–10 m ❄ ❄ ☼ ◇ ♤

Amelanchier lamarckii

Die Kupfer-Felsenbirne trägt zum kupferrot gefärbten frühen Austrieb üppige weiße Blüten. Der schirmartig wachsende Strauch, der wie ein Baum wirkt, bildet rote Früchte aus, die sich zur Reife schwarz verfärben. Die Früchte schmecken süß. Die Herbstfärbung ist intensiv gelborange. Vogelschutzgehölz.

↕10 m ↔12 m ❄ ❄ ❄ ☼ ◑ ◇ ◆ ♤

Arbutus unedo

Dieser hübsche, immergrüne kleine Baum oder große Busch mit rotbrauner Rinde braucht einen geschützten Platz. Im Frühwinter erscheinen weiße Blütenglöckchen, gefolgt von runden Früchten, die sich im Herbst rot färben und dem Gehölz den Namen Erdbeerbaum eingebracht haben.

↕8 m ↔8 m ❄ ❄ ☼ ◇ ♤

Cercis canadensis 'Forest Pansy'

Der Kanadische Judasbaum ist ein mehrstämmiger Baum oder Busch. Nach den dunkelroten Blütenknospen öffnen sich in der Mitte des Frühjahrs hellrosa Blüten, erst dann erscheinen die charakteristischen rotvioletten, samtigen Blätter in Herzform. Als Solitär oder für den Rabattenhintergrund geeignet.

↕10 m ↔10 m ❄ ❄ ❄ ☼ ◑ ◇ ◆ ♤

❄❄❄ winterhart ❄❄ kann in milden Regionen im Freien überwintern oder braucht guten Winterschutz ❄ verträgt keinen Frost ❄ verträgt keine Kälte
☼ volle Sonne ◐ Halbschatten ● Schatten ◊ gut durchlässiger Boden ◑ frischer Boden ♦ feuchter Boden Baumform

Cercis siliquastrum

Der Gewöhnliche Judasbaum ist ein ausladender, buschiger Baum mit leuchtend violettrosa Frühjahrsblüte und violetten Fruchtständen im Spätsommer. Die herzförmigen Blätter sind im Austrieb bronzefarben und im Herbst gelb, sie erscheinen nach der Blüte.

↕10 m ↔10 m ❄❄ ☼ ◐ ◊ ◑

Cornus controversa 'Variegata'

Der Pagoden-Hartriegel trägt horizontal ausgebreitete Äste, die in Etagen übereinander liegen – ein auffällig architektonisches Profil. Im Sommer erscheinen kleine sternförmige weiße Blüten, gefolgt von blauschwarzen Früchten. 'Variegata' bildet hellgrüne Blätter mit cremeweißen Rändern aus.

↕8 m ↔8 m ❄❄ ☼ ◑

Cornus kousa var. *chinensis* 'China Girl'

Der kegelförmig wachsende Chinesische Blumen-Hartriegel bildet im Sommer kleine Blüten mit dekorativen, mittelgroßen weißen Hochblättern aus. Später entwickeln sich fleischige, rote Früchte und eine violettrote Herbstfärbung. 'China Girl' zeigt cremefarbene Hochblätter, die sich allmählich rosa verfärben.

↕7 m ↔5 m ❄❄❄ ☼ ◐ ◑

Corylus avellana 'Contorta'

Die Korkenzieher-Hasel ist ein langsam wachsender Baum oder Strauch mit ungewöhnlich dicht gezwirbeltem Zweig- und Astwerk. Es kommt vor allem im Winter zur Geltung, wenn daran gelbe Kätzchen erscheinen. Der ideale Blickfang für den winterlichen Garten. Sehr gut als Schnittgrün geeignet.

↕5 m ↔5 m ❄❄❄ ☼ ◐ ◊ ◑

Crataegus orientalis

Synonym: *C. laciniata* genannt. Der Orientalische Weißdorn wird oft als Hecke gepflanzt. Diese Art ist eine der wenigen fast dornenlosen *Crataegus*-Arten. Er trägt dunkelgrüne, geschlitzte Blätter. Im späten Frühjahr erscheinen zahlreiche weiße Blüten, gefolgt von gelbroten Früchten.

↕6 m ↔6 m ❄❄ ☼ ◐ ◊ ◑

Crataegus × *persimilis* 'Prunifolia'

Die Sorte zeichnet sich durch braune Rinde und schöne lange Dornen aus. Die glänzend dunkelgrünen Blätter des Pflaumenblättrigen Weißdorns färben sich herbstlich leuchtend orange und rot. Im Frühsommer bildet er weiße Blüten und später lang haftende rote Früchte.

↕8 m ↔10 m ❄❄❄ ☼ ◐ ◊ ◑

Cupressus macrocarpa 'Goldcrest'

Die Monterey-Zypresse stammt aus Kalifornien und verträgt Trockenheit, weshalb sie dort oft als Hecken- und Windschutzpflanze eingesetzt wird. 'Goldcrest' ist ein hübscher, schmaler konischer Baum mit goldenem Blattwerk, das würzig nach Zitrone duftet.

↕5 m ↔2,5 m ❄ ☼ ◊

Dicksonia antarctica

Der Australische Taschenfarn, ein Baumfarn, ist von archaischem Reiz. Im Frühling entfalten sich aus dem fasrigen braunen Stamm hellgrüne, bis zu 4 m lange Wedel. Die Art zeigt eine gewisse Frosttoleranz, muss im Winter aber unter Glas gebracht werden.

↕6 m ↔4 m ❄ ◐ ● ◊ ◑

ATTRAKTIV IM FRÜHLING

- *Acacia dealbata* S. 288
- *Acer palmatum* 'Sango-kaku' S. 292
- *Amelanchier lamarckii* S. 292
- *Betula utilis* var. *jacquemontii* S. 288
- *Cercis siliquastrum* S. 293
- *Crataegus orientalis* S. 293
- *Crataegus* × *persimilis* 'Prunifolia' S. 293
- *Davidia involucrata* S. 290
- *Laburnum* × *watereri* 'Vossii' S. 294
- *Malus* 'Evereste' S. 294
- *Malus* 'Royalty' S. 294
- *Paulownia tomentosa* S. 291
- *Prunus* 'Mount Fuji' S. 294
- *Prunus padus* 'Watereri' S. 291
- *Prunus* 'Spire' S. 294
- *Prunus* × *subhirtella* 'Autumnalis Rosea' S. 293
- *Pyrus salicifolia* 'Pendula' S. 295
- *Salix alba* var. *sericea* S. 291
- *Toona sinensis* 'Flamingo' S. 291

Kleine Bäume

Ficus carica 'Brown Turkey'

Eine Sorte der Echten Feige, die auch in kühleren Klimaten gedeiht. Sie trägt lange, gebuchtete Blätter und birnenförmige, essbare Früchte, die zunächst grün, später braunviolett gefärbt sind. In unseren Breiten wird sie bevorzugt als Kübelpflanze verwendet, um sie im Winter unter Glas bringen zu können.

↕3m ↔4m ❄ ☼ ◊ ◆ △

Laburnum × *watereri* 'Vossii'

Der elegante Hybrid-Goldregen zeigt glänzend grüne, ovale Blätter und lange, herabhängende gelbe Blütentrauben, die im Spätfrühling erscheinen. Er eignet sich zur Einzelstellung in einem kleinen Garten. Neben Pergolen gepflanzt, bildet er ein gelbes, luftiges Blütendach. Achtung: Giftpflanze!

↕8m ↔8m ❄❄❄ ☼ ◊ △

Laurus nobilis

Der Lorbeerbaum ist ein immergrüner Strauch, seine aromatischen, dunkelgrünen Blätter finden als Gewürz Verwendung. Im Frühling erscheinen kleine, gelbgrüne Blüten, aus denen im Herbst schwarze Beeren werden. Der Lorbeerbaum wird meist als Kübelpflanze verwendet und eignet sich für den Formschnitt.

↕bis 10m ↔bis 8m ❄ ☼ ◐ ◊ ◆ △

Malus 'Evereste'

Diese Zier-Apfel-Sorte passt wegen der kompakten, konischen Wuchsform gut in kleine Gärten. Im Spätfrühling öffnen sich die zahlreichen, pinkfarbenen Knospen zu weißen Blüten, später erscheinen kleine, orangegelbe essbare Früchte. Die grünen Blätter färben sich im Herbst gelb und orange.

↕7m ↔6m ❄❄❄ ☼ ◐ ◊ ◆ △

Malus 'Royalty'

Die dunkelroten Knospen dieser Zier-Apfel-Sorte öffnen sich im Frühling zu auffälligen, violettroten Blüten. Die glänzenden, dunkelvioletten Blätter verfärben sich im Herbst rot. Auf die Blüten folgen kleine, violette, nicht essbare Früchte. Der Baum eignet sich besonders gut als Solitär.

↕8m ↔8m ❄❄❄ ☼ ◐ ◊ ◆ △

Olea europaea

Der elegante, langsam wachsende Olivenbaum besitzt graugrüne Blätter und im Sommer winzige, duftende, cremeweiße Blüten. Die grünen Oliven werden nur an heißen, trockenen Standorten schwarz. Für sonnige, geschützte Stellen als Kübelpflanze geeignet. Im Winter unter Glas bringen.

↕10m ↔10m ❄ ☼ ◊ △

Prunus 'Mount Fuji'

Zier-Kirschen eignen sich gut als Solitär in kleinen Gärten. Sie wirken grazil und sind attraktive Frühjahrsblüher. Die Blätter dieser Sorte sind im Austrieb hellgrün, später dunkelgrün und färben sich im Herbst orange und rot. Im zeitigen Frühjahr erscheinen duftende, weiße, in Büscheln angeordnete Blüten.

↕6m ↔8m ❄❄❄ ☼ ◊ ◆ △

Prunus serrula

Die glänzende, von hellen Streifen durchzogene mahagonifarbene Rinde macht die Mahagoni-Kirsche vor allem im Winter attraktiv. Im Spätfrühling erscheinen die jungen Blätter des Baums oder Strauchs gleichzeitig mit kleinen, weißen Blüten. Die Kirschen sind klein und nicht essbar, das Herbstlaub ist gelb.

↕10m ↔10m ❄❄❄ ☼ ◊ ◆ △

Prunus 'Spire'

Die Blätter der aufrecht wachsenden Zier-Kirsche sind in der Jugend bräunlich und im Sommer grün – rot und orange verfärben sie sich im Herbst. Im Frühling erscheinen neben den Blättern rotviolette schalenförmige Blüten. Der Baum eignet sich für kleine Gärten.

↕10m ↔6m ❄❄❄ ☼ ◊ ◆ △

❄❄❄ winterhart ❄❄ kann in milden Regionen im Freien überwintern oder braucht guten Winterschutz ❄ verträgt keinen Frost ❅ verträgt keine Kälte
☼ volle Sonne ◑ Halbschatten ● Schatten ◇ gut durchlässiger Boden ◆ frischer Boden ♦ feuchter Boden Baumform

Prunus × subhirtella 'Autumnalis Rosea'

Die anmutige, ausladende Zier-Kirsche wird wegen ihrer früh einsetzenden Blüte geschätzt und ist auch für kleine Gärten geeignet. Schon Ende Oktober und im zeitigen Frühjahr erscheinen kleine, halb gefüllte, hellrosa Blüten. Die grünen Blätter sind im Austrieb bronzefarben und werden im Herbst goldgelb.

↕8 m ↔8 m ❄❄❄ ☼ ◇ ◆

Pyrus salicifolia 'Pendula'

Die Weiden-Birne besticht durch ihre hängende Wuchsform und die silbergrauen schmalen, weidenähnlichen Blätter. Nach der üppigen, cremeweißen Blüte im Frühling folgen im Spätsommer kleine, nicht essbare Birnenfrüchte. Als Solitär kommt dieser Baum optimal zur Geltung.

↕5 m ↔4 m ❄❄❄ ☼ ◇

Rhus typhina

Nur die weiblichen Pflanzen des Essigbaums, auch Kolben-Sumach genannt, bilden die samtigen Fruchtkolben aus. Im Herbst färben sich die gefiederten Blätter leuchtend rotorange. Als dekorativer Solitär geeignet. Die Pflanze vermehrt sich rasant – wird schnell zur Last. Achtung: Giftpflanze!

↕5 m ↔6 m ❄❄❄ ☼ ◇ ◆

Sorbus aria 'Lutescens'

Die jungen Blätter der Echten Mehlbeere sind auffällig silbergrau und färben sich später graugrün. Im Spätfrühling erscheinen weiße Blüten, gefolgt von orange gefärbten Früchten im Herbst. Ein Baum, der sich als Solitär und für Gruppenpflanzungen eignet.

↕10 m ↔8 m ❄❄❄ ☼ ◑ ◇

Sorbus commixta

Die Japanische Eberesche eignet sich für urbane Gärten, da diese Art das typische Stadtklima toleriert. Sie trägt im Frühling große, weiße Blüten. Ihre eleganten Blätter färben sich im Herbst gelb, rot und violett. Die Sorte 'Embley' schmückt sich im Herbst mit leuchtend roten Blättern und Früchten.

↕10 m ↔7 m ❄❄❄ ☼ ◑ ◇ ◆

Stewartia sinensis

Die Chinesische Scheinkamelie besticht durch ihre sich schälende, rotbraune Rinde und die duftenden Blüten, die im Hochsommer erscheinen. Im Herbst färben sich ihre Blätter rot, orange und gelb. Der Baum oder Strauch bevorzugt leicht saure Böden.

↕6 m ↔3 m ❄❄ ☼ ◑ ◇ ◆

Taxus baccata 'Fastigiata'

Diese Sorte bildet eine schlank aufrechte Säule. Die Nadeln des immergrünen Gehölzes sind tief dunkelgrün. Die Sorte eignet sich als Blickfang in einer Rabatte. Im Sommer erscheinen kleine rote Beeren. Die Sorte 'Fastigiata Aurea' hat gelbgrüne Nadeln. Vögel schätzen die Beeren. Achtung: Giftpflanze!

↕10 m ↔2 m ❄❄❄ ☼ ● ◆ ♦

Tsuga canadensis 'Aurea'

Viele Sorten der Kanadischen Hemlocktanne werden angeboten. Die Sorte 'Aurea' ist ein eleganter, kompakter und langsam wachsender Baum, dessen Nadeln in der Jugend goldgelb und später grün gefärbt sind. Der immergrüne Baum eignet sich auch für halbschattige Stellen im Garten.

↕8 m ↔4 m ❄❄❄ ☼ ◑ ◇ ◆

ATTRAKTIVE HERBSTFÄRBUNG

- *Acer campestre* S. 288
- *Acer griseum* S. 292
- *Acer japonicum* 'Vitifolium' S. 292
- *Acer palmatum* 'Bloodgood' S. 292
- *Acer palmatum* 'Osakazuki' S. 292
- *Acer palmatum* 'Sango-kaku' S. 292
- *Acer platanoides* 'Crimson King' S. 288
- *Acer rubrum* 'October Glory' S. 288
- *Amelanchier lamarckii* S. 292
- *Cercidiphyllum japonicum* S. 289
- *Crataegus × persimilis* 'Prunifolia' S. 293
- *Gleditsia triacanthos* fo. *inermis* 'Sunburst' S. 290
- *Liquidambar styraciflua* 'Worplesdon' S. 290
- *Malus* 'Evereste' S. 294
- *Nyssa sinensis* S. 290
- *Prunus* 'Mount Fuji' S. 294
- *Prunus padus* 'Watereri' S. 291
- *Prunus* 'Spire' S. 294
- *Rhus typhina* S. 295
- *Sorbus commixta* S. 295
- *Stewartia sinensis* S. 295

Große Sträucher

Aralia elata 'Variegata'

Der Japanische Angelikabaum wächst als Baum oder Strauch. Sein Laub zeichnet sich durch auffällige graugrüne Blätter aus, die sich im Herbst gelb bis rot verfärben. Im Spätsommer erscheinen kleine weiße Blüten. Die Sorte 'Variegata' besitzt cremeweiße Blattränder, sie hellt eine schattige Rabatte auf.

↕5 m ↔5 m ❄ ❄ ❄ ☼ 💧 💧

Azara microphylla

Der Buchsblättrige Azarabaum wächst als Strauch. Er trägt glänzend dunkelgrüne Blätter. Im Spätwinter und im zeitigen Frühjahr erscheinen kleine gelbe Blütendolden, die nach Vanille duften. Besonders attraktiv sieht *Azara* vor einer Wand aus. Sie verträgt Halbschatten. Ihre Heimat ist Chile.

↕7 m ↔4 m ❄ ☼ ◐ 💧

Buddleja alternifolia 'Argentea'

Die langen, gebogenen Zweige des Schmalblättrigen Sommerflieders zieren schmale graugrüne Blätter und im Sommer lila Blüten. Der Strauch wächst nicht ausladend, wenn er nach der Blüte zurückgeschnitten wird. Durch seine überhängende Wuchsform kann er auch als Stamm erzogen werden.

↕4 m ↔4 m ❄ ❄ ❄ ☼ ◐ 💧 💧

Calycanthus 'Aphrodite'

Dieser sommergrüne Gewürzstrauch trägt im Sommer rotviolette, gelb gezeichnete, duftende Blüten mit bis zu 10 cm Durchmesser. Sie stehen über dem eiförmigen, glänzenden grünen Laub, das sich im Herbst gelb färbt. Am besten gedeiht der ausladende, buschige Strauch an geschützten Plätzen.

↕4 m ↔4 m ❄ ❄ ❄ ☼ ◐ 💧

Camellia reticulata 'Leonard Messel'

Kamelien werden als immergrüne, im Frühling blühende Sträucher geschätzt. Sie brauchen leicht saures Topfsubstrat. Die Sorte bringt im Frühling zahlreiche große, halb gefüllte magentafarbene Blüten hervor, die einen auffälligen Kontrast zu den matt glänzenden, dunkelgrünen Blättern bilden.

↕4 m ↔3 m ❄ ◐ 💧 💧

Chimonanthus praecox 'Grandiflorus'

Die Chinesische Winterblüte bildet zarte hellgelbe Blüten aus, die im Spätwinter oder zeitigen Frühjahr an den kahlen Zweigen hängen und duften. Der Strauch eignet sich zur Einzelstellung, für Rabatten oder kann an einer sonnigen Wand gezogen werden. Die Zweige wirken auch in der Vase dekorativ.

↕4 m ↔3 m ❄ ❄ ☼ 💧

Clerodendrum trichotomum var. *fargesii*

Die jungen Blätter des aufrecht wachsenden Chinesischen Losstrauchs sind bronzefarben. Die rosa und grünlich weißen Knospen öffnen sich im Spätsommer zu duftenden, weißen, sternförmigen Blüten mit grünen Kelchblättern. Die auffälligen blauen Früchte sind von roten Kelchblättern umgeben.

↕6 m ↔6 m ❄ ❄ ☼ 💧

Cordyline australis 'Red Star'

Die Keulenlilie aus Neuseeland ist ein beliebter, immergrüner Strauch mit attraktivem Blattwerk. Sie muss als Kübelpflanze gezogen und im Gewächshaus bzw. der Wohnung überwintert werden. 'Red Star' zeigt rotbraune Blätter mit einem Hauch Violett.

↕3–10 m ↔1–4 m ❄ ☼ ◐ 💧

Cornus mas

Die gelben Blüten der Kornelkirsche zeigen sich im sehr zeitigen Frühjahr, im Spätsommer folgen rote Früchte. Die Blätter färben sich im Herbst gelb bis orange. Auf diesen attraktiven Frühlingsboten sollten Sie nicht verzichten – besonders im Zusammenspiel mit anderen Frühjahrsblühern. Vogelschutzgehölz.

↕5 m ↔5 m ❄ ❄ ❄ ☼ ◐ 💧

❄❄❄ winterhart ❄❄ kann in milden Regionen im Freien überwintern oder braucht guten Winterschutz ❄ verträgt keinen Frost ❄ verträgt keine Kälte
☼ volle Sonne ◑ Halbschatten ● Schatten ○ gut durchlässiger Boden ◐ frischer Boden 💧 feuchter Boden

Corylus maxima 'Purpurea'

Die dunkelroten Blätter der Großen Hasel – auch Lamberts Hasel genannt – bereichern den Garten um einen satten Farbeffekt. Die Rotfärbung der Blätter wird umso intensiver, je sonniger der Standort ist. Im sehr zeitigen Frühjahr erscheinen rötliche Kätzchen, im Herbst wachsen dann die Haselnüsse.

↕6 m ↔5 m ❄❄❄ ☼ ◑ ○

Cotinus 'Grace'

Eine robuste Perückenstrauch-Sorte, die sogar als kleiner, buschiger Baum oder hoher, mehrstämmiger Strauch gezogen werden kann. Im Sommer erscheinen zwischen den Blättern große dunkelrosa Blütenrispen. Die Blätter verfärben sich im Herbst in Rot- und Orangetöne.

↕6 m ↔5 m ❄❄❄ ☼ ◑ ○ ◐

Cotoneaster frigidus 'Cornubia'

Die Baum-Zwergmispel wächst zu einem ausladenden, großen Strauch heran, sie trägt schmale, grüne Blätter, die sich im Herbst bräunlich färben. Im Frühsommer erscheinen cremeweiße Blüten, gefolgt von leuchtend roten Früchten. Die Art kann auch als Baum gezogen werden. Vogelschutzgehölz.

↕10 m ↔10 m ❄❄ ☼ ○

Cotoneaster lacteus

Die dichte, immergrüne Zwergmispel-Art kann als kleiner Baum gezogen werden. Sie besitzt dunkelgrüne, ledrige Blätter. Im Sommer erscheinen milchweiße, schalenförmige kleine Blüten, gefolgt von Beeren, die bis in den Winter hinein an den Zweigen verbleiben. Auch zur Heckenpflanzung geeignet.

↕4 m ↔4 m ❄❄ ☼ ◑ ○

Dipelta floribunda

Das Doppelschild bietet immer etwas Interessantes: Im Spätfrühling erscheinen duftende, hellrosa und gelb gemusterte Blüten. Die hellgrünen Blätter färben sich im Herbst gelb, und im Winter ist die attraktive, sich schälende Rinde zu erkennen. Es eignet sich als Solitär oder für die Rabatte.

↕4 m ↔4 m ❄❄❄ ☼ ○

Elaeagnus × ebbingei 'Gilt Edge'

Die Wintergrüne Ölweiden-Sorte hat braune, schuppige Äste und glänzende grüne Blätter mit goldgelbem Rand. Im Herbst erscheinen in milden Lagen kleine, duftende Blüten. Wegen ihrer Robustheit eignet sich die Ölweide auch als Hecke. In Küstenregionen wird sie als Windschutz eingesetzt.

↕4 m ↔4 m ❄❄ ☼ ○

Elaeagnus 'Quicksilver'

Mit silbern gefärbten Ästen und schmalen, silbergrauen Blättern eignet sich diese robuste, schnell wachsende Ölweiden-Sorte als Kulisse für Pflanzen mit dunklen Blättern. Der ausladende Strauch kann auch als kleiner Baum erzogen werden. Im Spätfrühling erscheinen duftende, rahmgelbe Blüten.

↕4 m ↔4 m ❄❄ ☼ ○

Hamamelis × intermedia 'Pallida'

Die Hybrid-Zaubernuss ist ein attraktiver Strauch, dessen spinnenähnliche duftende Blüten im Spätwinter oder zeitigem Frühjahr erscheinen. Die Sorte 'Jelena' besitzt große kupferrote Blüten und eine rötliche Herbstfärbung. Die Blüten von 'Pallida' sind gelb und ihre Laubblätter färben sich im Herbst orange.

↕4 m ↔4 m ❄❄❄ ☼ ◑ ○ ◐

STRÄUCHER ALS BLICKFANG

- *Acer palmatum* S. 300
- *Cordyline australis* 'Red Star' S. 296
- *Cotinus* 'Grace' S. 297
- *Euphorbia characias* subsp. *wulfenii* 'John Tomlinson' S. 308
- *Fatsia japonica* S. 302
- *Fothergilla* S. 21[illegible]
- *Hamamelis × intermedia* 'Pallida' S. 297
- *Hydrangea* RUNAWAY BRIDE SNOW WHITE ('Ushyd0405') S. 309
- *Juniperus communis* 'Hibernica' S. 298
- *Magnolia liliiflora* 'Nigra' S. 303
- *Magnolia stellata* S. 303
- *Photinia × fraseri* 'Red Robin' S. 298
- *Rosa* FOR YOUR EYES ONLY ('Cheweyesup') S. 311
- *Sambucus nigra* fo. porphyrophylla 'Eva' S. 305
- *Schefflera taiwaniana* S. 299
- *Trithrinax campestris* S. 299
- *Viburnum plicatum* fo. *tomentosum* 'Mariesii' S. 305
- *Yucca filamentosa* 'Bright Edge' S. 313

Große Sträucher

Hippophae rhamnoides

Sanddorn ist anspruchslos. Seine Wuchsform ist buschig, aber er lässt sich auch zu einem kleinen Baum erziehen. An den dornigen Ästen stehen silbergrüne Blätter. Um die orange gefärbten Beeren zu erhalten, benötigen Sie weibliche und männliche Pflanzen.

↕6 m ↔ 6 m ❄ ❄ ❄ ☼ ○ ●

Hydrangea paniculata 'Unique'

Die Rispen-Hortensie bekommt weiße bis cremefarbene große, aufrechte Blütenrispen. Einige Sorten bestechen jedoch auch durch eine attraktive Herbstfärbung. 'Unique' trägt von Hochsommer bis Frühherbst cremeweiße Blüten. Im Herbst färben sich ihre Blätter gelb. Als Solitär oder für Rabatten geeignet.

↕3–7 m ↔ 2,5 m ❄ ❄ ❄ ☼ ◐ ○ ●

Ilex aquifolium 'Silver Queen'

Die Europäische Stechpalme hat dunkelgrüne Blätter, aber es gibt viele Sorten mit weißen oder gelben Blattmusterungen. 'Silver Queen' ist eine immergrüne, männliche Sorte – sie trägt keine Beeren –, deren rot gestielte Blätter cremeweiße Ränder zeigen. Auch für Hecken und als Windschutzpflanzung geeignet.

↕10 m ↔ 4 m ❄ ❄ ❄ ☼ ◐ ○ ●

Itea ilicifolia

Die spektakuläre Stechpalmenblättrige Rosmarinweide ist immergrün. Sie trägt glänzend dunkelgrüne stechpalmenähnliche Blätter. Im Spätsommer erscheinen lange Rispen mit kleinen, grünlich-weißen Blüten, die an warmen Abenden einen Honigduft verströmen. Als Solitär geeignet. Im Topf ziehen.

↕3–5 m ↔ 3 m ❄ ☼ ○

Juniperus communis 'Hibernica'

Wacholder gedeiht auch an heißen, sonnigen Stellen und muss nicht geschnitten werden. 'Hibernica', der Irische Säulen-Wacholder, bildet dichte, säulenförmige Sträucher. Die nadelähnlichen Blätter zeigen eine silberne Linie. Er eignet sich für geometrisch gestaltete Gärten und verträgt keine Schneelast.

↕3–5 m ↔ 30 cm ❄ ❄ ❄ ☼ ○

Ligustrum ovalifolium 'Aureum'

Der Wintergrüne Liguster ist halb immergrün, seine grünen Blätter haben einen leuchtend hellgelben Rand. Im Hochsommer erscheinen weiße Blütenbüschel mit intensivem Geruch. Danach bilden sich schwarze Beeren. Der schattenverträgliche Strauch hellt dunkle Ecken auf. Geeignet für Formschnitthecken.

↕4 m ↔ 4 m ❄ ❄ ❄ ☼ ◐ ○

Mahonia × media 'Charity'

Der immergrüne Strauch wird im winterlichen Garten geschätzt. Die schnell wachsende Varietät 'Charity' erfreut von Spätwinter bis Frühlingsbeginn mit zitronengelben Blüten. Die Sorte beeindruckt außerdem durch ihren ungewöhnlichen Wuchs und den herrlichen Blattschmuck. Im Herbst bilden sich Früchte.

↕5 m ↔ 4 m ❄ ❄ ◐ ○ ●

Olearia macrodonta

Der Neuseeländische Gänseblümchenstrauch trägt immergrüne gezähnte Blätter in einem mittleren Grünton. Im Frühsommer erscheinen duftende weiße Blüten. Die robuste Pflanze bietet sich in exponierten Küstengärten als Windschutz an, ist aber nur in den mildesten Lagen winterhart.

↕6 m ↔ 5 m ❄ ☼ ○

Photinia × fraseri 'Red Robin'

Frasers Glanzmispel wird wegen des tiefroten Blattaustriebs geschätzt. Die Spitzen der Zweige sind deswegen meist violettrot gefärbt. Der Strauch eignet sich für schattige Lagen, Rabatten und für Heckenpflanzungen. 'Red Robin' ist eine kompakte Sorte mit besonders intensiv gefärbtem Blattaustrieb.

↕5 m ↔ 5 m ❄ ☼ ◐ ○ ●

❄❄❄ winterhart ❄❄ kann in milden Regionen im Freien überwintern oder braucht guten Winterschutz ❄ verträgt keinen Frost ⊛ verträgt keine Kälte
☼ volle Sonne ◐ Halbschatten ● Schatten ◊ gut durchlässiger Boden ◑ frischer Boden ♦ feuchter Boden

Pittosporum tenuifolium 'Silver Queen'

Mit seinem glänzenden, gewellten graugrünen und cremeweiß gerandeten Laub an schwarzen Trieben ist der Schmalblättrige Klebsame ein wertvoller immergrüner Strauch. Er wächst dicht kegelförmig und zeigt sich im Winter von seiner besten Seite, ob frei stehend oder an einer Wand. Er verträgt einen Schnitt.

↕ bis 6 m ↔ 4 m ❄❄ ☼ ◊

Rhamnus alaternus 'Argenteovariegata'

Diese Sorte des Immergrünen Kreuzdorns trägt glänzende, graugrüne Blätter mit cremeweißen Rändern. Im Frühsommer erscheinen kleine, gelbgrüne Blüten, gefolgt von runden, roten Beeren (nur in warmen Sommern), die später schwarz werden. Für Gärten an der Küste oder in der Stadt geeignet.

↕ 5 m ↔ 4 m ❄ ☼ ◊

Rhododendron luteum

Die sommergrüne Pontische Azalee trägt im Spätfrühling prächtige gelbe Blüten, die einen zarten Duft verströmen. Die grünen Blätter färben sich im Herbst rot und orange. Eine ganzjährig interessante Pflanze für leicht saure Böden. Der intensiv gefärbte Blütenschmuck dominiert eine Pflanzung.

↕ 4 m ↔ 4 m ❄❄❄ ☼ ◊ ◑

Schefflera taiwaniana

Immergrüner, ein- oder mehrstämmiger Strauch oder Kleinbaum mit glänzenden, handförmigen Blättern aus 7–11 strahlig angeordneten Blättchen. Der silbrige frische Wuchs macht besonders im Frühjahr Eindruck. Runde Krone, kleine weiße Blüten und schwarze Beeren. Verträgt nicht unter –10 °C.

↕ 4 m ↔ 2,5 m ❄❄ ☼ ◐ ◑

Syringa vulgaris 'Mrs Edward Harding'

Der Flieder wird als Strauch oder Hochstamm angeboten, er ist breitwüchsig. Von Frühling bis Sommer trägt die Sorte 'Mrs Edward Harding' gefüllte, violettrote süß duftende Blüten. Es gibt über 500 Sorten im Farbspektrum zwischen weiß, rosa und blauviolett – mit einfachen oder gefüllten Blüten.

↕ bis 7 m ↔ bis 7 m ❄❄❄ ☼ ◊

Tamarix ramosissima 'Pink Cascade'

Die Kaspische Tamariske erlaubt einen sehr effektiven Windschutz. Sie besitzt attraktive gefiederte, nadelähnliche Blätter. Die Art ist sommergrün mit gebogenen Zweigen und aufrechten Rispen, die sich aus kleinen rosa Blüten zusammensetzen. Die Blüten der Sorte 'Pink Cascade' sind violettrot gefärbt.

↕ 5 m ↔ 5 m ❄❄❄ ☼ ◊

Trithrinax campestris

Die ungewöhnliche, langsam wachsende Palme trägt steife, blaugraue, stachelspitzige Blätter über einem faserigen, stacheligen, gedrungenen Stamm. Eine architektonische, trockenheitsverträgliche Exotin für sonnige, trockene Standorte, z. B. im Kiesgarten. Sie verträgt kurzzeitig bis –12 °C.

↕ 4 m ↔ 2 m ❄❄ ☼ ◊

Viburnum opulus

Der Gewöhnliche Schneeball ist ein wichtiges Vogelschutzgehölz. Die roten Beeren dienen als Futterquelle. Sie schmücken den Strauch ab Herbst. Im Frühling ist der Strauch mit weißen Blütenbüscheln geschmückt. Sie sehen schneeballähnlich aus und duften. Für natürlich wirkende Gärten ideal.

↕ 5 m ↔ 4 m ❄❄❄ ☼ ◐ ◊ ◑

STRÄUCHER FÜR VOLLE SONNE

- *Artemisia arborescens* S. 306
- *Ceanothus thyrsiflorus* var. *repens* S. 307
- *Choisya × dewitteana* 'Aztec Pearl' S. 301
- *Cistus* (Sorten) S. 307
- *Convolvulus cneorum* S. 307
- *Helianthemum* 'Wisley Primrose' S. 309
- *Lavandula angustifolia* 'Munstead' S. 309
- *Origanum* 'Kent Beauty' S. 310
- *Pinus mugo* 'Mops' S. 310
- *Pittosporum tenuifolium* 'Golf Ball' S. 310
- *Pittosporum tenuifolium* 'Silver Queen' S. 299
- *Pittosporum tenuifolium* 'Tom Thumb' S. 310
- *Pittosporum tobira* 'Nanum' S. 310
- *Potentilla fruticosa* (Sorten) S. 311
- *Ribes sanguineum* 'Pulborough Scarlet' S. 304
- *Salvia officinalis* (Sorten) S. 312
- *Salvia rosmarinus* S. 312
- *Santolina pinnata* subsp. *neapolitana* 'Sulphurea' S. 313
- *Trithrinax campestris* S. 299

Mittelgroße Sträucher

Abelia × grandiflora

Die Großblütige Abelie trägt glänzend dunkelgrüne Blätter in Sommer und Herbst sowie zahlreiche rosaweiße Blüten. Der robuste halb immergrüne Strauch eignet sich als Solitär und zur Heckenpflanzung. Er übersteht nur in mildesten Gegenden den Winter im Freien, daher ist Topfkultur ratsam.

↕3 m ↔4 m ❄ ☼ 💧

Acer palmatum

Die meisten Fächer-Ahorn-Sorten wachsen langsam und fast strauchförmig, sodass sie im Rabattenvordergrund am besten zur Geltung kommen. Viele begeistern durch schönes Laub. Die Art bildet ein Polster aus filigranem, fein gezähntem, rotviolettem Laub, das sich im Herbst tiefgelb oder orange färbt.

↕2 m ↔3 m ❄ ❄ ❄ ☼ ◑ 💧 💧

Aucuba japonica 'Crotonifolia'

Die Japanische Aukube ist ein immergrüner, anspruchsloser Strauch, der auch an trockenen, schattigen Standorten gedeiht. 'Crotonifolia' besitzt große, glänzende, gelb und grün panaschierte Blätter. Im Frühling erscheinen kleine, violettrote Blüten und rote Beeren. Achtung: Giftpflanze!

↕3 m ↔3 m ❄ ❄ ☼ ◑ ● 💧 💧

Berberis darwinii

Die Darwin-Berberitze wächst dicht und buschig und ist immergrün. Sie trägt dunkelgrünes Laub an dornigen Stielen. Im Frühling erscheinen zahlreiche orangefarbene Blüten, gefolgt von runden blauschwarzen Früchten. Auch für Lehmböden und für natürlich wirkende Hecken geeignet.

↕3 m ↔3 m ❄ ❄ ☼ ◑ 💧

Berberis julianae

Julianes Berberitze ist immergrün und trägt dornig gezähnte, glänzend dunkelgrüne Blätter. Sie wird oft als Sichtschutz gepflanzt. Von Frühling bis Frühsommer erscheinen herrliche gelbe bis rötliche Blüten, gefolgt von eiförmigen blauschwarzen Früchten.

↕3 m ↔3 m ❄ ❄ ❄ ☼ ◑ 💧

Buddleja davidii 'Dartmoor'

Eine vorzügliche Schmetterlingsstrauchsorte mit überhängenden Trieben und weichgrünen, unterseits weißen Blättern. Sie trägt im Spätsommer und Herbst breite, offen verzweigte Blütenstände aus intensiv duftenden, rosavioletten Blüten. Ideale Schmetterlingsweide für Naturgärten.

↕2,5 m ↔2,5 m ❄ ❄ ❄ ☼ ◑ 💧

Buddleja × weyeriana 'Sun Gold'

Einer der verlässlichsten sommergrünen Spätblüher. Er trägt Rispen aus duftenden, orangefarbenen, rosa getönten Blüten, die sich vom Sommer bis zu den ersten Frösten in großer Zahl zeigen, wenn man Welkes entfernt. Der Strauch lockt allerlei Bestäuber an. Er wird am besten jährlich geschnitten.

↕3 m ↔3 m ❄ ❄ ❄ ☼ 💧

Camellia japonica 'Bob's Tinsie'

Die immergrüne Japanische Kamelie bringt früh Blüten in den Garten. Die Pflanze bevorzugt einen leicht sauren Boden. Die Sortenvielfalt der Art ist groß. 'Bob's Tinsie' trägt das ganze Frühjahr über kleine, rote Blüten und muss vor Wind und Frösten geschützt werden.

↕2 m ↔1 m ❄ ◑ 💧 💧

Ceanothus 'Concha'

Die Säckelblume wird wegen ihrer blauen, weißen oder rotvioletten Blüten geschätzt. 'Concha' gedeiht am besten im Schutz von warmen, sonnigen Mauern. Der immergrüne Strauch mit fein gezähnten, dunkelgrünen Blättern bildet im Spätfrühling rotviolette Knospen, die sich zu dunkelblauen Blüten öffnen.

↕3 m ↔3 m ❄ ❄ ☼ 💧

❄ ❄ ❄ winterhart ❄ ❄ kann in milden Regionen im Freien überwintern oder braucht guten Winterschutz ❄ verträgt keinen Frost ❄ verträgt keine Kälte
☼ volle Sonne ◐ Halbschatten ● Schatten ◇ gut durchlässiger Boden ◑ frischer Boden ♦ feuchter Boden

Chaenomeles speciosa 'Moerloosei'

Die Chinesische Zierquitte ist ein zuverlässiger Gartenstrauch, der auch an schattigen Mauern oder Zäunen wächst. 'Moerloosei' schmückt sich von Frühling bis Frühsommer mit großen rosa und weißen Blüten, gefolgt von aromatischen Früchten. Ein Rückschnitt nach der Blüte ist empfehlenswert.

↕1,5 m ↔2 m ❄ ❄ ❄ ☼ ◐ ◇

Choisya × dewitteana 'Aztec Pearl'

Eine Art, die eng verwandt ist mit der Mexikanischen Orangenblume. Der immergrüne Strauch mit schmalen, dunkelgrünen Blättern eignet sich für kleine Gärten oder als Kübelpflanze. Im späten Frühjahr, im Spätsommer und im Herbst erscheinen duftende, weiße sternförmige Blüten.

↕1,5 m ↔1,5 m ❄ ❄ ☼ ◐ ◇

Cornus alba 'Aurea'

Der goldblättrige Tatarische Hartriege schmückt sich im Sommer mit breiten, grüngelben Blättern und im Winter präsentiert er die dunkelrote Rinde der einjährigen Triebe. Zur Verjüngung der Pflanze werden die alten Triebe im Frühling zum größten Teil entfernt.

↕3 m ↔3 m ❄ ❄ ❄ ☼ ◐ ◇

Cornus alba 'Sibirica'

Die Sorte 'Sibirica' des Tatarischen Hartriegels bildet ein Dickicht aus jungen, hellroten Stämmen, die im Winter feurig leuchten. Der Strauch blüht im späten Frühling und Anfang des Sommers weiß. Er wird auch wegen seiner leuchtend roten Blattfärbung im Herbst geschätzt.

↕3 m ↔3 m ❄ ❄ ❄ ☼ ◐ ◇

Cornus sericea 'Flaviramea'

Die Rinde des Weißen Hartriegels zeigt sich im Winter an einem sonnigen Standort von der schönsten Seite. Die Sorte 'Flaviramea' besticht durch die intensiv grüngelbe Rinde des jungen Holzes. Von Spätfrühjahr bis Frühsommer erscheinen weiße Blüten. Die Blätter verfärben sich im Herbst rot und orange.

↕2 m ↔4 m ❄ ❄ ❄ ☼ ◐ ◇

Daphne bholua 'Jacqueline Postill'

Der Bholua-Seidelbast ist immergrün und schmückt sich zum Ende des Winters mit helllila und weißen Blüten. Die Blätter sind dunkelgrün. Eine Mulchauflage schützt den Strauch vor dem Austrocknen. Der Strauch ist im östlichen Himalaja beheimatet. Achtung: Giftpflanze. Verträgt nur bis ca. –10 °C.

↕2 m ↔1,5 m ❄ ☼ ◐ ◇ ◑

Erica arborea var. *alpina*

Die Baum-Heide ist immergrün und wächst aufrecht. Sie trägt nadelförmige, hellgrüne Blätter. Im Frühling erscheinen zahllose winzige, duftende, glockenförmige weiße Blüten. Sie gedeiht am besten in leicht sauren Böden. Ein starker Rückschnitt nach der Blüte hält sie in Form.

↕2 m ↔90 cm ❄ ❄ ☼ ◇

Exochorda × macrantha 'The Bride'

Die Kleine Radspiere bildet reinweiße tellerförmige Blüten im Spätfrühling aus, die an überhängenden Zweigen dicht angeordnet stehen. Der Strauch ist hitze- und trockenheitstolerant, braucht gut drainierte Böden. Er wächst etwa so breit wie hoch. Geeignet als Solitär oder für die Rabatte.

↕2 m ↔3 m ❄ ❄ ❄ ☼ ◐ ◇ ◑

SCHATTENSTRÄUCHER

- *Aucuba japonica* 'Crotonifolia' S. 300 (trockener Schatten)
- *Azara microphylla* S. 296 (trockener Schatten)
- *Buxus sempervirens* 'Suffruticosa' S. 306 (trockener Schatten)
- *Chaenomeles speciosa* 'Moerloosei' S. 301 (trockener Schatten)
- *Cornus alba* 'Aurea' S. 301 (feuchter Standort)
- *Cornus sericea* 'Flaviramea' S. 301 (feuchter Standort)
- *Mahonia japonica* S. 303 (trockener Schatten)
- *Rhododendron* 'Kure-no-yuki' (Kurume) S. 311 (trockener Schatten)
- *Sarcococca hookeriana* WINTER GEM ('Fmoore03') S. 313
- *Viburnum opulus* S. 299 (feuchter Standort)

Mittelgroße Sträucher

Euphorbia × pasteurii

Breitwüchsiger, immergrüner Strauch mit zunächst ausladenden, dann aufrechten, unten oft verkahlenden Trieben. Die langen, lanzettlichen Blätter mit silbriger Mittelrippe nehmen im Herbst und Winter eine kräftige Farbe an. Die lindgrünen Blütenstände erscheinen im Spätfrühling. Verträgt nur bis etwa –13 °C.

↕3 m ↔3 m ❄ ❄ ☼ 💧

Fatsia japonica

Die Zimmeraralie wird wegen ihres dunklen, immergrünen Blattes geschätzt, das an eine Hand erinnert und lang gestielt ist. Im Herbst erscheinen cremeweiße Blüten, die zu kugelförmigen Büscheln in einer Traube angeordnet stehen. Kleine, schwarze Beeren nach der Blüte. Achtung: Giftpflanze.

↕↔ 1,5–4 m ❄ ❄ ❄ ☼ ◐ 💧 💧

Fuchsia magellanica

Ein immergrüner robuster Strauch. Bei Freilandkultur sterben trotz Winterschutzmaßnahmen alle oberirdischen Pflanzenteile ab, treiben jedoch bei steigenden Temperaturen oft wieder aus. Von Sommer bis Herbst trägt die Scharlach-Fuchsie laternenähnliche rote und rotviolette Blüten sowie schwarze Früchte.

↕bis 3 m ↔bis 3 m ❄ ❄ ☼ ◐ 💧 💧

Hebe 'Midsummer Beauty'

Die Strauchveronika ist anpassungsfähig, immergrün und anspruchslos. Hebe wächst auch im Kübel gut. Die Varietät 'Midsummer Beauty' trägt rötlich braune Zweige und hellgrüne Blätter. Von Hochsommer bis Ende Herbst schmückt sie sich mit Blütenkerzen aus lila und violettroten Blüten.

↕2 m ↔1,5 m ❄ ❄ ☼ ◐ 💧 💧

Hibiscus syriacus 'Diana'

Die auffälligen großen Blüten des Echten Roseneibischs sind attraktiv. Der aufrecht wachsende Strauch bevorzugt sonnige Rabatten. Er erfreut mit einer langen Blütezeit ab dem Spätsommer bis in den Herbst hinein. 'Diana' trägt weiße Blüten. Viele Sorten werden auf Hochstämmen veredelt angeboten.

↕3 m ↔2 m ❄ ❄ ❄ ☼ 💧 💧

Hydrangea arborescens 'Annabelle'

Die Wald-Hortensien eignen sich als Solitär für die Rabatte oder auch für die Kübelbepflanzung. Die elegante Sorte 'Annabelle' trägt von Sommer bis Frühherbst große, halbkugelförmige cremeweiße Blütenteller. Die Art eignet sich für Heckenpflanzungen und für gemischte Rabatten.

↕2,5 m ↔2,5 m ❄ ❄ ❄ ☼ ◐ 💧 💧

Hydrangea aspera HOT CHOCOLATE ('Haopr012')

Die sommergrüne, relativ buschige Raue Hortensie trägt breit ausladende Äste mit dunkelviolettem Laub, das sich mit der Zeit bronzegrün färbt. Die Blätter sind dicht samtig behaart. Im Spätsommer öffnen sich blauviolette und rosa Schirmblüten. Der Strauch braucht Winterschutz oder mildes Stadtklima.

↕3 m ↔2 m ❄ ❄ ☼ ◐ 💧

Hydrangea macrophylla 'Mariesii Lilacina'

Die Garten-Hortensie wird wegen der rosavioletten und blauen Blütenteller geschätzt. Sie blüht von Hoch- bis Spätsommer und ist als Solitär oder für Gruppenpflanzungen geeignet, braucht jedoch Schatten. Die verwelkenden Blütenstände und Blätter schmücken den Garten während des Winters.

↕2 m ↔2,5 m ❄ ❄ ❄ ☼ ◐ 💧 💧

Hydrangea quercifolia SNOW QUEEN ('Flemygea')

Bei dieser Sorte der Eichenblättrigen Hortensie, die noch unter Sortenschutz steht, fallen die an Eichenlaub erinnernden, groben Blätter auf, die sich im Herbst bräunlich und rot verfärben. Von Hochsommer bis Herbst erscheinen große weiße, konisch geformte Blütenrispen, die sich später rosa verfärben.

↕2 m ↔2,5 m ❄ ❄ ❄ ☼ ◐ 💧 💧

❄❄❄ winterhart ❄❄ kann in milden Regionen im Freien überwintern oder braucht guten Winterschutz ❄ verträgt keinen Frost ❀ verträgt keine Kälte
☼ volle Sonne ◑ Halbschatten ● Schatten ◊ gut durchlässiger Boden ◑ frischer Boden ● feuchter Boden

Ilex crenata

Mit ihrem dichten Wuchs und den kleinen, glänzenden Blättern ist die langsam wachsende immergrüne Japanische Stechpalme ein guter Ersatz für den von Krankheiten geplagten Buchs. Sie verträgt regelmäßigen Schnitt und eignet sich daher als Hecken- oder Formschnittgehölz. Weiße Blüten, schwarze Beeren.

↕6–8 m ↔1,5 m ❄❄❄ ☼ ◑ ◊

Indigofera heterantha

Der Himalaja-Indigostrauch trägt farnähnliche, graugrüne Blätter an überhängenden Ästen. Der mehrstämmige Strauch wirkt deswegen ausladend. Ab Sommer bis zum frühen Herbst erscheinen kleine violettrote Blüten. Am besten gedeiht der Indigostrauch an einer sonnigen Mauer.

↕2–3 m ↔2–3 m ❄❄❄ ☼ ◊ ◑

Jasminum nudiflorum

Der Winter-Jasmin hat lange, überhängende grüne Triebe, die im sehr zeitigen Frühjahr mit gelben Blüten dicht besetzt sind. Danach erscheinen die kleinen dunkelgrünen Blätter. Für Spaliere und Mauern geeignet. Um die nächste Blüte zu fördern, schneiden Sie die Pflanze nach der Blüte zurück.

↕3 m ↔3 m ❄❄❄ ☼ ◑ ◊

Kolkwitzia amabilis 'Pink Cloud'

Die Kolkwitzie wächst ausladend durch leicht überhängende Triebe. Von Spätfrühling bis Frühsommer ist sie mit glockenförmigen rosa Blüten übersät, aus denen sich helle, leicht borstige Samenkapseln entwickeln. Als Solitär sehr attraktiv – eignet sich auch für natürlich wirkende Hecken.

↕3 m ↔4 m ❄❄❄ ☼ ◊

Magnolia liliiflora 'Nigra'

Die Purpur-Magnolie blüht zuverlässig, jedoch ist sie spätfrostgefährdet. Die Sorte schmückt sich im Frühsommer und häufig auch im Herbst mit großen rubinroten Blüten und glänzenden, dunkelgrünen Blättern. Die kompakte Krone – meist auf einem leichten Stamm – kommt als Solitär sehr gut zur Geltung.

↕3 m ↔2,5 m ❄❄❄ ☼ ◑ ◊ ◑

Magnolia stellata

Die Stern-Magnolie ist ein anmutiger, langsam wachsender Strauch. Die schneeweißen, selten rosa überhauchten, sternförmigen Blüten erscheinen noch vor dem Laubaustrieb im zeitigen Frühjahr und sind – wie bei allen Magnolien-Arten – empfindlich gegen Spätfröste.

↕3 m ↔4 m ❄❄❄ ☼ ◑ ◊ ◑

Mahonia japonica

Im winterlichen Garten ist die immergrüne Japanische Mahonie ein Hingucker. Sie gedeiht auch im Schatten und zieht mit ihren spektakulären, scharf gezähnten, dunkelgrünen Blättern ebenso die Blicke auf sich wie mit ihren duftenden, hellgelben Blütentrauben im Winter. Aus ihnen reifen dunkelblaue Beeren.

↕2 m ↔3 m ❄❄❄ ◑ ● ◊ ◑

Nandina domestica

Der Himmelsbambus ist immergrün. Seine Blätter verfärben sich im Frühling und Herbst leicht rötlich, im Hochsommer erscheinen dann sehr kleine, sternförmige weiße Blüten, gefolgt von leuchtend roten Beeren. Die Sorte 'Fire Power' besitzt rote Blätter. Achtung: Giftpflanze!

↕2 m ↔1,5 m ❄ ☼ ◊ ◑

BLATTSCHMUCKSTRÄUCHER

- *Acer palmatum* S. 300
- *Aralia elata* 'Variegata' S. 296
- *Artemisia arborescens* S. 306
- *Aucuba japonica* 'Crotonifolia' S. 300
- *Cordyline australis* 'Red Star' S. 296
- *Corylus maxima* 'Purpurea' S. 297
- *Cotinus* 'Grace' S. 297
- *Elaeagnus × ebbingei* 'Gilt Edge' S. 297
- *Elaeagnus* 'Quicksilver' S. 297
- *Fatsia japonica* S. 302
- *Hydrangea aspera* HOT CHOCOLATE ('Haopr012') S. 302
- *Hydrangea quercifolia* SNOW QUEEN ('Flemygea') S. 302
- *Ilex aquifolium* 'Silver Queen' S. 298
- *Photinia × fraseri* 'Red Robin' S. 298
- *Physocarpus opulifolius* 'Diabolo' S. 304
- *Pittosporum tenuifolium* 'Silver Queen' S. 299
- *Sambucus racemosa* 'Plumosa Aurea' S. 305
- *Schefflera taiwaniana* S. 299

Mittelgroße Sträucher

Osmanthus × *burkwoodii*

Burgwoods Duftblüte besitzt immergrüne, feste, stumpfglänzend dunkelgrüne Blätter und kleine cremeweiße, trompetenförmige Blüten, die ab Mitte und bis Ende Frühling erscheinen. Sie duften angenehm süß. Als Hecke oder Solitär geeignet. Kann nach der Blüte zurückgeschnitten werden.

↕3 m ↔3 m ❄❄ ☼ ◐ 💧

Paeonia delavayi

Im Frühsommer schmückt sich diese Strauch-Pfingstrose mit tiefroten, ungefüllten Blüten an langen Stielen. Die hübschen, tief eingeschnittenen, dunkelgrünen Blätter sind im Austrieb rötlich gefärbt. Ein auffälliger, sommergrüner Strauch für eine gemischte Rabatte. Empfindlich gegen späteres Umpflanzen.

↕2 m ↔1,2 m ❄❄❄ ☼ ◐ 💧 💧

Philadelphus 'Belle Étoile'

Der Pfeifenstrauch oder Sommerjasmin wird wegen seiner zahlreichen meist weißen Blüten geschätzt. 'Belle Étoile' ist ein ausladender sommergrüner Strauch mit spitz zulaufenden Blättern. Die duftenden weißen, ungefüllten Blüten mit braunem Schlund erscheinen von Spätfrühling bis Frühsommer.

↕1,2 m ↔2,5 m ❄❄❄ ☼ ◐ 💧

Physocarpus opulifolius 'Diabolo'

Die ausladend wachsende Schneeball-Blasenspiere trägt dunkelrotes Laub an aufrechten roten Trieben. Die kleinen rosaweißen Blüten erscheinen im Spätfrühling, gefolgt von braunen Früchten. Die sich schälende Rinde ist im Winter attraktiv. Ein Frühjahrsrückschnitt bis fast zum Boden verjüngt die Pflanze.

↕2 m ↔2,5 m ❄❄❄ ☼ ◐ 💧

Pieris japonica 'Blush'

Die immergrüne Lavendelheide eignet sich für leicht saure Böden. Sie trägt schmale glänzende Blätter, die kupferrot austreiben. Von Anfang bis Mitte Frühling erscheinen Büschel weißer Blütentrauben. 'Blush' zeigt rosa-weiße Blüten mit rotviolett gefärbten Knospen. Achtung: Giftpflanze!

↕2 m ↔2 m ❄❄❄ ☼ ◐ 💧 💧

Pyracantha SAPHYR JAUNE ('Cadaune')

Feuerdorn ist immergrün und bildet ein undurchdringliches Dickicht aus mit Dornen bewehrten Zweigen und dunkelgrünen Blättern. Weiße Blütenbüschel erscheinen im Spätfrühling. Die gelben Früchte sind im winterlichen Garten ein Blickfang. Der Feuerdorn eignet sich als Hecke oder als Mauerbegrünung.

↕4 m ↔3 m ❄❄❄ ☼ ◐ 💧

Ribes sanguineum 'Pulborough Scarlet'

Die Blut-Johannisbeere wächst mit zunehmendem Alter breit und ausladend. Der robuste Strauch eignet sich mit den dunkelroten Blüten, die im Frühling erscheinen, und den blauschwarzen Beeren ausgezeichnet für die Hintergrundpflanzung einer gemischten Rabatte mit Sträuchern und Stauden.

↕3 m ↔2,5 m ❄❄❄ ☼ 💧

Rosa 'Geranium' (*Rosa-moyesii*-Hybride)

Eine attraktive alte Rosen-Sorte, die den Charme einer Wildrose hat. Ihre überhängenden Zweige tragen kleine, dunkelgrüne Blätter. Im Sommer öffnen sich zahlreiche tiefrote Blüten mit aufrechten, gelblichen Staubgefäßen. Im Herbst bilden sich leuchtend orangerote, flaschenförmige Hagebutten.

↕2,5 m ↔1,5 m ❄❄❄ ☼ 💧 💧

Rosa xanthina 'Canary Bird'

Diese Sorte der großen, breitwüchsigen, früh blühenden Goldgelben Rose trägt stachelige, übergebogene Triebe und zartes, fast farnartiges Laub. Im Frühjahr sind sie mit Unmengen aufwärts gerichteter, hellgelber, ungefüllter, leicht duftender, fünfzähliger Blüten besetzt, die viele Bestäuber anlocken.

↕2,5 m ↔4 m ❄❄❄ ☼ 💧

❄❄❄ winterhart ❄❄ kann in milden Regionen im Freien überwintern oder braucht guten Winterschutz ❄ verträgt keinen Frost ❄ verträgt keine Kälte
☼ volle Sonne ◐ Halbschatten ● Schatten ○ gut durchlässiger Boden ◑ frischer Boden ● feuchter Boden

Sambucus nigra f. *porphyrophylla* 'Eva'

Die Schwarze-Holunder-Sorte wirkt das ganze Jahr über attraktiv. Das dunkelrote, zierlich gefiederte Laub lockert gemischte Rabatten auf. Aus den hellrosa, nach Zitrone duftenden Blütentellern im Hochsommer entwickeln sich dunkelrote Beeren. Nur ein vollsonniger Standort bewirkt eine kräftige Blattfärbung.

↕3 m ↔2 m ❄❄❄ ☼ ◐ ○ ◑

Sambucus racemosa 'Plumosa Aurea'

Die Rote-Holunder-Sorte trägt tief eingeschnittene Blätter, die im Austrieb zunächst bronzefarben und später goldgelb gefärbt sind. Aus den gelblich weißen Blüten des Frühjahrs entwickeln sich im Sommer glänzend rote Beeren. Der Wuchs ist leicht überhängend. In voller Sonne kann das Laub verbrennen.

↕3 m ↔3 m ❄❄❄ ☼ ◐ ○ ◑

Skimmia × *confusa* 'Kew Green'

Im Frühling produziert die immergrüne Skimmie kompakte cremeweiße männliche Blüten, die zu kegelförmigen Blütenständen angeordnet sind. Die Blätter sind dunkelgrün und laufen spitz zu. Sie eignet sich für schattige Rabatten und als Kübelpflanze. Der Strauch ist robust und anpassungsfähig.

↕3 m ↔1,5 m ❄❄❄ ☼ ◐ ● ○ ◑

Spiraea nipponica 'Snowmound'

Im Frühsommer zeigt der Japan-Spierstrauch zahlreiche Büschel aus vielen kleinen Blüten, die den ganzen Strauch in ein weißes Blütenkleid hüllen. Der schnell wachsende, sommergrüne Strauch eignet sich mit seiner ausladenden Form perfekt für die Hintergrundgestaltung einer sonnigen, gemischten Rabatte.

↕2,5 m ↔2,5 m ❄❄❄ ☼ ○ ◑

Viburnum × *bodnantense* 'Dawn'

Vom Spätwinter an bis zum Frühling schmückt der Bodnant-Schneeball die blattlosen Zweige mit duftenden rosa Blüten. Die Art verbreitet Frühlingsvorfreude im Garten. Die Blätter des sommergrünen Strauchs sind gezähnt und dunkelgrün. Die Sorte 'Deben' trägt weiße Blüten.

↕3 m ↔2 m ❄❄❄ ☼ ◐ ○ ◑

Viburnum carlesii 'Aurora'

Der Koreanische Schneeball mit unregelmäßig gezähnten, dunkelgrünen Blättern eignet sich für Rabatten und passt gut in Waldgärten. Alle Sorten der Art tragen duftende Blüten. 'Aurora' erfreut im Frühling durch die roten Knospen, die sich zu violettroten trompetenähnlichen Blüten öffnen.

↕2 m ↔2 m ❄❄❄ ☼ ◐ ○ ◑

Viburnum plicatum fo. *tomentosum* KILIMANJARO ('Jww1')

Breitwüchsiger, sommergrüner, pyramidenförmiger Strauch mit etagenförmig angeordneten Ästen. Das dunkelgrüne, eiförmige Laub kontrastiert mit den erst weißen, dann rosa Tellerblüten, die im Frühsommer in großer Zahl erscheinen. Das Laub färbt sich im Herbst violett. Nachblüte möglich. Schwarze Beeren.

↕4 m ↔4 m ❄❄❄ ☼ ◐ ○

Viburnum plicatum fo. *tomentosum* 'Mariesii'

Diese Sorte des Japanischen Schneeballs bildet auffällig lange, horizontal ausgerichtete Zweige. Die Sorte sollte deswegen als Solitär gepflanzt werden. Die weißen herzförmigen Einzelblüten sind tellerartig gruppiert. Das dunkelgrüne Laub färbt sich im Herbst tief dunkelrot. Ein beeindruckend eleganter Strauch.

↕3 m ↔4 m ❄❄❄ ☼ ◐ ○ ◑

BODENDECKER

- *Calluna vulgaris* 'Gold Haze' S. 306
- *Ceanothus thyrsiflorus* var. *repens* S. 307
- *Cotoneaster dammeri* S. 308
- *Cotoneaster salicifolius* 'Gnom' S. 308
- *Euonymus fortunei* 'Emerald Gaiety' S. 308
- *Hebe pinguifolia* 'Pagei' S. 308
- *Helianthemum* 'Wisley Primrose' S. 309
- *Juniperus procumbens* S. 309
- *Juniperus squamata* 'Blue Carpet' S. 309
- *Lonicera pileata* S. 310
- *Potentilla fruticosa* 'Dart's Golddigger' S. 208
- *Prunus laurocerasus* 'Zabeliana' S. 311
- *Santolina chamaecyparissus* S. 208
- *Vinca major* S. 209
- *Vinca minor* 'La Grave' S. 313

Kleine Sträucher

Artemisia arborescens

Die Strauch-Eberraute trägt ein silbergraues, fedrig wirkendes Laub. Der immergrüne Strauch toleriert windexponierte Standorte und eignet sich daher auch für Küstengärten. Im Sommer und Herbst trägt er kleine gelbe Blüten. In einem Kräuter- oder Steingarten wirkt er attraktiv.

↕1 m ↔ 1,5 m ❄ ☼ 💧

Ballota 'All Hallows Green'

Synonym: *Marrubium bourgaei.* Die Schwarznessel – auch Gottvergess genannt – stammt aus dem Mittelmeerraum. Sie bevorzugt trockene, sonnige Standorte ohne Staunässe. Sie ist immergrün, trägt herzförmige hellgrüne Blätter und entwickelt im Hochsommer hellgrüne Blüten.

↕60 cm ↔ 75 cm ❄ ❄ ❄ ☼ 💧

Berberis × stenophylla 'Corallina Compacta'

Diese Sorte der Schmalblättrigen Berberitze wächst kompakter und niedriger als die Art. Sie eignet sich als niedrige Heckenpflanze. Die Triebe hängen leicht über und tragen schmale, mit Dornen besetzte, immergrüne dunkle Blätter. Im Spätfrühling öffnen sich die roten Knospen zu orangefarbenen Blüten.

↕30 cm ↔ 30 cm ❄ ❄ ❄ ☼ ◐ 💧

Berberis thunbergii 'Aurea'

Thunbergs Gelbe Berberitze bildet im Austrieb gelbe Blätter, die dann gelbgrün nachdunkeln. Trotzdem sorgt die Sorte für einen fröhlichen Farbklecks im Garten. Auf die hellgelben Blüten im Frühling folgen glänzend rote Früchte. Als Hecke geeignet, doch in voller Sonne verbrennen die Blätter schnell.

↕1,5 m ↔ 2 m ❄ ❄ ❄ ◐ 💧

Berberis thunbergii fo. *atropurpurea* 'Atropurpurea Nana'

Die roten Sorten der Thunbergs-Berberitze locken durch runde, tief dunkelrote Blätter an dicht stehenden Zweigen. Es bilden sich kleine, hellrote Beeren. Der robuste Strauch verträgt Luftverschmutzung. Für Heckenpflanzungen. Vogelschutzgehölz.

↕60 cm ↔ 75 cm ❄ ❄ ❄ ☼ ◐ 💧

Berberis thunbergii fo. *atropurpurea* 'Helmond Pillar'

Diese Sorte der Thunbergs-Berberitze wächst straff säulenförmig und bildet dunkelrote Blätter aus, die sich im Herbst hellrot verfärben. Im Frühling erscheinen kleine gelbe Blüten, gefolgt von roten Beeren. Ideal als Lückenfüller in Rabatten.

↕1,2 m ↔ 60 cm ❄ ❄ ❄ ☼ ◐ 💧

Buxus sempervirens 'Suffruticosa'

Die Buchsbaum-Sorte wächst sehr langsam und eignet sich für Einfassungshecken sowie komplexe Strukturen, wie Labyrinthe und Parterremuster, deren Erscheinungsbild gleichförmig sein sollte. Halbschattige Standorte sind optimal. Sonnige Standorte müssen über genug Bodenfeuchte verfügen.

↕1 m ↔ 1,5 m ❄ ❄ ❄ ◐ 💧

Calluna vulgaris 'Gold Haze'

Die Besenheide ist ein robuster Bodendecker, der in vielen Sorten angeboten wird. Der Zwergstrauch benötigt kalkfreie, leicht saure Böden in sonniger Lage, die trocken oder wechselfeucht sind, wie z. B. Heiden und Moore. 'Gold Haze' trägt hellgelbe Blätter und weiße, glockenförmige Blüten an kurzen Stielen.

↕60 cm ↔ 45 cm ❄ ❄ ❄ ☼ 💧

Calluna vulgaris 'Spring Cream'

Diese Sorte der Besenheide trägt mittelgrüne Blätter an Zweigen, die im Frühling helle Spitzen treiben und weiße, glockenförmige Blüten von Hochsommer bis Spätherbst bilden. Wie alle Besenheide-Sorten lockt auch diese Bienen an und liebt einen sonnigen, eher trockenen Standort.

↕35 cm ↔ 45 cm ❄ ❄ ❄ ☼ 💧

❄❄❄ winterhart ❄❄ kann in milden Regionen im Freien überwintern oder braucht guten Winterschutz ❄ verträgt keinen Frost ❅ verträgt keine Kälte
☼ volle Sonne ◑ Halbschatten ● Schatten ◇ gut durchlässiger Boden ◑ frischer Boden ● feuchter Boden

Caryopteris × clandonensis 'Worcester Gold'

Die Clandon-Bartblume bildet kleine intensiv blaue Blüten. Die Sorte 'Worcester Gold' trägt von Spätsommer bis Frühherbst am einjährigen Holz lavendelblaue Blüten. Das Laub in warmen Gelbgrüntönen bildet einen kontrastreichen Hintergrund zu den Blüten. Die Bartblume hat einen lockeren Wuchs.

↕1 m ↔ 1,5 m ❄❄ ☼ ◇

Ceanothus × delilianus 'Gloire de Versailles'

Die Französische Hybrid-Säckelblume trägt eine Vielzahl blauer, violettroter oder weißer Blüten. 'Gloire de Versailles' ist ein schnell wachsender Strauch mit fein gezähnten, mittelgrünen Blättern und einer herrlich duftenden Blüte von Hochsommer bis Herbst.

↕1,5 m ↔ 1,5 m ❄❄ ☼ ◇

Ceanothus thyrsiflorus var. *repens*

Die Kriechende Säckelblume ist ein niedrig wachsender, immergrüner Strauch, mit glänzenden, mittelgrünen Blättern und einer Fülle an hell- bis dunkelblauen Blüten, die im Spätfrühling erscheinen. Perfekt geeignet, um den Vordergrund einer Rabatte oder eine sonnige Böschung zu begrünen.

↕1 m ↔ 2,5 m ❄ ☼ ◇

Ceratostigma willmottianum

Willmotts Hornnarbe ist ein locker kugelig wachsender Strauch. Von Spätsommer bis Herbst trägt er hell- bis mittelblaue Blüten. Die spitz zulaufenden, behaarten Blätter sind mittel- bis dunkelgrün mit roten Rändern und färben sich im Herbst rot. Die Art benötigt einen warmen, geschützten sonnigen Standort.

↕1 m ↔ 1,5 m ❄❄ ☼ ◇ ◑

Cistus × dansereaui 'Decumbens'

Zistrosen eignen sich für Kübel oder Rabatten, sie benötigen einen sonnigen Standort. Ihre weißen oder rotvioletten Blüten halten nur einen Tag, erscheinen dafür aber in großer Anzahl. Die Sorte 'Decumbens' trägt immergrüne Blätter und wächst langsam. Je ein roter Punkt ziert die weißen Blütenblätter.

↕60 cm ↔ 1 m ❄❄ ☼ ◇

Cistus × purpureus

Die länglichen grünen Blätter der immergrünen Purpur-Zistrose bilden einen schönen Hintergrund für die ungefüllten dunkelrosa Blüten, die den ganzen Sommer über erscheinen. Jedes Blütenblatt ist an der Basis dunkelrot gefärbt. Der Strauch verträgt Trockenheit und braucht volle Sonne.

↕1 m ↔ 1 m ❄ ☼ ◇

Convolvulus cneorum

Die Rosmarin-Winde trägt immergrüne, seidig silberne Blätter und Triebe und ziert damit die Topfgärten und Rabatten auch ohne Blütenflor. Von Spätfrühling bis Sommer öffnen sich die rotvioletten Knospen zu zarten weißen Blüten mit gelbem Auge. Die Art sollte in ungeheizten Räumen überwintert werden.

↕60 cm ↔ 90 cm ❄ ☼ ◇

Coronilla valentina subsp. *glauca*

Die immergrünen Blätter der Blaugrünen Valencia-Kronwicke sind blaugrün und fleischig. Von Spätwinter bis Frühling und noch einmal im Sommer erscheinen duftende gelbe Blüten, gefolgt von dünnen Schoten. Die Art bevorzugt geschützte, sonnige Plätze in Rabatten oder am Fuß einer Mauer.

↕80 cm ↔ 80 cm ❄❄ ☼ ◇

ATTRAKTIV IM FRÜHLING

- *Berberis darwinii* S. 300
- *Camellia japonica* 'Bob's Tinsie' S. 300
- *Camellia reticulata* 'Leonard Messel' S. 296
- *Ceanothus* 'Concha' S. 300
- *Ceanothus thyrsiflorus* var. *repens* S. 307
- *Choisya × dewitteana* 'Aztec Pearl' S. 301
- *Euphorbia characias* subsp. *wulfenii* 'John Tomlinson' S. 308
- *Exochorda × macrantha* 'The Bride' S. 301
- *Magnolia stellata* S. 303
- *Photinia × fraseri* 'Red Robin' S. 298
- *Prunus laurocerasus* 'Zabeliana' S. 311
- *Rhododendron* 'Kure-no-yuki' (Kurume) S. 311
- *Ribes sanguineum* 'Pulborough Scarlet' S. 304
- *Rosa xanthina* 'Canary Bird' S. 304
- *Viburnum × burkwoodii* 'Anne Russell' S. 313
- *Viburnum carlesii* 'Aurora' S. 305
- *Viburnum opulus* S. 299
- *Viburnum plicatum* fo. *tomentosum* 'Mariesii' S. 305

Kleine Sträucher

Cotoneaster dammeri

Die immergrüne Teppich-Zwergmispel bietet das ganze Jahr über Farbe und Struktur. Am schönsten wirkt sie im Herbst, wenn die Beeren reif sind. Die Art bildet lange Triebe aus und eignet sich deswegen sehr gut als Bodendecker. Im Frühsommer erscheinen kleine weiße Blüten und später rote Beeren.

↕20 cm ↔2 m ❄❄❄ ☼ ◐ 💧

Cotoneaster salicifolius 'Gnom'

Die Weidenblättrige Zwergmispel ist immergrün und bildet kriechende, weit ausladende Äste mit kleinen, schmalen dunkelgrünen Blättern. Im Frühsommer erscheinen weiße Blüten, aus denen sich im Herbst hellrote Früchte entwickeln. 'Gnom' eignet sich ausgezeichnet als Bodendecker.

↕30 cm ↔2 m ❄❄❄ ☼ 💧

Daphne odora 'Aureomarginata'

Der immergrüne Duftende Seidelbast gehört zu den wenigen stark duftenden frühjahrsblühenden Sträuchern. Die Blätter der Sorte zeigen gelbe Ränder. Ab dem zeitigen Frühjahr bis Mitte des Frühjahrs bilden sich rotviolette Blüten und später rote Früchte. Achtung: Giftpflanze.

↕1,5 m ↔1,5 m ❄❄ ☼ ◐ 💧

Daphne × transatlantica ETERNAL FRAGRANCE ('Blafra')

Das kleine, mehr oder weniger immergrüne Gehölz wächst dicht, schön strukturiert und rundlich. Es trägt kleine, glänzende, dunkelgrüne Blätter und vom Frühjahr bis zum Herbst durchgängig vierzählige Duftblüten in zartestem Rosa. Eine unkomplizierte Pflanze, die zu den besten Duftsträuchern gehört.

↕1 m ↔1 m ❄❄❄ ☼ 💧

Euonymus fortunei 'Emerald Gaiety'

Viele Sorten des immergrünen Kletternden Spindelstrauchs vertragen magere Böden und volle Sonne. Sie eignen sich als Bodendecker und zur Mauerbegrünung – mit Rankhilfe. 'Emerald Gaiety' wächst kompakt buschig. Die weißen Ränder der Blätter färben sich im Winter rosa. Achtung: Giftpflanze.

↕1 m ↔1,5 m ❄❄❄ ☼ ◐ 💧

Euphorbia characias subsp. *wulfenii* 'John Tomlinson'

Die scheinbar immergrüne Palisaden-Wolfsmilch ist ein Halbstrauch. Im ersten Jahr bilden sich aufrechte Triebe mit graugrünen Blättern, im folgenden Frühling erscheinen große gelbgrüne Blüten, die bis zum Frühsommer bleiben.

↕1,2 m ↔1,2 m ❄❄ ☼ 💧

Hebe 'Great Orme'

Die Strauchveronika-Sorte 'Great Orme' bildet einen rundlichen, lockeren immergrünen Strauch mit dunkelroten Trieben und glänzend dunkelgrünen Blättern. Die violett gefärbten Einzelblüten der Blütenkerzen, die ab dem Hochsommer bis Mitte Herbst erscheinen, verblassen, je länger sie blühen.

↕1,2 m ↔1,2 m ❄ ☼ ◐ 💧 🌢

Hebe macrantha

Diese Strauchveronika-Art bildet einen lockeren Strauch, der später ausladend wird. Die Art trägt ovale, fleischige, hellgrüne Blätter. Die großen weißen Blüten erscheinen im Frühsommer in Trauben. Für Kübel oder Steingarten geeignet. Muss wenig oder gar nicht geschnitten werden. Im Winter unter Glas bringen.

↕60 cm ↔90 cm ❄ ☼ ◐ 💧 🌢

Hebe pinguifolia 'Pagei'

Diese immergrüne, halb kriechende Art trägt kleine, leicht konkave blaugrüne Blätter. Blüht im Spätfrühling oder Frühsommer. Gut geeignet für den Steingarten oder als Bodendecker. Muss kaum geschnitten werden und gedeiht am besten in voller Sonne. Hält nur in mildesten Lagen draußen durch.

↕30 cm ↔90 cm ❄❄ ☼ ◐ 💧 🌢

❄❄❄ winterhart ❄❄ kann in milden Regionen im Freien überwintern oder braucht guten Winterschutz ❄ verträgt keinen Frost ❅ verträgt keine Kälte
☼ volle Sonne ◑ Halbschatten ● Schatten ◊ gut durchlässiger Boden ◖ frischer Boden ♦ feuchter Boden

Hebe 'Red Edge'

Diese Strauchveronika-Sorte besitzt graugrüne Blätter, die im Austrieb schmale rote Ränder und Äderchen aufweisen. Im Sommer erscheinen blaulila Blüten, die allmählich weiß werden. Der ideale Standort des Strauchs ist der Rand oder der Vordergrund einer Rabatte.

↕45 cm ↔ 60 cm ❄ ☼ ◑ ◊ ◖

Helianthemum 'Wisley Primrose'

Das Sonnenröschen ist ein sonnenhungriger, immergrüner Halbstrauch, der in einem Steingarten oder auf einer Böschung gut gedeiht. 'Wisley Primrose' besitzt graugrüne Blätter und bringt den ganzen Sommer lang hellgelbe Blüten mit etwas dunklerem Zentrum hervor.

↕bis 30 cm ↔ bis 45 cm ❄❄❄ ☼ ◊

Helichrysum italicum subsp. *serotinum*

Der Currystrauch ist ein niedriger, immergrüner Halbstrauch mit wollig behaarten Trieben und aromatisch duftenden, silbergrünen Blättern. Die gelben Blüten erscheinen von Sommer bis Herbst. Die Art benötigt einen trockenen, gut drainierten, sonnigen Standort. Muss drinnen überwintern.

↕60 cm ↔ 1 m ❄ ☼ ◊

Hydrangea RUNAWAY BRIDE SNOW WHITE ('Ushyd0405')

Eine rundliche, sommergrüne Hortensie mit relativ biegsamen, fast kriechenden Trieben. Geschätzt wird sie, weil sie vom Frühjahr bis zu den ersten Frösten durchgehend weiße bis rosa getönte Blütenteller mit Schaublüten trägt, die sich gegen das dunkelgrüne, eiförmige Laub schön abheben.

↕1,5 m ↔ 1,5 m ❄❄❄ ◑ ◊

Juniperus × *pfitzeriana* 'Pfitzeriana Aurea'

Der Pfitzer-Wacholder ist anspruchslos. Die Konifere gedeiht so gut wie überall. Die Art wächst flach ausladend und kann über viele Standjahre hinweg zu einem mächtigen Gehölz heranwachsen. 'Pfitzeriana Aurea' besitzt goldgelbe und im Winter gelbgrüne Blätter.

↕90 cm ↔ 2 m ❄❄❄ ☼ ◊

Juniperus procumbens

Der Japanische Kriech-Wacholder eignet sich als Bodendecker für Steingärten, da die langen, steifen Triebe sich zu einer dichten Matte verweben. Seine nadelähnlichen Blätter sind blaugrün, die kleinen, beerenähnlichen Zapfen können schwarz oder braun sein. Er bevorzugt sonnige, offene Standorte.

↕bis 50 cm ↔ bis 2 m ❄❄❄ ☼ ◊

Juniperus squamata 'Blue Carpet'

Die weit ausladenden Zweige des niedrigen Schuppen-Wacholders bilden ein undurchdringliches Dickicht aus stacheligen Blättern. Das macht die Art zu einem guten Bodendecker. Die nadelähnlichen Blätter der schnell wachsenden Varietät 'Blue Carpet' sind hell stahlblau gefärbt und duften aromatisch.

↕30 cm ↔ 2–3 m ❄❄❄ ☼ ◊

Lavandula angustifolia 'Munstead'

Der immergrüne, kompakt buschige Echte Lavendel trägt schmale, aromatische graugrüne Blätter. Die duftenden blauvioletten Blütenstände, die von Hoch- bis Spätsommer erscheinen, sind lang gestielt. Lavendel liebt Wärme, passt sich aber vielen Situationen an – von der Strauchrabatte bis zum Steingarten.

↕45 cm ↔ 60 cm ❄❄❄ ☼ ◊

ATTRAKTIV IM SOMMER

- *Abelia* × *grandiflora* S. 300
- *Buddleja davidii* 'Dartmoor' S. 300
- *Buddleja* × *weyeriana* 'Sun Gold' S. 300
- *Calycanthus* 'Aphrodite' S. 296
- *Caryopteris* × *clandonensis* 'Worcester Gold' S. 307
- *Cistus* × *purpureus* S. 307
- *Helianthemum* 'Wisley Primrose' S. 309
- *Kolkwitzia amabilis* 'Pink Cloud' S. 303
- *Lavandula angustifolia* 'Munstead' S. 309
- *Lavandula stoechas* S. 310
- *Paeonia delavayi* S. 304
- *Phygelius* × *rectus* 'African Queen' S. 310
- *Potentilla fruticosa* 'Goldfinger' S. 311
- *Rhododendron* 'Golden Torch' S. 311
- *Rhododendron luteum* S. 299
- *Rosa* FOR YOUR EYES ONLY ('Cheweyesup') S. 311
- *Rosa* 'Geranium' (*Rosa-moyesii*-Hybride) S. 304
- *Salvia* 'Blue Spire' S. 312

Kleine Sträucher

Lavandula stoechas

Schopf-Lavendel blüht von Spätfrühling bis Sommer. An der Spitze der Blütenstände mit duftend violetten Blüten stehen auffällige, zart rosa angehauchte Hochblätter. Die Blütenstände stehen hoch über dem silbergrauen kompakten Busch. Warme, sonnige Standorte werden bevorzugt. Als Kübelpflanze ziehen.

↕60 cm ↔60 cm ❄ ☼ 💧

Lonicera pileata

Die Immergrüne Kriech-Heckenkirsche wächst ausladend und flach – sie eignet sich deswegen als Bodendecker. Die Art trägt schmale, dunkelgrüne Blätter. Aus den winzigen cremeweißen Blüten entwickeln sich selten violette Beeren. Achtung: Giftpflanze!

↕60 cm ↔2,5 m ❄ ❄ ❄ ☼ 💧

Origanum 'Kent Beauty'

Der dekorative Halbstrauch, der mit dem Majoran verwandt ist, trägt schlanke, überhängende Zweige mit aromatisch duftenden Blättern. Im Spätsommer erscheinen über den rosa getönten grünen Hochblättern hellrosa Blüten, die Hopfenblüten ähneln. Die Sorte bevorzugt einen sonnigen Standort.

↕10 cm ↔bis 20 cm ❄ ❄ ☼ 💧

Phlomis fruticosa

Das immergrüne Strauchige Brandkraut trägt aromatisch duftende, graugrüne Blätter, die auf der Unterseite behaart sind. Die dunkelgelben Lippenblüten erscheinen von Früh- bis Hochsommer. In größeren Gruppen gepflanzt wirkt es eindrucksvoll in Rabatten. Die Art passt gut in einen sonnigen Kiesgarten.

↕1 m ↔1,5 m ❄ ☼ 💧

Phygelius × rectus 'African Queen'

Die Aufrechte Kapfuchsie ist immergrün, sie trägt dunkelgrüne Blätter und anmutig aufwärts gebogene Triebe. Die leuchtend orangeroten, hängenden Blütenglöckchen von 'African Queen' besitzen einen gelben Schlund. Wenn Sie die verwelkten Blüten rechtzeitig entfernen, verlängern Sie die Blütezeit.

↕1 m ↔1,2 m ❄ ☼ 💧 🌢

Pinus mugo 'Mops'

Die Zwerg-Kiefer bildet eine Halbkugel aus dicken Zweigen mit immergrünen dunklen Nadeln sowie braunen Zapfen. Die Sorte bevorzugt einen sonnigen, gut drainierten Standort, z. B. im Steingarten. Die Art eignet sich auch als Kübelpflanze. Pflanzt man sie in Gruppen, entstehen wolkenähnliche, lockere Formen.

↕1 m ↔1 m ❄ ❄ ❄ ☼ 💧

Pittosporum tenuifolium 'Golf Ball'

Diese kompakte Sorte des immergrünen Schmalblättrigen Klebsamen wächst dicht, niedrig und kugelig. Das hellgrüne, glänzende Laub wirkt das ganze Jahr über frisch. Deshalb – und auch weil er nur wenige Minusgrade verträgt – eignet sich der Strauch hervorragend als Topfpflanze.

↕1 m ↔1 m ❄ ❄ ☼ 💧

Pittosporum tenuifolium 'Tom Thumb'

Diese Sorte des beliebten, kompakten immergrünen Strauchs sticht durch ihre glänzenden, rotvioletten, gewellten Blätter hervor. Sie wächst dicht und polsterförmig. Besonders auffällig ist sie im Frühjahr, wenn die frischgrünen jungen Triebe einen Kontrapunkt zu dem älteren Holz setzen. Sie ist nicht winterhart.

↕1 m ↔1 m ❄ ❄ ☼ 💧

Pittosporum tobira 'Nanum'

Mit seinem jungen, stark glänzenden Laub ist dieser immergrüne Strauch eine gute Topfpflanze für geschützte Standorte. Er wächst langsam und bildet dichte, niedrige, hellgrüne Polster. Die süß duftenden, cremeweißen Blütenstände öffnen sich im Frühsommer. Er muss im Winter nach drinnen gebracht werden.

↕1 m ↔1,2 m ❄ ❄ ☼ 💧

❄❄❄ winterhart ❄❄ kann in milden Regionen im Freien überwintern oder braucht guten Winterschutz ❄ verträgt keinen Frost ❅ verträgt keine Kälte
☼ volle Sonne ◐ Halbschatten ● Schatten ◇ gut durchlässiger Boden ◈ frischer Boden ◆ feuchter Boden

Potentilla fruticosa 'Abbotswood'

Von Sommer bis Frühherbst schmücken sich die rundlichen Büsche des Gewöhnlichen Fingerkrauts mit Blüten. Die Sorte bildet weiße Blüten aus, die im Kontrast zu den dunklen, blaugrünen Blättern stehen. Die kleinen Sträucher eignen sich für gemischte Rabatten, als Bodendecker oder niedrige Hecken.

↕75 cm ↔1,2 m ❄❄❄ ☼ ◇

Potentilla fruticosa 'Goldfinger'

Die Blüten dieser Sorte des Gewöhnlichen Fingerkrauts sind gelb, groß und tellerförmig. Ab dem Spätfrühling erscheinen sie bis in den Herbst hinein. Es lohnt sich, die vielen verschiedenen Sorten dieser Art genauer zu studieren, da die Art sehr robust und zuverlässig ist.

↕1 m ↔1,5 m ❄❄❄ ☼ ◇

Prunus laurocerasus 'Zabeliana'

Von Sommer bis Frühherbst schmücken sich die rundlichen Büsche des Gewöhnlichen Fingerkrauts mit Blüten. Die Sorte bildet weiße Blüten aus, die im Kontrast zu den dunklen blaugrünen Blättern stehen. Die kleinen Sträucher eignen sich für gemischte Rabatten, als Bodendecker oder niedrige Hecken.

↕1 m ↔2,5 m ❄❄❄ ☼ ◐ ◇ ◈

Rhododendron 'Golden Torch'

Der kleine, immergrüne Strauch trägt mittelgroße Blätter und wird wegen seiner üppigen blassgelben Blüten geschätzt. Sie bilden sich im Spätfrühjahr aus lachsrosa Knospen. Rhododendron benötigt leicht saure Böden. Viele Rhododendron-Arten und -Sorten vertragen keine Sonne.

↕1,5 m ↔1,5 m ❄❄❄ ◐ ◇ ◈

Rhododendron 'Kure-no-yuki' (Kurume)

Eine Zwerg-Azalee mit kompaktem Wuchs. 'Kure-no-yuki' trägt kleine Blätter und schneeweiße Blüten, die sich im Frühling öffnen. Azaleen bevorzugen einen geschützten Standort, sauren Boden und lichten Schatten. Diese Sorte könnte einen japanischen Garten bereichern.

↕1 m ↔1 m ❄❄❄ ◐ ◇ ◈

Rosa ANNA FORD ('Harpiccolo')

Diese kompakte Floribundarose mit dunkelgrünen Blättern erfreut von Sommer bis Herbst mit halb gefüllten, orangeroten Blüten. Es gibt eine große Auswahl an Rosen, die Sie in Kübeln, vor Mauern oder in einer Rabatte pflanzen können. Die meisten bevorzugen jedoch einen sonnigen, nährstoffreichen Standort.

↕45 cm ↔40 cm ❄❄❄ ☼ ◇ ◈

Rosa FOR YOUR EYES ONLY ('Cheweyesup')

Eine fantastische, wüchsige, stachelige Rose, die viele hellrosa Blüten mit dunklem Auge öffnet. Sie beginnt im Spätfrühling zu blühen und hört erst nach den ersten strengen Frösten damit auf, sofern man welke Blüten regelmäßig abzwickt. Der unkomplizierte Strauch wird am besten jährlich geschnitten.

↕1,4 m ↔1,4 m ❄❄❄ ☼ ◇

Rosa 'Golden Wings'

Eine buschig ausladende Rose für Hecken oder Rabatten mit hellgrünem Laub und wenigen Stacheln. Die duftenden, weißlich hellgelben, ungefüllten Blüten erscheinen von Sommer bis Herbst. Die Sorte braucht volle Sonne und toleriert nährstoffärmere Böden. Die Hagebutten sind apfelgrün gefärbt.

↕1,1 m ↔1,3 m ❄❄❄ ☼ ◇ ◈

FRÜH BLÜHENDE STRÄUCHER

- *Azara microphylla* (Spätwinter bis Anfang Frühling) S. 296
- *Chimonanthus praecox* 'Grandiflorus' (Winter) S. 296
- *Cornus mas* (Winter) S. 296
- *Coronilla valentina* subsp. *glauca* (Spätwinter bis Anfang Frühling) S. 307
- *Elaeagnus × ebbingei* 'Gilt Edge' (Mitte bis Ende Herbst) S. 297
- *Hamamelis × intermedia* 'Pallida' (Mitte bis Ende Winter) S. 297
- *Jasminum nudiflorum* (Winter bis Frühling) S. 303
- *Mahonia japonica* (Spätherbst bis Anfang Frühling) S. 303
- *Mahonia × media* 'Charity' (Spätherbst bis Spätwinter) S. 298
- *Sarcococca* (Sorten) S. 313 (Winter)
- *Viburnum × bodnantense* 'Dawn' (Spätherbst bis Frühling) S. 305

Kleine Sträucher

Rosa PEARL DRIFT (auch: 'Leggab')

Eine robuste Strauchrose, die sich zum breiten Busch entwickelt. Sie bildet glänzend dunkelgrüne Blätter. Ab dem späten Frühling bis in den Sommer hinein bilden sich zart duftende, halb gefüllte hellrosa Blüten. Die Sorte eignet sich für die gemischten Rabatten des Cottage-Gartens.

↕1 m ↔1,2 m ❄❄❄ ☼ ◊ ◑

Rosa 'The Fairy' (auch: Poly)

Die robuste Sorte wächst zu einem niedrigen, kissenartigen Busch heran, der sich für Topfgärten und Rabattenvordergrund eignet. An den stacheligen Zweigen wachsen kleine glänzende Blätter. Von Sommer bis Herbst erscheinen die vielen kleinen, gefüllten, rotvioletten Blüten sehr zuverlässig.

↕60–90 cm ↔60–90 cm ❄❄❄ ☼ ◊ ◑

Rosa WILDEVE (auch: 'Ausbonny')

Eine öfter blühende, robuste Strauchrose mit überhängenden Trieben. Die rotvioletten Blütenknospen öffnen sich zu duftenden, violettroten Blüten, die lachsrosa überhaucht sind. Die Sorte blüht ab dem Frühsommer. Sie eignet sich für Rabatten und kann als Hecke gepflanzt werden.

↕1,1 m ↔1,25 m ❄❄❄ ☼ ◊ ◑

Ruta graveolens

Der immergrüne Halbstrauch mit aromatischen, blaugrünen Blättern heißt Wein-Raute. Im Sommer erscheinen einfache gelbe Blütensterne. Die Art ergänzt das pastellfarbene Pflanzschema einer Rabatte oder steht im Kräuter- und Heilpflanzengarten. Achtung: Nur in sehr geringen Mengen verzehren!

↕1 m ↔75 cm ❄❄❄ ☼ ◊

Salvia 'Blue Spire'

Über die silbergrauen, gefiederten Blätter der buschig wachsenden Perowskie erheben sich im Spätsommer lange, elegante Ähren aus kleinen, glockenförmigen lavendelblauen Blüten. Der Halbstrauch ist ein Blickfang in der Rabatte, vor allem, wenn er in Gruppen gepflanzt wird. Er wirkt auch im Winter attraktiv.

↕1,2 m ↔1 m ❄❄ ☼ ◊

Salvia microphylla

Von Spätsommer bis Herbst trägt der Kleinblättrige Salbei karmesinrote Lippenblüten zwischen mittel- bis dunkelgrünen Blättern an dunkel gefärbten Trieben. Auf diese Weise bringt der Halbstrauch Farbe in Rabatte oder Kübel. Die üppigste Blüte wird an einem sonnigen Standort erzielt.

↕90–120 cm ↔60–100 cm ❄ ☼ ◊

Salvia officinalis 'Purpurascens'

Der immergrüne Echte Salbei wächst als Halbstrauch. Er trägt aromatische, raue Blätter und ist immergrün. Die jungen Blätter dieser Sorte sind violettgrün, die älteren graugrün. Auch die Sorte wird – wie die Art – als Heil- und Küchenkraut eingesetzt. Für Kiesgärten und Rabatten geeignet.

↕bis 80 cm ↔1 m ❄❄ ☼ ◊

Salvia officinalis 'Tricolor'

Diese Sorte des Echten Salbeis trägt graugrüne Blätter mit cremeweißen Rändern, die im Austrieb violett getönt sind. Ein sonniger Standort fördert die Färbung des immergrünen, kompakten Halbstrauchs. Die Blüte erscheint ab Anfang bis Mitte des Sommers. Die aromatischen Blätter sind genießbar.

↕bis 80 cm ↔1 m ❄❄ ☼ ◊

Salvia rosmarinus

Der Echte Rosmarin ist ein immergrüner Strauch aus dem Mittelmeerraum. Er besitzt aromatisch duftende, schmale, ledrige Blätter, die zum Würzen von Speisen eingesetzt werden. Er bildet violettblaue bis weiße Blüten von der Frühlingsmitte an bis in den Herbst. Durchlässige Böden sind ideal.

↕1,5 m ↔1,5 m ❄❄ ☼ ◊

❄❄❄ winterhart ❄❄ kann in milden Regionen im Freien überwintern oder braucht guten Winterschutz ❄ verträgt keinen Frost ❄ verträgt keine Kälte
☼ volle Sonne ◑ Halbschatten ● Schatten ○ gut durchlässiger Boden ◐ frischer Boden ● feuchter Boden

Santolina pinnata subsp. *neapolitana* 'Sulphurea'

Das Neapel-Heiligenkraut wächst als niedriger, kuppelförmiger Busch und ist immergrün. Die primelgelben Blüten duften und schweben an langen Stielen über den schmalen, gefiederten graugrünen Blättern. Es eignet sich als Beeteinfassung und harmoniert mit mediterranen Nachbarpflanzen.

↕75 cm ↔1 m ❄❄ ☼ ○

Sarcococca hookeriana var. *digyna*

Die immergrüne Himalaja-Schleimbeere blüht im sehr späten Winter oder im sehr zeitigen Frühjahr. Sie toleriert Standorte im trockenen Schatten und Luftverschmutzung. Sie trägt dunkelgrüne, spitz zulaufende Blätter und stark duftende, weiße Blüten. Später reifen schwarze Früchte. Achtung: Giftpflanze!

↕1,5 m ↔2 m ❄❄ ◑ ● ○ ◐

Sarcococca hookeriana WINTER GEM ('Pmoore03')

Ansehnlicher, kompakter immergrüner Strauch mit aufrechten, dicht belaubten Trieben. Bildet Ausläufer und wächst zu einem breiten Horst heran. Die glänzenden, dunkelgrünen, lanzettlichen Blätter stehen in Kontrast zu den kleinen, aber duftenden weißen Blüten, die sich im Winter aus roten Knospen öffnen.

↕70 cm ↔1 m ❄❄❄ ☼ ◑ ○

Viburnum × burkwoodii 'Anne Russell'

Burkwoods-Schneeball trägt von Mitte- bis Spätfrühling intensiv duftende, weiße Blütendolden. 'Anne Russell' eignet sich für Strauchrabatten oder für einen Waldgarten. Wegen der herrlich duftenden Blüten sollte die Pflanze neben einen Sitzplatz oder Weg gesetzt werden. Achtung: Giftpflanze!

↕1,5 m ↔1,5 m ❄❄❄ ☼ ◑ ○ ◐

Viburnum davidii

Davids Schneeball ist immergrün und wächst kuppelförmig. Das Laub leuchtet dunkelgrün und ist ledrig. Im Spätfrühling erscheinen über den geäderten, ovalen Blättern flache, weiße Blütendolden. Blaue Früchte bilden sich an den weiblichen Pflanzen. Achtung: Giftpflanze!

↕1–1,5 m ↔1–1,5 m ❄❄ ☼ ◑ ○ ◐

Vinca minor 'La Grave'

Das kleine Immergrün ist ein robuster, schattenverträglicher Halbstrauch, der sich rasch flächig ausbreitet. Der Bodendecker sollte immer kontrolliert und regelmäßig zurückgeschnitten werden. 'La Grave' – auch als 'Bowles' Blue' im Handel – trägt lavendelblaue Blüten. Achtung: Giftpflanze!

↕10–20 cm ↔ unbegrenzt ❄❄❄ ☼ ◑ ○ ◐

Weigela florida 'Foliis Purpureis'

Diese Sorte der Lieblichen Weigelie hat einen ausladenden Wuchs und bleibt niedrig. Die röhrenförmigen Blüten sind außen tiefrosa und innen hellrosa bis weiß. Sie erscheinen im Spätfrühling und Frühsommer und bilden einen schönen Kontrast zu den spitz zulaufenden bräunlich-grünen Blättern.

↕1 m ↔1,5 m ❄❄❄ ☼ ◑ ○

Yucca filamentosa 'Bright Edge'

Die Fädige Palmlilie wirkt äußerst dekorativ mit den spitzen, leicht überhängenden Blättern. Sie bevorzugt warme Standorte in Rabatten oder als Kübelpflanze. Die glockenförmigen, weißen Blüten der Art erscheinen von Hoch- bis Spätsommer an aufragenden Stängeln. 'Bright Edge' zeigt gelbe Blattränder.

↕75 cm ↔1,5 m ❄❄❄ ☼ ○

IMMERGRÜNE STRÄUCHER

- *Aucuba japonica* 'Crotonifolia' S. 300
- *Azara microphylla* S. 296
- *Berberis* (Arten) S. 300
- *Camellia* (Sorten) S. 296, 300
- *Ceanothus* 'Concha' S. 300
- *Choisya × dewitteana* 'Aztec Pearl' S. 301
- *Cotoneaster lacteus* S. 297
- *Daphne bholua* 'Jacqueline Postill' S. 301
- *Elaeagnus × ebbingei* 'Gilt Edge' S. 297
- *Euphorbia × pasteurii* S. 302
- *Fatsia japonica* S. 302
- *Ilex crenata* S. 303
- *Itea ilicifolia* S. 298
- *Olearia macrodonta* S. 298
- *Osmanthus × burkwoodii* S. 304
- *Pieris japonica* 'Blush' S. 304
- *Pittosporum* (Arten und Sorten) S. 299, 310
- *Rhamnus alaternus* 'Argenteovariegata' S. 299
- *Skimmia × confusa* 'Kew Green' S. 305

Kletterpflanzen

Actinidia kolomikta

Der Kolomikta-Strahlengriffel bringt an den männlichen Pflanzen violett gefärbte junge Blätter hervor, die sich später dunkelgrün und auffällig rosa sowie silberfarben umfärben. Die kaum wahrnehmbaren duftenden weißen Blüten erscheinen im Frühsommer. Für Spaliergerüste. Wächst langsam.

↕5 m ❄ ❄ ☼ ◊

Akebia quinata

Die Fingerblättrige Akebie ist robust. Sie bildet attraktive Blätter an kräftigen rankenden Trieben aus. Auf die dunkelroten weiblichen Blüten im Frühling folgen gurkenähnliche Früchte. Die Akebie rankt an Bäumen oder Pergolen empor, wächst in Sträuchern und benötigt eine Rankhilfe zur Mauerbegrünung.

↕10 m ❄ ❄ ❄ ☼ ◐ ◊ ◑

Ampelopsis brevipedunculata

Die Ussuri-Scheinrebe wird wegen ihrer attraktiven Blätter und Beeren geschätzt. Aus den kleinen grünen Blüten im Sommer entwickeln sich auffällige, runde lilarote Beeren, die später blau werden. Die prächtigsten Beeren erhält man, wenn die Scheinrebe an einer sonnigen, geschützten Mauer wächst.

↕5 m ❄ ❄ ❄ ☼ ◐ ◊ ◑

Campsis × tagliabuana 'Madame Galen'

Die schnell wachsende Trompetenwinde klettert mithilfe von Haftwurzeln, sie muss jedoch immer wieder leicht angebunden werden. Von Spätsommer bis Frühherbst trägt die Sorte trompetenförmige orangerote Blüten, die einen schönen Kontrast zu den leuchtend grünen, gefiederten Blättern bilden.

↕3–5 m ❄ ❄ ☼ ◊ ◑

Clematis armandii

Armands Waldrebe ist immergrün und rankt sehr schnell. Sie trägt glänzende, dunkelgrüne Blätter und im Frühjahr kleine, weiße duftende Blüten. Sie bevorzugt einen sonnigen, geschützten Standort und überwuchert mit Leichtigkeit eine Mauer oder einen Schuppen.

↕3–5 m ❄ ❄ ☼ ◐ ◊ ◑

Clematis 'Bill MacKenzie'

Eine robuste, starkwüchsige Clematis-Sorte, die von Spätsommer bis Herbst ungefüllte gelbe Blütenlaternen trägt. Die Fruchtstände sind seidig und groß. Die Pflanze benötigt ein Drahtgestell als Rankhilfe oder man lässt sie an Sträuchern oder Bäumen hochklettern. Achtung: Giftpflanze!

↕7 m ❄ ❄ ☼ ◐ ◊ ◑

Clematis 'Étoile Violette'

Von Hochsommer bis Spätherbst bringt diese Sorte der Viticella-Gruppe an den Trieben des jeweiligen Jahres dunkelviolette Blüten mit cremeweißen Staubgefäßen hervor. 'Étoile Violette' wächst in Sträuchern, begrünt Zäune und Spaliere. Rankhilfe zur Mauerbegrünung. Achtung: Giftpflanze!

↕3–5 m ❄ ❄ ❄ ☼ ◐ ◊ ◑

Clematis florida var. *florida* 'Sieboldiana'

Die halb immergrüne Reichblütige Waldrebe trägt im Spätfrühling oder Sommer cremeweiße Blüten mit violetten Staubgefäßen. Sie bevorzugt einen sonnigen, geschützten Standort. Der Wurzelhals sollte beschattet und feucht gehalten werden. Auch für Kübel geeignet. Achtung: Giftpflanze!

↕2–2,5 m ❄ ❄ ☼ ◐ ◊ ◑

Clematis 'Huldine'

Eine kräftige sommerblühende Clematis-Sorte zur Begrünung von Mauern – Rankhilfe! – und Zäunen. Die kleinen, beinahe durchsichtigen weißen Blüten mit zartrosa Rändern und Streifen wirken besonders attraktiv, wenn das Sonnenlicht die rosa Streifen zum Leuchten bringt. Achtung: Giftpflanze.

↕3–5 m ❄ ❄ ❄ ☼ ◐ ◊ ◑

❄❄❄ winterhart ❄❄ kann in milden Regionen im Freien überwintern oder braucht guten Winterschutz ❄ verträgt keinen Frost ❀ verträgt keine Kälte
☼ volle Sonne ◑ Halbschatten ● Schatten ○ gut durchlässiger Boden ◐ frischer Boden ● feuchter Boden

Clematis 'Markham's Pink'

Die früh blühende, immergrüne Großblumige Waldrebe ist kräftig und robust. Von Frühling bis Frühsommer trägt sie gefüllte, violettrote Blütenglocken und im Herbst seidige Fruchtstände. Sie wächst an Zäunen, Büschen und Bäumen, an Mauern braucht sie eine Rankhilfe. Achtung: Giftpflanze!

↕2,5–3,5 m ❄❄❄ ☼ ◑ ○ ◐

Clematis montana var. *montana* 'Tetrarose'

Diese Sorte der wüchsigen, sommergrünen Berg-Waldrebe eignet sich vorzüglich als Begrünung für Zäune und Gartengebäude. Sie öffnet im späten Frühjahr über Wochen hinweg große, vierzählige, rosa Blüten mit einem Bündel goldgelber Staubblätter in der Mitte. Das Laub ist bronzefarben getönt.

↕8 m ❄❄❄ ☼ ○

Eccremocarpus scaber

Die aus Chile stammende Schönranke ist ein immergrüner Halbstrauch. Schnell begrünt er mit attraktiven, farnartigen Blättern und Ranken Spaliere und Zäune. In warmen Lagen überwuchert er rasch Pergolen und Sträucher. Die röhrenförmigen, orangeroten Blüten erscheinen von Spätfrühling bis Herbst.

↕3–5 m ❀ ☼ ○

Hardenbergia violacea

Die starkwüchsige violette Purpurerbse stammt aus Australien. Im Freien gedeiht sie nur an äußerst geschützten, sonnigen und warmen Standorten, doch sie eignet sich gut fürs Gewächshaus. Von Spätwinter bis Frühsommer trägt sie violette Blütentrauben, die an Erbsenblüten erinnern. Sie ist immergrün.

↕2 m oder höher ❀ ☼ ◑ ○

Hedera colchica 'Sulphur Heart'

Die Sorten 'Sulphur Heart' und 'Dentata Variegata' des Kolchischen Efeus tragen ähnlich große, grüne, hell gefleckte Blätter. 'Sulphur Heart' – auch als 'Paddy's Pride' im Handel – wächst schneller. Die länglicheren Blätter zeigen hellgelbe Panaschierungen. Achtung: Giftpflanze!

↕5 m ❄❄ ☼ ○ ◐

Hedera helix 'Oro di Bogliasco'

Diese Sorte des Gewöhnlichen Efeus, das auch als 'Goldheart' bekannt ist, trägt dunkle glänzende Blätter, die in der Mitte einen goldenen Fleck zeigen. Sie klimmt mit Haftwurzeln selbstständig an rauen Wänden empor, wächst jedoch langsam und verträgt Schatten. Achtung: Giftpflanze!

↕8 m ❄❄❄ ☼ ◑ ○ ◐

Hedera helix 'Parsley Crested'

Diese Sorte des Gewöhnlichen Efeus bildet dunkelgrüne Blätter mit einem gewellten Rand aus. Der robuste, immergrüne Strauch wächst mit Haftwurzeln empor. Die kräftigen, aufrechten Triebe begrünen optimal Gartenmauern oder Zäune. Achtung: Giftpflanze!

↕2 m ❄ ☼ ○ ◐

Humulus lupulus 'Aureus'

Hopfen eignen sich für schattige Mauern und Begrenzungen, *H. lupulus* 'Aureus' aber entwickelt die schönste Laubfärbung in der Sonne. Die wüchsige Staude mit gelbgrünen, tief gelappten Blättern und behaarten, windenden Trieben öffnet im Spätsommer weibliche Blütenähren, die Dolden genannt werden.

↕6 m ❄❄❄ ☼ ◑ ○ ◐

KLETTERPFLANZEN FÜR FRÜHLING UND SOMMER

- *Campsis* × *tagliabuana* 'Madame Galen' S. 314
- *Clematis armandii* S. 314
- *Clematis* 'Bill MacKenzie' S. 314
- *Clematis* 'Etoile Violette' S. 314
- *Clematis* 'Markham's Pink' S. 315
- *Clematis montana* var. *montana* 'Tetrarose' S. 315
- *Jasminum officinale* 'Argenteovariegatum' S. 316
- *Lonicera periclymenum* 'Serotina' S. 316
- *Passiflora caerulea* S. 316
- *Rosa* (Sorten) S. 316, 317
- *Solanum crispum* 'Glasnevin' S. 317
- *Solanum laxum* 'Album' S. 317
- *Tropaeolum speciosum* S. 317
- *Wisteria floribunda* 'Multijuga' S. 317

Kletterpflanzen

Hydrangea anomala subsp. *petiolaris*

Die Kletter-Hortensie ist ein Strauch. Im Sommer bildet sie große weiße Blütenteller, die einen schönen Kontrast zu den dunkelgrünen Blättern bilden. Die Triebe weisen eine braune, sich schälende Rinde auf. Jungpflanzen müssen gestützt werden, bis sie sich mit ihren Haftwurzeln festgeklammert haben.

↕15 m

Jasminum officinale 'Argenteovariegatum'

Der Echte Weiße Jasmin ist ein Strauch. Er wächst stark und besticht durch hübsche gefiederte Blätter und stark duftende, weiße sternförmige Blüten, die im Sommer erscheinen. Die Sorte 'Argenteovariegatum' hat geteilte graugrüne Blätter mit cremefarbenen Rändern.

↕12 m

Lonicera periclymenum 'Serotina'

Das robuste Wald-Geißblatt ist ein Strauch und kann an einer Rankhilfe, einem kleinen Baum oder Strauch hochklettern. Die Frühjahrstriebe sind zunächst dunkelrot, der Austrieb ist üppig. Im Sommer erscheinen röhrenförmige, duftende, cremeweiße Blüten mit kräftig violettroten Streifen. Achtung: Giftpflanze!

↕7 m

Parthenocissus henryana

Die Chinesische Jungfernrebe ist ein Strauch, der sich mit Haftscheiben an rauen Oberflächen festhalten kann, sodass Mauern durch sie ohne Rankhilfe begrünt werden können. Die schönste Blattfärbung entwickelt die Art im Halbschatten. Die silber geäderten Blätter färben sich im Herbst leuchtend rot.

↕10 m

Parthenocissus tricuspidata 'Veitchii'

Die Dreilappige Jungfernrebe ist ein kräftig wachsender Strauch, der glatte Oberflächen mit den Haftscheiben problemlos erobert. Die Sorte 'Veitchii' ist wegen der schönen Herbstfärbung bekannt: Die mittelgrünen, efeuähnlichen Blätter werden tief dunkelrot.

↕20 m

Passiflora caerulea

Die schnell wachsende Blaue Passionsblume ist ein Strauch und überwächst rasch Mauern oder Zäune an warmen, geschützten Standorten. Die auffälligen Blüten sind meist weiß mit violettblauen und weißen Strahlenkränzen. Die orangegelben Früchte sind zwar dekorativ, aber nicht essbar. Achtung: Giftpflanze!

↕10 m oder höher

Rosa 'Compassion'

Die Kletterrose 'Compassion' hat die schönen Blüten der Teehybriden und dunkelgrüne Blätter. Die rundlich gefüllten, lachsrosa Blüten sind apricotfarben getönt und wohlriechend. Sie blüht von Sommer bis Herbst. Werden die verwelkten Blüten entfernt, so verlängert sich die Blütezeit. Gut geeignet für Mauern.

↕3 m

Rosa 'Félicité Perpétue'

Eine Rambler-Rose mit langen Trieben und dunkelgrünen Blättern. Im Sommer erscheinen hellrosa Knospen, die sich zu leicht rosa getönten, gefüllten weißen Blüten öffnen. Eine herrliche Rose für einen Bogen, die jedoch auch an einem Strauch oder kleinen Baum hochgezogen werden kann.

↕bis 5 m

Rosa 'Madame Alfred Carrière'

Diese großartige alte Kletterrose ist so wüchsig und robust, dass sie sogar an schattigen Standorten noch gedeiht. Ihre grünen Triebe tragen kaum Stacheln. Sie trägt vom Sommer bis zum ersten Frost große, duftende, gefüllte, elegant nickende Blüten in zartem, später ganz weißem Rosa. Eine unkomplizierte Sorte.

↕8 m ↔2,5 m

❄❄❄ winterhart ❄❄ kann in milden Regionen im Freien überwintern oder braucht guten Winterschutz ❄ verträgt keinen Frost ❄ verträgt keine Kälte
☼ volle Sonne ☼ Halbschatten ☀ Schatten ◊ gut durchlässiger Boden ◊ frischer Boden ◆ feuchter Boden

Rosa THE GENEROUS GARDENER ('Ausdrawn')

Eine standfeste, erstklassige Kletterrose, die moderne Vorzüge wie Remontanz und Widerstandsfähigkeit gegen Krankheiten mit der Schönheit einer alten Sorte in sich vereint. Sie trägt den ganzen Sommer und Herbst hindurch duftende, halb gefüllte, zartrosa Blüten über glänzendem, apfelgrünem Laub.

↕3 m ↔1,5 m ❄❄❄ ☼ ◊

Schizophragma integrifolium

Die langsam wachsende Spalthortensie, ein Strauch, trägt hortensienähnliche Blütenteller, die aus cremeweißen Einzelblüten mit ovalen cremeweißen Hochblättern bestehen und sich im Sommer bilden. Die grünen Blätter sind spitz zulaufend. Mit ihren Haftwurzeln klettert sie an rauen Oberflächen empor.

↕12 m ❄❄ ☼ ☼ ◊

Solanum crispum 'Glasnevin'

Die Chile-Kartoffel ist ein Strauch und eignet sich zum Begrünen warmer, sonniger Mauern oder Zäune. Die Sorte 'Glasnevin' trägt von Sommer bis Herbst lilablaue sternförmige Blüten, die duften. Die Art lässt sich gut an einem Strauch oder kleiner Baum emporziehen.

↕6 m ❄ ☼ ☼ ◊ ◊

Solanum laxum 'Album'

Der Jasmin-Nachtschatten ist ein halb immergrüner Strauch, der über einen langen Zeitraum, von Sommer bis Herbst, zarte Blüten hervorbringt. Die Sorte 'Album' blüht weiß. Die Art, die ursprünglich aus Brasilien stammt, blüht für gewöhnlich blau. Ein Kübel mit Rankhilfe an einem sonnigen Platz ist ideal.

↕6 m ❄ ☼ ◊ ◊

Tropaeolum speciosum

Die Flammende Kapuzinerkresse ist eine Staude, mit fleischigen Trieben und geteilten Blättern an langen Stielen. Sie rankt an Bäumen, Sträuchern oder Hecken empor. Ihre leuchtend roten Blüten, die von Sommer bis Herbst erscheinen, kontrastieren mit dem grünen Laub. Die Früchte sind rund und blau.

↕bis 3 m oder höher ❄ ☼ ☼ ◊

Vitis coignetiae

Die Rostrote Rebe wird wegen ihres dekorativen Laubs und der lebhaften Herbstfärbung geschätzt. Die Blätter des Strauchs sind herzförmig und auf der Unterseite filzig. Wenn die Art sich im Herbst bunt färbt, erscheinen auch die ungenießbaren blauschwarzen Beeren.

↕15 m ❄❄❄ ☼ ☼ ◊

Vitis vinifera 'Purpurea'

Die Trauben der Rotblättrigen Weinrebe sind ungenießbar, doch dafür entschädigt die herrliche Laubfärbung. Die Blätter des Strauchs sind zunächst grau, dann violett und im Herbst tief dunkelrot. Die Art bildet Ranken aus, deswegen ist ein Drahtgerüst notwendig, um Mauern und Zäune zu erobern.

↕7 m ❄❄ ☼ ☼ ◊ ◊

Wisteria floribunda 'Multijuga'

Die herabhängenden Blütentrauben des Japanischen Blauregens sind im Frühsommer ein Höhepunkt im Garten. Der kraftvolle Kletterer verursacht massive Schäden an der Kletterhilfe, wenn diese nicht entsprechend konstruiert wurde. 'Multijuga' *(oben)* trägt duftende lila Blüten – 'Alba' weiße.

↕9 m oder mehr ❄❄❄ ☼ ☼ ◊ ◊

KLETTERPFLANZEN MIT BLATTSCHMUCK

- *Actinidia kolomikta* S. 314
- *Akebia quinata* S. 314
- *Ampelopsis brevipedunculata* S. 314
- *Hedera colchica* 'Sulphur Heart' S. 315
- *Hedera helix* 'Oro di Bogliasco' S. 315
- *Hedera helix* 'Parsley Crested' S. 315
- *Humulus lupulus* 'Aureus' S. 315
- *Hydrangea anomala* subsp. *petiolaris* S. 315
- *Parthenocissus henryana* S. 316
- *Parthenocissus tricuspidata* 'Veitchii' S. 316
- *Vitis coignetiae* S. 317
- *Vitis vinifera* 'Purpurea' S. 317

Hohe Stauden

Acanthus spinosus

Der horstbildende, dekorative Stachelige Bärenklau bevorzugt nährstoffreiche Böden. Von Spätfrühling bis Hochsommer erheben sich majestätische weiße Blütenkerzen mit violetten Hochblättern über dunkelgrünen überhängenden Blättern. Die Art versamt sich stark.

↕1,5 m ↔ 60–90 cm ❄❄❄ ☼ ◑ ◊

Aconitum 'Spark's Variety'

Der Garten-Eisenhut bildet Blüten, die an Helme erinnern. Die Sorte stammt von *A. henryi* und *A. cammarum* ab. Sie blüht von Hoch- bis Spätsommer und bevorzugt frische, nährstoffreiche Böden. Sehr hohe Pflanzen müssen gestützt werden. Achtung: Giftpflanze!

↕1,2–1,5 m ↔ 45 cm ❄❄❄ ◑ ♦

Anemone hupehensis

Die Herbst-Anemone trägt von Spätsommer bis zur Herbstmitte halb gefüllte rosa Blüten an langen Blütenstielen. Die weiß blühende 'Honorine Jobert' hellt schattige Rabatten auf. Wie alle Herbst-Anemonen auch liebt sie nährstoffreiche Böden und verträgt keine Staunässe.

↕1,2–1,5 m ↔ unbegrenzt ❄❄❄ ☼ ◑ ♦

Asphodeline lutea

Die Junkerlilie dominiert die Rabatte mit den raketenähnlichen Kerzen aus sternförmigen, gelben Einzelblüten, die im Spätfrühling erscheinen. Die auffälligen blaugrünen Blätter wachsen aufrecht und hängen nur leicht über. Die Art bildet große Horste und bevorzugt frische, durchlässige Böden.

↕1,5 m ↔ 30 cm ❄❄❄ ☼ ◊

Baptisia australis

Die horstbildende Blaue Färberhülse setzt im Mai und Juni lockere, lupinenartige Trauben aus meist blauen oder violetten Schmetterlingsblüten über standfesten, aufrechten Trieben an. Sie bildet einen Busch aus frischen, üppigen, dreilappigen Blättern. Auf die Blüten folgen Hülsenfrüchte.

↕1–1,5 m ↔ 1 m ❄❄❄ ☼ ◊

Cephalaria gigantea

Der Große Schuppenkopf benötigt viel Standraum auf der Rabatte, damit im Sommer die hohen Blütenstiele mit den hellgelben, leicht zerknitterten Blüten zur Geltung kommen. Besonders attraktiv wirken sie vor einem dunklen Hintergrund, z. B. einer Koniferenhecke oder einem Zaun.

↕bis 2,5 m ↔ 60 cm ❄❄❄ ☼ ◑ ◊ ♦

Cirsium rivulare 'Atropurpureum'

Die intensiv roten Blüten der horstbildenden Bach-Kratzdistel zeigen, dass Disteln im Garten attraktiv wirken können – zudem sind sie eine ausgezeichnete Bienenweide. Die stacheligen, grünen Blätter unterstützen die Wirkung der Pflanze. Geeignet ist sie für feuchte Standorte und natürlich anmutende Rabatten.

↕1,2 m ↔ 60 cm ❄❄❄ ☼ ◊ ♦

Crambe cordifolia

Wie Konfetti scheinen die winzigen weißen Blüten des Meerkohls in der Luft zu schweben. Die gezahnten grünen Blätter sind von Spätfrühling bis Hochsommer von einer Blütenwolke umgeben. Die Art passt in natürlich anmutende Gärten und verträgt das Küstenklima. Zudem ist sie eine gute Bienenweide!

↕bis 2,5 m ↔ 1,5 m ❄❄❄ ☼ ◊

Cynara cardunculus

Die Wilde Artischocke bringt große Blüten hervor, so groß wie die der Gemüse-Artischocke. Unter den bürstenhaarähnlichen blauvioletten Röhrenblüten sitzen stachelige Hochblätter. Die Art sollte nicht starkem Wind ausgesetzt werden. In kühleren Lagen empfiehlt sich eine Mulchschicht um die Pflanzenbasis.

↕1,5 m ↔ 1,2 m ❄❄❄ ☼ ◊

❄❄❄ winterhart ❄❄ kann in milden Regionen im Freien überwintern oder braucht guten Winterschutz ❄ verträgt keinen Frost ❄ verträgt keine Kälte
☼ volle Sonne ◐ Halbschatten ● Schatten ◊ gut durchlässiger Boden ◈ frischer Boden 💧 feuchter Boden

Delphinium Pazifik-Gruppe

Die Rittersporn-Sorten dieser Gruppe blühen blau, violettrot, weiß und violett und passen hervorragend in einen Cottage-Garten. Im Hochsommer sollten die verwelkten Blüten zurückgeschnitten werden. Dies fördert eine Nachblüte im Spätsommer oder Frühherbst. Schützen Sie die Pflanze vor starkem Wind.

↕1,2–2 m ↔90 cm ❄❄❄ ☼ ◊

Dierama pulcherrimum

Der Trichterschwertel ist eine Knollen bildende Staude mit violettrot gefärbten Blütenglocken, die im Wind anmutig nicken. Die Art bildet schmale, grasähnliche grüne Blätter aus. Sie steht in der Mitte oder am Rand von Rabatten und entlang des Weges. Knollen vor Winterfeuchte schützen.

↕1–1,5 m ↔60 cm ❄❄ ☼ ◊

Dryopteris wallichiana

Der Gebirgs-Wurmfarn ist eine Staude, deren Blätter bis weit in den Winter sehr attraktiv wirken. Die Wedel sind im Austrieb auffällig schwarz beschuppt. Der Farn benötigt einen geschützten, halbschattigen Standort auf nährstoffreichen, frischen Böden.

↕90 cm oder mehr ↔75 cm ❄❄❄ ◐ ◈

Echinops bannaticus

Die Banater Kugeldistel passt gut in einen Garten, der natürlich wirken soll. Ihre runden blauen Blütenköpfe, die von Hoch- bis Spätsommer die graugrünen Blätter überragen, locken Bienen an. Die großen Horste können von Herbst bis Frühjahr geteilt werden. Die Sorte 'Taplow Blue' trägt lavendelblaue Blüten.

↕0,5–1,2 m ↔75 cm ❄❄❄ ☼ ◊

Eryngium agavifolium

Die aus Argentinien stammende Agaven-Edeldistel bildet lange, schwertähnliche Blätter, die der Länge nach gezähnt sind. Sie bilden eine Rosette, aus der die Blütenstiele emporwachsen. Die grünen und weißen Blütenstände sehen kegelförmig aus und eignen sich für Trockengestecke.

↕1–1,5 m ↔60 cm ❄❄ ☼ ◊ ◈

Foeniculum vulgare 'Purpureum'

Sowohl die nach Anis schmeckende Samen als auch die gefiederten Blätter des Fenchels finden in der Küche Verwendung. Von Hoch- bis Spätsommer erscheinen kleine gelbe Blüten. Die Sorte 'Purpureum' toleriert Frost besonders gut und besticht durch auffallend purpur- bis bronzefarbene Blätter.

↕1,8 m ↔45 cm ❄❄❄ ☼ ◊

Helianthus 'Lemon Queen'

Diese Sorte eignet sich zur Hintergrundgestaltung einer Rabatte. Mit den hellgelben Blüten und der dunkleren Scheibe ist die Sorte angenehm zurückhaltend in der Farbgebung. Sie blüht von Spätsommer bis Frühherbst und verträgt trockene oder feuchte Standorte. Sie ist sehr robust und wuchsfreudig.

↕1,7 m ↔1,2 m ❄❄❄ ☼ ◊ ◈

Inula magnifica

Der schnell wachsende Große Alant braucht sehr viel Platz für die großen dekorativen Blätter, die auf der Unterseite weich behaart sind. Im Spätsommer erscheinen hohe kräftige Stängel mit Blütenbüscheln. Die Blütenblätter sind schmal und gelb. Die Pflanze passt in einen natürlich wirkenden Garten.

↕bis 1,8 m ↔1 m ❄❄❄ ☼ ◊ ◈ 💧

DEKORATIVE STAUDEN

- *Acanthus spinosus* S. 318
- *Asplenium scolopendrium* Crispum-Gruppe S. 322
- *Astelia chathamica* S. 322
- *Athyrium filix-femina* S. 322
- *Cynara cardunculus* S. 318
- *Dryopteris wallichiana* S. 319
- *Echinops bannaticus* S. 319
- *Eryngium agavifolium* S. 319
- *Euphorbia × martinii* S. 324
- *Foeniculum vulgare* 'Purpureum' S. 319
- *Hosta* 'Sum and Substance' S. 326
- *Melianthus major* S. 320
- *Musa basjoo* S. 320
- *Phormium cookianum* subsp. *hookeri* 'Tricolor' S. 329
- *Phormium tenax* Purpureum-Gruppe S. 320
- *Sisyrinchium striatum* 'Aunt May' S. 329

Hohe Stauden

Leucanthemella serotina

Die Herbstmargerite ist eine lang haltbare Schnittblume. Die kräftige Staude muss nicht gestützt werden und liebt frischen Boden in voller Sonne oder Halbschatten. Mit den weißen Blüten hellt sie auch Bereiche lichten Schattens im Garten auf. Sie passt in natürlich wirkende Gärten und auf Rabatten.

↕bis 1,5 m ↔90 cm ❄ ❄ ☼ ◐ ◑ ●

Macleaya microcarpa 'Kelway's Coral Plume'

Der rosa blühende Federmohn zeigt sich im Früh- und Hochsommer von seiner schönsten Seite, wenn die filigranen Blütenrispen über einem Meer aus graugrünen Blättern schweben. Die Pflanze sieht in Einzelstellung oder in einer gemischten Rabatte gut aus, neigt jedoch zum Wuchern.

↕bis 2,2 m ↔1 m oder breiter ❄ ❄ ❄ ☼ ○ ◑

Melianthus major

Der Honigstrauch wird wegen seiner graugrünen, gezähnten Blätter geschätzt. Er verträgt Seeluft und eignet sich daher sehr gut für einen Küstengarten. Am attraktivsten wirkt er in Einzelstellung, sodass die schöne Wuchsform bewundert werden kann. Der Halbstrauch muss frostfrei überwintern.

↕2–3 m ↔1–3 m ❀ ☼ ○ ◑

Musa basjoo

Die Japanische Faserbanane wächst bis zu 5 m in die Höhe und kann in kühleren Klimaten Früchte hervorbringen, die jedoch nicht genießbar sind. Sie eignet sich zur Einzelstellung im Garten. Starker Wind kann die Blätter zerteilen, daher sollte ein entsprechender Windschutz vorgesehen werden.

↕bis 5 m ↔ bis 4 m ❀ ☼ ◑

Phlox paniculata 'Blue Paradise'

Mit seinen hübschen kegelförmigen Blütenständen aus fünfzähligen, blauvioletten Blüten, die jeweils ein dunkelrotes Auge haben und einnehmend duften, ist der Stauden-Phlox ein echter Blickfang. Er blüht ab dem Hochsommer wochenlang an kräftigen kastanienbraunen Stängeln, die keine Stütze brauchen.

↕1,2 m ↔60 cm ❄ ❄ ❄ ☼ ◐ ○

Phormium tenax Purpureum-Gruppe

Diese Sorte des Neuseelandflachses besitzt lange, schwertähnliche Blätter, deren dunkelrote Färbung gut zu helleren Blattschmuckstauden und Gräsern passt. Als Solitär dominiert er eine Rabatte. Sonnige, warme Standorte und nährstoffreiches Substrat ratsam. Topfkultur nötig, da nicht winterhart.

↕2,5–2,8 m ↔1 m ❄ ☼ ○ ◑

Romneya coulteri 'White Cloud'

Der Kalifornische Baummohn wird zu einer buschigen, breiten Staude, die durch große weiße Blüten mit kugelig angeordneten, gelben Staubgefäßen besticht. Der Baummohn muss vor kalten, starken Winden geschützt werden und findet deswegen vor warmen Mauern einen idealen Standort.

↕1–2,5 m ↔ unbegrenzt ❄ ☼ ○

Salvia uliginosa

Der aus Südamerika stammende Sumpf-Salbei trägt von Spätsommer bis Mitte Herbst leuchtend blaue Blüten an vierkantigen Stielen, die hoch über den mittelgrünen, gezähnten Blättern stehen. Er bevorzugt feuchte Standorte und eignet sich zur Hintergrundgestaltung einer Rabatte.

↕bis 2 m ↔90 cm ❄ ☼ ◑

Selinum wallichianum

Die Feinblättrige Silge gehört zu den Doldengewächsen und hat sich als elegante Sommer- und Herbststaude bewährt. Sie trägt weiße Blütendolden an kräftigen violetten Stängeln über gefiedertem, frischgrünem Laub. Ihre Samenstände werten auch den winterlichen Garten auf, sofern man sie nicht abschneidet.

↕1,5 m ↔60 cm ❄ ❄ ❄ ☼ ◐ ◑

❄❄❄ winterhart ❄❄ kann in milden Regionen im Freien überwintern oder braucht guten Winterschutz ❄ verträgt keinen Frost ❅ verträgt keine Kälte
☼ volle Sonne ◐ Halbschatten ● Schatten ◇ gut durchlässiger Boden ◑ frischer Boden ◆ feuchter Boden

Symphyotrichum 'Ochtendgloren'

Die Sorte trägt im Spätsommer hellviolette Blüten, die an Gänseblümchen erinnern. Die starkwüchsige Staude bildet Horste, die nicht regelmäßig geteilt werden müssen. Die Sorte hellt dunkle Rabatten auf, gedeiht im Kübel und eignet sich als Schnittblume. Sie bevorzugt nährstoffreiche Böden.

↕1,2 m ↔ 80 cm ❄❄❄ ☼ ◇

Thalictrum 'Elin'

Die Wiesenraute blüht im Spätsommer. Sie trägt ihre winzigen, rosavioletten Blüten mit cremeweißen Staubblättern in wolkenartigen Bäuschen an hohen violetten Stängeln. Mit ihrem filigranen, blaugrünen Laub sieht die horstbildende Staude die ganze Saison hindurch schön aus. Sie braucht ggf. eine Stütze.

↕2,5 m ↔ 1 m ❄❄❄ ◐ ◑

Thalictrum flavum subsp. *glaucum*

Die Wiesenraute breitet sich durch unterirdische Ausläufer aus. Im Sommer bilden die schwefelgelben Blüten einen schönen Kontrast zu den blaugrünen, filigranen Blättern. Die Sorte 'Illuminator' trägt hellgrüne Blätter und ist höher als die hier vorgestellte Unterart.

↕bis 1 m ↔ 60 cm ❄❄❄ ◐ ◑

Valeriana phu 'Aurea'

Die duftenden Blätter der Baldrian-Sorte sind im Austrieb zartgelb und färben sich im Sommer gelbgrün bis grün. Im Frühsommer runden kleine weiße Blüten das Erscheinungsbild ab. Die Pflanze passt gut in einen Cottage-Garten oder ergänzt eine naturnah wirkende Pflanzung.

↕bis 1,5 m ↔ 60 cm ❄ ☼ ◐ ◑

Verbascum 'Cotswold Queen'

Die Sorte gehört zur Cotswold-Gruppe der Königskerzen. Sie ist eine halb immergrüne Staude mit vorwiegend gelben Blütenkerzen, die jede sommerliche Rabatte belebt. Viele *Verbascum*-Arten und -Sorten gehören zur Lebensform der zweijährigen Pflanzen und blühen erst im zweiten Standjahr.

↕1,2 m ↔ 30 cm ❄❄ ☼ ◇

Verbena bonariensis

Die beliebte Verbenen-Art wirkt im Zusammenspiel mit Gruppen von Gräsern. Ihre schlanken Triebe lassen die violetten Blüten ab Hochsommer bis Frühherbst in Blütenbüscheln schweben. Die Art eignet sich deswegen für den Rabattenhintergrund oder leitet den Blick in die Tiefe einer Rabatte.

↕bis 2 m ↔ 45 cm ❄❄ ☼ ◇ ◑

Veronicastrum virginicum

Von Sommer bis Herbst schmücken die anmutigen Blütenkerzen des Arzneiehrenpreises die Rabatten mit weißen, rosa und violetten Blütenkerzen. *V. virginicum* 'Album' blüht reinweiß und passt besonders gut zu Pflanzen mit dunklem Laub. Die Pflanze ist keine Heilpflanze.

↕bis 2 m ↔ 45 cm ❄❄❄ ☼ ◐ ◑

Veronicastrum virginicum 'Fascination'

Der beeindruckende, im Sommer bis in den Herbst hinein verlässlich blühende Kandelaber-Ehrenpreis trägt quirlständig angeordnetes, lanzettliches Laub an aufrechten Stängeln, die in eleganten schlanken Kerzen aus kleinen blauvioletten Blüten enden. Er lockt Bestäuber an und muss selten gestützt werden.

↕1,5 m ↔ 1 m ❄❄❄ ☼ ◐ ◇

STAUDEN, DIE BESTÄUBER ANLOCKEN

- *Agastache* 'Blackadder' S. 322
- *Aquilegia vulgaris* 'William Guiness' S. 322
- *Centaurea dealbata* 'Steenbergii' S. 323
- *Cirsium rivulare* 'Atropurpureum' S. 318
- *Crambe cordifolia* S. 318
- *Digitalis × mertonensis* S. 323
- *Doronicum* 'Little Leo' S. 332
- *Echinacea* (Sorten) S. 324
- *Echinops bannaticus* S. 319
- *Eryngium bourgatii* 'Picos Blue' S. 324
- *Geranium* (Sorten) S. 324, 325
- *Helenium* 'Moerheim Beauty' S. 325
- *Knautia macedonica* S. 326
- *Monarda* 'Squaw' S. 327
- *Nepeta grandiflora* 'Dawn to Dusk' S. 327
- *Nepeta* 'Six Hills Giant' S. 327
- *Pulmonaria* 'Diana Clare' S. 335
- *Veronicastrum virginicum* 'Fascination' S. 321

Mittelgroße Stauden

Achillea 'Lachsschönheit' (Galaxy-Serie)

Mit ihren fast nadelartig gefiederten, dunklen Blättern und den großen lachsfarbenen Blütentellern passt die Schafgarbe sowohl zu natürlich anmutenden Pflanzungen als auch in gemischte Rabatten. Es gibt zahlreiche Millefolium-Hybriden in den unterschiedlichsten Farbschattierungen.

↕75–90 cm ↔60 cm ❄ ❄ ❄ ☼ 💧 💧

Achillea 'Taygetea'

Im Sommer und Herbst bildet diese Sorte (aus *A. clypeolata* × *A. millefolium*) cremegelbe Blüten, die zu großen scheibenartigen Blütenständen angeordnet sind. An den Stängeln der Pflanze sitzen attraktive, graugrüne Blätter – ein wohltuender Kontrast zu den hellen Blüten.

↕60 cm ↔45 cm ❄ ❄ ❄ ☼ 💧 💧

Agastache 'Blackadder'

Die aufrechte Duftnessel begeistert vom Spätsommer bis in den Herbst hinein mit hübschen blauvioletten Blüten. Sie öffnen sich an fast schwarzen, ährenartigen Blütenständen über duftendem, frischgrünem, gezähntem Laub und rufen Bestäuber auf den Plan. Ideal ist ein offener, aber geschützter Platz.

↕80 cm–1 m ↔60 cm ❄ ❄ ☼ 💧

Anaphalis triplinervis

Die Silberimmortelle ist äußerst pflegeleicht und unterstützt silbergraue und weiße Pflanzschemata. Die Blüten erscheinen von Hoch- bis Spätsommer mit papierähnlichen weißen Hochblättern. Die Art ist sehr gut als Schnittblume geeignet und kommt ursprünglich aus dem Himalaja.

↕80–90 cm ↔45–60 cm ❄ ❄ ❄ ☼ 💧

Aquilegia vulgaris 'William Guiness'

Die Akelei-Auswahl ist sehr groß. Die Sorte 'William Guiness' (hier vor einem Hintergrund aus Hosta-Blättern) ist wegen der ungewöhnlichen Blütenfärbung besonders beliebt. Die Blüten schweben an hohen Stielen über den geteilten Blättern. Die Pflanze passt in Cottage-Gärten oder gemischte Rabatten.

↕90 cm ↔45 cm ❄ ❄ ❄ ☼ ◐ 💧 💧

Artemisia ludoviciana 'Silver Queen'

Der Weiße Beifuß mit den flaumig behaarten, silbernen Blättern passt in silberne und weiße Pflanzschemata oder setzt einen Kontrast in Rabatten. Von Hochsommer bis Herbst erscheinen bräunlich gelbe Blüten. Die Blattränder der Sorte 'Valerie Finnis' sind stärker eingeschnitten.

↕75 cm ↔60 cm ❄ ❄ ❄ ☼ 💧

Asplenium scolopendrium Crispum-Gruppe

Dank der gewellten Wedelränder sieht der immergrüne Hirschzungenfarn das ganze Jahr über exotisch aus. Am üppigsten gedeiht er im lichten Schatten auf nährstoffreichen, frischen Böden oder bei hoher Luftfeuchtigkeit. Auf einer gemischten Waldrabatte wirkt er harmonisch.

↕30–60 cm ↔60 cm ❄ ❄ ❄ ◐ 💧 💧

Astelia chathamica

Mit ihren silbernen Blatthorsten eignet sich die aus Neuseeland stammende Pflanze für Rabattenvordergrund und -mitte sowie den Topfgarten. Von Mitte bis Ende des Frühlings trägt sie gelbgrüne Blüten an langen Stängeln, weibliche Pflanzen bilden orangerote Beeren. Im Winter unter Glas bringen.

↕1,2 m ↔bis 2 m ❄ ☼ ◐ 💧

Astrantia 'Hadspen Blood'

Die Große Sterndolde fühlt sich auch im lichten Schatten wohl. 'Hadspen Blood' besitzt tief eingeschnittene, mittelgrüne Blätter und trägt dunkelrote Blüten, die umgeben sind von ebenso roten Hochblättern. Die Art eignet sich als Schnittpflanze und wird häufig für Trockengestecke eingesetzt.

↕30–90 cm ↔45 cm ❄ ❄ ❄ ☼ ◐ 💧

❄❄❄ winterhart ❄❄ kann in milden Regionen im Freien überwintern oder braucht guten Winterschutz ❄ verträgt keinen Frost ❅ verträgt keine Kälte
☼ volle Sonne ◐ Halbschatten ● Schatten ◇ gut durchlässiger Boden ◑ frischer Boden ◆ feuchter Boden

Athyrium filix-femina

Der Wald-Frauenfarn bereicherte die Gärten des 19. Jahrhunderts. Seine großen, sehr fein gefiederten Wedel – selten an rotbraunen Stängeln – sind heute kaum noch in Rabatten zu sehen, obwohl sie romantisierend wirken. Auf halbschattigen Standorten mit humosen, frischen Böden gedeiht die Art.

↕ bis 1,2 m ↔ bis 90 cm ❄❄❄ ◐ ◑

Campanula 'Burghaltii'

Die Art entstammt der Kreuzung von *C. latifolia* × *C. punctata*. Im Hochsommer öffnen sich die blauvioletten Knospen dieser Staude zu anmutigen lavende blauen Glocken. Die Art bevorzugt einen Standort in neutralen bis kalkhaltigen Böden. Alternativ dazu wird sie in einen großen Kübel gepflanzt.

↕ 60 cm ↔ 30 cm ❄❄❄ ☼ ◐ ◇ ◑

Campanula glomerata 'Superba'

Die robuste Knäuel-Glockenblume bringt den ganzen Sommer über Büschel aus tiefvioletten, glockenähnlichen Blüten hervor. Schneidet man die Pflanze nach der ersten Blüte bis zu den obersten Blättern zurück, so verlängert sich die Blütezeit. Die Art ist sehr standfest.

↕ 60 cm ↔ unbegrenzt ❄❄❄ ☼ ◐ ◇ ◑

Centaurea dealbata 'Steenbergii'

Die Flockenblume verträgt Trockenheit und lockt Bienen und Schmetterlinge an. Die leuchtend rotvioletten Blüten, die im Sommer erscheinen, eignen sich auch für die Vase. Die Pflanze passt gut in ein natürlich wirkendes Pflanzschema oder in den Cottage-Garten.

↕ 60 cm ↔ 60 cm ❄❄❄ ☼ ◇

Clematis integrifolia

Der blaue Flor der Glanzblättrigen Waldrebe erscheint von Hochsommer bis Spätherbst an einjährigen Trieben. Die leicht gebogenen Blütenblätter umhüllen cremefarbene Staubgefäße. Es folgen dekorative silberne Samenstände. Eventuell muss die Pflanze gestützt werden. Achtung: Giftpflanze!

↕ 60 cm ↔ 60 cm ❄❄❄ ☼ ◐ ◇

Diascia 'Hopleys'

Wenn es um Blühpower geht, ist dieser Elfensporn kaum zu schlagen. Er treibt den ganzen Sommer und Herbst über bis zum ersten Frost unzählige hübsche, zartrosa Blüten aus. Sie stehen in dichten Rispen an recht brüchigen, belaubten Stängeln. Die Staude braucht viel Sonne und Schutz. Stützen sind ratsam.

↕ 1 m ↔ 80 cm ❄❄ ☼ ◇

Digitalis GOLDCREST ('Waldigone')

Dieser bezaubernde, kompakte Fingerhut bildet Rosetten aus wintergrünem Laub. Seine kleinen, pfirsichrosa bis gelben, rot gefleckten Blüten hängen von dünnen Stängeln. Sie öffnen sich vom Sommer bis in den Herbst hinein. Gut zur Geltung kommt die Staude in einer halbschattigen Rabatte oder an einer Mauer.

↕ 50 cm ↔ 50 cm ❄❄❄ ☼ ◐ ◑

Digitalis × *mertonensis*

Durch die Kreuzung von Gelbem und Rotem Fingerhut entstand diese ausdauernde Staude, die von Spätfrühling bis Frühsommer große rosa Blüten trägt und eine gute Bienenweide ist. Die Pflanze sät sich leicht selbst aus, sodass ein natürliches Ausbreitungsbild entsteht. Achtung: Giftpflanze!

↕ bis 90 cm ↔ 30 cm ❄❄❄ ◐ ◑

FRÜH BLÜHENDE STAUDEN

- *Ajuga reptans* S. 330
- *Crambe cordifolia* S. 318
- *Dicentra* 'Bacchanal' S. 331
- *Doronicum* 'Little Leo' S. 332
- *Epimedium* × *perralchicum* S. 332
- *Euphorbia myrsinites* S. 332
- *Iris lazica* S. 333
- *Helleborus argutifolius* S. 325
- *Helleborus foetidus* S. 325
- *Helleborus* WALBERTON'S ROSEMARY ('Walhero') S. 333
- *Heuchera* 'Plum Pudding' S. 333
- *Lamprocapnos spectabilis* 'Alba' S. 326
- *Lathyrus vernus* S. 334
- *Pulmonaria* 'Blue Ensign' S. 334
- *Pulmonaria* 'Diana Clare' S. 335
- *Rhodanthemum hosmariense* S. 335

Mittelgroße Stauden

Dryopteris erythrosora

Die jungen Wedel des Rotschleier-Wurmfarns sind kupferrot, werden dann rosa und spät im Jahr schließlich silbergrün. Der Farn wächst langsam und wird nicht zur Last. Der Boden rund um die Wurzeln sollte stets feucht gehalten werden. Er unterstreicht den Charakter natürlich anmutender Rabatten.

↕60 cm ↔40 cm ❄ ◑ 💧

Echinacea 'Glowing Dream'

Mit seinen großen, ungewöhnlich korallenroten, in der Mitte dunkelbraunen Blütenköpfen ist der Sonnenhut von Juni bis in den Herbst hinein eine Augenweide. Die horstbildende Staude braucht einen Standort ohne viel Konkurrenz. Ihre schwach duftenden Blüten locken Bestäuber an.

↕50–60 cm ↔50 cm ❄ ❄ ❄ ☼ ◑ 💧

Echinacea purpurea 'Virginia'

Eine bezaubernde Sonnenhutsorte mit grün getönten, elfenbeinweißen, in der Mitte dunkelgrünen Köpfen an dicken Stängeln. Die duftenden Blüten erscheinen vom Sommer bis in den Herbst hinein und werden gern von Bestäubern angeflogen. Die Staude braucht Platz um sich herum.

↕60–70 cm ↔50 cm ❄ ❄ ❄ ☼ ◑ 💧

Eremurus stenophyllus

Im Sommer schmückt sich die Afghanistan-Steppenkerze mit anmutigen Blütentrauben. Eventuell muss sie gestützt werden, damit die Stängel nicht umknicken. Die Pflanze mag stark durchlässige Böden und im Herbst eine Mulchschicht aus Kompost. Sie eignet sich für den mittleren und hinteren Teil einer Rabatte.

↕1 m ↔60 cm ❄ ❄ ❄ ☼ 💧

Eryngium bourgatii 'Picos Blue'

Der beeindruckende Spanische Mannstreu bildet Horste aus fiederschnittigen, graugrünen Blättern mit silbriger Äderung. Im Sommer tragen die blau getönten Stängel distelartige Dolden in auffallendem Metallblau. Sie locken Bestäuber an und haben auch im Herbst noch einen hohen Zierwert im Garten.

↕60–70 cm ↔40 cm ❄ ❄ ❄ ☼ 💧

Euphorbia griffithii 'Dixter'

Eine auffällige Wolfsmilch-Sorte, die sich von den übrigen, meist grünblättrigen Euphorbien unterscheidet. Die bräunlich getönten dunkelgrünen Blätter bilden den idealen Hintergrund für die orange gefärbten Hochblätter der unscheinbaren Blüten. Die schönste Blattfärbung bildet sich am halbschattigen Standort.

↕75 cm ↔1 m ❄ ❄ ❄ ◑ 💧

Euphorbia × martinii

Mit ihren ungewöhnlichen roten und grünen Blüten an den einjährigen Stängeln ist die Wolfsmilch-Art eine Bereicherung für jeden Garten. Die Art blüht von Frühling bis Hochsommer. Sie ist sehr anpassungsfähig und toleriert sowohl Sonne als auch Schatten. Muss den Winter drinnen verbringen.

↕1 m ↔1 m ❄ ☼ ◑ 💧

Euphorbia schillingii

Diese stark wüchsige Euphorbien-Art trägt von Spätsommer bis Herbst hellgelbe Blüten an den mit Blättern bewachsenen Stängeln. Sie bevorzugt nährstoffreiche Böden und lichten Schatten. Achten Sie darauf, dass die feine Textur der Pflanze auf der Rabatte zur Geltung kommt.

↕1 m ↔30 cm ❄ ❄ ◑ 💧

Geranium 'Brookside'

Diese Storchschnabel-Sorte (*G. pratense* × *G. clarkei* 'Kashmir Pink') eignet sich zur Randgestaltung einer Rabatte, dort deckt sie den Boden ab und schafft einen attraktiven Rahmen. Die Sorte wächst in Sonne oder Halbschatten. Die Blätter sind filigran gelappt. Die Blüten sind blauviolett mit hellem Zentrum.

↕60 cm ↔45 cm ❄ ❄ ❄ ☼ ◑ 💧

❄❄❄ winterhart ❄❄ kann in milden Regionen im Freien überwintern oder braucht guten Winterschutz ❄ verträgt keinen Frost ❅ verträgt keine Kälte
☼ volle Sonne ◐ Halbschatten ● Schatten ◇ gut durchlässiger Boden ◑ frischer Boden ♦ feuchter Boden

Geranium macrorrhizum

Der Felsen-Storchschnabel trägt stark duftende, gezähnte, klebrige Blätter, die sich im Herbst rot färben. Im Frühsommer erscheinen rotviolett gefärbte Blüten mit hervorstehenden Staubblättern. Er ist ein sehr guter Bodendecker, der sich zum Unterpflanzen von Sträuchern und Bäumen eignet.

↕50 cm ↔ 60 cm ❄❄❄ ◐ ◇

Geranium 'Nimbus'

Die robuste und blühfreudige Storchschnabel-Sorte (*G. clarkei* 'Kashmir Purple' × *G. collinum*) bildet im Sommer ein Meer lavendelblauer Blüten. Sie verträgt Schatten und wird eingesetzt, um dunkle Gartenecken wirkungsvoll aufzuhellen. Ein Rückschnitt nach der Blüte regt die erneute Blüte an.

↕bis 1 m ↔ 45 cm ❄❄❄ ◐ ● ◇

Geranium phaeum

Der Braune Storchschnabel ist absolut anspruchslos und gedeiht sowohl in voller Sonne als auch im tiefsten Schatten. Im Frühsommer erscheinen dunkelbraune Blüten mit weißem Auge. Etwas heller blüht *G. psilostemon* der Armenische Storchschnabel – er blüht dunkelrot mit schwarzem Auge.

↕80 cm ↔ 45 cm ❄❄❄ ☼ ◐ ● ◑

Geum 'Totally Tangerine'

Diese außergewöhnliche Nelkenwurz bringt ab dem Spätfrühling die ganze Saison hindurch mit ihren ungefüllten bis halbgefüllten Blüten in weichem Orange Farbe in den Garten. Die Blüten stehen in Büscheln an hohen, behaarten Stängeln über weichgrünen Laubhorsten. Eine schier unermüdliche Blüherin.

↕80 cm–1 m ↔ 60 cm ❄❄❄ ☼ ◑

Gypsophila paniculata 'Bristol Fairy'

Das zarte Schleierkraut verwandelt sich im Hochsommer in eine Wolke winziger, weißer Blüten an dünnen verästelten Stängeln. Dies wirkt in einer gemischten Rabatte. Die Sorte eignet sich als Schnittblume. 'Bristol Fairy' hat gefüllte weiße Blüten, ist jedoch kurzlebiger als *G. paniculata*.

↕1,2 m ↔ 1,2 m ❄❄❄ ☼ ◇

Helenium 'Moerheim Beauty'

Von Früh- bis Hochsommer trägt die Garten-Sonnenbraut dekorative kupferrote Blüten mit gelbbrauner Mitte. Entfernt man die verwelkten Blüten rechtzeitig, wird eine erneute Blüte angeregt. Die Farbe und Blütenform harmoniert mit warmen Farben oder Pastelltönen. Die Pflanze eignet sich für Rabatten.

↕90 cm ↔ 60 cm ❄❄❄ ☼ ◇ ◑

Helleborus argutifolius

Die Korsische Nieswurz bringt mit den hellgrünen Blüten ab dem Spätwinter bis in den Frühling hinein Frühlingserwarten in den winterlichen Garten. Die Staude mit den stumpf glänzenden Blättern ist nicht sehr anspruchsvoll, sie bevorzugt alkalische bis neutrale Böden. Achtung: Giftpflanze!

↕bis 1,2 m ↔ 90 cm ❄❄ ☼ ◐ ◑

Helleborus foetidus

Die Stinkende Nieswurz, ein Halbstrauch, riecht unangenehm, wenn Pflanzenteile zerdrückt werden. Dafür überzeugt die Pflanze optisch durch grünliche weiße Blüten, die ab der Mitte des Winters bis zum zeitigen Frühling zu sehen sind. Die Blattstiele von 'Western Flisk' sind rot gefärbt. Achtung: Giftpflanze!

↕bis 80 cm ↔ 45 cm ❄❄❄ ☼ ◐ ◑

SPÄT BLÜHENDE STAUDEN

- *Agastache* 'Blackadder' S. 322
- *Anemone hupehensis* S. 318
- *Aster amellus* 'Veilchenkönigin' S. 330
- *Diascia* 'Hopleys' S. 323
- *Helianthus* 'Lemon Queen' S. 319
- *Kniphofia* 'Percy's Pride' S. 326
- *Liriope muscari* S. 334
- *Rudbeckia fulgida* var. *sullivantii* 'Goldsturm' S. 329
- *Rudbeckia laciniata* 'Goldquelle' S. 329
- *Salvia* 'Hot Lips' S. 329
- *Salvia nemorosa* S. 335
- *Salvia uliginosa* S. 320
- *Selinum wallichianum* S. 320
- *Symphyotrichum ericoides* 'White Heather' S. 329
- *Symphyotrichum novae-angliae* 'Andenken an Alma Pötschke' S. 329
- *Symphyotrichum* 'Oktoberglut' S. 321
- *Verbena bonariensis* S. 32[illegible]
- *Veronicastrum virginicum* 'Fascination' S. 321

Mittelgroße Stauden

Hemerocallis 'Marion Vaughn'

Die Taglilie 'Marion Vaughn' bringt hellgrüne Blätter und zitronengelbe Blüten hervor. Pflanzen Sie die Sorte in Gruppen mit anderen Taglilien zusammen. Ein vollsonniger Standort fördert die Blühfreudigkeit der Sorte, die gemischte Rabatten mit ihrem frischen Auftritt lebendiger aussehen lässt.

↕85 cm ↔75 cm ❄❄❄ ☼ 💧 💧

Hemerocallis 'Selma Longlegs'

Eine extravagante Taglilie mit ungewöhnlich spinnenartigen Blüten in weichen Pfirsich- und Orangetönen an hohen, schlanken Stängeln. Obwohl die Einzelblüten nur einen Tag Bestand haben, öffnen sich den ganzen Sommer hindurch ständig neue. Dekorativ ist auch das überhängende grüne Laub.

↕80 cm ↔60 cm ❄❄❄ ☼ ◐ 💧

Hosta sieboldiana var. *elegans*

Die stark texturierten blaugrünen Blätter dieser großen *Hosta* wirken in der Rabatte außerordentlich dekorativ. Die Pflanze verträgt Schatten und bringt im Frühsommer lila Blüten hervor. Die Art sollte in größeren Gruppen gepflanzt werden, um die Farb- und Texturwirkung erlebbar zu machen.

↕1 m ↔1,2 m ❄❄❄ ◐ 💧 💧

Hosta 'Sum and Substance'

Eine ausgesprochen markante, architektonische Funkie, die jedes Jahr aus violett getönten Spitzen neu austreibt. Ihre gelbgrünen, recht ledrigen, anfangs becherartig eingerollten Blätter erreichen eine Breite von 50 cm und mehr. Sie ist wenig anfällig für Schneckenfraß. Im Sommer bilden sich lila Blütentrauben.

↕90 cm ↔1,2 m ❄❄❄ ☼ ◐ 💧

Hylotelephium 'Matrona' (syn. *Sedum*)

Diese Sorte der Purpur-Fetthenne fällt durch fleischige, zunächst grüne, später dunkelrote Blätter auf. Die Blütenteller aus kleinen sternförmigen rosa Blüten bilden sich im Spätsommer auf dunkelroten Stängeln. Die abgestorbenen Blütenstände zieren den winterlichen Garten.

↕60–75 cm ↔bis 30–45 cm ❄❄❄ ☼ 💧

Knautia macedonica

Die Mazedonische Witwenblume schmückt von Hoch- bis Spätsommer mit dunkelroten Blütenköpfen, die an ein Nadelkissen erinnern, die Rabatte. Die Staude lockt Bienen und Schmetterlinge an und passt in natürlich wirkende Gärten und Cottage-Gärten. Sie toleriert Trockenheit in Maßen.

↕60–80 cm ↔45 cm ❄❄❄ ☼ 💧

Kniphofia 'Bees' Sunset'

Die orangegelbe Fackellilie trägt von Früh- bis Spätsommer aufrechte, fleischige Stängel mit bürstenähnlich angeordneten, leicht nach unten gerichteten Röhrenblüten. In Gruppen gepflanzt kommt diese Sorte in sonnigen bis halbschattigen Rabatten besonders zur Geltung.

↕90 cm ↔60 cm ❄❄❄ ☼ ◐ 💧 💧

Kniphofia 'Percy's Pride'

Diese Fackellilien-Sorte trägt von Spätsommer bis Frühherbst hohe grünlich gelbe Blütenkerzen, die sich allmählich cremeweiß verfärben. Die ungewöhnliche Staude passt gut in Rabatten, die nach dem Farbschema Weiß, Grün und Hellgelb gestaltet werden.

↕bis 1,2 m ↔60 cm ❄❄❄ ☼ ◐ 💧 💧

Lamprocapnos spectabilis 'Alba'

Die rosaroten Blüten des Tränenden Herzens hängen aufgereiht am oberen Teil des gebogenen Stängels. 'Alba' ist weniger robust als die Art. Die Sorte trägt schneeweiße Blüten. Die Staude bevorzugt einen halbschattigen Standort, toleriert jedoch Sonne, wenn der Boden frisch ist. Achtung: Giftpflanze.

↕bis 1,2 m ↔45 cm ❄❄❄ ◐ 💧

❄❄❄ winterhart ❄❄ kann in milden Regionen im Freien überwintern oder braucht guten Winterschutz ❄ verträgt keinen Frost ❄ verträgt keine Kälte
☼ volle Sonne ◐ Halbschatten ● Schatten ○ gut durchlässiger Boden ◑ frischer Boden ● feuchter Boden

Liatris spicata 'Kobold'

Die violetten Blütenkerzen der Prachtscharte öffnen sich von oben – an der Spitze des Blütenstands – nach unten. 'Kobold' blüht von Spätsommer bis Frühherbst und passt in gemischte Rabatten, muss jedoch regelmäßig gegossen werden. Die langstieligen Blüten eignen sich für den Schnitt.

↕70 cm ↔45 cm ❄❄❄ ☼ ○ ◑

Lupinus 'Chandelier'

Lupinen unterschiedlicher Blütenfarben sollten, wenn möglich, in Gruppen zusammengepflanzt werden. Sie eignen sich für gemischte Rabatten in Cottage-Gärten und natürlich wirkende Anlagen. Die hellgelben Blütenkerzen der Sorte (sie gehört zur Band-of-Nobles-Serie) erscheinen im Früh- und Hochsommer.

↕90 cm ↔75 cm ❄❄❄ ☼ ◐ ○

Lychnis coronaria

Synonym: *Silene coronaria*. Die kurzlebige, oft nur zweijährige Vexiernelke trägt weiche, silbergraue Blätter und Stängel, die im Spätsommer einen wunderbaren Kontrast zu den unzähligen intensivroten runden Blüten setzen. Die Pflanze sät sich selbst aus. Weiße Blüten bietet die Sorte 'Alba'.

↕80 cm ↔45 cm ❄❄❄ ☼ ◐ ○

Lysimachia ephemerum

Diese anspruchslose Felberich-Art, die in Teilen Frankreichs und in Spanien in Wäldern und an Ufern beheimatet ist, bevorzugt nährstoffreiche frische bis feuchte Standorte in Sumpf- und Teichgärten. Die weißen Blütenkerzen erscheinen im Früh- und Hochsommer. Eventuell benötigt die Art Winterschutz.

↕1 m ↔30 cm ❄❄ ☼ ◐ ◑ ●

Lythrum salicaria 'Feuerkerze'

Von Hochsommer bis Frühherbst trägt diese Blut-Weiderich-Sorte Blütenkerzen mit unzähliger kleinen, sternförmigen, intensiv violettroten Blüten. Die Blätter bedeckt ein zarter Flaum. Die Pflanze bevorzugt frische bis feuchte Standorte in Rabatten oder in Sumpf- und Teichgärten.

↕bis 90 cm ↔45 cm ❄❄❄ ☼ ◑

Monarda 'Squaw'

Indianernesseln werden wegen der ausdauernden, farbintensiven Blüte von Hochsommer bis Frühherbst geschätzt. Besonders auffällig ist die Sorte 'Squaw' mit ihren scharlachroten Blüten. Indianernesseln locken Bienen und Schmetterlinge an und sind ideal für einen natürlich anmutenden Garten.

↕bis 1,2 m ↔45 cm ❄❄ ☼ ◐ ○ ◑

Nepeta grandiflora 'Dawn to Dusk'

Die Blüten dieser Katzenminze-Art sind groß. Ursprünglich ist sie im Kaukasus beheimatet. Setzt man die Sorte entlang eines Weges oder Sitzplatzes, so können Sie am ehesten den zarten Duft, den die zerdrückten Blätter verströmen, genießen. Die Pflanzen locken Bienen und Katzen an.

↕65 cm ↔30 cm ❄❄❄ ☼ ◐ ○

Nepeta 'Six Hills Giant'

Den ganzen Sommer über hüllt sich die Blaue Katzenminze in eine Wolke lavendelblauer Blüten. Sie sollte schon deswegen in großen Gruppen gepflanzt werden. Die Blätter sind hellgrau und duften aromatisch, wenn sie berührt werden. Die Stauden werden im Frühling oder Herbst durch Teilung verjüngt.

↕90 cm ↔60 cm ❄❄❄ ☼ ◐ ○

STAUDEN MIT DEKORATIVEN BLÄTTERN

- *Adiantum venustum* S. 330
- *Alchemilla mollis* S. 330
- *Artemisia ludoviciana* 'Silver Queen' S. 322
- *Arum italicum* subsp. *italicum* 'Marmoratum' S. 330
- *Astelia chathamica* S. 322
- *Athyrium niponicum* var. *pictum* S. 330
- *Beesia calthifolia* S. 331
- *Euphorbia epithymoides* S. 322
- *Euphorbia* × *martinii* S. 324
- *Foeniculum vulgare* 'Purpureum' S. 319
- *Heuchera* 'Plum Pudding' S. 333
- *Hosta sieboldiana* var. *elegans* S. 326
- *Hosta* 'Sum and Substance' S. 326
- *Hosta* Tardiana-Gruppe 'June' S. 333
- *Hylotelephium* 'Matrona' S. 326
- *Lychnis coronaria* S. 327
- *Phlox paniculata* 'Norah Leigh' S. 328
- *Sedum* (Arten und Sorten) S. 335
- *Sempervivum tectorum* S. 335

Mittelgroße Stauden

Origanum laevigatum 'Herrenhausen'

Aromatische Blätter und leuchtend rosa Blütenbüschel sind das Merkmal dieser dekorativen Origanum-Sorte. Das Würzkraut ist im Austrieb und im Winter dunkelrot gefärbt, die Blüten erscheinen ab dem Spätfrühling bis in den Herbst. Die Art eignet sich für Küchen- und Topfgärten oder als Rabatteneinfassung.

↕60 cm ↔45 cm ❄❄❄ ☼ ◊

Paeonia 'Bartzella'

Im Sommer trumpft diese spektakuläre intersektionelle Pfingstrose mit großen, bauschigen, gefüllten zartgelben Blüten mit dunkelroter Mitte und zitronigem Duft auf. Sie öffnen sich über einem schön strukturierten Laubbusch aus ledrigen, glänzenden Blättern. Gelegentlich blüht sie im Frühherbst ein zweites Mal.

↕70–90 cm ↔90 cm ❄❄❄ ☼ ◐ ♦

Papaver Oriental-Gruppe 'Black and White'

Mit seinen großen, klar gezeichneten Blüten ist der Türkische Mohn eine Augenweide. 'Black and White' ist eine von vielen Sorten, jedoch mit einzigartig gewellten weißen Blütenblättern und auffälligen, fast schwarzen Malen in der Mitte. Auch die kranzförmig angeordneten Staubgefäße sind dunkel gefärbt.

↕45–90 cm ↔60–90 cm ❄❄❄ ☼ ◊

Penstemon 'Alice Hindley'

Der Bartfaden, der oberflächlich betrachtet an den Fingerhut erinnert, gilt als zuverlässig blühende Staude. Die glockenförmigen Blüten hängen kurz gestielt an aufrechten Stängeln. Die Sorte blüht fast ununterbrochen von Hochsommer bis Herbst und hat helllila Blüten. *Penstemon* bevorzugt nährstoffreiche Böden.

↕90 cm ↔45 cm ❄ ☼ ◐ ◊

Penstemon 'Andenken an Friedrich Hahn'

Die robuste, buschig wachsende Bartfaden-Sorte trägt von Hochsommer bis Mitte Herbst elegante Kerzen leuchtend roter trompetenförmiger Blüten über schmalen dunkelgrünen Blättern. Wird das Verblühte regelmäßig entfernt, so wird die weitere Blüte angeregt.

↕75 cm ↔60 cm ❄ ☼ ◐ ◊

Persicaria amplexicaulis 'Firetail'

Synonym: *Bistorta amplexicaulis*. Der halb immergrüne Kerzen-Wiesenknöterich ist anspruchslos. Von Hochsommer bis Frühherbst bilden sich knapp über den saftig grünen Blättern hohe rote Blütenkerzen. Er wird als Bodendecker, in Rabatten oder in natürlich wirkenden Waldgärten eingesetzt.

↕bis 1,2 m ↔bis 1,2 m ❄❄❄ ☼ ◐ ♦

Persicaria bistorta 'Superba'

Synonym: *Bistorta officinalis* subsp. *officinalis*. Den ganzen Sommer und Herbst zeigt der halb immergrüne Schlangen-Wiesenknöterich die walzenförmigen, zartrosa Blütenkerzen. Zusammengepflanzt mit 'Firetail' erzeugen Sie Kontrast. Das Wachstum des Knöterichs kontrollieren Sie durch Teilung.

↕bis 90 cm ↔90 cm ❄❄❄ ☼ ◐ ◊ ♦

Phlomis russeliana

Das an Salbei erinnernde Jerusalem-Brandkraut verholzt leicht und wird in Gruppen gepflanzt. Die hellgelben Lippenblüten erscheinen von Spätfrühling bis Herbst, sind jedoch im Sommer am farbintensivsten. Die Blütenstängel eignen sich für Trockengestecke.

↕bis 90 cm ↔75 cm ❄❄ ☼ ◐ ◊

Phlox paniculata 'Norah Leigh'

Panaschierte Stauden-Phlox-Sorten gehören noch zu den Marktneuheiten. Die spitz zulaufenden Blätter der Sorte 'Norah Leigh' werden durch grüne Mittelrippen gezeichnet, das übrige Blatt ist cremeweiß mit grünen Flecken gefärbt. Von Sommer bis Herbst erscheinen helllila Blüten mit rotvioletter Mitte.

↕bis 90 cm ↔60–100 cm ❄❄❄ ☼ ♦

❄❄❄ winterhart ❄❄ kann in milden Regionen im Freien überwintern oder braucht guten Winterschutz ❄ verträgt keinen Frost ❅ verträgt keine Kälte
☼ volle Sonne ◐ Halbschatten ● Schatten ♢ gut durchlässiger Boden ◒ frischer Boden ♦ feuchter Boden

Phormium cookianum subsp. *hookeri* 'Tricolor'

Verschiedene Sorten des Kleinen Neuseelandflachses sind im Handel erhältlich. 'Tricolor' bildet ausladende Horste, mit schmalen grünen, cremeweiß und rot geränderten Blättern. Im Sommer erscheinen gelbgrüne Blüten an langen Stängeln. Ideal für einen maritim anmutenden Garten.

↕1,2 m ↔3 m ❄ ☼ ◐ ◒

Rudbeckia fulgida var. *sullivantii* 'Goldsturm'

Von Spätsommer bis Mitte Herbst bringt der Gewöhnliche Sonnenhut die Rabatte mit den gelben Blüten noch einmal zum Leuchten. Seine tiefgrünen Blätter sind gezähnt und laufen spitz zu. Die Sorte 'Goldsturm' kommt in einer Gruppe mit Gräsern und *Verbena bonariensis* besonders zur Geltung.

↕bis 60 cm ↔45 cm ❄❄❄ ☼ ◐ ♢

Rudbeckia laciniata 'Goldquelle'

Der Schlitzblättrige Sonnenhut trägt tief eingeschnittene grüne Blätter, die einen schönen Hintergrund für die gefüllten, zitronengelben Blüten bilden. 'Goldquelle' gehört in die spätsommerliche Rabatte, wo sie bis Mitte Herbst blühen wird. Sonnenhut und Gräser bilden eine attraktive Kombination.

↕bis 90 cm ↔45 cm ❄❄❄ ☼ ◐ ♢

Salvia 'Hot Lips'

Ein unkomplizierter Salbei mit immergrünen, nach Johannisbeeren duftenden, eiförmigen Blättern, über denen im Sommer und Herbst aufrechte Blütenstände aus kleinen weißen und roten Blüten stehen. In der größten Sommerhitze bilden sich Blüten mit rotem Ende. Ein gelegentlicher Schnitt tut der Pflanze gut.

↕1 m ↔1 m ❄❄❄ ☼ ◐ ♢

Sanguisorba 'Tanna'

Dieser pflegeleichte, horstbildende Wiesenknopf bildet den ganzen Sommer über Unmengen dunkelroter, bommelartiger Blütenstände an hohen, drahtigen Stängeln über dekorativem blaugrünem Laub. Die Pflanze bleibt recht klein und lässt sich gut mit Gräsern und anderen Stauden kombinieren.

↕50 cm ↔50 cm ❄❄❄ ☼ ◐ ♢

Sisyrinchium striatum 'Aunt May'

Das Gestreifte Grasschwertel gestaltet den Vordergrund einer Rabatte oder eines Kiesgartens. Zarter als die grünblättrige Art ist die Sorte 'Aunt May', deren schmale, graugrüne Blätter helle Ränder zeigen. Die hellgelben kleinen Blüten erscheinen im Sommer und sitzen an steifen, aufrechten Blütenstängeln.

↕50 cm ↔25 cm ❄❄ ☼ ♢

Symphyotrichum ericoides 'White Heather'

Die zuverlässige und anspruchslose Myrten-Aster 'White Heather' trägt im Spätsommer zahllose weiße Blüten, die an Gänseblümchen erinnern und das Ende des Gartenjahres noch etwas hinauszögern. Ein sonniger Standort verlängert die Blütezeit. Große Stauden sollten im Frühjahr geteilt werden.

↕1 m ↔30 cm ❄❄❄ ☼ ♢

Symphyotrichum novae-angliae 'Andenken an Alma Pötschke'

Diese Sorte der Raublatt-Aster trägt von Sommer bis Mitte Herbst viele lachsrosa Blüten. Gruppiert man verschiedene Sorten, verstärken sie den kräftigen Farbtupfer in gemischten Rabatten oder natürlich anmutenden Pflanzungen.

↕1,2 m ↔60 cm ❄❄❄ ☼ ◐ ◒

STAUDEN FÜR FRISCHE BÖDEN

- *Aconitum* 'Spark's Variety' S. 318
- *Adiantum venustum* S. 330
- *Alchemilla mollis* S. 330
- *Astelia chathamica* S. 322
- *Athyrium filix-femina* S. 323
- *Beesia calthifolia* S. 331
- *Dicentra* 'Bacchanal' S. 331
- *Dryopteris wallichiana* S. 319
- *Helleborus argutifolius* S. 325
- *Inula magnifica* S. 319
- *Pachysandra terminalis* S. 334
- *Persicaria bistorta* 'Superba' S. 328
- *Pulmonaria* 'Diana Clare' S. 335
- *Salvia uliginosa* S. 320
- *Symphyotrichum novae-angliae* 'Andenken an Alma Pötschke' S. 329
- *Valeriana phu* 'Aurea' S. 321
- *Veronicastrum virginicum* S. 321

Kleine Stauden

Adiantum venustum

Der Immergrüne Frauenhaarfarn ist die ideale Pflanze für schattige und feuchte, aber geschützte Mauerspalten und Winkel. Trotz seines zarten Aussehens ist er robust. Im Frühling entfalten sich die jungen, bronzerosa gefärbten Triebe zu hellgrünen Wedeln.

↕15 cm ↔ unbegrenzt ❄ ❄ ❄ ◐ 💧

Ajuga reptans

Im Spätfrühling und Frühsommer trägt der immergrüne Kriechende Günsel violettblaue Blütenkerzen. Die Pflanze breitet sich schnell aus und bildet lockere Teppiche. 'Catlin's Giant' trägt große, rotbraune Blätter, die Sorte ist weniger starkwüchsig.

↕15 cm ↔ 60–90 cm ❄ ❄ ❄ ◐ 💧

Alchemilla mollis

Der Frauenmantel ist anpassungsfähig und gestaltet mit dem dichten Blattwerk und den gelbgrünen Blütenbüscheln einen dauerhaften Rabattenvordergrund. Die Blüten erscheinen ab dem Frühsommer bis in den Herbst hinein. Entfernen Sie das Verblühte rechtzeitig, um erneute Blütenbildung anzuregen.

↕bis 60 cm ↔ 75 cm ❄ ❄ ❄ ☼ ◐ 💧

Agapanthus 'Silver Baby'

Diese kompakte, horstbildende Schmucklilie zeigt sich im Spätsommer von ihrer besten Seite, wenn Stängel mit Dolden aus weißen, trompetenförmigen, zartblau getönten Blüten erscheinen. Sie schieben sich über überhängende, bandförmige, immergrüne Blätter. Als Topfpflanze ziehen, da nicht winterhart.

↕50 cm ↔ 50 cm ❄ ❄ ☼ ○

Anemone sylvestris

Am besten aufgehoben ist diese Frühjahrsblüherin in waldähnlichen Pflanzungen oder unter Sträuchern in feuchten Böden. Sie bildet Horste aus gelapptem Laub und im Frühjahr bezaubernde weiße, 6 cm breite, anfangs nickende Blüten mit goldgelben Staubblättern. Gut neben Farnen und frischem Frühjahrsgrün.

↕50 cm ↔ 50 cm ❄ ❄ ❄ ◐ ○

Anthemis punctata subsp. *cupaniana*

Die Färberkamillen-Art, die ursprünglich aus Sizilien stammt, liebt warme, sonnige Standorte, z. B. in Steingärten. Von Spätfrühling bis Spätsommer bildet sie langlebige Blüten aus. Die Pflanze wächst mattenartig. Im Winter färben sich die silbergrauen Blätter graugrün. Braucht in kalten Lagen Winterschutz.

↕30 cm ↔ 90 cm ❄ ❄ ☼ ○

Arum italicum subsp. *italicum* 'Marmoratum'

Der exotisch wirkende Aronstab bevorzugt einen geschützten Standort und eignet sich perfekt als »Lückenfüller« in Rabatten. Seine glänzenden grünen Blätter sind weiß geädert, aus seinen hellen Blütenschäften entwickeln sich orangerote Beeren. Achtung: Giftpflanze!

↕30 cm ↔ 15 cm ❄ ❄ ❄ ☼ ◐ ○

Aster amellus 'Veilchenkönigin'

Die Berg-Aster bringt im Spätsommer zahllose kleine violettrote Blüten hervor, die Schmetterlinge anlocken. Die mittelgrünen Blätter sind schmal und leicht behaart. Die Pflanze muss regelmäßig geteilt werden, dabei werden nur die wüchsigsten Teile wieder eingepflanzt, um ein gutes Pflanzbild zu erhalten.

↕30–60 cm ↔ 45 cm ❄ ❄ ❄ ☼ ○

Athyrium niponicum var. *pictum*

Der anmutige Frauenfarn ist anspruchslos. Er stammt ursprünglich aus dem asiatischen Raum und bevorzugt schattige, geschützte Rabatten in Waldgärten, vorausgesetzt der Boden ist dort feucht genug. Die ausladenden Wedel sind hell- oder graugrün und besitzen eine dunkelrote Mittelrippe.

↕bis 30 cm ↔ unbegrenzt ❄ ❄ ❄ ◐ ● 💧

❄❄❄ winterhart ❄❄ kann in milden Regionen im Freien überwintern oder braucht guten Winterschutz ❄ verträgt keinen Frost ❅ verträgt keine Kälte
☼ volle Sonne ◑ Halbschatten ● Schatten ◊ gut durchlässiger Boden ◐ frischer Boden ♦ feuchter Boden

Beesia calthifolia

Die Waldbewohnerin wird wegen ihrer glänzenden, immergrünen, gerunzelten, herzförmigen Blätter an dunklen Stielen kultiviert. Im Frühjahr erscheinen weiße Sternblüten an Stängeln. Sie bildet elegante Horste und macht sich gut neben Farnen, auch weil sie die gleichen kühlen, feuchten Bedingungen mag.

↕50 cm ↔50 cm ❄❄❄ ● ♦

Bergenia 'Pink Dragonfly'

Ihren großen Auftritt hat diese kompakte Bergenie im Frühjahr, wenn rot getönte Stängel aus dem ledrigen, immergrünen Laub wachsen und rosa Blüten mit rotem Schlund öffnen. Die Blätter sind vor allem im Winter sehr dekorativ, da sie in dieser Zeit durch den Frost eine rote bis violette Tönung bekommen.

↕45 cm ↔50 cm ❄❄❄ ☼ ◑ ◊

Betonica (syn. Stachys) officinalis 'Hummelo'

Diese mattenbildende Sorte wurde vom Gartenarchitekten Piet Oudolf gezüchtet und nach seinem Anwesen benannt. Die halbimmergrüne Staude behält in milden Wintern die meisten Blätter. Aus den Laubrosetten schieben sich im Frühsommer Stänge mit kleinen rosa Blüten. Ideal für den vorderen Rabattenrand.

↕50 cm ↔80 cm ❄❄❄ ☼ ◑ ◊

Calamintha grandiflora 'Variegata'

Die Großblütige Bergminze liebt einen kühlen, geschützten Standort. Ihre gezähnten, hellgrünen Blätter sind hell gefleckt und duften aromatisch, wenn sie zerdrückt werden. Auf der Höhe der obersten Blätter erscheinen von Sommer bis Herbst die zweilippigen bläulich violettrot gefärbten Blüten.

↕30 cm ↔45 cm ❄❄❄ ◑ ◊ ◐

Campanula 'Pink Octopus'

Diese auffällige Glockenblume begeistert im Sommer mit ungewöhnlichen spinnenartigen Blüten aus langen, schmalen, oft eingerollten hellrosa, rot gefleckten Blütenblättern. Eine wüchsige, horstbildende Pflanze, die sich über Wurzeln stark ausbreitet. Für Sonne und Schatten und relativ feuchte Böden.

↕50 cm ↔1 m ❄❄❄ ☼ ◑ ◐

Coreopsis verticillata 'Moonbeam'

Diese niedrig wachsende Mädchenauge-Sorte eignet sich auch als Beeteinfassung. Im Frühsommer vermischen sich die zarten Blätter mit gelben, sternförmigen Blüten, die an sonnigen Standorten zahlreich erscheinen. Das regelmäßige Entfernen verwelkter Blüten verlängert die Blütezeit.

↕bis 50 cm ↔45 cm ❄❄ ☼ ◑ ◊

Dianthus Allwoodii-Gruppe 'Bovey Belle'

Diese winterharte Nelke trägt im Sommer über schmalen, silbergrauen Blättern leuchtend rotviolette Blüten, die in gemischten Rabatten oder auf Hochbeeten sehr effektvoll sind. Regelmäßiges Ausputzen des alten Blütenflors regt eine weitere Blütenbildung an. Die Pflanze eignet sich für den Schnitt.

↕25–45 cm ↔40 cm ❄❄❄ ☼ ◊

Dicentra 'Bacchanal'

Die dicht übereinander angeordneten graugrünen Blätter bilden den idealen Rahmen für die zarten, roten herzförmigen Blüten, die sich ab Mitte bis Ende Frühling an nickenden Stängeln aufreihen. 'Bacchanal' ist eine der dunkelroten Sorten des Tränenden Herzens. Die Staude liebt Schatten und frische Böden.

↕45 cm ↔60 cm ❄❄ ◑ ● ◐

STAUDEN FÜR DEN SCHATTEN

- *Aconitum* 'Spark's Variety' S. 318 (frischer Schatten)
- *Adiantum venustum* S. 330 (frischer Schatten)
- *Asplenium scolopendrium* Crispum-Gruppe S. 322 (frischer Schatten)
- *Athyrium niponicum* var. *pictum* S. 330 (frischer Schatten)
- *Beesia calthifolia* S. 331
- *Dicentra* 'Bacchanal' S. 331 (frischer Schatten)
- *Dryopteris erythrosora* S. 324 (frischer Schatten)
- *Epimedium* (Arten und Sorten) S. 332
- *Galium odoratum* S. 332
- *Geranium macrorrhizum* S. 325 (trockener Schatten)
- *Geranium* 'Nimbus' S. 325 (trockener Schatten)
- *Geranium nodosum* 'Silverwood' S. 333
- *Lamprocapnos spectabilis* 'Alba' S. 326 (frischer Schatten)
- *Liriope muscari* S. 334
- *Pachysandra terminalis* S. 334 (trockener Schatten)

Kleine Stauden

Doronicum 'Little Leo'

Die im Frühjahr blühende Kaukasus-Gämswurz wirkt sehr natürlich. Ihre leuchtend gelben Blüten locken Bienen, Schmetterlinge und Schwebfliegen an. Sie werden in kleinen Gruppen auf Rabatten oder in einen Kübel gepflanzt. Die Art ist eine ausgezeichnete Schnittpflanze.

↕25 cm ↔30–60 cm ❄ ❄ ❄ ◐ ◆ ◇

Epimedium 'Amber Queen'

Diese erstklassige Elfenblume blüht im April. Sie trägt ihre orangen, spinnenartigen Blüten an dünnen Stängeln über dem halbimmergrünen Laub, das sich als Bodendecker bewährt und nach dem Austrieb violett gefleckt ist. Ideal unter Bäumen oder großen Sträuchern in nicht zu trockenen Böden.

↕50 cm ↔60 cm ❄ ❄ ❄ ◐ ◇

Epimedium × *perralchicum*

Die wüchsige Elfenblume ist ein idealer Bodendecker unter Bäumen und Sträuchern, der auch Trockenheit vertragen kann. Diese Züchtung hat im Austrieb bräunliche, später dunkelgrüne Blätter und trägt hellgelbe Blüten, die im Frühling an den noch blattlosen Stängeln erscheinen.

↕40 cm ↔60 cm ❄ ❄ ◐ ◇ ◆

Eryngium bourgatii 'Oxford Blue'

Die Pyrenäendistel trägt dunkelgrüne Blätter und schmückt sich im Lauf des Hochsommers mit distelähnlichen Blüten, die von bläulichen Hochblättern an stacheligen silbrigen Stängeln begleitet werden. Die Blüten eignen sich sehr gut für Trockengestecke.

↕15–45 cm ↔30 cm ❄ ❄ ❄ ☼ ◇

Euphorbia epithymoides

Die kanariengelben Blüten der Bunten Wolfsmilch, die von Mitte Frühling bis Hochsommer an locker aufrecht stehenden, gelbgrünen Stängeln sitzen, leuchten intensiv. Die Farbwirkung wird durch gelb gefärbte Hochblätter unterstützt, die jedoch später wieder vergrünen. Achtung: Giftpflanze!

↕40 cm ↔60 cm ❄ ❄ ❄ ☼ ◐ ◇ ◆

Euphorbia myrsinites

Die immergrüne Walzen-Wolfsmilch bildet windende, kriechende Triebe mit Quirlen aus blauen Blättern. Im Frühjahr öffnet sie grüngelbe Blütenstände. Die Staude bevorzugt sonnige Lagen in durchlässiger Erde. Sie sieht auf Felsen, Mauerkronen oder Böschungen ganzjährig gut aus.

↕15 cm ↔60 cm ❄ ❄ ❄ ☼ ◇

Galium odoratum

Der Waldmeister bildet große Matten und bietet sich sogar an schattigen Standorten als Bodendecker an. Er breitet sich mit Stolonen aus. Sein dunkelgrünes, spitz zulaufendes, nach Heu duftendes Laub steht in Quirlen an schlanken, brüchigen Trieben. Im Frühjahr öffnen sich winzige weiße Blüten.

↕20 cm ↔60 cm ❄ ❄ ❄ ◐ ● ◆

Geranium 'Ann Folkard'

Dieser Storchschnabel bildet magentarosa Blüten mit schwarzem Auge und goldgrünes Laub. Er treibt aus einer einzigen Wurzelkrone lange Triebe aus, die sich zwischen benachbarte Vegetation schieben, und begeistert den ganzen Sommer. Im Winter zieht er ein, um im Frühjahr neu auszutreiben.

↕50 cm ↔1 m ❄ ❄ ❄ ☼ ◐ ◇

Geranium × *cantabrigiense* 'Biokovo'

Die niedrige Staude bildet einen dichten Teppich aus glänzenden, grünen, rundlichen, duftenden Blättern, über denen sich im Spätfrühling Unmengen weißer, rot getönter Blüten öffnen. Im Herbst entwickelt das Laub eine schöne Tönung, in milden Wintern zieht es nicht einmal ein. Zähe, wüchsige Pflanze.

↕15 cm ↔80 cm ❄ ❄ ❄ ☼ ◐ ◇

❄❄❄ winterhart ❄❄ kann in milden Regionen im Freien überwintern oder braucht guten Winterschutz ❄ verträgt keinen Frost ❅ verträgt keine Kälte
☼ volle Sonne ◐ Halbschatten ● Schatten ◇ gut durchlässiger Boden ◈ frischer Boden ◆ feuchter Boden

Geranium clarkei 'Kashmir White'

Fast alle Storchschnabel-Arten sind vielseitig einsetzbar und gelten als anspruchslos. Sie breiten sich aus, ohne lästig zu werden, und blühen blau, rosa, violett oder weiß. Die Sorte 'Kashmir White' trägt im Sommer weiße Blüten mit feiner hell-lila Maserung. Die Pflanzen sollten regelmäßig geteilt werden.

↕ bis 45 cm ↔ unbegrenzt ❄❄ ☼ ◐ ◇

Geranium nodosum 'Silverwood'

Der Knotige Storchschnabel ist die Idealbesetzung für trockenen Schatten. Er öffnet den ganzen Sommer bis in den Herbst nonstop Unmengen weißer Blüten, die im Schatten und zwischen dem apfelgrünen gelappten Laub besonders leuchten. Ausgesprochen gut macht er sich neben Farnen.

↕ 30 cm ↔ 50 cm ❄❄❄ ☼ ◐ ● ◇

Geranium ROZANNE ('Gerwat')

Die hervorragende Blütenstaude trägt Massen blauer Blüten mit weißem Auge. Sie bilden sich durchgehend vom Frühjahr bis zum Herbst an Stängeln, die aus einer Wurzelkrone austreiben. Obwohl sie eine Art Busch bildet, sollte man sie durch und über andere Pflanzen wachsen lassen. Im Winter zieht sie ein.

↕ 50 cm ↔ m ❄❄❄ ☼ ◐ ◇

Helleborus WALBERTON'S ROSEMARY ('Walhero')

Diese früh blühende Nieswurz ist die perfekte Winter- und Frühjahrsschönheit. Sie trägt sternförmige, fünfzählige rosarote Blüten an hohen Stängeln und bildet Horste aus immergrünem Laub, die am besten weggeschnitten werden, bevor die Blüten erscheinen. An geschützten Plätzen blüht sie besser.

↕ 50 cm ↔ 40 cm ❄❄❄ ◐ ◇

Heuchera 'Pink Pearls'

Das immergrüne Purpurglöckchen hat sich als farbenfroher Bodendecker bewährt. Zu seinem dichten Laub stoßen im Sommer Unmengen winziger hellrosa Blüten an Stängeln über den Blättern hinzu. Das orangerosa Laub bildet einen schönen Kontrast zu anderen Pflanzen. Alle paar Jahre teilen.

↕ 40 cm ↔ 45 cm ❄❄ ☼ ◐ ◇

Heuchera 'Plum Pudding'

Purpurglöckchen-Sorten überzeugen durch den kompakten Wuchs und das dichte, attraktive Blattwerk, das ganzjährig zu sehen ist. Diese Sorte trägt violettrote, silbrig überhauchte Blätter. Die kleinen weißen Blüten erscheinen im Spätfrühling an langen Stängeln. 'Pewter Moon' bildet silbrige Blätter.

↕ 65 cm ↔ 50 cm ❄❄❄ ☼ ◐ ◇ ◈

Hosta Tardiana-Gruppe 'June'

Die schöne, verlässliche Funkie beeindruckt mit blaugrünem, in der Mitte gelbgrün panaschiertem Laub. Sie bildet im Lauf des Sommers einen dichten Horst, über dem sich sozusagen als Bonus lila Blütentrauben öffnen. Sie gehört zu den weniger von Schneckenfraß gefährdeten Funkien.

↕ 40 cm ↔ 80 cm ❄❄❄ ☼ ◐ ◇

Iris lazica

Die immergrüne kompakte Iris bildet aus aufrechten, lanzettlichen Blättern Horste, die das ganze Jahr frisch wirken. Ihre lila Prachtblüten öffnen sich im Februar und März. Sie stellt wenig Ansprüche und fühlt sich am vorderen Rand einer sonnigen bis halbschattigen Rabatte wohl.

↕ 30 cm ↔ 60 cm ❄❄❄ ☼ ◐ ◇

STAUDEN FÜR TOPFGÄRTEN

- *Agapanthus* 'Silver Baby' S. 330
- *Astelia chathamica* S. 322
- *Beesia calthifolia* S. 331
- *Geranium* ROZANNE ('Gerwat') S. 333
- *Gypsophila paniculata* 'Bristol Fairy' S. 325
- *Helleborus foetidus* S. 325
- *Heuchera* 'Pink Pearls' S. 333
- *Heuchera* 'Plum Pudding' S. 333
- *Hosta* 'Sum and Substance' S. 326
- *Hosta* Tardiana-Gruppe 'June' S. 333
- *Melianthus major* S. 320
- *Musa basjoo* S. 320
- *Origanum laevigatum* 'Herrenhausen' S. 328
- *Phlox paniculata* 'Norah Leigh' S. 328
- *Phormium cookianum* subsp. *hookeri* 'Tricolor' S. 329
- *Phormium tenax* Purpureum-Gruppe S. 320
- *Rhodanthemum hosmariense* S. 335
- *Sedum* 'Vera Jameson' S. 335
- *Sempervivum tectorum* S. 335

Kleine Stauden

Lamium maculatum 'White Nancy'

Die langsam wachsende, niedrige Gefleckte Taubnessel ist ein sehr guter Bodendecker. Die gezähnten, silber überhauchten grünen Blätter mit dunklem Rand zieren fast das ganze Jahr über Strauchrabatten. Im Sommer erscheinen schneeweiße Blüten. Die Sorte 'Red Nancy' besitzt rötlich violette Blüten.

↕ bis 15 cm ↔ bis 1 m oder mehr ❄ ❄ ❄ ☼ ◑ ◊ ◆

Lathyrus vernus

Die Frühlings-Platterbse bringt zu Saisonbeginn Leben in den Garten. Sie bildet einen niedrigen Horst aus gefiedertem Laub, über dem im April rosa, weiße oder violette Blüten in großer Zahl erscheinen. Gut kombinieren lässt sich die Pflanze mit Krokussen und frühen Primeln am vorderen Rabattenrand.

↕ 45 cm ↔ 50 cm ❄ ❄ ❄ ☼ ◑ ◊

Liriope muscari

Die hübsche, grasige, immergrüne Lilientraube gehört zu den nützlichen Gewächsen, die trockenen Schatten unter Sträuchern aushalten, allerdings sieht sie mit etwas guter Pflege besser aus. Sie bildet im Herbst, wenn der Garten allmählich nachlässt, auffällige Trauben aus violetten Blüten.

↕ 50 cm ↔ 60 cm ❄ ❄ ❄ ☼ ◑ ◊

Oenothera fruticosa 'Fyrverkeri'

Die Rotstängelige Nachtkerze verholzt und bildet von Spätfrühling bis Spätsommer große, leuchtend gelbe Blüten, die an aufrechten Stängeln über den rötlich braunen Blättern stehen. Die Blüten sind kurzlebig, entstehen jedoch über einen langen Zeitraum hinweg immer wieder neu.

↕ 30–90 cm ↔ 30 cm ❄ ❄ ❄ ☼ ◊

Omphalodes cappadocica 'Cherry Ingram'

Im Frühjahr bietet diese Staude Unmengen vergissmeinnichtblauer Blüten in filigranen Blütenständen über eiförmigen Blättern auf. Sie ist die Idealbegleiterin kleiner Narzissen, die zur selben Zeit blühen, und macht sich bestens unter Sträuchern oder am vorderen Rand kühler Rabatten.

↕ 30 cm ↔ 40 cm ❄ ❄ ❄ ● ◆

Pachysandra terminalis

Der Ausläufer treibende, immergrüne Ysander ist ein Strauch. Er bevorzugt schattige, nicht zu trockene Standorte. Im zeitigen Frühling erscheinen kleine weiße Blütenkerzen. Die Pflanze eignet sich als Bodendecker unter Gehölzen: Das Herbstlaub fällt zwischen dem Ysander hindurch. Achtung: Giftpflanze!

↕ 20 cm ↔ unbegrenzt ❄ ❄ ❄ ◑ ● ◆

Phuopsis stylosa

Dieser ungewöhnliche Sommerblüher, Rosenwaldmeister genannt, verdient einen größeren Bekanntheitsgrad. Er bildet eine Matte aus hellgrünem, feingliedrigem, quirlständig angeordnetem, fast immergrünem Laub und rosa Blütenstände. Für den vorderen Rabattenrand oder auch für Kiesgärten.

↕ 30 cm ↔ 50 cm ❄ ❄ ❄ ☼ ◑ ◊

Polypodium × mantoniae 'Cornubiense'

Der Gesägte Tüpfelfarn ist ein guter Bodendecker. Er breitet sich flächig aus und lockert mit seinen Wedeln die strengen Linien von Wegrändern auf. Der Austrieb neuer Wedel im Frühjahr ist ein Schauspiel, das sich über Wochen hinzieht. Eine dekorative, robuste Pflanze für feuchte, schattige Stellen.

↕ 30 cm ↔ unbegrenzt ❄ ❄ ❄ ◑ ● ◊ ◆

Pulmonaria 'Blue Ensign'

Das horstbildende Lungenkraut öffnet ab März viele Büschel aus blauvioletten Glockenblüten an kurzen Stängeln über dem breit lanzettlichen, borstig behaarten Laub, das im Winter etwas zerrupft aussehen kann und am besten vor der Blüte entfernt wird. Das frische Laub ist ein guter Bodendecker.

↕ 30 cm ↔ 50 cm ❄ ❄ ❄ ☼ ◑ ◊

❄❄❄ winterhart ❄❄ kann in milden Regionen im Freien überwintern oder braucht guten Winterschutz ❄ verträgt keinen Frost ⊛ verträgt keine Kälte
☼ volle Sonne ◐ Halbschatten ● Schatten ◇ gut durchlässiger Boden ◈ frischer Boden ◆ feuchter Boden

Pulmonaria 'Diana Clare'

Hat sich das im zeitigen Frühjahr blühende Lungenkraut 'Diana Clare' im Garten etabliert, deckt es locker den Boden ab und braucht wenig Pflege, solange der Boden nicht zu trocken ist. Die Blüten sind violett und blau mit roten Streifen, die grünen Blätter erscheinen silbrig gefleckt.

↕30 cm ↔45 cm ❄❄❄ ◐ ● ◆

Rhodanthemum hosmariense

Die Marokkanische Silbermargerite blüht von Frühling bis Herbst. Die silbernen Blätter sind tief gebuchtet, die weißen Blüten besitzen eine gelbe Scheibe. Die Staude liebt Sonne und einen gut durchlässigen Boden. Eine Pflanze für Kübel und sonnige Rabatten, die fast ganzjährig Blütenakzente setzt.

↕10–30 cm ↔30 cm ❄ ☼ ◇

Salvia nemorosa

Die leicht gekräuselten grünen Blätter des Steppen-Salbeis bilden einen neutralen Hintergrund für die – je nach Sorte – blauvioletten, weißen oder rotvioletten Blütenkerzen, die im Sommer erscheinen. Die Art gedeiht in voller Sonne und im Halbschatten auf gut drainierten Böden.

↕bis 1 m ↔60 cm ❄❄❄ ☼ ◐ ◇

Sedum rupestre 'Angelina'

Eine teppichbildende Felsen-Fetthenne mit goldgelbem Laub. Sie ist am vorderen Rand von Rabatten, als niedriger Bodendecker in Kiesgärten, auf begrünten Dächern oder an einer Böschung gut aufgehoben. Die zylindrischen Blätter sind in der Sonne am schönsten gefärbt. Gelbe Blüten im Sommer.

↕15 cm ↔1 m ❄❄❄ ☼ ◐ ◇

Sedum takesimense ATLANTIS ('Nonsitnal')

Diese niedrige, bodendeckende Sukkulente eignet sich für sonnige Plätze, als Dachbegrünung oder Bestandteil von Kiesgärten. Sie wird wegen ihres cremefarben gerandeten, gesägten Laubs und der Büschel aus kleinen gelben Blüten im Sommer kultiviert. Im Winter zieht sie ein, treibt aber neu aus.

↕15 cm ↔40 cm ❄❄ ☼ ◇

Sedum 'Vera Jameson'

Diese niedrige Sorte der Berg-Fetthenne bildet rötliche Blätter und Stängel. Im Spätsommer und Frühherbst trägt sie flache Blütenbüschel aus rosa Einzelblüten. Neben grauen und silbernen Pflanzen kommt die auffällige Farbe besonders gut zur Geltung. Für Steingärten und Rabattenränder geeignet

↕20–30 cm ↔45 cm ❄❄❄ ☼ ◇

Sempervivum tectorum

Die Dach-Hauswurz überzieht langsam den Boden mit dicht aneinandergereihten sternförmigen Blattrosetten. Auch in alten Gefäßen wirkt die archaisch anmutende Pflanze. Sie bevorzugt gut drainierte Böden mehr oder weniger humoser Standorte in voller Sonne. Trägt im Sommer rötliche Blüten.

↕15 cm ↔50 cm ❄❄❄ ☼ ◇

Veronica gentianoides

Die Ehrenpreis-Art überzeugt mit hellblauen Blüten, die im Frühsommer an langen Stängeln über den glänzend hellgrünen Blättern stehen. Sie bilden einen gelungenen Kontrast in Rabatten mit Rotorange-Farbschemata, wirken aber auch zu großen Gruppen gepflanzt. Frische, nährstoffreiche Böden sind ideal.

↕45 cm ↔45 cm ❄❄❄ ☼ ◐ ◇ ◈

IMMERGRÜNE STAUDEN

- *Adiantum venustum* S. 330
- *Asplenium scolopendrium* Crispum-Gruppe S. 322
- *Astelia chathamica* S. 322
- *Beesia calthifolia* S. 331
- *Dryopteris erythrosora* S. 324
- *Euphorbia myrsinites* S. 332
- *Helleborus argutifolius* S. 325
- *Helleborus foetidus* S. 325
- *Heuchera* 'Plum Pudding' S. 333
- *Liriope muscari* S. 334
- *Pachysandra terminalis* S. 334
- *Phormium cookianum* subsp. *hookeri* 'Tricolor' S. 329
- *Phormium tenax* Purpureum-Gruppe S. 320
- *Polypodium × mantoniae* 'Cornubiense' S. 334
- *Sedum rupestre* 'Angelina' S. 335
- *Sisyrinchium striatum* 'Aunt May' S. 329

Zwiebeln, Knollen und Rhizome

Allium cristophii

Der Sternkugel-Lauch bildet aus violetten, sternförmigen Einzelblüten wunderschöne Blütenkugeln. In Strauchrabatten mit niedrig wachsenden Gehölzen wird diese Pflanze im Frühsommer zur Augenweide. Die getrockneten Fruchtstände eignen sich hervorragend für Gestecke.

↕30–60 cm ↔15 cm

Allium hollandicum 'Purple Sensation'

Die intensiv violett gefärbten kugeligen Köpfe des Holland-Zierlauchs kommen neben niedrigeren Pflanzen mit silbrigen und weißen Blättern zur Geltung. Der Sommerblüher sät sich gerne selbst aus. Für gemische Rabatten in voller Sonne eignet er sich. Die Blüten werden für Trockengestecke präpariert.

↕1 m ↔7 cm

Allium stipitatum 'Mount Everest'

Im Mai und Juni setzt dieser Zierlauch unübersehbare Zeichen im Garten mit seinen auffälligen Kugeln aus sternförmigen, elfenbeinfarbenen Blüten. Sie sitzen an hohen, grünen Stängeln, weshalb die Pflanze mit anderen Stauden kombiniert werden kann. Das bandförmige, graugrüne Laub zieht mit der Blüte ein.

↕1–1,2 m ↔40 cm

Anemone blanda 'White Splendour'

Diese Berg-Anemonen-Sorte bringt im zeitigen Frühling den Garten mit weißen Blüten zum Leuchten. 'Radar' trägt dunkelrote Blüten mit weißer Innenzeichnung. Die Blüten von 'Pink Star' sind dagegen leuchtend rosa. Die Art wird in großen Gruppen gepflanzt – am besten unter Gehölzen.

↕15 cm ↔15 cm

Canna × generalis 'Durban'

Durch die dunkelroten großen Blätter mit der kontrastierenden Mittelrippe verleiht diese Sorte jedem Garten tropisches Flair. Die intensiv orange gefärbten Blüten erscheinen von Spätsommer bis Herbst. Die Pflanzen können im Kübel gezogen werden. Rhizome frostfrei und vor Nässe geschützt überwintern!

↕1,2 m ↔60 cm

Canna × generalis 'Striata'

Die Sorte bildet intensiv grüne Blätter mit gelben Streifen. Auffällig sind die leuchtend orangegelben Blüten, die von Hochsommer bis Frühherbst an dunkelroten Stängeln erscheinen. Die Sorte eignet sich für Topfgärten und Rabatten. Die Rhizome sollten frostfrei und vor Nässe geschützt überwintert werden.

↕1,5 m ↔50 cm

Convallaria majalis

Das Maiglöckchen bringt im späten Frühjahr lieblich duftende, weiße Blüten an blattlosen Stängeln hervor. Die dunkelgrünen Blätter stehen dicht und zeigen aufwärts. Die Pflanze liebt feuchte, nährstoffreiche Böden im Schatten oder Halbschatten. Achtung: Giftpflanze!

↕23 cm ↔30 cm

Crinum × powellii

Die Hakenlilie blüht von Spätsommer bis Mitte Herbst und trägt bis zu zehn trompetenförmige Blüten gleichzeitig. Sie bevorzugt einen geschützten, sonnigen Standort. Den Winter überlebt sie nur in milden Lagen draußen unter einer dicken Mulchschicht. Reinweiße Blüten bringt die Sorte 'Album' hervor.

↕1,5 m ↔30 cm

Crocosmia × crocosmiiflora 'Coleton Fishacre'

Die zitronengelben Trompeten der Monbretien-Sorte kommen vor dem Hintergrund aus mittelgrünen, bräunlich überhauchten schmal lanzettlichen Blättern hervorragend zur Geltung. Sie eignet sich als Schnittblume und sollte alle paar Jahre geteilt werden.

↕75–90 cm ↔45 cm

❄❄❄ winterhart ❄❄ kann in milden Regionen im Freien überwintern oder braucht guten Winterschutz ❄ verträgt keinen Frost ❅ verträgt keine Kälte
☼ volle Sonne ◐ Halbschatten ● Schatten 💧 gut durchlässiger Boden 💧 frischer Boden 💧 feuchter Boden

Crocosmia × crocosmiiflora 'Venus'

Mit ihren grünen, schmalen Blättern wirkt diese Montbretien-Sorte sehr attraktiv, schon bevor im Sommer die roten Blüten mit den auffällig gelben Schlundzeichnungen erscheinen. Zu groß gewordene Pflanzen werden im Frühjahr geteilt, das erhält die Blühfreudigkeit.

↕70 cm ↔45 cm ❄❄ ☼ 💧 💧

Crocosmia masoniorum 'Firebird'

Die starkwüchsige Sorte hat spitz zulaufende, bandförmige, dunkelgrüne Blätter und im Sommer orangerote Prachtblüten mit geflecktem Schlund, die an überhängenden Stängeln sitzen. Sie verträgt Trockenheit besser als andere Montbretien und blüht eifrig.

↕80 cm ↔30–45 cm ❄ ☼ 💧 💧

Crocus goulimyi

Diese Krokus-Art, die ursprünglich in Griechenland beheimatet ist, bringt im Herbst duftende, röhrenförmige blauviolette Blüten hervor, die gleichzeitig mit den Blättern erscheinen. Die Art kann im Rasen auswildern, gemischte Rabatten säumen oder Topfgärten bereichern. Staunässe verträgt die Art nicht.

↕10 cm ↔5 cm ❄❄ ☼ 💧

Crocus tommasinianus

Der Dalmatiner Krokus stammt ursprünglich aus dem vorderen Kaukasus. Er bildet silbrige blau- bis rotviolette Blüten, die vom Spätwinter bis zum zeitigen Frühjahr zu sehen sind. Sie werden in Gruppen gepflanzt und für die Fensterbank in Tontöpfen gezogen. Die Sorte 'Albus' trägt weiße Blüten.

↕8–10 cm ↔2,5 cm ❄❄❄ ☼ 💧

Cyclamen hederifolium

Das Herbst-Alpenveilchen trägt von Mitte bis Ende Herbst rosa Blüten. Die herzförmigen Blätter sind zart silbern gemustert. Die Pflanze sät sich selbst aus, die Jungpflanzen sollten nicht gestört werden, damit die Knollen langsam wachsen können. Im Halbschatten unter Bäumen und Sträuchern fühlen sie sich wohl.

↕10–13 cm ↔15 cm ❄❄❄ ◐ 💧

Dahlia 'Bishop of Llandaff'

Die leuchtend roten, halb gefüllten Blüten der Sorte erscheinen von Sommer bis Herbst und setzen einen starken Kontrast zu den dunklen Blättern. Dahlien fühlen sich in Rabatten wohl, aber auch als Topfpflanze. Nach dem ersten leichten Frost werden die Knollen frostfrei und trocken überwintert.

↕1,1 m ↔45 cm ❄ ☼ 💧

Dahlia 'David Howard'

Die Sorte gehört zur Gruppe der Einfach blühenden Dahlien. Doch die dunklen, rötlich grünen Blätter und Stängel neben den großen orange gefärbten Blüten wirken beeindruckend. Regelmäßiges Schneiden verlängert die Blütezeit. Dahlien lieben Sonne und müssen trocken und frostfrei überwintern.

↕75 cm ↔60 cm ❄ ☼ 💧

Dahlia 'Gay Princess'

Diese Sorte gehört zur Gruppe der Kleinblütigen Seerosen-Dahlien – sie zeichnet sich durch gefüllte Blüte aus, die an eine Seerose erinnert. 'Gay Princess' trägt im Sommer und Herbst pinkfarbene Blüten über intensiv grünem Laub. Sie wird in den Rabattenmittelgrund gesetzt oder in Kübel gepflanzt.

↕1,5 m ↔75 cm ❄ ☼ 💧

ZWIEBEL, KNOLLE & CO FÜR DEN FRÜHLINGSGARTEN

Frühjahrsblüher für Topf und Rabatte: Tulpe, Narzisse, Krokus, Schneeglöckchen *(Galanthus)*, Hyacinthus und Christrose *(Helleborus)*. Für die Frühlingsrabatte eignen sich:

- *Crocus tommasinianus* S. 337
- *Erythronium dens-canis* S. 338
- *Fritillaria meleagris* S. 338
- *Hyacinthoides non-scripta* S. 338
- *Hyacinthus orientalis* 'Blue Jacket' S. 338
- *Muscari armeniacum* 'Blue Spike' S. 340
- *Muscari latifolium* S. 340
- *Narcissus* 'Tête-à-Tête' S. 340
- *Scilla siberica* S. 341
- *Tulipa* 'Flaming Parrot' S. 341
- *Tulipa* 'Prinses Irene' S. 341
- *Tulipa* 'Queen of Night' S. 341

Zwiebeln, Knollen und Rhizome

Eranthis hyemalis

Die sattgelben Blüten des kleinen Winterlings sind im zeitigen Frühling ein willkommener Anblick. Die Art breitet sich durch unterirdische Rhizome schnell aus. In Gruppen gepflanzt wirkt sie deswegen natürlich. Der ideale Standort für Winterlinge ist humos und trocknet niemals ganz aus. Achtung: Giftpflanze!

↕5–8 cm ↔8 cm ❄ ❄ ❄ ◐ ○ ◑

Erythronium dens-canis

Der Europäische Hundszahn fällt durch seine stark gemusterten grünen Blätter auf. Zu Frühlingsbeginn trägt er anmutig nickende weiße bis rotviolett gefärbte Blüten. Die Pflanze liebt gut durchlässige Böden in lichtem Schatten und wirkt besonders attraktiv unter Bäumen oder Sträuchern.

↕10–15 cm ↔10 cm ❄ ❄ ❄ ◐ ○

Eucomis bicolor

Die Schopflilie benötigt volle Sonne und nährstoffreiche Böden. Im Spätsommer erscheinen die braun gefleckten Stängel, die hellgrüne Blüten mit rötlicher Zeichnung tragen. Der beste Standort ist ein geschütztes Beet vor einer warmen Mauer. Im Winter muss sie nach drinnen gebracht werden.

↕30–60 cm ↔20 cm ❄ ☼ ○

Fritillaria imperialis

Die Kaiserkrone dominiert eine gemischte Rabatte oder einen Steingarten durch die mächtigen Blütenschöpfe und die kräftige Blütenfärbung. Im Spätfrühling erscheinen die orange gefärbten Blüten an hohen Stängeln. Die Sorte 'Maxima Lutea' trägt gelbe Blüten. Achtung: Giftpflanze!

↕bis 1,5 m ↔25–30 cm ❄ ❄ ❄ ☼ ○

Fritillaria meleagris

Die Art ist vom Aussterben bedroht, da die typischen Feuchtwiesenstandorte immer seltener werden. Die Schachblume blüht im späten Frühling. Sie wirkt im Garten natürlich, wenn sie in großen Mengen in Grasflächen gepflanzt wird. Mischen Sie dazu rötliche und weiße Sorten. Achtung: Giftpflanze!

↕bis 30 cm ↔5–8 cm ❄ ❄ ❄ ☼ ◐ ◑

Galanthus 'Atkinsii'

Schneeglöckchen gehören in jeden Frühlingsgarten. Sie blühen ab Spätwinter und sehen im Rasen, in Rabatten, aber auch in Töpfen gepflanzt attraktiv aus. Sobald die Blätter einziehen, können die Horste geteilt werden. 'Atkinsii' trägt weiße Blüten mit grünen, herzförmigen Malen.

↕20 cm ↔8 cm ❄ ❄ ❄ ◐ ○ ◑

Galtonia viridiflora

Die Frühe Sommerhyazinthe, eine südafrikanische Verwandte der Hyazinthe, trägt hellgrüne, trichterförmige Blüten, die in jeder Rabatte Glanzpunkte setzen. Die Blüten erscheinen im Spätsommer und sitzen an hohen Stängeln. Die Zwiebeln sollten den Winter über frostfrei gelagert werden.

↕bis 1 m ↔10 cm ❄ ◐ ○ ◑

Hyacinthoides non-scripta

Das im Frühjahr blühende Atlantische Hasenglöckchen wird in großen Gruppen im lichten Schatten von Gehölzen gepflanzt. Die Blüten sind für gewöhnlich blau, doch auch rosa oder weiß blühende Sorten sind im Handel erhältlich. Das Hasenglöckchen verbreitet sich schnell und neigt zum Wuchern.

↕20–40 cm ↔8 cm ❄ ❄ ❄ ◐ ○ ◑

Hyacinthus orientalis 'Blue Jacket'

Der schwere süßliche Hyazinthen-Duft kann ohne viel Pflegeaufwand in jeden Garten geholt werden. Die anspruchslose Hyazinthe ist in vielen Farben erhältlich. Die Blüten der Sorte 'Navy Jacket' sind rötlich geädert. Sie wird in Rabatten gepflanzt oder in Töpfen kultiviert.

↕20–30 cm ↔8 cm ❄ ❄ ☼ ○

❄❄❄ winterhart ❄❄ kann in milden Regionen im Freien überwintern oder braucht guten Winterschutz ❄ verträgt keinen Frost ❄ verträgt keine Kälte
☼ volle Sonne ◐ Halbschatten ● Schatten ◊ gut durchlässiger Boden ◑ frischer Boden ♦ feuchter Boden

Iris 'Golden Alps'

Die creme und gelb gefärbten Blüten dieser Sorte sind von Frühsommer bis Sommer zu sehen. Die Sorte gehört zu der großblütigen, hochwüchsigen Barbata-Elatior-Gruppe. Bart-Iris werden in fast allen Farben angeboten. Sie bevorzugen sonnige Rabatten. Die Rhizome nicht mit Erde bedecken!

↕90 cm ↔ 60 cm ❄❄❄ ☼ ◊

Iris pallida 'Variegata'

Die langen, spitz zulaufenden, gelb gestreiften Blätter dieser Bleichen Schwertlilien-Sorte werden im Spätfrühling und Frühsommer von duftenden, blauen Blüten umspielt. Die Art und die Sorte eignen sich für windexponierte Standorte in voller Sonne. Die Iris wird im Frühherbst geteilt.

↕bis 1,2 m ↔ 45–60 cm ❄❄❄ ☼ ◊

Iris 'Superstition'

Die braunviolett bis schwarzblau gefärbten Blüten dieser Iris, die auch zur Barbata-Elatior-Gruppe gehört, erzielen starke optische Effekte auf gemischten Rabatten. Die Kontraste lassen sich stärken, wenn diese Sorte neben hell blühenden Iris-Sorten steht, wie z. B. 'White Knight'. Die Blüten duften angenehm.

↕90 cm ↔ 60 cm ❄❄❄ ☼ ◊

Leucojum aestivum 'Gravetye Giant'

Die Sommer-Knotenblume eignet sich für frische bis feuchte Flächen. Im Frühjahr erscheinen zwischen den schmalen grünen Blättern nickende weiße Blüten mit grünen Kronblattspitzen. Die Sorte 'Gravetye Giant' ist robust und wächst hoch, wenn sie am Teichufer steht. Achtung: Giftpflanze!

↕90 cm ↔ 8 cm ❄❄❄ ◐ ◑ ♦

Lilium 'African-Queen-Gruppe'

Die Sorte gehört zur Gruppe der Trompetenlilien. Die orange gefärbten, duftenden, trompetenähnlichen Blüten dieser Sorte kommen in einem Topf neben Ihrer Haustür zur Geltung, aber auch in einer Rabatte. Von Hoch- bis Spätsommer blühen sie an sonnigen Standorten, wenn die Wurzel beschattet wird.

↕1,5–2 m ↔ 25 cm ❄❄❄ ☼ ◊

Lilium 'Black Beauty'

Diese Lilien-Sorte gehört zur Gruppe der Orienthybriden mit trompetenförmiger Blüte. Die Sorte 'Black Beauty' ist sehr kräftig und behauptet ihren Platz zwischen den Stauden einer gemischten Rabatte. Sie kann jedoch auch in einen Topf gepflanzt werden.

↕1,4–2 m ↔ 25 cm ❄❄ ☼ ◊

Lilium henryi

Die vielleicht schönste Spätsommerlilie für den Garten. Sie treibt hohe, kräftige Stängel mit lanzettlichem Laub aus, an deren Ende sich zum Saisonende Bündel aus großen, orangen Blüten mit roten Sprenkeln und zurückgebogenen Blütenblättern zeigen. Die Blüte dauert rund zwei Wochen.

↕2 m oder höher ↔ 50 cm ❄❄❄ ☼ ◐ ◑

Lilium martagon

Werfen Sie eine Handvoll Zwiebeln von Türkenbund-Lilien in eine gemischte Rabatte und pflanzen Sie sie dort ein, wo sie liegen. Die hübschen Blüten mit ihren dunkel gefleckten rosa Kronblättern erscheinen von Früh- bis Hochsommer. Die Blüten von *Lilium martagon* var. *album* sind reinweiß.

↕0,9–2 m ↔ 20 cm ❄❄❄ ☼ ◐ ◊

ZWIEBEL, KNOLLE & CO FÜR DEN SOMMERLICHEN GARTEN

- *Allium cristophii* S. 336
- *Allium hollandicum* 'Purple Sensation' S. 336
- *Allium stipitatum* 'Mount Everest' S. 336
- *Canna* 'Durban' S. 336
- *Canna* 'Striata' S. 336
- *Crinum × powellii* S. 336
- *Crocosmia × crocosmiiflora* 'Coleton Fishacre' S. 336
- *Crocosmia × crocosmiiflora* 'Venus' S. 337
- *Crocosmia masoniorum* 'Firebird' S. 337
- *Dahlia* (Sorten) S. 337
- *Fritillaria imperialis* S. 338
- *Iris* 'Golden Alps' S. 339
- *Iris pallida* 'Variegata' S. 339
- *Lilium* African-Queen-Gruppe S. 339
- *Lilium* 'Black Beauty' S. 339
- *Lilium henryi* S. 339
- *Lilium martagon* S. 339
- *Lilium* Pink-Perfection-Gruppe S. 340
- *Lilium* 'Star Gazer' S. 340

Zwiebeln, Knollen und Rhizome

Lilium Pink-Perfection-Gruppe

Diese Lilien-Sorte gehört zur Gruppe der Trompetenlilien mit großen rosaroten trompetenähnlichen Blüten. Im Hochsommer sitzen die zart duftenden Blüten mit auffälligen, orange gefärbten Staubgefäßen an kurzen Blütenstielen. Ein sonniger Standort mit Wurzelbeschattung ist zu empfehlen.

↕1,5–2 m ↔25 cm ❄ ❄ ❄ ☼ 💧

Lilium regale

Die Königslilie ist eine wertvolle Schnittstaude mit großen weißen, stark duftenden Trompetenblüten, die an der Außenseite rötlich gefärbt sind. Im Hochsommer bilden sie sich in Gruppen an hohen Stängeln. Die Pflanze passt gut in gemischte Rabatten. Gegebenenfalls muss sie gestützt werden.

↕0,6–2 m ↔25 cm ❄ ❄ ❄ ☼ 💧

Lilium 'Star Gazer'

Die Sorte gehört zur Gruppe der Orientalischen Lilien. 'Star Gazer' ist dank seiner Blütenfarbe und des Duftes eine der beliebtesten Schnittblumen. Die pinkfarbenen und weißen Blüten, die im Hochsommer erscheinen, sind zart gefleckt und nach oben gerichtet. Sie eignet sich für Rabatte und Topf.

↕1–1,5 m ↔25 cm ❄ ❄ ☼ 💧

Muscari armeniacum 'Blue Spike'

Die Armenische Traubenhyazinthe bildet voluminöse blaue Blütenkerzen. Sie bahnen sich im Frühling einen Weg durch den dichten Teppich schmaler grüner Blätter. Die sonnenhungrige Pflanze breitet sich stark aus. Sie wächst auch in Pflanzgefäßen.

↕20 cm ↔5 cm ❄ ❄ ❄ ☼ 💧 💧

Muscari latifolium

Die Breitblättrige Traubenhyazinthe sieht aus, als trüge sie kleine Hüte aus kleinen, helleren Blüten. Ihre Blätter sind mittelgrün und etwas flacher als die von *Muscari armeniacum* (*links*). In Gruppen gepflanzt gehört sie in den Vordergrund der Rabatte und passt sehr gut in Steingärten.

↕20 cm ↔5 cm ❄ ❄ ❄ ☼ 💧 💧

Narcissus 'Bridal Crown'

Die Sorte gehört zur Division vier: den Gefüllt blühenden Narzissen. Die Blüten erscheinen zu mehreren am Stängelende, sie duften süß, sind weiß gefärbt, gefüllt und mit dottergelber Mitte ausgestattet. Die Art bevorzugt sonnige Standorte auf gut drainierten Böden. Schnittblume. Achtung: Giftpflanze!

↕40 cm ↔15 cm ❄ ❄ ❄ ☼ 💧

Narcissus poeticus var. *recurvus*

Diese Varietät der Pfauenaugen-Narzisse unterscheidet sich von der Art durch nach hinten gerichtete Blütenblätter. Die Blütenblätter sind schneeweiß, sie umschließen das gelbe Auge mit rotem, gekräuseltem Rand. Die Narzisse kann im Rasen verwildern. Duft- und Schnittpflanze. Achtung: Giftpflanze!

↕35 cm ↔5–8 cm ❄ ❄ ❄ ☼ 💧

Narcissus 'Tête-à-Tête'

An kurzen Stängeln hängen die kleinen Blüten. Der Frühjahrsblüher gehört in den Vordergrund von Rabatten. Die Sorte passt auch in Steingärten und kann in Töpfen gepflanzt werden. Je größer die Mengen, die Sie davon ausplanzen, desto beeindruckender ist die Wirkung der Pflanzung. Achtung: Giftpflanze!

↕15 cm ↔5 cm ❄ ❄ ❄ ☼ 💧

Narcissus 'Thalia'

Diese Sorte gehört zur Division fünf: den Engelstränen-Narzissen. Die Sorte trägt zwei milchweiße Blüten pro Stängel, die im Frühling Gartenecken aufhellen oder in monochromen Farbrabatten die ersten weißen Tupfer setzen. Frech sieht die Pflanze in hohen Kübeln aus, die vor farbigen Mauerwänden stehen.

↕35 cm ↔8 cm ❄ ❄ ❄ ☼ 💧

❄❄❄ winterhart ❄❄ kann in milden Regionen im Freien überwintern oder braucht guten Winterschutz ❄ verträgt keinen Frost ❅ verträgt keine Kälte
☼ volle Sonne ◑ Halbschatten ● Schatten ◊ gut durchlässiger Boden ◐ frischer Boden ♦ feuchter Boden

Nectaroscordum siculum subsp. *bulgaricum*

Die Blüten des Bulgarischen Honiglauchs sind grün, weiß und dunkelrot. Sie sitzen in Büscheln zu je 10 bis 30 Stück auf hohen Stängeln. Im Frühsommer wirken sie auf Staudenrabatten oder in einem natürlich anmutenden Garten sehr attraktiv. Die Art wildert stark aus, braucht aber guten Winterschutz.

↕ bis 1,2 m ↔ 30–45 cm ❄❄ ◑ ◐

Nerine bowdenii

Die Nerine stammt ursprünglich aus Südafrika. Sie bildet kräftig rotviolette, spinnenähnliche Blüten, die im Herbst aus dem nackten Boden kommen. Nerinen sehen in Gruppen und zu Füßen einer sonnigen Mauer am attraktivsten aus. Im Winter benötigen sie eine dicke Mulchschicht.

↕ 45 cm ↔ 8–12 cm ❄❄ ☼ ◊

Scilla siberica

Der Sibirische Blaustern verzaubert im Frühling mit den kleinen blauen Blüten jeden Garten. Die Zwiebeln werden in großen Gruppen im Steingarten, zwischen Pflastersteinen, im Rasen oder im Rabattenvordergrund gesetzt. Die Art bevorzugt sonnige und halbschattige Böden.

↕ 10–20 cm ↔ 5 cm ❄❄❄ ☼ ◑ ◊

Trillium grandiflorum

Die Große Dreizipfellilie bildet dunkelgrüne, rundliche Blätter. Die auffälligen, dreiblättrigen weißen Blüten erscheinen im Frühling und Sommer. Die Blüten der langsamer wachsenden Sorte 'Flore Pleno' sind gefüllt. Beide sind wüchsige, sehr zuverlässige und attraktive Schattenpflanzen.

↕ bis 40 cm ↔ 30 cm oder mehr ❄❄❄ ◑ ● ◊

Tulipa 'Flaming Parrot'

Die gelb-rot gemusterten Blüten dieser im Spätfrühling blühenden Tulpe sind an den Rändern ausgefranst und besitzen schwarze Staubgefäße. Sie gehört zur Gruppe der Papageien-Tulpen. In sortenreinen Gruppen oder gemischt mit anderen Blütenfarben werden sie an sonnigen Standorten gepflanzt.

↕ 55 cm ↔ 15 cm ❄❄❄ ☼ ◊

Tulipa 'Prinses Irene'

Die orangefarbenen Blütenblätter der Sorte sehen aus, als wären sie mit dunkelroten Pinselstrichen bemalt worden. Die Sorte gehört zu der Gruppe der Triumpf-Tulpen. Sie sorgt für einen Farbstreifen in der Frühlingsrabatte – allein oder zusammen mit Ziergräsern. Sie können alle Tulpen im Topf ziehen.

↕ 35 cm ↔ 15 cm ❄❄❄ ☼ ◊

Tulipa 'Queen of Night'

Die dunkle, seidig schimmernde Blüte dieser Sorte, die zur Gruppe der Einfach blühenden, späten Tulpen zählt, kommt zwischen dunkelroten und schwarzblättrigen Stauden oder neben grauen und silberblättrigen Arten besonders gut zur Geltung. Ein heller Hintergrund schafft ebenfalls Kontrast.

↕ 60 cm ↔ 15 cm ❄❄❄ ☼ ◊

Tulipa 'Spring Green'

Diese Sorte gehört zur Viridiflora-Gruppe. Die Blüten sind auf jedem elfenbeinfarbigen Blütenblatt durch einen grünen »Pinselstrich« markiert. Sie gehören in eine gemischte oder farbgebundene Rabatte. Die Zwiebeln sollten eng gesetzt werden, da die im Spätfrühling blühende Sorte nur 40 cm hoch ist.

↕ 40 cm ↔ 10 cm ❄❄❄ ☼ ◊

ZWIEBEL, KNOLLE & CO FÜR DEN DUFTGARTEN

Besonders wohlriechend sind Narzisse, Krokus, Lilie, einige Schneeglöckchen-Arten (*Galanthus*), Märzenbecher (*Leucojum*), Hyazinthen und Alpenveilchen (*Cyclamen*).

- *Convallaria majalis* S. 336
- *Crocus goulimyi* S. 337
- *Hyacinthus orientalis* 'Blue Jacket' S. 338
- *Leucojum aestivum* 'Gravetye Giant' S. 339 (schwach duftend)
- *Lilium* African-Queen-Gruppe S. 339
- *Lilium* 'Black Beauty' S. 339
- *Lilium* Pink-Perfection-Gruppe S. 340
- *Lilium regale* S. 340
- *Lilium* 'Star Gazer' S. 340
- *Narcissus* 'Bridal Crown' S. 340
- *Narcissus poeticus* var. *recurvus* S. 340

Pflanzen Sie die Zwiebeln nahe ans Haus, um den Duft genießen zu können.

Gräser, Seggen und Bambus

Acorus calamus 'Argenteostriatus'

Der anspruchslose Kalmus liebt frische bis feuchte Böden und ist deswegen ideal für die Bepflanzung flacher Teichränder. Die hell gestreiften Blätter der Sorte bleiben auch im tiefen Schatten erhalten. Achtung: Giftpflanze!

↕45 cm ↔45 cm

Anemanthele lessoniana

Synonym: *Stipa arundinacea.* Das feinblättrige Fasanenschwanzgras wächst ausladend. Im Sommer erscheinen rötliche Blütenkerzen. Im Winter färben sich die Halme orangerot. Die Samenstände dienen den Vögeln als Nahrung. Die Pflanze benötigt Winterschutz.

↕1 m ↔1,2 m

Arundo donax var. *versicolor*

Diese Varietät des Pfahlrohrs wächst nicht so hoch und ist weniger frosttolerant. Die weißen Streifen der Art färben sich im Sommer hellgelb. Am besten pflanzen Sie die Varietät in einen Kübel – dann sind Sie flexibel in der Gestaltung und können die Pflanze unkomplizierter überwintern.

↕2,2 m ↔2 m

Borinda papyrifera

Ein horstbildender immergrüner Bambus mit ungewöhnlich pulverblauen Halmen, die jung am kräftigsten leuchten. Das Laub ist weich und sattgrün, der Wuchs zunächst aufrecht, dann überhängend, sodass sich mit der Zeit ein eleganter Horst bildet. Beim Austrieb braucht er ausreichend Feuchtigkeit.

↕6 m ↔2–3 m

Briza maxima

Das Größte Zittergras gehört zu den attraktivsten einjährigen Gräserarten. Einfach lässt es sich aus Samen ziehen – das beste Ergebnis erzielen Sie, wenn jeder Same in einen extra Topf gelegt wird. Die Blütenköpfe erzittern schon bei einem leichten Windhauch. Sehr gut für Trockengestecke geeignet.

↕30 cm ↔23 cm

Calamagrostis × acutiflora 'Overdam'

Das Moor-Reitgras setzt starke vertikale Akzente im Garten. Beim Austrieb im Frühjahr ist die grüne und weiße Zeichnung der Blätter leicht rosa gefärbt. Ein Rückschnitt im Spätsommer fördert den Neuaustrieb. Die anspruchslose Pflanze gedeiht auf fast jedem Boden.

↕1 m ↔1,2 m

Carex buchananii

Die Fuchsrote Segge stammt aus Neuseeland und zeigt kupferbraune Halme, die zunächst aufrecht stehen und sich später ausladend neigen. Sie passt gut zu Gräsern mit gelbem oder blauem Laub. Im Frühjahr werden die abgestorbenen Blätter vorsichtig ausgekämmt oder die Pflanze wird vollständig zurückgeschnitten.

↕60 cm ↔60 cm

Carex elata 'Aurea'

Diese Steife Segge ist eine der beliebtesten Sorten für den Garten. Sie wächst in lockeren Horsten aus gelb und grün geränderten Halmen. Im Sommer erscheinen fedrige, braune Blütenstände. Eine kompakte, sommergrüne Pflanze, deren Färbung im Halbschatten am intensivsten ausgeprägt ist.

↕75 cm ↔1 m

Carex oshimensis 'Evergold'

Synonym: *C. hachijoensis.* Die niedrige, ausladende Wuchsform der immergrünen Japan-Gold-Segge macht sie zur idealen Kübelpflanze bzw. einem schattenliebenden Bodendecker. Die langen, goldgelben Halme der Sorte sind grün gestreift. Seggen bevorzugen sumpfige Böden – ideal für den Teichrand.

↕50 cm ↔45 cm

❄❄❄ winterhart ❄❄ kann in milden Regionen im Freien überwintern oder braucht guten Winterschutz ❄ verträgt keinen Frost ❄̸ verträgt keine Kälte
☼ volle Sonne ◑ Halbschatten ● Schatten ◯ gut durchlässiger Boden ◐ frischer Boden ● feuchter Boden

Cortaderia selloana 'Aureolineata'

Diese weniger wüchsige Sorte des Pampasgrases ist für kleinflächige Anlagen ideal. Die Farbintensität der goldenen Blattränder nimmt im Lauf des Jahres zu. Vor allem im Spätsommer bieten die bunten Blätter und die flaumigen Blütenstände einen Blickpunkt im Garten.

↕1,5 m ↔1,5 m ❄❄❄ ☼ ◯ ◐

Cortaderia selloana 'Pumila'

Diese Sorte ist frosttoleranter und blühfreudiger als die Art. 'Pumila' passt deswegen gut in eine Rabatte. Im Sommer erscheinen goldbraune, fedrige Blütenbüschel an kräftigen Stängeln. Kämmt man das Gras im Herbst mit dem Handrechen durch, so sieht es den Winter über gepflegt aus.

↕2 m ↔2 m ❄❄❄ ☼ ◯ ◐

Deschampsia flexuosa 'Tatra Gold'

Die Draht-Schmiele wächst in lockeren, ausladenden Horsten. 'Tatra Gold' bevorzugt schattige, frische bis feuchte Standorte, erst dann scheinen die intensiv grünen Blätter zu leuchten. Im Sommer bildet sich eine Vielzahl rötlich brauner Blütenstände. In großen Gruppen zwischen hellen Segger beeindrucken sie.

↕15 cm ↔15 cm ❄❄❄ ◑ ● ◐

Elymus magellanicus

Die auffällig blaue Haargersten-Art sieht in Kiesrabatten sehr attraktiv aus. Die Blütenstände erinnern an Getreideähren. Die langsam wachsenden Horste tragen das ganze Jahr über mehr oder weniger intensiv getöntes Laub. Alte Blätter werden vorsichtig im Frühjahr entfernt.

↕45 cm ↔45 cm ❄❄ ☼ ◯ ◐

Fargesia murielae

Muriels Schirmbambus ist immergrün und anspruchslos. Er gedeiht auch in trockenen Böden und bildet einen effektvollen Sichtschutz. Die eng stehenden Bambussprossen breiten sich nur langsam aus und beeinträchtigen die Nachbarpflanzen erst später. Im Kübel gepflanzt, behalten Sie die Kontrolle.

↕4 m ↔4 m ❄❄❄ ☼ ◑ ◯ ◐

Festuca glauca 'Elijah Blue'

Der Blauschwingel sieht das ganze Jahr über gut aus. Die silberblauen, nadelähnlichen Halme bilden rundliche Hügel. Im Sommer erscheinen kleine bläuliche Grasblüten, die später braun werden. Das Gras kann auch in Kübel gepflanzt werden – am besten in ein Terrakotta- oder Metall-Gefäß.

↕30 cm ↔60 cm ❄❄❄ ☼ ◑ ◯ ◐

Hakonechloa macra 'Aureola'

Das Japangras wächst langsam und ist sommergrün. Es sollte in Kübel oder Kiesrabatten gesetzt werden, wo Sie es sehen können. Die goldgelben, hellgrün gestreiften Blätter färben sich im Herbst rötlich. Ein Rückschnitt im zeitigen Frühjahr fördert das Wachstum. In kalten Lagen Winterschutz.

↕25 cm ↔1 m ❄❄ ☼ ◑ ◐

Imperata cylindrica 'Rubra'

Das Japanische Blutgras ist eine der attraktivsten Blattschmuckpflanzen: Die Blätter wirken besonders zart, wenn die Sonne die Blattspreiten durchscheint. Im Sommer bilden sich flaumig weiße Blütenstände. Im Kübel gepflanzt sind Sie flexibel in der Gestaltung und Überwinterung.

↕45 cm ↔1,8 m ❄̸ ☼ ◑ ◐

GRÄSER, SEGGEN & BAMBUS FÜR TOPFGÄRTEN

- *Acorus calamus* 'Argenteostriatus' S. 342
- *Arundo donax* var. *versicolor* S. 342
- *Carex buchananii* S. 342
- *Carex oshimensis* 'Evergold' S. 342
- *Deschampsia flexuosa* 'Tatra Gold' S. 343
- *Elymus magellanicus* S. 343
- *Fargesia murielae* S. 343
- *Festuca glauca* 'Elijah Blue' S. 343
- *Hakonechloa macra* 'Aureola' S. 343
- *Imperata cylindrica* 'Rubra' S. 343
- *Miscanthus sinensis* (Sorten) S. 344
- *Ophiopogon planiscapus* 'Nigrescens' S. 344
- *Phyllostachys nigra* S. 345
- *Phyllostachys vivax* fo. *aureocaulis* S. 345
- *Uncinia rubra* S. 345

Gräser, Seggen und Bambus

Lagurus ovatus

Das wegen seiner flaumigen Blütenstände beliebte ein- oder zweijährige Hasenschwanzgras kann im Frühling direkt an Ort und Stelle ausgesät werden. Die weich behaarten Rispen, die im Sommer erscheinen, sind zunächst hellgrün und später cremefarben. Sie eignen sich gut für Trockengestecke.

↕bis 50 cm ↔30 cm ❀ ☼ 💧

Miscanthus sinensis 'Gracillimus'

Diese buschig wachsende Sorte des Chinaschilfs eignet sich für die gemischte Rabatte. Die grünen Blätter mit weißer Mittelrippe verfärben sich im Herbst, wenn es kühler wird, leicht bräunlich. Die mächtigen Horste werden erst im zeitigen Frühjahr zurückgeschnitten.

↕1,3 m ↔1,2 m ❄ ❄ ❄ ☼ 💧 ◐

Miscanthus sinensis 'Kleine Silberspinne'

Eine weniger hoch wachsende Chinaschilf-Sorte: Im Spätsommer und Frühherbst trägt sie seidige weiße und rote Blütenrispen, die sich später silbern verfärben. Der Rückschnitt erfolgt im zeitigen Frühjahr. Ein früherer Rückschnitt könnte die Pflanze schwächen und unterbindet die dekorative Wirkung der Textur.

↕1,2 m ↔1,2 m ❄ ❄ ❄ ☼ 💧 ◐

Miscanthus sinensis 'Malepartus'

'Malepartus' ist eine der anspruchslosesten Chinaschilf-Sorten. Es passt als Solitär in den Rasen oder an einen Wegrand – immer dorthin, wo er aus der Nähe betrachtet werden kann. Von Spätsommer bis Herbst erscheinen fedrige Blütenrispen, die zunächst rotbraun sind und sich dann aufhellen.

↕2 m ↔2 m ❄ ❄ ❄ ☼ 💧 ◐

Miscanthus sinensis 'Silberfeder'

Die im Herbst cremefarbenen und roten Blütenstände werden an dieser Sorte des Chinaschilfs geschätzt. Die Blütenstände bleiben zudem lange erhalten. Die Pflanze braucht viel Platz und keinen zu feuchten Boden. Die Sorte kommt vor einer dunklen Hecke, z. B. einer Eibenhecke, besonders gut zur Geltung.

↕2,5 m ↔1,2 m ❄ ❄ ❄ ☼ 💧 ◐

Miscanthus sinensis 'Zebrinus'

'Zebrinus' wird leicht mit dem aufrechter wachsenden *M. sinensis* 'Strictus' verwechselt. 'Zebrinus' wächst jedoch lockerer und breitet sich schneller aus. Es ziert mit den hellen Streifen auf den Blattspreiten nicht nur Rabatten, sondern auch Kübel-Arrangements – Zinkgefäße sind ideal, um ihn zu präsentieren.

↕bis 1,2 m ↔1,2 m ❄ ❄ ❄ ☼ 💧 ◐

Molinia caerulea subsp. *caerulea* 'Variegata'

Das dicht wachsende Blaue Pfeifengras trägt grün und weiß geränderte Blätter. Von Frühling bis Herbst bilden sich rötliche Blüten an gelben Stängeln. Im Herbst verfärbt sich die Pflanze hellbraun. Dieser Effekt sorgt vor allem in Kiesgärten für eine großartige Wirkung.

↕45–60 cm ↔40 cm ❄ ❄ ❄ ☼ ◑ 💧

Ophiopogon planiscapus 'Nigrescens'

Nur wenige Pflanzen sind so intensiv dunkel wie der Schwarze Schlangenbart. Die Staude wirkt wie ein Gras, ist jedoch enger verwandt mit Maiglöckchen als mit Gräsern. Die Sorte harmoniert in einem von Gräsern dominierten Pflanzschema. Im Sommer erscheinen kleine, zarte hellviolette und weiße Blüten.

↕20 cm ↔30 cm ❄ ☼ ◑ 💧 ◐

Panicum virgatum 'Heavy Metal'

Die sommergrüne Ruten-Hirse mit harten, aufrechten, graugrünen Blättern und Stängeln verfärbt sich unter günstigen Bedingungen im Herbst gelb und allmählich braunrot. Im Sommer erscheinen rötlich-grüne Blütenstände. Effektvoll sind Pflanzungen in Dreier- oder Fünfergruppen.

↕1 m ↔75 cm ❄ ❄ ❄ ☼ 💧

❄❄❄ winterhart ❄❄ kann in milden Regionen im Freien überwintern oder braucht guten Winterschutz ❄ verträgt keinen Frost ❆ verträgt keine Kälte
☼ volle Sonne ◐ Halbschatten ● Schatten ◊ gut durchlässiger Boden ◑ frischer Boden ♦ feuchter Boden

Pennisetum alopecuroides

Das Japanische Federborstengras bildet kräftige Horste, ist robust und sieht das ganze Jahr über attraktiv aus. Im Spätsommer bilden sich längliche, flauschig weich wirkende Blütenstände. Das Gras benötigt einen warmen, geschützten Standort auf humosen Böden.

↕0,5–1,5 m ↔ 0,6–1,2 m ❄❄ ☼ ◊

Phyllostachys nigra

Der Schwarzrohrbambus wird häufig in modernen Gärten angepflanzt. Seine auffälligen Halme färben sich zunächst grün, später jedoch schwarz. Ein Farbkontrast entsteht durch die immergrünen Blätter. Zudem wird ein Linienkontrast durch die Betonung der Vertikalen gesetzt. Für Kübel und Rabatten.

↕3–5 m ↔ 2–3 m ❄ ☼ ◐ ◊ ◑

Phyllostachys vivax fo. aureocaulis

Wie die meisten Bambus-Arten wächst auch diese Form schnell und kräftig. Die leuchtend gelben Stämme sind grün gefleckt, die Blätter schmal und leicht gebogen. Auch diese Bambus-Form wird durch eine Rhizomsperre im Wuchs kontrolliert. Geeignet für Haine, Sichtschutz- oder Kübelpflanzung.

↕bis 8 m ↔ 4 m ❄❄❄ ☼ ◐ ◊ ◑

Sesleria autumnalis

Am meisten macht das horstbildende immergrüne Herbst-Kopfgras in der zweiten Sommerhälfte her, wenn seine weißlichen Blütenähren erscheinen. Das frischgrüne Laub behält seine Farbe über den Winter. Es kann als Unterpflanzung für kleine Bäume oder offene Sträucher eingesetzt werden.

↕50 cm ↔ 50 cm ❄❄❄ ☼ ◐ ◑

Stipa gigantea

Das Riesen-Federgras entfaltet in Rabatten in voller Sonne seine Schönheit, wenn es dort im Vordergrund steht oder auf eine andere Art und Weise exponiert wird. Im Sommer stehen hohe, filigrane Blütenstände über den grünen Blättern. Die Stängel der Blütenstände bilden einen zarten Schleier.

↕bis 2,5 m ↔ 1,2 m ❄❄ ☼ ◊

Stipa ichu

Ein superelegantes Gras, das sich von seiner besten Seite im Spätsommer und Frühherbst zeigt, wenn die anfangs aufrechten, dann überhängenden, schlanken, fiedrigen, silbernen Blütenstände über Horsten aus grünem Laub erscheinen. Auf die Blüten folgen nicht minder dekorative Samenstände.

↕1 m ↔ 60 cm ❄❄ ☼ ◊

Stipa tenuissima

Synonym: *Nassella tenuissima*. Im Sommer trägt das Mexikanische Federgras fedrige, grüne Blütenstände, die sich allmählich goldbraun verfärben. Auffällig sind die langen Grannen. Die zarten Halme wehen schon im leichten Wind und sollten mit dunkelgrünen Blattschmuckpflanzen kombiniert werden.

↕60 cm ↔ 30 cm ❄❄ ☼ ◊

Uncinia rubra

Das Australische Feuergras bildet breite Horste mit rot, braun und ocker gefärbten Blattspreiten. Das Farbspiel wirkt ganzjährig attraktiv. Im Hoch- und Spätsommer bilden sich dunkelbraune Blütenstände. Die Staude eignet sich für gut drainierte, doch nicht austrocknende Böden, z. B. Kiesflächen oder Geröllflächen.

↕30 cm ↔ 35 cm ❄ ☼ ◐ ◊ ◑

GRÄSER, SEGGEN & BAMBUSSE, DIE DAS GANZE JAHR SCHÖN SIND

- *Acorus calamus* 'Argenteostriatus' S. 342
- *Borinda papyrifera* S. 342
- *Carex buchananii* S. 342
- *Carex oshimensis* 'Evergold' S. 342
- *Deschampsia flexuosa* 'Tatra Gold' S. 343
- *Fargesia murieliae* S. 343
- *Festuca glauca* 'Elijah Blue' S. 343
- *Ophiopogon planiscapus* 'Nigrescens' S. 344
- *Phyllostachys nigra* S. 345
- *Phyllostachys vivax* fo. *aureocaulis* S. 345
- *Sesleria autumnalis* S. 345
- *Stipa gigantea* S. 345
- *Uncinia rubra* S. 345

Sumpf- und Wasserpflanzen

Actaea simplex Atropurpurea-Gruppe 'Brunette'

Synonym: *Cimicifuga simplex* 'Brunette'. Die Silberkerze-Sorte gehört zur Atropurpurea-Gruppe. Die Art eignet sich für feuchte, schattige Standorte. 'Brunette' trägt bronzefarbene, tief eingeschnittene Blätter, sie bilden den Hintergrund für die schlanken weißen Blütenkerzen im Spätsommer.

↕1,2 m ↔60 cm ❄❄❄ ◑ ~

Aruncus dioicus 'Kneiffii'

Der Wald-Geißbart trägt filigrane farnähnliche Blätter und wuschelige Blütenköpfe aus vielen kleinen Blütenkerzen, die an Raupen erinnern. Die Blüte setzt im Sommer helle Akzente in Sumpf- und Uferbereichen. Die Pflanze gedeiht im Halbschatten sehr gut und verträgt Sonne bei ausreichender Bodenfeuchte.

↕75 cm ↔45 cm ❄❄❄ ☼ ◑ ~

Astilbe 'Fanal'

Diese Sorte gehört zur Gruppe der Arendsii-Hybriden, sie bevorzugt feuchte Böden und besticht im Sommer durch intensiv rote, lang haltbare Blütenstände. Das Laub ist gezähnt und dunkelgrün gefärbt. Die Astilben entfalten ihre Wirkung in Gruppen zu drei oder fünf Pflanzen am stärksten.

↕60–100 cm ↔60 cm ❄❄❄ ◑ ~

Astilbe 'Professor van der Wielen'

Diese Sorte gehört zur Gruppe der Thunbergii-Hybriden. Die Sorte benötigt Raum, damit die großen cremeweißen Blütenstände im Hochsommer zur Geltung kommen. Sie kann den Hintergrund einer Pflanzung an frischem bis feuchtem Standort bilden oder am Teichufer stehen. Regelmäßig teilen!

↕1,2 m ↔bis 1 m ❄❄❄ ◑ ~

Astilbe 'Willie Buchanan'

Die Sorte gehört zur Gruppe der Simplicifolia-Hybriden. Von Hoch- bis Spätsommer umgibt die Pflanzen dieser Sorte eine Wolke winziger weißer Blüten mit roten Staubgefäßen. Sie eignet sich für Teich- oder Wegrand. Dort wird sie in großen Gruppen gepflanzt. Die Blüten locken Insekten an.

↕23–30 cm ↔20 cm ❄❄❄ ☼ ◑ ~

Butomus umbellatus

Die Blumenbinse oder Schwanenblume ist eine der beliebtesten Pflanzen für Teichränder. Sie bevorzugt nasse Böden oder steht im niedrigen Wasser. Die schmalen Blätter sind im Austrieb bräunlich und färben sich später mittelgrün. Im Sommer erscheinen hellrosa, duftende Blüten an binsenartigen Stängeln.

↕1 m ↔unbegrenzt ❄❄❄ ☼ ≈ ⊥ 5–15 cm

Caltha palustris

Die Sumpf-Dotterblume bringt mit den intensiv gelben Blüten im Spätfrühling die Teichränder zum Leuchten. Die Varietät *C. palustris* var. *alba* bringt weiße Blüten hervor. Da die Art wuchert, sollten spezielle Pflanzkörbe oder Töpfe verwendet werden, um die Ausbreitung zu kontrollieren.

↕60 cm ↔45 cm ❄❄❄ ☼ ◑ ≈ ⊥ in Wasserspiegelhöhe

Darmera peltata

Das Schildblatt wächst sehr langsam und steht an feuchten bis nassen Standorten, an Teich- und Bachrändern. Im Spätfrühling erscheinen weiße bis pinkfarbene Blütenköpfe vor den großen grünen Blättern. Die Blätter färben sich im Herbst rot, bevor sie verwelken.

↕1,2 m ↔unbegrenzt ❄❄❄ ☼ ◑ ~

Eupatorium maculatum Atropurpureum-Gruppe

Der stattliche Purpur-Wasserdost schmückt sich mit kleinen rosa Blüten an hohen, dunkelroten Stängeln, die bis zur Blüte hinauf mit gezähnten, dunkelroten und grünen Blättern besetzt sind. Die Staude lockt Bienen und Schmetterlinge an und setzt durch ihre schöne Blattfärbung im Frühherbst Akzente.

↕2 m ↔1 m ❄❄❄ ☼ ◑ ~

❄❄❄ winterhart ❄❄ kann in milden Regionen im Freien überwintern oder braucht guten Winterschutz ❄ verträgt keinen Frost ❅ verträgt keine Kälte
☼ volle Sonne ◑ Halbschatten ● Schatten ∼ Sumpfpflanze ≈ Uferpflanze ≋ Wasserpflanze ⊥ Pflanztiefe

Filipendula rubra 'Venusta'

Das Rote Mädesüß wird mächtig – in Höhe und Breite –, daher sollten Sie den Standort sorgfältig auswählen. Über den grünen, tief gelappten Blättern prangen im Früh- und Hochsommer violettrote bis rosa gefärbte Blütenbüschel. Die Staude kann zum Abschirmen eines sumpfigen Gartenbereichs dienen.

↕2 m ↔ unbegrenzt ❄❄❄ ☼ ◑ ∼

Gunnera manicata

Der Name ist Programm: Das Mammutblatt ist ein echter Riese, vor allem in der Breite. Auf frischen bis feuchten Flächen setzt die Art, die in Brasilien beheimatet ist, eindrucksvolle Akzente. Die Standorte dürfen jedoch nicht austrocknen. Die beeindruckenden, ungewöhnlichen Blüten bilden sich ab August.

↕4,5 m ↔ 3 m ❄ ☼ ◑ ∼

Iris 'Butter and Sugar'

Diese Sibirische Schwertlilien-Sorte bringt von Mitte bis Ende Frühling auffällige Blüten mit weißem Dom und gelben Hängeblättern hervor. Jeder Blütenstängel trägt bis zu fünf Blüten und ist von schmalen grünen Blättern umgeben. Die Horste lassen sich nach der Blüte oder im Frühjahr teilen.

↕50 cm ↔ 25 cm ❄❄❄ ☼ ∼

Iris laevigata

Die Asiatische Sumpf-Schwertlilie blüht zuverlässig in nassen Böden an Teich- und Bachrändern. Im Früh- und Hochsommer thronen die dunkelblauen Blüten an grünen Stängeln über den breiten, schwertförmigen, mittelgrünen Blättern. Die Pflanze breitet sich am Standort aus.

↕75 cm ↔ 1 m ❄❄❄ ☼ ≈ ⊥ 10–15 cm

Iris pseudacorus 'Variegata'

Diese Sumpf-Schwertlilien-Sorte bildet grüne Blätter mit hellgelben Streifen aus. Die gelben Blüten erscheinen im Sommer. Die Art neigt zum Wuchern. Um den Wuchs zu kontrollieren, wird sie im Pflanzkorb am Rand eines Teiches, in der entsprechenden Wassertiefe, platziert.

↕1 m ↔ 75 cm ❄❄❄ ☼ ≈ ⊥ 15 cm

Iris sibirica 'Perry's Blue'

Eine traditionsreiche Sorte der Sibirischen Schwertlilie mit eng zusammenstehenden Blütenstängeln. Die mittelblauen, rötlich geäderten Blüten bringen im Frühsommer die Ränder von Teichen und Beeten zum Leuchten. Dieser Effekt verstärkt sich, wenn die Sorte mit weiß blühenden Iris kombiniert wird.

↕1 m ↔ 60 cm ❄❄❄ ☼ ∼

Iris versicolor 'Kermesina'

Die aus dem östlichen USA stammende Verschiedenfarbige Schwertlilie eignet sich für kleine Teiche. Sie trägt lavendelblaue Blüten mit weißen Malen. Die Sorte 'Kermesina' zeichnet sich durch rotviolette Blüten aus. Die langen, schmalen blaugrünen Blätter schmücken den Teichrand von Frühling bis Herbst.

↕75 cm ↔ 60 cm ❄❄❄ ☼ ≈ ⊥ 5 cm

Kirengeshoma palmata

Die Wachsglocke trägt grüne Blätter und rötliche Stängel. Im Spätsommer und Frühherbst erscheinen hellgelbe Blütenglöckchen. Die Staude benötigt feuchte Standorte auf sauren Böden im geschützten Halbschatten. Eine Pflanze für den Randbereich eines Moorbeetes.

↕1,2 m ↔ 75 cm ❄❄ ◑ ∼

TEICH- UND UFERPFLANZEN

WASSER ≋
- *Nymphaea* 'Darwin' S. 348
- *Nymphaea* 'Froebelii' S. 348
- *Nymphaea* 'Gonnère' S. 348
- *Nymphaea* 'Marliacea Chromatella' S. 348

UFER ≈
- *Butomus umbellatus* S. 346
- *Caltha palustris* S. 346
- *Iris laevigata* S. 347
- *Iris pseudacorus* 'Variegata' S. 347
- *Iris versicolor* 'Kermesina' S. 347
- *Myosotis scorpioides* S. 348
- *Orontium* S. 214
- *Sagittaria sagittifolia* S. 214
- *Saururus* S. 214
- *Thalia dealbata* S. 349
- *Typha minima* S. 349
- *Zantedeschia aethiopica* S. 349

SAUERSTOFFLIEFERANTEN
- *Ranunculus aquatilis* S. 214

Sumpf- und Wasserpflanzen

Ligularia 'The Rocket'

Der stattliche Goldkolben bevorzugt frische bis feuchte Böden an hellen Standorten, die mittags nicht besonnt werden. Er eignet sich für größere Gärten. Seine Blätter bilden einen Blattschirm, über den sich zwischen Frühsommer und Spätsommer die gelben Blütenkerzen an dunklen Stängeln erheben.

↕2 m ↔1,1 m ❄ ❄ ❄ ☼ ◑ ∼

Matteuccia struthiopteris

Der Straußenfarn treibt im Frühling seine großen gleichförmigen frischgrünen Wedel mit feiner Fiederung. Im Spätsommer bilden sich in der Mitte der Pflanze schmale, braune, Sporen tragende Wedel, die auch im Winter stehen bleiben. Der Farn bevorzugt feuchte, schattige Standorte.

↕1,7 m ↔bis 1 m ❄ ❄ ❄ ◑ ∼

Myosotis scorpioides

Das Sumpf-Vergissmeinnicht sollte nah am Teichrand stehen, sodass Sie die kleinen Blüten gut sehen können. Sie besitzen weiße, rosa oder gelbe Augen und erscheinen im Frühsommer. Die Sorte 'Mermaid' wächst kompakt und buschig.

↕45 cm ↔unbegrenzt ❄ ❄ ❄ ☼ ◑
≈ ⌶ in Wasserspiegelhöhe

Nymphaea 'Darwin'

Diese Seerosen-Sorte wird auch unter dem Namen 'Hollandia' angeboten. Die pfingstrosenähnlichen Blüten duften und sind innen hellrosa gefärbt – nach außen wird die Rötung schwächer. Nur in großen Teichflächen mit ruhigem Wasser kann diese stark wüchsige Sorte mit den großen flachen Blättern gedeihen.

↔1,5 m ❄ ❄ ☼ ≈ ⌶ 60–100 cm

Nymphaea 'Froebelii'

Kleine rote Blüten mit gelben Staubgefäßen öffnen sich zwischen den dunkelgrünen – in der Jugend bräunlichen – Blättern. Die Blüten öffnen sich nur am Tag, ab dem frühen Sommer bis fast in den Herbst hinein. Eine Seerose für Miniaturteiche und größere Wasserschalen. Wasserbewegung verträgt sie nicht.

↔75 cm ❄ ❄ ❄ ☼ ≈ ⌶ 30–45 cm

Nymphaea 'Gonnère'

Eine chrysanthemenähnliche, duftende Blüte zeigt diese Seerose. Sie eignet sich für mittelgroße Teiche und blüht von Hoch- bis Spätsommer schneeweiß mit gelben Staubgefäßen. Die Blätter sind erst bräunlich, später erbsengrün. Sie braucht einen sonnigen Standort in ruhigem Wasser.

↔1,5 m ❄ ❄ ❄ ☼ ≈ ⌶ 60–75 cm

Nymphaea 'Marliacea Chromatella'

Eine alte und beliebte Seerosen-Sorte, deren zitronengelbe Blüten eine dottergelbe Mitte und einwärts gebogene Kronblätter präsentieren. Sie erscheinen von Hoch- bis Spätsommer zwischen den olivgrünen, bräunlich gefleckten Blättern. Für mittelgroße, ruhige Wasserflächen in voller Sonne geeignet.

↔1,5 m ❄ ❄ ❄ ☼ ≈ ⌶ 60–100 cm

Osmunda regalis

Der Königsfarn wirkt majestätisch am Teichrand, wenn er genug Platz erhält, um sich zu entfalten. Jedes Frühjahr zeigen sich die anmutigen sommergrünen, sterilen Blätter. Die Sporen tragenden Wedel bilden sich im Sommer – sie stehen in der Mitte des Farnhorstes aufrecht zwischen den überhängenden Wedeln.

↕2 m ↔4 m ❄ ❄ ❄ ☼ ◑ ∼

Primula alpicola

Die Mondschein-Primel stammt ursprünglich aus Tibet und bringt im Hochsommer weiße, gelbe oder violette Blüten hervor, die zart duften. Die sommergrünen Blätter haben gezähnte oder gebogene Ränder. Die Primel bildet Ausläufer, sie bevorzugt stets feuchte bis nasse Böden.

↕50 cm ↔30 cm ❄ ❄ ❄ ◑ ∼

❄❄❄ winterhart ❄❄ kann in milden Regionen im Freien überwintern oder braucht guten Winterschutz ❄ verträgt keinen Frost ❅ verträgt keine Kälte
☼ volle Sonne ◐ Halbschatten ● Schatten ∼ Sumpfpflanze ≈ Uferpflanze ≋ Wasserpflanze ⊥ Pflanztiefe

Primula beesiana

Die Etagenprimel trägt im Sommer intensiv violette Blüten, die in regelmäßigen Abständen um den grünlich weißen Stängel kranzförmig angeordnet stehen. Besonders schön sieht die Primel in großen Gruppen mit Farnen aus. Sie braucht stets feuchte bis nasse Böden.

↕60 cm ↔60 cm ❄❄❄ ◐ ∼

Primula 'Inverewe'

An jedem Stängel dieser Primel-Sorte, die zur Kandelaber-Sektion gehört, stehen im Sommer bis zu 15 hellrote Blüten. Die mittelgrünen, ovalen Blätter sind gezähnt. Die kräftig wachsende Pflanze bevorzugt Halbschatten, verträgt aber auch Sonne, wenn der Boden ausreichend Feuchte bietet.

↕75 cm ↔60 cm ❄❄❄ ☼ ◐ ∼

Rheum palmatum 'Atrosanguineum'

Der Handlappige Rhabarber benötigt sehr viel Platz für die riesigen, gezähnten Blätter und die großen erdbeerroten Blütenrispen. Die jungen Blätter sind dunkelrot und verfärben sich allmählich grün. Damit die Pflanze gedeiht, sind tiefgründige, feuchte und nährstoffreiche Böden notwendig.

↕bis 2,5 m ↔bis 1,8 m ❄❄❄ ☼ ◐ ∼

Rodgersia pinnata 'Superba'

Das Schaublatt trägt in der Jugend rötlichbraune und später dunkelgrüne Blätter. Die auffällige Äderung verleiht den Pflanzen ein runzliges Äußeres. Von Hoch- bis Spätsommer erscheinen rosarote Blüten, gefolgt von braunen Samenständen. Die Pflanze muss vor kaltem Wind geschützt werden.

↕bis 1,2 m ↔75 cm ❄❄ ☼ ◐ ∼

Sanguisorba canadensis

Der hoch aufragende Kanadische Wiesenknopf kann effektvoll den Hintergrund des Sumpfgartens oder Feuchtbeetes gestalten. Seine weißen Blütenkerzen im Spätsommer und Frühherbst öffnen sich von unten nach oben und erinnern an Flaschenbürsten. Die Staude kann im Frühling oder Herbst geteilt werden.

↕bis 2 m ↔1 m ❄❄❄ ☼ ◐ ∼

Thalia dealbata

Gute Uferpflanze. Sie bildet einen Horst aus aufrechten, blaugrünen, lanzettlichen Blättern an riedgrasähnlichen Stielen. Im Spätsommer erscheinen dunkelviolette Blüten. Die Pflanze braucht Winterschutz, kann in milden Wintern aber draußen bleiben, wenn die Wurzeln im Wasser stehen.

↕2 m und mehr ↔1 m ❄ ☼ ≋

Typha minima

Der Zwerg-Rohrkolben ist wegen seiner geringen Größe ideal für kleine Teiche oder Wasserschalen. Zu den schmalen, aufrechten Blättern bilden sich im Spätsommer kolbenförmige Blütenstände, die sich auch für Trockengestecke oder Blumenarrangements eignen.

↕bis 75 cm ↔30–45 cm ❄❄❄ ☼ ≈⊥ 30 cm

Zantedeschia aethiopica

Die anmutige, elegante Kalla verleiht jedem Gartenteich einen Hauch Exotik. Während der Blütezeit von Spätfrühling bis Hochsommer hebt sich das Weiß der großen Blüten von dem intensiv grünen Laub ab. Am besten setzt man sie in seichtes Wasser und teilt – falls notwendig – den Wurzelballen im Frühling.

↕90 cm ↔90 cm ❄ ☼ ≈⊥ 15 cm

FEUCHT- UND SUMPFPFLANZEN

Materialführer

Mithilfe verschiedener Baumaterialien verwandeln Sie Ihren Garten in eine funktionale, nutzbare und attraktiv gestaltete Fläche. Mauern, Platten, Zäune und andere bauliche Elemente geben den sich ständig verändernden Pflanzungen einen unveränderbaren, ruhigen Rahmen. Das Gesamtbild eines Gartens wirkt dadurch abgerundet und erfüllt die Voraussetzungen, um zum Ruhepol oder Erlebnisgarten zu werden. Kosten, Farbe, Haltbarkeit, Aufbau- und Pflegeanforderungen sowie Umweltfreundlichkeit spielen eine wichtige Rolle bei der Materialwahl. Informieren Sie sich online oder in Gartenzeitschriften. Bei der Wahl des Belags etwa sollte man gut überlegen, ob man ein dichtes Material wählt oder lieber ein durchlässiges, durch das sich das Überschwemmungsrisiko senken lässt. Dieser Materialführer nennt die gängigen Baustoffe und deren Eigenschaften.

Beläge

Klinker-Pflaster

Zeitloses Material, das in vielen Formaten zur Verfügung steht, um unterschiedliche Verbände zu realisieren. Die Farbgebung wird durch den Rohstoff und den Brand bestimmt. Frostfester Klinker wird für Wegebeläge eingesetzt – gewöhnliche Ziegelsteine halten der Belastung und Witterung nicht stand.

€–€€ ♦♦ Rot-, Braun-, Blau- und Grautöne

Beton-Pflaster

Pflastersteine aus Beton sind preisgünstig und stehen in unterschiedlichen Formen, Farben und Formaten zur Verfügung. Attraktive Gebrauchsspureffekte lassen sich leicht herstellen. Betonpflaster trägt problemlos das Gewicht von Kraftfahrzeugen und ist daher ideal für Garageneinfahrten.

€ ♦♦ große Farbpalette

Granit-Pflaster

Dieses Pflaster ist extrem belastbar. Es eignet sich deswegen für Fußwege genauso wie für Garagenauffahrten und andere stark befahrene Flächen. Attraktive Verlegemuster stehen zur Auswahl. Das Verlegen sollten Profis übernehmen. Preisgünstiges Material ist über den Gebrauchtbaustoffhandel zu beziehen.

€€ ♦♦ Blau- und Grautöne, rosa, schwarz

Terrakotta-Fliesen

Terrakotta sorgt für mediterranes Flair, ist jedoch nicht frostbeständig. Das poröse Material bildet eine rutschfeste Oberfläche, die allerdings sehr leicht verschmutzt. Eine Imprägnierung ist deswegen zu empfehlen. Terrakotta gibt es in vielen Formaten und Formen. Die Farbe wird durch den Brand bestimmt.

€–€€€ ♦ orange, rot, gelblich

Mischverband

Eine kreative Mischung unterschiedlicher Materialien: in diesem Fall Granit-Pflaster, Terrakotta-Fliesen und Klinker-Pflaster. Die Herausforderung liegt darin, ein schlüssiges Muster mit unterschiedlichen Materialstärken zu entwickeln. Rest-Materialien können auf diese Weise verbaut werden und setzen Akzente.

€–€€€ ♦♦ große Farbpalette

Polygonalverband

Der Verband ist typisch für die 1960er- und 1970er-Jahre: Natursteinplatten werden in einem freien, zufällig wirkenden Muster verlegt. Die Platten werden vor Ort einzeln angepasst. Für Terrassen und repräsentative Wegfluchten geeignet. Das Verlegen sollten Profis übernehmen.

€–€€ ♦♦ eingeschränkte Farb- und Materialpalette

€€€ teuer €€ mittlere Preisklasse € preisgünstig ♦♦ haltbar ♦ weniger haltbar ⁄⁄⁄ Farbauswahl

Granit – poliert

Polierter Granit ist nicht nur als schmutzabweisende Oberfläche in Küchen beliebt, sondern auch robust genug für den Garten. Die Farbauswahl ist groß. Unterschiedliche Maserungen werden angeboten. Eine kostengünstige Alternative ist Terrazzo – polierte Zementplatten mit Graniteinschlüssen.

€€–€€€ ♦♦ ⁄⁄⁄ schwarz, grün, rosa, rot, beige

Kalkstein

Das Sedimentgestein weist häufig Einschlüsse von Muscheln und Fossilien auf. Für Außenanlagen eignen sich Kalksteinplatten mit bearbeiteten Oberflächen, um die Rutschgefahr zu vermindern. Eine Schmutz abweisende Imprägnierung wird empfohlen. Zahlreiche Formate und Formen stehen zur Verfügung.

€€–€€€ ♦♦ ⁄⁄⁄ grau, weiß, hellrot, gelb, schwarz

Marmor

Marmor ist ein beliebter Baustoff in mediterranen Gärten und wird zunehmend auch in nördlicheren Regionen populär. Die typische Äderung wird durch mineralische Verunreinigungen verursacht. Eine Imprägnierung ist unbedingt notwendig. Marmor ist in vielen Formaten und Formen erhältlich.

€€–€€€ ♦♦ ⁄⁄⁄ weiß, schwarz, grau, grün, rosa, rot, braun

Sandstein

Sandstein ist ein Sedimentgestein, das sich leicht zuschneiden lässt. Er ist in vielen Farben und Mustern erhältlich, z. B. mit Streifen oder Schlieren. Preisgünstig und optisch sehr attraktiv ist gebrauchter Sandstein. Wegen seiner porösen Oberfläche empfiehlt es sich, ihn zu imprägnieren.

€€–€€€ ♦♦ ⁄⁄⁄ gelb, rosa, braun, grau, weiß, schwarz

Schiefer

Schiefer wirkt sachlich und modern. Im unpolierten Zustand bleibt er auch bei Nässe rutschfest – ein idealer Wegbelag! Er ist in verschiedenen Ausführungen, z. B. sandgestrahlt oder poliert, erhältlich. Der Stein muss imprägniert werden, sonst lösen sich die Schichten des Schiefers plättchenweise ab.

€€–€€€ ♦♦ ⁄⁄⁄ schwarz, blaugrau, grün, rötlich

Travertin – poliert

Travertin besteht aus hoch verdichtetem Kalziumkarbonat und ist weiß. Die Verfärbungen und Einschlüsse sind typisch für den Stein. Die löcherartigen Eindrücke wurden von eingeschlossenen Gasblasen verursacht – beim hochwertigen, für den Außenraum bestimmten Travertin sind die Löcher aufgefüllt.

€€–€€€ ♦♦ ⁄⁄⁄ weiß, rosa, gelb, braun

Yorkstone – regionale Materialien

In Deutschland ist der Sandstein Yorkstone kaum erhältlich, er stammt aus den Steinbrüchen in Yorkshire. Die Farbigkeit des Materials ist einzigartig. Verwenden Sie jedoch stattdessen Materialien, die typisch für Ihre Region sind – gerade dies macht einen Garten unverwechselbar.

€€–€€€ ♦♦ ⁄⁄⁄ große Farbpalette

Porzellanfliesen

Porzellanfliesen werden immer beliebter, denn inzwischen ist eine enorme Bandbreite an Farben, Texturen, Oberflächen und Stilen erhältlich. Das Verlegen erfordert eine gewisse Vorbereitung, da man Fliesenkleber braucht, zudem muss man sehr genau arbeiten. Dafür sehen Fliesen im Garten großartig aus.

€–€€€ ♦♦ ⁄⁄⁄ verschieden

UMWELTSCHUTZ

Durch unsere Kaufentscheidungen können wir zum Schutz der Umwelt etwas beitragen. Das gilt auch für die Auswahl von Baustoffen.

- *Hölzer und Steine, die um die halbe Welt transportiert werden, erhöhen den globalen CO_2-Ausstoß. Kaufen Sie daher lieber regionale Baustoffe. Achten Sie bei Importware darauf, dass sie ohne Kinderarbeit produziert wurde.*
- *Weich- und Harthölzer sollten aus ökologischer Waldnutzung stammen oder ein Umweltsiegel des FSC (Forest Stewardship Council) tragen.*
- *Ziehen Sie stets durchlässige Beläge in Betracht, die das Regenwasser versickern lassen, was das Hochwasserrisiko senkt.*
- *Verwenden Sie nur umweltfreundliche oder wasserlösliche Farben und Holzschutzmittel.*

Beläge

Motivpflaster

Wie bei einem Puzzle werden die verschiedenen Steine, z. B. Beton-, Natur- und Mosaiksteine, zu einem Motiv oder einem geometrischen Muster zusammengefügt. Ein dekoratives, auffälliges Element, mit dem eine Terrasse oder ein Weg besonders wirkungsvoll inszeniert werden können.

€€ ♦♦ große Farbpalette

Holzoptikfliesen

Porzellan- oder Keramikfliesen in Holzoptik haben verglichen mit echtem Holz viele Vorteile. Sie halten wesentlich länger, verrotten nicht und treten sich nicht so schnell ab. Außerdem ist die Auswahl an Farben und Oberflächentexturen im Vergleich zu natürlichem Holz viel größer.

€€–€€€ ♦♦ verschiedene Farben

Metallroste

Metallroste werden zum Bedecken von Gräben und Schächten verwendet. Hier bilden sie ein dekoratives, befahrbares Element auf einem Fahrweg. Die Bodendecker unter dem Gitter verstärken den Textureffekt. Die Begrünung einer hoch belastbaren Fläche ist auf diese Weise möglich geworden.

€€€ ♦♦ metallisch

Holzfliesen

Holzfliesen mit Leisten an der Unterseite können ganz einfach auf eine ebene Fläche ausgelegt werden. Sie wiegen nicht viel und eignen sich daher besonders für Dachterrassen und Balkone. Wenn eine der Fliesen kaputt geht, hebt man sie auf und ersetzt sie durch eine neue.

€ ♦ Lasur- und Beizfarben

Holzplanken

Tropische Harthölzer wie Balau (*Foto*) oder Eiche sind für Holzdecks besonders geeignet. Sie sind lange haltbar, verziehen sich nicht und sind wetterfest. Preisgünstiger, aber nicht umweltfreundlich sind Planken aus druckimprägniertem Weichholz. Bei guter Pflege können sie ebenfalls zwanzig Jahre überdauern.

€–€€€ ♦♦ Lasur- oder Beizfarben

Kunst- bzw. Verbundstoffplanken

Dielen aus recycelten Kunst- bzw. Verbundstoffen werden wie Holzplanken verlegt. Sie sind absolut wetterfest und UV-beständig, sie verrotten nicht und brauchen keine Pflege. Ein gelegentliches Abspritzen mit dem Gartenschlauch genügt. Die Auswahl an Farben und Texturen ist inzwischen beachtlich.

€–€€ ♦♦ »holzfarben«, grün, schwarz, blau

Holzschwellen

Alte Bahnschwellen wurden mit krebsauslösenden Teerölen behandelt und dürfen daher nicht mehr verkauft werden. Inzwischen gibt es Schwellen – oft aus Eiche – mit ähnlicher Optik, die genauso schwer zu heben und zu schneiden sind. Sie eignen sich als Trittsteine. Bei Nässe besteht Rutschgefahr.

€–€€ ♦♦ Holzfarben, Lasur- und Beizfarben

Betonschwellen

Obwohl sie aus Beton sind, wirken diese Schwellen erstaunlich holzartig und sind extrem belastbar. Sie sind in unterschiedlichen Längen erhältlich, doch die Steintiefe des Materials bleibt immer gleich, sodass man sie leicht verlegen kann. Der Holzabdruck auf der Gehfläche erhöht die Griffigkeit des Belags bei Nässe.

€€ ♦♦ große Farbpalette

Rindenmulch

Rinde ist ein federnder Belag für Wege und Spielbereiche. Fein geschreddertes Material schont die Knie, dafür muss der Belag öfter erneuert werden als bei grober Rinde. Rindenmulch wird direkt auf die Erde ausgebracht, aber nur mit einer Geotextil-Unterlage wird der Unkrautaufwuchs unterdrückt.

€ ♦ rindenbraun, gebleicht, große Farbpalette

€€€ teuer €€ mittlere Preisklasse € preisgünstig ♦♦ haltbar ♦ weniger haltbar ⁄⁄⁄ Farbauswahl

Kies – Schüttgut

Kies ist in allen erdenklichen Sortierungen und Größen erhältlich und bildet eine leicht herzustellende, belastbare Oberfläche für Geh- und Fahrwege. Geotextil-Unterlagen schützen vor Unkrautaufwuchs. Auf einem Kiesweg kündigt sich jeder Gast – ob erwünscht oder nicht – durch lautes Knirschen an.

€ ♦♦ ⁄⁄⁄ große Farbpalette

Kiesel-Mosaikpflaster

Ornamente werden mit sortierten Kieselsteinen gelegt. Die Farb-, Form- und Größenwahl ist entscheidend. Der Aufwand ist hoch, die Wirkung großartig. Die Nutzung der Fläche muss bei der Steinwahl berücksichtigt werden, da man z. B. auf abgerundeten Steinen bequemer läuft. Nicht frostsicher.

€ ♦♦ ⁄⁄⁄ weiß, beige, grau, schwarz, braun

Schiefer-Splitt

Der feine Schieferbruch wird im Lauf der Jahre durch die Nutzung abgerieben und zerbröselt in kleine Plättchen. Alle paar Jahre sollte der Belag erneuert werden. Der Belag ist schlicht, preisgünstig, einfach in der Pflege und sehr farbintensiv – er eignet sich auch zur Gestaltung von Farbwegen und -flächen.

€ ♦ ⁄⁄⁄ grau mit grün, blau, Lila- und Violetttöne

Kieselsteine – Schüttgut

Kieselsteine werden nach Farben und Formen sortiert angeboten. Sie werden oft für japanisch anmutende Gartenelemente verwendet, z. B. ein trockenes Bachbett. Die Steinform bedingt unterschiedliche Nutzungseigenschaften – Nutzungsart und Häufigkeit der Nutzung werden dadurch gesteuert.

€€ ♦♦ ⁄⁄⁄ grau mit grün, blau, Rot- und Violetttöne

Wassergebundene Wegdecken

Gereinigter Splitt und gewaschener Sand werden in Schichten aufgebracht und verdichtet. Auf diese Weise entstehen belastbare Flächen, welche die Versickerung von Wasser erlauben. Der Belag passt sich gut der Umgebung an. Bei hochwertigen Wegedecken dieser Bauart ist der Pflegeaufwand sehr hoch.

€–€€ ♦♦ ⁄⁄⁄ grau, gelb, lila, rot, grün

Muschel-Splitt

Muscheln sind viel zu zerbrechlich, um darauf zu laufen, und eignen sich daher nur als Zierbelag. Muschel-Splitt ist ein Abfallprodukt der Schalentierindustrie und besitzt lichtreflektierende Eigenschaften. Durch sein maritimes Flair eignet er sich besonders für Küstengärten.

€ ♦ ⁄⁄⁄ beige, grau, rosa, hellbraun

Mulchen mit Recycling-Material – z. B. Gummi

Eine Mulchschicht aus recyceltem, farbsortiertem Gummi-Recycling-Material wirkt modern. Das Material ist ähnlich weich federnd wie Rindenmulch. Der typische Eigengeruch schreckt Katzen ab und ist unangenehm in Hausnähe. Es verrottet nicht. Setzen Sie jedoch nur umweltverträgliche Materialien ein.

€ ♦♦ ⁄⁄⁄ z. B. schwarzgrau

Harzgebundener Kies

Kies wird gern für Einfahrten und Wege verwendet, doch stört manchmal das Geräusch beim Darauftreten und die Tatsache, dass er sich im Garten verteilt und ins Haus getragen wird. Verdichteter Kies, auf den eine transparente Harzschicht aufgetragen wird, ist durchlässig und sieht sauber aus.

€–€€ ♦♦ ⁄⁄⁄ verschiedene Farben

Glas-Splitt

Das gebrochene Material ist nicht scharfkantig. Das Schüttgut wird zur Gestaltung von Farbflächen verwendet. Eine entsprechende Einfassung der Flächen ist notwendig, trotzdem kommt es zu Materialverlusten und Farbvermischungen. Es ist ungeeignet als Spielbelag. Hoher Reinigungsaufwand.

€ ♦♦ ⁄⁄⁄ große Farbpalette

Mauern und Einfassungen

Ziegel-Mauerwerk

Der Ziegelstein speichert tagsüber die Sonnenwärme und gibt sie nachts wieder ab, sodass ein mildes Mikroklima auf der Sonnenseite der Mauer entsteht. Ziegel-Mauerwerk schafft eine Atmosphäre der Geborgenheit. Weniger als Windschutz geeignet *(siehe S. 223)*.

€ ◆◆ gelb, rot, blaugrau, gefleckt

Naturstein-Mauerwerk

Gebrauchtes und neues Material kann hierzu verwendet werden. Verwitterte Natursteinmauern entfalten eine Atmosphäre der Geborgenheit. Das Mauerwerk sollte zu den Hauswänden passen. Hochwertige Betonsteine, mit künstlichen Gebrauchsspuren versehen, sind eine preisgünstige Alternative.

€–€€ ◆◆ eingeschränkte Farbpalette

Bruchstein-Mauerwerk

Im Gegensatz zum Trockenmauerwerk wird dieser Verband mit Mörtel hergestellt. Die starre Bauweise zeigt deswegen ein gröberes, durch den Fugenverlauf bestimmtes Mauerbild. Die Mauerkrone ist notwendig, um das Bauwerk vor eindringender Feuchtigkeit zu schützen.

€€ ◆◆ eingeschränkte Farbpalette

Trockenmauerwerk

Etwa eine Tonne Naturstein wird pro Kubikmeter Mauerwerk benötigt. Der Zeitaufwand ist ebenfalls sehr hoch. Das Mauerwerk ist jedoch wunderschön. Die Bruchsteine werden ohne Mörtel zu einem stabilen, aber nicht starren Mauerwerk aufgeschichtet. Eine Arbeit für erfahrene Profis.

€€–€€€ ◆◆ eingeschränkte Farbpalette

Gabion

Die Körbe aus verzinktem Metall werden mit Schüttmaterial, z.B. Schotter, oder mit Schichtmaterialien, z.B. Natursteinen, sorgfältig gefüllt, sodass das Füllmaterial nicht nachsacken kann. Wegen ihres hohen Gewichts eignen sich Gabionen auch als Stützmauern. Eine preisgünstige Alternative zur Trockenmauer.

€ ◆◆ metallisch, große Farbpalette

Flint-Verblendung

Flint oder Feuerstein ist ein hartes Silikatgestein, das in Knollen oder Platten in Kalkschichten gefunden wird. Hier wurden Knollen gespalten, um eine Ziegel- oder Betonmauer zu verkleiden. Als Fugenmaterial wurde Kalkkitt verwendet, der relativ flexibel bleibt und weniger zur Rissbildung neigt.

€€–€€€ ◆◆ schwarz und weiß

Mosaikmauerwerk

Die Mischung von Materialien, hier Klinker, Granit und glasierten Fliesen, Farben und Formen lässt Mauerwerke entstehen, die auch den Farb- und Tastsinn ansprechen. Die Materialien werden als Verkleidung einer Ziegel- oder Betonmauer eingesetzt oder direkt in die Mauer integriert. Eine Arbeit für Profis.

€–€€ ◆◆ große Farbpalette

Sichtschutz aus Betonfertigelementen

Sichtschutzelemente aus Beton oder Ziegel schaffen eine Abgrenzung, lassen aber genug Licht durch und erzeugen einen interessanten Schattenwurf. Sie sind einfach zu verbauen. Für niedrige Terrassenmauern oder als Erhöhung für eine bestehende Mauer werden sie verwendet. Idealer Windbrecher.

€ ◆◆ betongrau, große Farbpalette

Muschelmosaik

Frostempfindlich ist dieser Mosaikschmuck für den Garten. Eine niedrige Mauer wurde hier mit einer Sammlung aus Muscheln, Fossilien und Steinen verziert. Die Objekte wurden direkt in eine Mörtelschicht gelegt. Nach dem Trocknen schützt eine Schicht aus Lack – auf Wasserbasis – das Mosaik.

€ ◆ große Farbpalette

€€€ teuer €€ mittlere Preisklasse € preisgünstig ♦♦ haltbar ♦ weniger haltbar ⸙ Farbauswahl

Strukturbeton

Die strukturierte Oberfläche entsteht durch die entsprechend strukturierten Schalbretter, wenn der Beton in eine Schalung gegossen wird, oder durch eine Nachbearbeitung. Roter Sand als Betonzuschlag erzeugt eine gelbliche Färbung. Gelber Sand hingegen erzeugt eine graue Färbung.

€ ♦♦ ⸙ gelb, grau; große Farbpalette

Putz

Mit farbigem Putz lässt sich Ziegelmauerwerk, aber auch altes, kaputtes Natursteinmauerwerk aufpeppen. Das geht schnell und ist preisgünstig. Ungefärbter Putz kann auch verwendet werden, er wird nach dem Trocknen im gewünschten Farbton gestrichen – alle Farben sind erlaubt und möglich.

€ ♦♦ ⸙ große Farbpalette

Glasplatten

Glasplatten an Terrasse oder Balkon bieten Schutz, ohne die Sicht zu versperren. Aus Sicherheitsgründen sollte nur gehärtetes Glas verwendet werden. Eine Behandlung mit einem Wasser abweisenden Produkt auf Silikonbasis lässt den Regen daran abperlen und erleichtert die Reinigung.

€€ ♦ ⸙ transparent, große Farbpalette

Aluminiumblech-Blenden

Hinter den pulverbeschichteten Blechen können hässliche Dinge ausgeblendet oder ein passender Hintergrund geschaffen werden. Wenn es dunkel wird, kann man die absolut wetterbeständigen Paneele als Leinwand benutzen und mit Scheinwerfern wirkungsvoll in Szene setzen.

€–€€ ♦–♦♦ ⸙ große Farbpalette

Holzblock-Verblendung

Für die Verblendung eines Mauerwerks mit Holz benötigen Sie Erfahrung. Wie bei einem 3-D-Puzzle müssen die Teile exakt zueinander passen. Hier wurden Zedernholzabfälle und rostige Stahlplatten an eine Bootsbau-Sperrholzplatte montiert, die wiederum auf solides Mauerwerk geschraubt wurde.

€–€€ ♦–♦♦ ⸙ große Farbpalette

Holzpaletten-Stapel

Eine ungewöhnliche, aber äußerst »tierfreundliche« mauerähnliche Struktur entsteht aus aufeinandergestapelten Holzpaletten. Die Zwischenräume werden mit Moos, Wolle und Gras (Nistmaterial für Vögel) sowie verrottendem Holz und allen möglichen Röhren – Heim für Insekten und Amphibien – gefüllt.

€ ♦ ⸙ beige, braun, Holztöne, grau

Wellblech-Blenden

Wellblech ist zwar wartungsfrei, hat jedoch einen Nachteil, nämlich scharfe Kanten, die mit Metallstreifen abgedeckt werden müssen. Galvanisiertes Metall *(Foto)* weist ein mattes Finish auf, das mit Farbe gestaltet werden kann. Die Optik des Materials ist jedoch sehr funktional und kühl.

€–€€ ♦♦ ⸙ metallisch-grau, nach Wunsch gestrichen

Gusseisen-Einfassungen

Raumteiler aus Gusseisen sind sehr dekorativ und schaffen eine ländlich charmante Atmosphäre. Sie müssen regelmäßig gestrichen werden. Metallsteckzäune mit Plastikverkleidung brauchen keinen Anstrich, doch das Plastik wird nach einiger Zeit brüchig und unansehnlich.

€–€€ ♦♦ ⸙ meist schwarz oder dunkelgrün

Schmiedeeisen-Einfassungen

Viele Schmiede haben sich auf dekorative Metallarbeiten spezialisiert. Bei diesem extravaganten Zaun mit Hufeisenfeldern handelt es sich um eine Auftragsarbeit. Die Eisen wurden auf horizontale Metallstangen montiert und mit einer Lackierung vor Rost geschützt.

€€–€€€ ♦♦ ⸙ meistens schwarz, Farbakzente möglich

Sichtschutz und Türen

Holz-Paneele

Einer der preisgünstigsten und beliebtesten, allerdings nicht unbedingt dauerhaftesten Fertigzäune. Sie müssen regelmäßig gestrichen werden. Die waagrechten Elemente dieser Zaunfelder wurden durch Spundeverbindungen aneinandergefügt.

€ ♦ oft orange, gelb vorgefärbt – verblassend

Palisaden

Palisaden sind als Fertigware zu beziehen. Sie werden mit Querlatten verschraubt und als Zaunfeld zwischen zwei Pfosten eingehängt. Oder sie werden einzeln mit Fundamentschuh gesetzt. Meist wird imprägniertes Weichholz angeboten, das regelmäßig mit einem Schutzanstrich versehen werden muss.

€ ♦♦ oft orange, gelb vorgefärbt – verblassend

Lamellenzaun

Diese Zaunfelder sind blickdicht und lassen Wind durch. Sie sind also auch für windexponierte Lagen geeignet und erfüllen den Zweck einer Windbremse. Beschädigte Zaunfelder können leicht ausgetauscht werden. Das Holz muss regelmäßig mit einem schützenden Anstrich versehen werden.

€ ♦♦ orange, gelb vorgefärbt – verblassend

Diagonalzaun

Nur wenige der dekorativen Zäune, die im Handel angeboten werden, sind als Grundstückseinfassung geeignet – diese Variante des Lamellenzauns *(siehe auch oben rechts)* gehört dazu. Er kann als Raumteiler im Garten oder als wirkungsvoller Sichtschutz im Terrassenraum eingesetzt werden.

€€ ♦♦ orange, gelb vorgefärbt – verblassend

Lamellenzaun mit Rankhilfe

Diese Variante des Lamellenzauns enthält Rankelemente in den Zaunfeldern. Die Sichtschutzfunktion ist dadurch eingeschränkt. Eine dicht wachsende Kletterpflanze kann Abhilfe schaffen und stellt auf diese Weise eine attraktive Verbindung der beiden Räume her, die durch das Element getrennt werden.

€€ ♦♦ oft orange, gelb vorgefärbt – verblassend

Lattenzaun

Sachlich wirkt dieser schlichte Zaun, der sowohl licht- als auch winddurchlässig ist. Er gliedert den Garten. Auf diese Weise kann z. B. der Mülleimerstandort in den Garten integriert werden. Als Rankhilfe ist er bestens geeignet. Ein Schutzanstrich ist notwendig. Farbanstriche sind möglich.

€ ♦ Holzfarben, große Farbpalette

Staketenzaun

Ein einfacher Holzzaun mit rustikalem Charme, der auch zu modernen Häusern passt. Die Zaunfelder werden lasiert oder in der Wunschfarbe gestrichen. Seine offene, niedrige Bauweise macht ihn jedoch eher zu einer visuellen als zu einer tatsächlichen Barriere.

€€ ♦ uneingeschränkte Farbpalette

Eichenholz-Zaun

Maßgefertigte Zäune harmonieren perfekt mit Garten und Haus. Eichenholz passt zu ländlichen Gärten. Das Hartholz ist robust und sollte unbedingt naturbelassen bleiben. Um den Holzton zu bewahren, müssen Sie das Holz mit Öl behandeln. Andernfalls entwickelt das Material eine attraktive Silberfärbung.

€–€€€ ♦♦ natürlicher Holzton

Kastanienholz-Zaun

Ländlichen Charme versprüht diese Art der Einfriedung, die typisch ist für alte Hofanlagen. Heute wird sie für moderne Hausgärten gerne verwendet. Die Kastanienholz-Staketen sind mit Draht verbunden und können am laufenden Meter als Rollenware gekauft werden. Das Holz ist sehr widerstandsfähig.

€ ♦♦ natürlicher Holzton

€€€ teuer €€ mittlere Preisklasse € preisgünstig ♦♦ haltbar ♦ weniger haltbar (((Farbauswahl

Weidengeflecht

Weidengeflecht ist robust und ein effektiver Windschutz. Ein Weidenflechtzaun kann vor Ort »nach Maß« geflochten oder als fertiges Zaunfeld in Standardgrößen gekauft werden. Weide passt gut zu Cottage-Gärten oder in ländliche Gärten. Zur Pflege wird es mit Leinöl behandelt.

€€ ♦ (((goldbraun

Weidenmatten

Sachlicher als Weidengeflecht wirkt eine Matte aus Weidenruten, ohne den natürlichen Look des Materials einzubüßen. Der Holzrahmen liefert die nötige Stabilität. Als Sichtschutz und Windbremse eignet sich dieser Schirm innerhalb der Gartenanlage. Zur Pflege mit Leinöl behandeln.

€ ♦ (((goldbraun

Bambus- oder Schilfrohr-Matten

Schnell können diese Matten am Zaun angebracht werden, wo starker Sichtschutz notwendig erscheint oder ein störendes Element ausgeblendet werden soll. Die Matten werden an einem bestehenden Maschendrahtzaun befestigt. Sie müssen regelmäßig erneuert werden.

€ ♦ (((helle Brauntöne

Geschnittene Hecken

Gehölze wie Eiben und Buchen brauchen Jahre, um eine dichte Hecke zu bilden. Schnell wachsende Koniferen müssen dagegen ständig zurückgeschnitten werden. *Pyracantha* oder *Rosa rugosa* bieten einen zusätzlichen Schutz durch Stacheln. Ein platz- und arbeitsintensiver Sicht- und Windschutz.

€ ♦♦ (((vielfältig

Begrünte Zäune

Ein Maschendrahtzaun wird von Kletterpflanzen im Lauf der Zeit völlig überwuchert – hier ein Beispiel mit Efeu. Dies ist keine Sofortlösung, aber eine preisgünstige Option. Der Sichtschutz wirkt sehr natürlich. Dornenbewehrte Pflanzen erhöhen die Sicherheit. Blühende Kletterer erfreuen das Auge.

€ ♦♦ (((immergrün, sommergrün, Blüten-Farbtupfer

Lebende Weidenzäune

Ist das ein Kunstwerk oder ein Zaun? Eigentlich beides – und das macht den Charme lebender Weidenzäune aus. Die jungen Weidenruten werden im sehr zeitigen Frühjahr an sonniger Stelle gesteckt. Sie bilden Wurzeln. Im Sommer beginnen Sie mit dem Flechten. Regelmäßiger, starker Schnitt ist notwendig.

€ ♦ (((goldene Stämme und saftig grünes Laub

Tür und Tor im Zaun

Tür und Tor müssen zum Zaunfeld passen. Sie können das Design der Felder fortsetzen oder einen Akzent setzen, um den Eingang zu markieren. Tür oder Tor sollten zwischen zwei Zaunfeldern eingefügt werden, da das Bearbeiten mancher Zaunfelder – z. B. bei Lamellenzäunen – sehr aufwendig ist.

€ ♦ (((große Farbpalette

Tor und Tür maßgefertigt

Durch individuelle Entwürfe stellen Sie sicher, dass die Gestaltung optimal aufeinander abgestimmt ist. Zwischen zwei massiven Pfosten wurde diese geschmiedete Spirale eingesetzt. Sie fällt in der Heckeneinfassung des Landhausgartens auf. Türangel und Schloss dürfen nicht überwuchert werden.

€–€€€ ♦ (((schwarz, große Farbpalette

Holztür

Eine Holztür in einer gemauerten Umfriedung: Rostige Scharniere und abblätternde Farbe erhöhen den urigen Charme. Diese Tür wurde nach Maß für eine bereits bestehende Mauer gefertigt. Berücksichtigen Sie die gängigen Türmaße, wenn Sie eine Mauer mit Pforte planen. Das ist kostengünstiger.

€€ ♦ (((große Farbpalette

Objekte

Moderne Gartenzimmer

Die Palette dieser Gartenzimmer reicht von kleinen und relativ preiswerten Häuschen bis hin zu luxuriösen, hochmodernen Gebäuden mit neuester Technologie und Ausstattung. Die meisten werden aus Holz und Glas konstruiert und haben eine Heizung, eine Klimaanlage sowie einen Stromanschluss.

€–€€€ ♦–♦♦ Holz, Stahl, Glas

Atelier im Garten

Ein Gartenhaus aus Holz eignet sich hervorragend als Büro oder Atelier. Fern vom familiären Trubel können Sie dort Ihrer Arbeit nachgehen. Eine Wärmeisolierung und Heizung sollten vorhanden sein. Falls dort Wertsachen aufbewahrt werden, ist ein Sicherheitsschloss zu empfehlen.

€€–€€€ ♦♦ große Farbpalette

Wintergarten

Direkt an das Haus angebaut und von Grün umgeben, bietet ein Wintergarten die Möglichkeit, den Garten unabhängig vom Wetter zu genießen. Eine Holz-Ziegel-Konstruktion mit isoliertem Metalldach ist zwar nicht so luftig und hell wie das sonst übliche Glasgebilde, dafür jedoch vielseitiger nutzbar.

€€€ ♦♦ große Farbpalette

Pavillon im Kolonialstil

Ein kleiner Pavillon wie dieser passt fast in jeden Garten, beispielsweise neben einen Teich oder auf ein Holzdeck mit tropischen Pflanzen in Töpfen außen herum. Er bietet einen schattigen Platz zum Sitzen. Als Bausatz aus Holz erhältlich. Manche Modelle besitzen abnehmbare Seitenverkleidungen.

€€–€€€ ♦ große Farbpalette

Gerätehaus

Ob als Bausatz oder selbst konstruiert: Ein Schuppen ist als Geräte- und Lagerraum im Garten unerlässlich und kann in jeder erdenklichen Farbe gestrichen oder lasiert werden. Gerätehäuser werden aus Holz in Nut- und Federbauweise errichtet – Metall-Bauweisen sind auch im Handel.

€–€€ ♦ naturbelassen, lasiert oder gestrichen

Dachbegrünung

Das Dach muss gegebenenfalls verstärkt werden, um das Gewicht der Begrünung tragen zu können. Bevor das feuchtigkeitsspeichernde Substrat aufgebracht wird, muss die Dachhaut mit speziellen PE-Folien und Schutzvlies abgedeckt werden. Gründächer isolieren sehr gut. Beauftragen Sie einen Profi!

€€ ♦♦ große Farbpalette

Anlehn-Gewächshaus

Eine platzsparende Lösung, um an der Süd- und Westwand die tagsüber gespeicherte Wärme für die Aufzucht und Überwinterung von Pflanzen zu nutzen. Das Gewächshaus wird direkt an eine Wand angebaut. Als Bausatz oder Maßanfertigung in Holz oder Aluminium.

€–€€€ ♦–♦♦ weiß, dunkelgrün oder nach Wunsch

Obelisk

Ein massiver Holzobelisk – dieser ist mit einer Kugel verziert – setzt im Garten einen vertikalen Akzent. Er bietet Kletterpflanzen Halt. Fertigbausätze aus Holz oder Metall sind im Handel erhältlich. Probieren Sie an diesem einfachen Bauwerk Ihre handwerklichen Talente aus.

€–€€ ♦–♦♦ große Farbpalette

Weidenbogen

Wenn Sie Platz haben, verwenden Sie lebende Weidenruten – oder setzen Sie trockene Weidenruten ein, die vor dem Verarbeiten eingeweicht werden müssen. Die Weidenruten stecken Sie in den Boden. Sie flechten und ziehen sie dann zum Bogen. Lebendes Material muss regelmäßig geschnitten werden.

€ ♦ goldbraun

€€€ teuer €€ mittlere Preisklasse € preisgünstig ♦♦ haltbar ♦ weniger haltbar Farbauswahl

Laube

Fertige Bausätze variieren in Preis und Qualität. Maßanfertigungen sind ideal. Das Dach bietet Schutz vor der Sonne. An den seitlichen Rankgittern können duftende Kletterpflanzen emporwachsen. Meist aus Holz, aber auch aus geschmiedetem Material bzw. einem Mix aus Holz und Metall.

€–€€€ ♦–♦♦ große Farbpalette

Moderne Laube

Eine maßgefertigte, orientalisch anmutende Laube. Sitzbänke und ein Kohlebecken zählen zur Ausstattung. Die ungewöhnliche Architektur setzt einen schönen Blickfang in dem modernen Garten. Mit einer Plane wird das Bauwerk vor Witterungseinflüssen geschützt.

€€€ ♦♦ große Farbpalette

Pergolen

Für einen geschickten Handwerker stellt der Pergolabau keine Herausforderung dar. Die Balkenkonstruktion sollte auch kraftvolle Kletterer, wie Blauregen, aushalten können. Pergolen schaffen schattige Wege und Sitzplätze und sind als Holzbausatz, geschmiedet oder als eine Maßanfertigung erhältlich.

€€–€€€ ♦♦ große Farbpalette

Fantasiebauwerke

Wer es ausgefallen mag, wählt ein Bauwerk in der Tradition alter Schlossgärten. Dabei kann es sich um gotische Ruinen, altertümliche Steinkreise, klassische Tempel oder Grotten handeln. Geschickte Handwerker errichten die Fantasiearchitektur selbst, etwa aus recycelten Baumaterialien.

€–€€€ ♦♦ große Farbpalette

Spielhaus

Egal ob Pappkarton oder zweistöckiges Chalet – von einem Spielhaus träumen alle Kinder. Sie sind als Maßanfertigung, als Bausatz oder als preisgünstiges Steck-Modell erhältlich. Achten Sie darauf, dass das Haus einen sicheren Stand hat und die Farben ungiftig sind.

€–€€€ ♦–♦♦ ungiftige Farben und Lasuren

Kinderspielplatz

Die besten Spielgeräte sind maßgefertigt und werden vor Ort aufgebaut. Bei Bausätzen sollte man darauf achten, dass sie das CE-Symbol tragen und der europäischen Sicherheitsnorm BSEN-71 entsprechen. Als Untergrund empfiehlt sich eine mindestens 15 cm dicke Schicht aus Rindenmulch oder Gummi.

€€–€€€ ♦♦ ungiftige Farben und Lasuren

Geräteschrank

Ein Mini-Schuppen zum Aufbewahren von Gartengeräten und Rasenmähern lässt sich aus Holzpaneelen selbst herstellen. Er muss nur so hoch sein wie Ihr höchstes Gartengerät. Verstecken Sie ihn in einer Ecke und tarnen Sie ihn durch einen grünen Anstrich. Auch als Bausatz im Handel erhältlich.

€–€€ ♦♦ meist unauffällige, matte Farben

Müll-Schrank

So lassen sich unansehnliche Tonnen und Recyclingbehälter perfekt verstecken. Weit zu öffnende Türen bieten ausreichend Zugang. Zum Selberbauen oder als Bausatz aus Holz, Kunststoff, Rankgitter oder Weidengeflecht erhältlich. Dieser Schrank hat sogar ein begrüntes Dach.

€–€€ ♦–♦♦ passend zum Haus

Gartenbox

Diese Sitzbank nimmt eine wasserfeste Box auf. Darin können Polsterauflagen, Kissen und Abdeckungen von Gartenmöbeln, aber natürlich auch alle möglichen anderen Dinge aufbewahrt werden. Aus Holz oder Plastik in vielen unterschiedlichen Ausführungen erhältlich.

€–€€ ♦♦ naturbelassen, lasiert oder gestrichen

Pflanzgefäße

Tontöpfe

Sie werden meist maschinell produziert. Manche Firmen haben sich jedoch auf den Verkauf handgefertigter Terrakottawaren spezialisiert. Je höher die Brandtemperatur, desto frostfester – und teurer – ist der Topf. Ton ist porös, daher trocknet der Topfballen in der Sonne schnell aus.

€–€€ ♦ orangebraun und beige

Kunststoff-Pflanztrog

Aus Ton lässt sich fast alles formen, doch sehen Sie genauer hin! Oft lassen sich Kunst- oder Verbundstoff von Ton kaum unterscheiden. Kunststoff ist leichter, frostfester und meistens auch preisgünstiger. Außerdem hält das Material die Wurzeln der Pflanzen länger feucht.

€–€€ ♦ große Farbpalette

Glasierte Keramik

Die Glasur verändert das Tongefäß. Beim Brennen schmilzt die Glasur zu einer dünnen, glasähnlichen Schicht, die das Gefäß haltbarer, frostfester und auch wasserdichter macht, wenn innen und außen glasiert wird. Die Glasuren können farbig sein. Farblich passende Töpfe wirken selbstverständlicher.

€–€€ ♦♦ große Farbpalette

Wasserspiele

Wenn ein Gefäß als Brunnen- oder Teichelement dienen soll, muss es zumindest von innen glasiert sein. Diese Vase steht auf einem mit Kies abgedeckten Metallgitter. Unterhalb des Gitters liegt das Wasserreservoir. Das Wasser wird durch den Schlauch hochgepumpt und fließt wieder am Gefäß herab.

€–€€ ♦ große Farbpalette

Erdbeer- oder Kräutertöpfe

Erdbeertöpfe mit kleinen Ausbuchtungen, die Erdbeersetzlinge aufnehmen, können auch für Kräuter eingesetzt werden. Je größer der Topf, desto besser, denn die Menge an Erde bestimmt, wie schnell die Pflanzen kein Wasser mehr zur Verfügung haben. Oft nicht frostfest, aber auch aus Kunststoff erhältlich.

€–€€ ♦ meistens terrakottafarben

Steinvase

Auch unbepflanzt strahlen Steinvasen klassische, zeitlose Eleganz aus. Echte antike Vasen sind unerschwinglich. Preisgünstigere Gussbetonvasen sind jedoch oft eine praktische Alternative. Die Vase auf dem Sockel avanciert zum stilvollen Blickfang im Garten.

€€–€€€ ♦♦ Natursteinfarben, Betonfarben

Betonguss

Pflanzgefäße aus Beton sind preisgünstig. Sie eignen sich sowohl für moderne als auch für klassische Anlagen. Da sie schwer und standfest sind, eignen sie sich für hohe Pflanzen, wie Bäume oder Sträucher. Dem Beton können färbende oder strukturierende Zuschlagstoffe beigegeben werden.

€ ♦♦ große Farbpalette

Terrazzo

Dauerhaft, leicht zu reinigen und schön griffig: Terrazzo ist das ideale Material für moderne Pflanzgefäße. Granit- oder Marmorflocken werden mit Zement gebunden und anschließend glattpoliert. Eine Technik, die schon im alten Rom bekannt war. Inzwischen gibt es auch Nachbildungen aus Kunststoff.

€–€€ ♦♦ Marmor- und Granitfarben, weiß, schwarz

Cortenstahl

Noch nie war Rost so gut anzusehen. Die witterungsbeständige Stahllegierung bietet zuverlässige Stabilität, trotz des Rostbelags, der sich gleichmäßig über die Oberfläche zieht. Die Rostschicht schützt die darunter liegenden Metallschichten. Das Material eignet sich sogar für Wassergefäße.

€€€ ♦♦ rostorange

€€€ teuer €€ mittlere Preisklasse € preisgünstig ♦♦ haltbar ♦ weniger haltbar ⁄⁄⁄ Farbauswahl

Pulverbeschichtetes Metall

Eine Pulverbeschichtung – eine Mischung aus Pigmenten und Harz – ist beständiger und rosthemmender als ein Farbanstrich von Metalloberflächen. Zur Pflege wird die pulverbeschichtete Oberfläche mit Seifenwasser und einem weichen, trockenen Tuch gereinigt. Auf keinen Fall Scheuermittel verwenden!

€–€€ ♦♦ ⁄⁄⁄ große Farbauswahl

Zinkblech

Stahl und Eisen werden durch die Verzinkung mit einer Zinkschicht gleichmäßig überzogen, die vor Rost schützt. Verzinkte Pflanzgefäße gibt es in allen Formen und Größen. Im Winter schützt man die Wurzeln der Pflanzen, indem man das gesamte Gefäß in Isolierfolie wickelt.

€ ♦♦ ⁄⁄⁄ geflecktes, mattes Grau

Pflanzkübel aus Blei

Blei ist ein weiches, leicht zu bearbeitendes Metall. Für dieses Gefäß wurde das Blei gehämmert, das Muster entstand durch Pressen in eine Form. Blei ist giftig und sollte nicht in Kontakt mit essbaren Pflanzen kommen. Eine Alternative sind Glasfasergefäße, die echten Bleigefäßen täuschend ähnlich sehen.

€€–€€€ ♦ ⁄⁄⁄ grau

Holzfass

Eichenholzdauben, die von Metallreifen zusammengehalten werden, sind die idealen Pflanzgefäße. Wenn Sie Glück haben, finden Sie ein echtes halbes Wein- oder Whiskyfass. Doch es gibt auch günstige Repliken. Für den Einsatz im Garten empfiehlt es sich, das Fass mit einer Plastikplane auszukleiden.

€–€€ ♦ ⁄⁄⁄ holzfarben, schwarzer Metallreif

Holztrog

Dieses rustikale Pflanzgefäß besteht aus geflochtenen Haselnussästen in einem stabilen Holzrahmen. Man sollte Holzgefäße von innen immer mit Plastikfolie auslegen. Abflusslöcher müssen jedoch in die Folie gebohrt werden.

€ ♦ ⁄⁄⁄ holzfarben

Versailler Kübel

Diese Tröge wurden speziell für die Orangenbäume von Versailles entwickelt. Sie bieten viel Volumen, sind jedoch relativ leicht, sodass sie einfach zu transportieren sind. Der Kübel wird mit Plastikfolie ausgelegt. Eine Alternative dazu stellen Kunststoffbehälter dar.

€–€€ ♦ ⁄⁄⁄ große Farbpalette

Stiefel

Je mehr Löcher in der Sohle, desto besser ist der Abfluss. Man füllt die Stiefel bis zu den Zehen mit Erde und bepflanzt sie. Da aber auch in die größten Stiefel nur wenig Erde passt, besteht die Gefahr, dass die Pflanze in der Sonne austrocknet. Wasserspeicherndes Hydrogranulat ist für das Boots-Dekor besser.

€ ♦ ⁄⁄⁄ große Farbpalette

Küchengeschirr

Alte Küchensiebe, Teekannen ohne Henkel – beinahe jedes alte Haushaltsgefäß eignet sich zum Bepflanzen. Ein Streifzug durch die Küchenschränke bringt meist reiche Beute. Eventuell müssen jedoch ein paar Abflusslöcher in die ausrangierten Kannen und Töpfe gebohrt werden.

€ ♦ ⁄⁄⁄ große Farbpalette

Autoreifen

Verhelfen Sie ausgemusterten Autoreifen zu einer neuen Existenz. Zum Hochbeet können Sie die Reifen stapeln: Sie sollten eine Folie zum Abdichten ausbringen, Abflusslöcher stechen und dann Erde einfüllen. Dank des wärmespeichernden Gummis ein ausgezeichnetes Frühbeet. Ideal für Kartoffeln.

€ ♦♦ ⁄⁄⁄ schwarz – mit Farbe aufpeppen

Wasserelemente

Wandbrunnen

Dieser Klassiker kann aus unterschiedlichsten Materialien gefertigt sein, etwa aus Stahl, Harzen, Stein usw., ist aber stets ein Blickfang. Das Wasser landet in einem unterirdischen Reservoir, von wo es wieder nach oben gepumpt wird. Wandbrunnen gibt es in allen Größen und Designs.

€–€€ ♦–♦♦ verschiedene

Wasserspeier

Manche Wasserspeier sind sehr einfach gehalten und bestehen nur aus einem Rohr in der Wand oder einem frei stehenden Element. Das Wasser fließt in ein Gefäß wie etwa eine Schale oder sprudelt auf Kieselsteine, unter denen sich ein Auffangbehälter verbirgt.

€–€€ ♦–♦♦ verschiedene

Wasserwand

Ein schlitzförmiger Auslass, der Wasser über ein glattes, hartes Material laufen lässt, ist im Gartendesign derzeit in Mode. Der Wasserdruck lässt sich verändern. Viele Wasserwände werden in Mauern eingelassen, sodass das Wasser ungestört in einen Sammelbehälter fließen kann. Beleuchtung möglich.

€–€€€ ♦–♦♦ überwiegend Edelstahl

Frei stehende Wasserwand

Sie sind stärker sichtbar als in Wände eingelassene Versionen und geben jedem Garten Höhe und besondere Wirkung. Oft werden sie mit einem Montageset und Auffangbecken geliefert, von wo aus das Wasser wieder nach oben gepumpt wird. Der schlitzförmige Auslass lässt sich stimmungsvoll beleuchten.

€–€€€ ♦–♦♦ überwiegend Edelstahl

Schale

Einfach, aber sehr stimmungsvoll. Schalen sind oft nur wassergefüllt und enthalten weder Pumpen noch Beleuchtung noch bewegliche Teile. Sie verbreiten eine Atmosphäre der Ruhe und Beschaulichkeit und dienen als Tiertränken. Das Wasser muss gelegentlich aufgefüllt oder von Algen gereinigt werden.

€–€€ ♦–♦♦ verschiedene

Rinne

Rinnen haben etwas Klassisches an sich: Sie teilen einen Raum, machen Ebenenwechsel interessanter (zum Teil kann man sogar darauf treten) und werden aus allerlei Materialien gefertigt, etwa aus Edelstahl, Pflasterplatten oder Steinmosaik. Meist hält eine Pumpe das Wasser sanft in Bewegung.

€–€€€ ♦–♦♦ verschiedene

Fischteich

Mit Fischen bringt man ganzjährig Bewegung und Abwechslung in den Garten. Achten Sie aber darauf, dass die Größe und Tiefe des Teichs für die gehaltenen Arten und die Uferbepflanzung geeignet sind. Manchmal muss das Wasser mit Sauerstoff angereichert werden, damit Pflanze und Tier sich wohlfühlen.

€–€€€ ♦–♦♦ überwiegend schwarz

Naturteich

Wasser im Garten ist für die Tierwelt überlebenswichtig. Aber ganz gleich, ob Sie ein Halbfass oder einen großen Teich anlegen, Sie müssen einen Mittelweg finden zwischen einem reinen Lebensraum für Tiere und einer ausschließlich dekorativen Bereicherung der Anlage.

€–€€ ♦–♦♦ verschiedene

Zierteich

Wasser ist wesentliches Element vieler Gartendesigns und hat in jedem Stil seinen Platz, ob traditionell oder modern, und in großen Gärten ebenso wie in kleinen. Wird der Teich als Teil des Ganzen begriffen, müssen die Materialien und die Bepflanzung auf die unmittelbare Umgebung des Teichs abgestimmt werden.

€–€€€ ♦–♦♦ verschiedene

€€€ teuer €€ mittlere Preisklasse € preisgünstig ♦♦ haltbar ♦ weniger haltbar ⁄⁄ Farbauswahl

Kugeln

Kugeln sind überall erhältlich und schnell installiert. Sie erfüllen unscheinbare Ecken mit Leben und Beschaulichkeit. Oft werden sie aus Edelstahl gefertigt, doch gibt es auch Ausführungen aus Stein oder Acryl und solche mit zirkulierendem Wasser. Man kann sie stimmungsvoll beleuchten und um Pflanzen ergänzen.

€–€€ ♦ ⁄⁄ Edelstahl, Stein, Acryl

Tröge und Wannen

Sie bereichern Gärten um eine moderne Komponente. Man stellt sie frei auf oder säumt sie mit Pflanzen, um harte Kanten abzumildern. Es gibt sie rechteckig, quadratisch oder rund. Man kann sie mit Springbrunnen, Wasserspeiern und Beleuchtung ausstatten, die Bewegung und Abwechslung ins Spiel bringen.

€€–€€€ ♦–♦♦ ⁄⁄ verschiedene

Halbfass

Mit kaum etwas bringt man Wasser einfacher in Gärten. Füllen Sie einfach ein Whisky- oder Weinfass mit Wasser und Wasserpflanzen – und schon stellen sich Tiere ein. Damit das Wasser sauber bleibt, muss man regelmäßig nachfüllen und für ein gutes Wasser-Pflanzen-Verhältnis sorgen.

€ ♦ ⁄⁄ Holz

Wasserorgel

Wasserorgeln bringen Spaß und Bewegung in jeden Garten. Man kann sie mit Timern steuern, die die Fontänen auslösen, oder mit Bewegungssensoren, sodass man davon überrascht wird, wenn man in die Nähe kommt. Wichtig: Es muss genug Wasser vorhanden sein, damit die Pumpe funktioniert.

€–€€ ♦ ⁄⁄ überwiegend Edelstahl

Kaskadenbrunnen

Diese klassischen Brunnen entfalten ihre beste Wirkung als Bestandteil einer zentralen Insel oder eines größeren Pflanzarrangements. Es gibt sie in verschiedenen Größen und Höhen. Man kann sie als Solitärelement oder Teil eines Wasserbeckens einsetzen. Oft haben sie mehr als zwei Ebenen.

€–€€€ ♦–♦♦ ⁄⁄ überwiegend Stein

Naturschwimmteich

Diese Gewässer bieten ein natürlicheres Schwimmerlebnis und werden zurzeit immer beliebter. Sie anzulegen ist zwar etwas komplizierter als der Bau anderer Teiche, denn sie brauchen Pumpen, Filter, Filterzonen und Bepflanzung, dafür lässt es sich nirgends schöner schwimmen.

€€–€€€ ♦♦ ⁄⁄ nicht anwendbar

Swimmingpool

Das Design von Swimmingpools hat sich im Lauf der Jahre nach und nach verändert. Heute werden als Auskleidung unterschiedlichste Materialien verwendet, von Stein und Fliesen bis hin zu Mosaikfolien. Es gibt die Becken als Infinitypools, mit Sitzgelegenheiten im Inneren und mit einfahrbaren Abdeckungen.

€€–€€€ ♦–♦♦ ⁄⁄ nicht anwendbar

Regenkette

Sie sind ein interessantes Gartenelement und als dekorativer Ersatz für Fallrohre von Dachrinnen vor allem bei Regen ein Hingucker. Allerdings kommen sie nicht gut mit Starkregen zurecht, den sie nicht mehr bewältigen können. Trotzdem sind sie eine ungewöhnliche Bereicherung des Gartendesigns.

€ ♦ ⁄⁄ Metall

Bach

Es gibt kaum ein Wasserelement, das einen Garten bezaubernder bereichert als ein natürlich dahinplätschernder Bach, der sich durch die Bepflanzung windet. Man kann Bäche künstlich anlegen, doch am besten sehen sie aus, wenn es sich um natürlich vorhandene Wasserläufe handelt.

€–€€ ♦–♦♦ ⁄⁄ überwiegend Stein

Mobiliar

Feuerschale

An einem lauen Sommerabend oder einem kalten Winternachmittag um eine Feuerschale zu sitzen kann ein Erlebnis sein. Feuerschalen gibt es in unzähligen Ausführungen und auch beim Brennmaterial hat man große Auswahl. Vorwiegend wird Holz eingesetzt, doch gibt es auch Schalen mit Gasbrennern.

€€–€€€ ♦–♦♦ Metall in verschiedenster Optik

Ökofeuerschale

Inzwischen sind weniger umweltbelastende Feuerschalen in unterschiedlichsten Ausführungen erhältlich. Statt Holz, das die Luft belastet, wird darin biologisch abbaubares Pflanzenwachs verbrannt. So kann man immer noch gemütlich um ein Feuer sitzen, aber mit ruhigerem Umweltgewissen.

€–€€ ♦–♦♦ verschiedene

Feuer- und Wasserelement

Eine besondere Atmosphäre bekommt eine Terrasse oder ein Gartenbereich durch kombinierte Feuer- und Wasserelemente. Sie setzen sich zusammen aus einem Brenner und einem Behälter, in dem das Wasser um den Brenner zirkuliert. Man kann beide aber auch unabhängig voneinander verwenden.

€€€ ♦♦ Metall, unterschiedliche Ausführungen

Feuertisch

Sie sind in unterschiedlichsten Größen, Ausführungen und Höhen (auf Couchtisch- oder Esstischniveau) erhältlich und bereichern ein Essen unter freiem Himmel über Stunden hinweg mit Wärme und stimmungsvoll züngelnden Flammen. Beheizt werden sie mit Propangas, gezündet manuell oder elektronisch.

€€–€€€ ♦–♦♦ verschiedene

Sitzsack

Besser kann man an einem warmen Sommertag nicht herumlümmeln. Sitzsäcke verleiten auch Kinder dazu, den Garten zu genießen. Oft sind sie wasserfest und abwaschbar. Ihr Nachteil ist, dass sie viel Aufbewahrungsraum brauchen. Manche Ausführungen schwimmen und können in Pools verwendet werden.

€–€€ ♦–♦♦ Stoff

Hängematte

Ob zwischen zwei Bäume gespannt (wie auf einer einsamen Insel) oder mit eigenem Metall- bzw. Holzgerüst, eine Hängematte ist ein dezenter, anspruchs- und zwangloser Platz zum Entspannen. Die meisten empfinden das Wiegen als beruhigend. Hängematten werden überwiegend aus Stoff gefertigt.

€–€€ ♦–♦♦ verschiedene

Hollywoodschaukel

Die Bänke aus Holz, Metall oder Accoya® (modifiziertes Holz) bringen Bewegung und Spannung in Sitzbereiche. Hollywoodschaukeln gibt es in unterschiedlichsten Ausführungen und Größen. Man kann sie versteckt oder als Teil einer größeren Terrasse aufstellen und durch Kissen sowie Beleuchtung ergänzen.

€–€€€ ♦–♦♦ überwiegend Holz

Markise

Markisen sind ein preiswerter und einfacher Schattenspender, der zudem etwas Sichtschutz für Terrasse und Haus gewährt. Sie lassen sich einklappen, sind in unterschiedlichsten Farben und Materialien erhältlich und passen daher zu jedem Ambiente und Architekturstil. Optional gibt es sie mit LED-Beleuchtung.

€–€€ ♦–♦♦ verschiedene

Sonnensegel

Sonnensegel werden oft aus Segeltuch gefertigt. Man kann sie an Gebäuden, Pfosten oder Wänden befestigen. Es gibt sie in unterschiedlichen Größen und Formen. Sie sind wasserfest, lassen sich leicht abnehmen und ggf. verstauen, sollten aber nicht bei starkem Regen oder Wind verwendet werden.

€–€€ ♦–♦♦ verschiedene

€€€ teuer €€ mittlere Preisklasse € preisgünstig ♦♦ haltbar ♦ weniger haltbar (((Farbauswahl

Gartenpavillon

Gartenpavillons können Teil des Mobiliars sein. Sie sind moderne, unkomplizierte Schattenspender. Es gibt Modelle mit Beleuchtung, manuell oder elektrisch verstellbaren Seitenwänden, Lamellendächern und integrierten Lautsprechern. Viele bringen eine moderne Komponente in Gärten.

€–€€€ ♦–♦♦ (((Metall

Tagesbett

Gibt es etwas Schöneres, als im Garten zu liegen, die vorbeiziehenden Wolken zu beobachten und den blauen Himmel zu genießen? Tagesbetten kennt man seit Jahrhunderten, doch noch immer locken sie uns zum Entspannen und Verweilen nach draußen. Die Palette an Materialien und Stilen ist groß.

€–€€€ ♦–♦♦ (((verschiedene

Hybrid-Tagesbett

Dank der zunehmenden Palette an Gartenmöbeln gibt es inzwischen auch Multifunktionstagesbetten. Sie haben verstellbare Rückenlehnen und lassen sich als Sofa, Tagesbett oder Liege verwenden. Es gibt sie in unterschiedlichen Stilen, Farben und Materialien, sodass sich für jedes Ambiente etwas findet.

€–€€ ♦–♦♦ (((verschiedene

Liege und Tagesbett mit Sonnendach

Es gibt erstaunliche Modellvarianten für alle, die gern im Garten liegen und entspannen, statt sich mit Gartenarbeit zu vergnügen. Liegen mit Sonnendach und Tagesbetten mit Baldachinen als Sicht- und Sonnenschutz liegen im Trend. Die Palette der Macharten ist so groß wie die Preisspanne.

€–€€€ ♦–♦♦ (((verschiedene

Gartensofa

Freiluft-Couchgarnituren gibt es in großer und kleiner Ausführung oder variabler Zusammenstellung. Viele schätzen diese Sitzlandschaften. Immer häufiger sind auch wetterfeste Polster erhältlich, die man nicht nach drinnen schaffen muss, wenn es zuzieht. Preiswerte Varianten bleichen in der Sonne oft aus.

€–€€€ ♦–♦♦ (((verschiedene

Polyrattanmöbel

Zu den besten Entwicklungen der letzten Jahrzehnte gehören die Polyrattanmöbel. Inzwischen sind unterschiedlichste Designs und Ausführungen erhältlich, von Ecksofas bis hin zu Essgarnituren, die zum Teil sehr stilvoll aussehen. Polyrattan hält länger als Naturrattan und muss kaum gepflegt werden.

€–€€€ ♦–♦♦ (((Polyrattan

Essgarnitur aus Holz

Holz ist seit vielen Jahren für Essgarnituren beliebt. Die Tische, Stühle und Bänke bekommt man in allen Stilen und Ausführungen für jeden Garten. Sie sollten aus nachhaltigem Holz bestehen und zusätzlich behandelt worden sein, damit sie lange halten. Durch Verwitterung ändert sich die Farbe mit der Zeit.

€–€€€ ♦–♦♦ (((Holz

Aluminiummöbel

Alumöbel wiegen wenig und wirken elegant und modern. Sie haben viele Vorzüge und passen gut in ein modernes Ambiente. Stofffarbe und Lackierung lassen sich perfekt auf andere Gartenelemente abstimmen. In der Regel sind die Teile auch sehr wetterfest und müssen kaum gepflegt werden.

€–€€ ♦–♦♦ (((Metall

Bank

Ob aus Stein, Holz, Beton, Kunststoff oder Polyrattan: Bänke sind funktionell und formschön. Manche haben Aufbewahrungsfächer unter der Sitzfläche, andere sind eher skulptural oder organisch gestaltet. Viele müssen im Winter nach drinnen gebracht werden.

€–€€€ ♦–♦♦ (((verschiedene

Essen und Genießen draußen

Freiluftbar

Gibt es etwas Schöneres als eine Freiluftbar, an der man an einem warmen Sommerabend erfrischende Drinks serviert? Sie lassen sich flexibel und mit Modulen gestalten, es gibt sie aber auch komplett mit Hockern, Weinkühlern, Zapfhähnen und Grills. Außerdem kann man sie sich maßgerecht anfertigen lassen.

€–€€€ ♦–♦♦ verschiedene

Pizzaofen

Das Angebot an Pizzaöfen ist schier unendlich und reicht von tragbaren Ausführungen bis zu Hightechversionen. Man kann sie mit Holzkohle, Holz oder Gas befeuern, die den Stein im Nu auf Temperatur bringen. Die Pizzas geraten nicht so normiert wie im Restaurant, schmecken aber sehr authentisch – und großartig.

€–€€ ♦–♦♦ verschiedene

Grillstation

Gartengrills gibt es seit vielen Jahren – auf Rädern, in die Wand eingebaut oder frei stehend. Manche werden mit Holzkohle betrieben, andere mit Holz oder Gas oder einer Kombination aus beiden. In allen Fällen kann man aus einer riesigen Bandbreite an Stilen, Größen und Funktionsweisen wählen.

€–€€€ ♦–♦♦ Metall

Tischgrill

Manchmal ist das Zubereiten von Speisen auf einem frei stehenden Grill mühsam, wenn man wenig Zeit hat oder nur für ein, zwei Leute etwas braten möchte. Wesentlich einfacher geht es mit einem kompakten, leicht zugänglichen Tischgrill. Für kleine Räume wie Dachgärten oder Balkone gibt es Elektroversionen.

€–€€ ♦–♦♦ Metall

Fest installierter Grill

Wer gern und oft grillt, sollte sich überlegen, ob sich nicht ein größerer, fest installierter Grill mit besonderem Design lohnt. Für den eigentlichen Grill gibt es Edelstahleinsätze und Schalen, bei der Konstruktion des restlichen Aufbaus kommen verschiedene feuerfeste Materialien zum Einsatz.

€–€€ ♦–♦♦ Metall

Smoker

Smoker sind eine Art Grill hoch zwei und werden immer beliebter. Sie haben eine Seitenkammer, in der Holzkohle und Hackschnitzel verfeuert werden. Der Rauch zieht dann in die Hauptkammer, wo er die Speisen nach dem Räucherprinzip gart und um eine rauchige Geschmacksnote bereichert.

€–€€€ ♦–♦♦ Metall

Outdoor-Backofen

Backöfen für draußen sind nicht nur ein stilvoller Blickfang für sich, darin können auch köstliche Genüsse zubereitet werden. Sie erreichen, ob holz- oder gasbefeuert, hohe Temperaturen, sind in der Regel aber leicht bedien- und regelbar, was das Kochen mit ihnen zum Erlebnis macht.

€€–€€€ ♦–♦♦ verschiedene

Feuertopf

Das Garen über offenem Feuer stammt noch aus der Zeit, als die Menschen überhaupt erst begannen, Fleisch zu erhitzen. Ein Feuertopf ist aus Gusseisen, kann über ein offenes Feuer gehängt werden und ist eine simple Art und Weise des Kochens. Tragen Sie dabei aber immer hitzefeste Handschuhe.

€–€€ ♦–♦♦ Gusseisen

Schwenkgrill mit Feuerstelle

Feuerstellen sind eine Bereicherung für alle, die sich gern im Garten aufhalten. Man kann sie um einen Schwenkgrill ergänzen. Die Gitter lassen sich über die Feuerstelle schieben, sodass man Speisen darauf garen kann. Sie sind damit im Prinzip eine Variante des Grills.

€–€€ ♦–♦♦ Metall

€€€ teuer €€ mittlere Preisklasse € preisgünstig ♦♦ haltbar ♦ weniger haltbar ⁄⁄ Farbauswahl

Betonküche

Beton wird bei der Gartengestaltung oft stiefmütterlich behandelt. Natürlich steht die Frage der Nachhaltigkeit im Raum (die Betonherstellung hat eine sehr schlechte Kohlendioxidbilanz), aber durch Recycling von Betonprodukten lassen sich strapazierfähige, robuste Kochinseln einrichten.

€–€€ ♦–♦♦ ⁄⁄ Beton

Garteneinbauküche

Eine ganze Reihe von Herstellern bietet attraktive Einbauküchen für draußen an. Sie bestehen aus Modulen und lassen sich in Layout und Materialauswahl individuell konfigurieren. Manche enthalten Spülbecken und Grills, andere Weinkühler und Herde. Alle aber heben das Gartenerlebnis auf eine neue Genussstufe.

€–€€€ ♦–♦♦ ⁄⁄ verschiedene

Holzküche

Gartenküchen gibt es in verschiedensten Ausführungen, am ansprechendsten aber sind vielleicht Holzversionen. Sie enthalten allerlei Geräte und andere Module. Da sie verwittern, Patina bekommen und ihr Aussehen mit der Zeit verändern, kann man sie fast als lebendige Holzskulpturen begreifen.

€€€ ♦♦ ⁄⁄ Holz

Spüle

Spülbecken im Freien sind eine sinnvolle Einrichtung im Garten, ganz egal, ob man draußen kocht oder Gartengeräte und Hände waschen will. Die Installation sollte jedoch von professionellen Handwerkern vorgenommen werden. Rohre müssen winterfest isoliert werden, Brauchwasser muss abfließen können.

€–€€ ♦–♦♦ ⁄⁄ verschiedene

Integrierter Essbereich

Manchen genügt ein Gartengrill oder eine Freiluftspüle nicht: Sie wollen draußen kochen, essen und mit anderen zusammensitzen. Auf Freiluftküchen spezialisierte Unternehmen richten Ihnen alles ein – vom Sonnensegel bis zur integrierten Kochnische. Eine stilvolle, aber oft auch teure Art, draußen zu essen.

€€€ ♦♦ ⁄⁄ verschiedene

Laubenpavillon

Schon ein einfaches Metallgerüst reicht für ein Genusserlebnis im Garten – sei es eine Tasse Kaffee oder ein komplettes Essen. Man kann an dem Gerüst Pflanzen hochziehen, die Schatten spenden, als Sichtschutz dienen und das Ganze optisch aufwerten. Selbst die Form lässt sich ganz nach Gusto gestalten.

€–€€ ♦–♦♦ ⁄⁄ Metall

Gazebo mit Dach

Sich im Garten und zugleich in einem lauschigen Sitzbereich aufzuhalten hat etwas für sich. Gazebos lassen sich überall aufstellen. Es gibt sie in etlichen Materialien und Ausführungen von traditionell über exotisch bis modern. Sie können mit Beleuchtung, Möbeln und Stromanschluss versehen werden.

€€€ ♦♦ ⁄⁄ Holz

Pergola mit Segeltuchdach

Nicht jeder möchte draußen kochen – manche bereiten das Essen drinnen zu und bringen es nach draußen, um es in einem gemütlichen, relativ geschützten Ambiente zu genießen. Pergolen mit integriertem Sonnendach bieten einen gewissen Schutz. Sie sind in unterschiedlichsten Größen erhältlich.

€–€€ ♦–♦♦ ⁄⁄ verschiedene

Seitenpavillon aus Latten

Draußen in geschützter Umgebung zu sitzen ist ein menschliches Grundbedürfnis. Ein modern gestalteter Seitenpavillon aus Latten spendet Schatten und fasst Sitzbereiche ein. Die klaren Linien und die moderne Holzoptik setzen ein Design-Statement. Man kann auch Kletterpflanzen daran hochwachsen lassen.

€–€€€ ♦♦ ⁄⁄ Holz

ANHANG

Verzeichnis der beteiligten Designer

Der Herausgeber dankt folgenden Gartendesignern für ihre Beiträge:

Charlie Albone
charliealbone.com

Marcus Barnett
marcusbarnett.com

Chris Beardshaw
chrisbeardshaw.com

Jinny Blom
jinnyblom.com

Jane Brockbank Gardens
janebrockbank.com

Declan Buckley
buckleydesignassociates.com

Alasdair Cameron
camerongardens.co.uk

Vladimir Djurovic
vladimirdjurovic.com

Prof. Nigel Dunnett
nigeldunnett.com

Sarah Eberle
sarah-eberle.com

Helen Elks-Smith
elks-smith.co.uk

Naomi Ferrett-Cohen
naomiferrettcohen.com

Adam Frost
adamfrost.co.uk

Bunny Guinness
bunnyguinness.com

Stephen Hall
(Giles Landscapes)
gileslandscapes.co.uk

Harry Holding
harryholding.co.uk

Colm Joseph Gardens
colmjoseph.co.uk

Maggie Judycki
(Green Themes, Inc.)
greenthemes.com

Matt Keightley
(Rosebank Landscaping)
rosebanklandscaping.co.uk

Carly Kershaw
(Hyland Edgar Driver)
heduk.com

Marcio Kogan
(Studio MK27)
studiomk27.com.br

Catherine MacDonald (Landform Consultants)
landformconsultants.co.uk

Steve Martino
stevemartino.net

Tom Massey
tommassey.co.uk

Claire Mee
clairemee.co.uk

Robert Myers
robertmyers-associates.co.uk

Philip Nixon
philipnixondesign.com

Gabriella Pape und
Isabelle van Groeningen
koenigliche-gartenakademie.de

Sara Jane Rothwell
(London Garden Designer)
londongardendesigner.com

Charlotte Rowe
charlotterowe.com

Alan Rudden
alanrudden.ie

Nicola Stocken
nicolastocken.com

Andy Sturgeon
andysturgeon.com

Angus Thompson
angusthompsondesign.com

Jo Thompson
jothompson-garden-design.co.uk

Stuart Charles Towner
stuartcharlestowner.co.uk

Cleve West
clevewest.com

Will Williams
willwilliamsgardendesign.com

Nick Williams-Ellis
nickwilliamsellis.co.uk

Andrew Wilson
(McWilliam Studio)
mcwilliamstudio.com

Bildnachweis und Dank

Der Verlag dankt folgenden Personen und Institutionen für ihre freundliche Genehmigung zum Abdruck des Bildmaterials.

(Abkürzungen: o = oben, u = unten, m = Mitte, l = links, r = rechts, g = ganz)

2 **GAP Photos:** Pernilla Bergdahl/Design: Sarah Eberle.

4 **GAP Photos:** Heather Edwards/Design: Will Williams (ur); Nicola Stocken, NHS Tribute Garden/Design: Naomi Ferrett-Cohen (gol); **Clive Nichols:** Clive Nichols/Design: Matt Keightley (ul).

4–5 **GAP Photos:** Anna Omiotek-Tott/Design: Richard Miers.

6–7 **GAP Photos:** Joanna Kossak/Design: Alan Rudden (gor); Robert Mabic/Design: Ekaterina Zasukhina & Carly Kershaw (gol); **MMGI:** Marianne Majerus/Design: Stuart Charles Towner (ur); **Clive Nichols:** Clive Nichols/Design: Alasdair Cameron (ul).

8 **The RHS Images Collection:** RHS/Neil Hepworth, Design: Adam Frost, RHS Chelsea 2015.

11 **The Garden Collection:** Jonathan Buckley/Design: Judy Pearce (mr); **The RHS Images Collection:** RHS/Neil Hepworth (gor); **The Garden Collection:** Derek Harris (ul); Torie Chugg/RHS Chelsea 2008 (gol).

12–13 **GAP Photos:** Joanna Kossak/Design: Andy Sturgeon.

14 **The Garden Collection:** Andrew Lawson/Design: Jinny Blom (gol); **MMGI:** Marianne Majerus/Design: Sara Jane Rothwell (gor); **Photolibrary:** David Cavagnaro (ul).

15 **Harpur Garden Library:** Jerry Harpur/Design: Shunmyo Masuno (gol); **MMGI:** Marianne Majerus/Palazzo Cappello, Venice (ul); **Photolibrary:** Michael Howes (ur); **Richard Felber:** Design: Raymond Jungles Landscape Architect (gor).

16 **Charles Hawes:** »Artificial Paradise«/Design: Catherine Baas & Jean-Francis Delhay (France), Chaumont International Gardens Festival 2003 (gol); **MMGI:** Marianne Majerus/Claire Mee Designs (ur); Marianne Majerus/Design: Andy Sturgeon, RHS Chelsea 2006 (gor); Marianne Majerus/Design: Charlotte Rowe (ul).

17 **The Garden Collection:** Liz Eddison (gor); **DK Images:** Peter Anderson/RHS Chelsea 2009 (gol); **Photolibrary:** Michael Howes/Design: Dean Herald, Fleming's Nurseries, RHS Chelsea 2006 (ur).

18 **The Interior Archive:** Simon Upton (gor); **MMGI:** Bennet Smith/Design: Mary Nuttall (gol); Marianne Majerus/Henstead Exotic Garden/Andrew Brogan, Jason Payne (gom); **Photolibrary:** John Ferro Sims (ur); **Richard Felber:** Design: Raymond Jungles Landscape Architect (um).

19 **Helen Fickling:** Design: Williams, Asselin, Ackaqui et Associés/International Flora, Montreal (ur); **Charles Hawes:** Design: Laureline Salisch & Seun-Young Song, Ecole Supérieure d'Art et de Design (ESAD) Reims, Chaumont International Festival 2007 (gor); **MMGI:** Marianne Majerus/Design: Arabella Lennox-Boyd, RHS Chelsea 2008 (gol); Marianne Majerus/Design: Charlotte Rowe (gom); **Clive Nichols:** Data Nature Associates (ul); Design: Stephen Woodhams (um).

20 **MMGI:** Marianne Majerus/Design: Will Giles, The Exotic Garden, Norwich (gor); **Photolibrary:** Linda Burgess (gol).

21 **MMGI:** Bennet Smith/Design: Denise Preston, Leeds City Council, RHS Chelsea 2008 (gol); **Undine Prohl:** Dry Design (gor).

22 **GAP Photos:** Rachel Warne/Design: Angus Thompson.

23 **GAP Photos:** Paul Debois (ur); Rob Whitworth/Design: Tony Wagstaff (gor).

24 **GAP Photos:** Christina Bollen (gor); Gary Smith (gol); Jenny Lilly/Design: Richard Wanless (ul); Robert Mabic (ur); Elke Borkowski (mr).

25 **GAP Photos:** Heather Edwards/Design: Charles Dowding (gor); Heather Edwards/Charles Dowding (mr); Annie Green-Armytage (ul) (ml).

26 **GAP Photos:** GAP Photos/Nova Photo Graphik (ul); Jenny Lilly (gol); **Clive Nichols:** Clive Nichols/Design: Martha Krempel, London (gor) (ur).

27 **GAP Photos:** Christa Brand (gol); Heather Edwards/Design: Richard Miers (u).

29 **Alamy Images:** Holmes Garden Photos (gol); **The Garden Collection:** Derek St Romaine/Design: Woodford West, RHS Chelsea 2001 (gor); **MMGI:** Marianne Majerus/Gainsborough Road, Alastair Howe Architects (go); **Roger Foley:** (ur); **Harpur Garden Library:** Jerry Harpur/Design: Philip Nixon, RHS Chelsea 2008 (ul); **MMGI:** Marianne Majerus/Design: Jonathan Baille (um).

30 **MMGI:** Bennet Smith/Design: Mary Nuttall (gol); Marianne Majerus/Design: Charlotte Rowe (gor); **GAP Photos:** Lynne Keddie (ul); **Steve Gunther/**Design: Steve Martino (um); **MMGI:** Marianne Majerus/Gunnebo House, Gardens of Gothenburg Festival, Schweden 2008, Joakim Seiler (ur).

32 **MMGI:** Marianne Majerus/Design: Tom Stuart-Smith, RHS Chelsea 2000.

33 **GAP Photos:** Brian North (r)

34–35 **The RHS Images Collection:** RHS/Neil Hepworth, Design: Charlie Albone, RHS Chelsea 2016.

35 **The Garden Collection/**Design: Tom Stuart-Smith, RHS Chelsea 2005 (4); **Harpur Garden Library:** Jerry Harpur (gol); **Clive Nichols/** Design: Dominique Lafourcade, Provence (1); www.stonemarket.co.uk (5).

36 **GAP Photos:** Joanna Kossak/Design: Charlie Albone. Sponsor: Husqvarna (gol).

36–37 **James Silverman** www.jamessilverman.co.uk/Architect: Marcio Kogan, Brazil.

37 **Alamy Images:** Andrea Jones/Design: Buro Landrast, Floriade (4); Matthew Noble Horticultural/Design: Lizzie Taylor & Dawn Isaac, RHS Chelsea 2005 (2); **DK Images:** Design: Marcus Barnett & Philip Nixon, RHS Chelsea 2007 (1); Design: Denise Preston, RHS Chelsea 2008 (3) Design: Philip Nixon, RHS Chelsea 2008 (5); **Peter Anderson:** (gol)

38 **GAP Photos:** Jerry Harpur/Design: L Giubbilei (mlu); Jo Whitworth (mlo); **MMGI:** Marianne Majerus/Design Del Buono Gazerwitz (gor); **Photolibrary:** Marijke Heuff (ur).

39 **Andrew Lawson:** Design: Christopher Bradley-Hole (u); **Charles Mann:** Sally Shoemaker, Phoenix AZ (gol); **B & P Perdereau:** Design: Yves Gosse de Gorre (m)

40 **MMGI:** Marianne Majerus/Design: Declan Buckley (ur) (2) (5); Photolibrary: John Glover (6).

41 **Clive Nichols:** Clive Nichols/Design: Matt Keightley.

42 **MMGI:** Marianne Majerus/Design: Charlotte Rowe (ur) (1).

43 **GAP Photos:** Clive Nichols (1); **Harpur Garden Library:** Jerry Harpur/Design: Andy Sturgeon, London (ur) (2) (4); **Photolibrary:** John Glover (3).

44–45 **The RHS Images Collection:** RHS/Neil Hepworth, Design: Marcus Barnett, RHS Chelsea 2015.

46 **GAP Photos:** Nicola Stocken.

47 **GAP Photos:** FhF Greenmedia (r).

48–49 **The Garden Collection:** Nicola Stocken.

49 **The Garden Collection:** Nicola Stocken (3); **Harpur Garden Library:** Marcus Harpur/Design:

Gertrude Jekyll, Besitzer: Sir Robert und Lady Clark, Munstead Wood, Surrey (u); **MMGI:** Marianne Majerus/Bryan's Ground, Herefordshire (2).

50 GAP Photos: Nicola Stocken (m). **Clive Nichols:** Clive Nichols/ Design: Alasdair Cameron (gor).

51 GAP Photos: Joanna Kossak/ Design: Tony Woods/Garden Club London (gol); Caroline Mardon/ Design: Karen Rogers www.krgardendesign.com (ur).

52 GAP Photos: John Glover/ Design: Penelope Hobhouse (gor); Jerry Harpur/Design: Britte Schoenaic (ur); **Harpur Garden Library:** Jerry Harpur/Design: Christopher Lloyd, Great Dixter (mlo).

52–53 Andrew Lawson: Design: Arabella Lennox-Boyd.

53 The Garden Collection: Andrew Lawson/Design: Oehme van Sweden (gor); **Harpur Garden Library:** Jerry Harpur/Design: Piet Oudolf (r).

54 The Garden Collection: Liz Eddison/Design: Gabriella Pape & Isabelle Van Groeningen, RHS Chelsea 2007 (ur); **Clive Nichols:** (4); **Photolibrary:** Kit Young (1); Tracey Rich (6).

55 Nicola Browne: Design: Jinny Blom (go).

56 GAP Photos: Jo Whitworth (6); **The Garden Collection:** Jane Sebire/ Design: Nigel Dunnett (ur) (4).

57 The Garden Collection: Gary Rogers/Design: Rendel & Dr James Bartons (go) (6); **MMGI:** Marianne Majerus (1).

58–59 Clive Nichols: Clive Nichols/Design: Matt Keightley.

60 GAP Photos: Hanneke Reijbroek.

61 MMGI: Marianne Majerus/ Claire Mee Designs (mro); Marianne Majerus/Design: Lynne Marcus (mru).

62 DK Images: Design: Franzisca Harman, RHS Chelsea 2008 (3); Design: Paul Stone Gardens, RHS Hampton Court 2007 (6); **MMGI:** Marianne Majerus/Claire Mee Designs (1); **TopFoto.co.uk:** (mgl).

63 Steve Gunther: Design und Anlage: Chuck Stopherd of Hidden Garden Inc. of CA.

64 DK Images: www.jcgardens.com (go); **Harpur Garden Library:** Jerry Harpur/Design: Ryl Nowell (ul); **MMGI:** Marianne Majerus/ Design: Lucy Sommers (gol); Marianne Majerus/Design: David Rosewarne (ur).

64–65 Steve Gunther: Design: Sandy Koepke, LA (m).

65 Harpur Garden Library: Jerry Harpur/Design: Bunny Guinness (u); **Ian Smith:** Design: Acres Wild (go); **Steve Gunther:** Design: Mia Lehrer, Malibu CA (mr).

66 GAP Photos: (gol).

66–67 GAP Photos: GAP Photos/ Garden Design: Cube 1994 (m); Rachel Warne (gom).

67 GAP Photos: Annie Green-Armytage (gor).

68 DK Images: Brian North/Design: Catherine MacDonald, RHS Hampton Court 2012.

69 Roger Foley: Design: Maggie Judycki für Green Themes, Inc. (ur) (3) (6).

70 Richard Bloom: Richard Bloom/ Design: Jane Brockbank.

71 MMGI: Marianne Majerus/ Claire Mee Designs (gol) (gor).

72– 73 The RHS Images Collection: RHS/Tim Sandall, Design: Nick Buss & Clare Olof, RHS Hampton Court 2012.

74 The RHS Images Collection: RHS/Neil Hepworth, Design: Cleve West, RHS Chelsea 2016.

75 GAP Photos: Jonathan Buckley/ Design: Christopher Lloyd, Great Dixter (o); **The Garden Collection:** Liz Eddison/Design: Daniel Lloyd Morgan, RHS Hampton Court 2001 (u).

76 DK Images: Design: Teresa Davies, Steve Putnam, Samantha Hawkins, RHS Chelsea 2007 (1); **Harpur Garden Library:** Jerry Harpur/Design: Rosemary Weisse, West Park, München, Deutschland (l).

76–77 DK Images: Design: Stephen Hall, RHS Chelsea 2005.

77 DK Images: Design: Kate Frey, RHS Chelsea 2007 (3); Design: English Heritage Gardens (4).

78 GAP Photos: Jerry Harpur (go).

78–79 Helen Fickling: Design: Andy Sturgeon.

79 DK Images: Steven Wooster (2) (4); **GAP Photos:** Jerry Harpur/Pashley Manor (3); S & O (6).

80 Clive Nichols: Clive Nichols/ Design: Harry Holding (go, ul).

80–81 GAP Photos: Annie Green-Armytage/Designers: Tom Massey und Sarah Mead (m).

81 Clive Nichols (ur).

82 Richard Bloom: Richard Bloom/ Design: Helen Elks-Smith (m); **GAP Photos:** Andrea Jones (go).

83 GAP Photos: Jenny Lilly (go, ul); Howard Rice, 26 St Barnabas Road, Cambridge (mr).

84 DK Images: Peter Anderson/ Design: Jo Thompson, RHS Chelsea 2009.

85 Richard Bloom: Richard Bloom/Design: Jane Brockbank.

86–87 DK Images: Peter Anderson/Design: Cleve West, RHS Chelsea 2011.

88 GAP Photos: Richard Bloom.

89 MMGI: Marianne Majerus/ Design: Paul Cooper (mro); **GAP Photos:** Richard Bloom/Design: Katharina Nikl Landscapes (mru).

90–91 Harpur Garden Library: Jerry Harpur/Design: Philip Nixon.

91 GAP Photos: Clive Nichols/ Design: Amir Schlezinger My Landscapes (3); Jerry Harpur/Design: Fiona Lawrenson & Chris Moss (4); Jerry Harpur/Design: Luciano Giubbilei (1); **MMGI:** Marianne Majerus www.finnstone.com (2); Marianne Majerus/Design: Lucy Sommers (5).

92 GAP Photos: Friedrich Strauss (gol).

92–93 GAP Photos: Richard Bloom/Design: John Davies Landscape (gom); Joanna Kossak/ Design: Tony Woods (mu).

93 GAP Photos: Nicola Stocken (gor); **MMGI:** Marianne Majerus/ Design: Jane Brockbank (u); **Clive Nichols:** Clive Nichols/Design: Matt Keightley (gom).

94 GAP Photos: Matteo Carassale/Design: Cristina Mazzucchelli (gol); John Glover (ul); **Clive Nichols:** Clive Nichols/Design: Alasdair Cameron (go).

94–95 MMGI: Marianne Majerus/ Design: Charlotte Rowe.

95 MMGI: Marianne Majerus/ Design: Sara Jane Rothwell (go); **DK Images:** Design: Mark Gregory, RHS Chelsea 2008 (u).

96 GAP Photos: Suzie Gibbons (gol); **MMGI:** Marianne Majerus/ Design: Sara Jane Rothwell (ul).

96–97 Marion Brenner: Design: Joseph Bellomo Architects, Palo Alto CA.

97 Henk Dijkman: www.puur-groen.nl (um); **Harpur Garden Library:** Jerry Harpur/Design: Christopher Bradley-Hole (m) (r).

98 Harpur Garden Library: Jerry Harpur/Design: Vladimir Djurovic, Lebanon.

99 Nicola Browne: Design: Pocket Wilson (go) (1); **GAP Photos:** Richard Bloom (3/m); **Charles Hawes** (5/m); **GAP Photos:** Clive Nichols/Design: Nigel Dunnett & The Landscape Agency (u).

100–101 Clive Nichols: Clive Nichols/Design: Alasdair Cameron.

101 Clive Nichols: Clive Nichols/ Design: Alasdair Cameron (ur).

102 GAP Photos: John Glover/ Design: Rosemary Verey.

103 GAP Photos: Mark Bolton (gor); Joanna Kossak/Design: Tracy Foster, Sponsor: Just Retirement Ltd (ur).

104–105 GAP Photos: Elke Borkowski.

105 GAP Photos: Elke Borkowski (gol); **DK Images:** Peter Anderson/ RHS Hampton Court 2014 (5).

106 GAP Photos: Maddie Thornhill (ml); **Clive Nichols** (or, mr, u).

107 Richard Bloom: Richard Bloom/Design: Jane Brockbank (gol); **GAP Photos:** (gor); Jenny Lilly (ur); **Clive Nichols** (ml).

108 **GAP Photos:** Friedrich Strauss (l).

108–109 **DK Images:** Peter Anderson/Design: Heather Culpan und Nicola Reed, RHS Hampton Court 2011.

109 **GAP Photos:** Elke Borkowski (m); **Red Cover:** Ron Evans (go); **DK Images:** Peter Anderson/Design: Bunny Guinness, RHS Hampton Court 2011 (u).

110 **Clive Nichols.**

111 **The Garden Collection:** Jonathan Buckley/Design: Bunny Guinness (go) (4); **Photolibrary:** Mark Winwood (3/m); **GAP Photos:** J. S. Sira/Design: Ron Carter (mu).

112 **GAP Photos:** Nicola Stocken.

113 **GAP Photos:** Stephen Studd/Design: Andy Bending.

114–115 **GAP Photos:** Brian North/Design: Nick Williams-Ellis.

116 **The RHS Images Collection:** RHS/Sarah Cuttle, Design: Ruth Willmott, RHS Chelsea 2015.

117 **GAP Photos:** Richard Bloom (or); **MMGI:** Andrew Lawson/Design: Philip Nash, RHS Chelsea 2008 (ur).

118 **Michael Schultz Landscape Design** (ur).

118–119 **Harpur Garden Library:** Jerry Harpur/Design: Steve Martino.

119 **DK Images:** Design: Matthew Rideout, RHS Hampton Court 2008 (1); Design: Paul Cooper, RHS Chelsea 2008 (3); **GAP Photos:** Fiona McLeod/Design: Cleve West, RHS Chelsea 2006 (5); **The Garden Collection:** Liz Eddison/Design: Reaseheath College, RHS Tatton Park 2007 (6); **Harpur Garden Library:** Jerry Harpur/Design: Sonny Garcia (4).

120 **Helen Fickling:** Design: Marie-Andrée Fortier, Art & Jardins, International Flora, Montreal, Canada (u); **Harpur Garden Library:** Jerry Harpur/Design: Vladimir Sitta (m).

120–121 **Helen Fickling:** Architect: Claude Cormier, International Flora, Montreal, Canada (go).

121 **Marion Brenner:** Design: Andrea Cochran Landscape Architect, San Francisco (m); **Harpur Garden Library:** Jerry Harpur/Design: Steve Martino (mr); **Steve Gunther:** Architect: Ricardo Legorreta/Landscape Architect: Mia Lehrer & Associates, LA (ur); **Harpur Garden Library:** Jerry Harpur/Design: Peter Latz & Associates, Chaumont Festival, France (ul).

122 **GAP Photos:** Andrea Jones/Design: Adam Frost, Sponsor: Homebase (ul); **Clive Nichols:** Clive Nichols/Design: Wynniat-Husey Clarke (ml) (ur).

123 **Alamy Stock Photo:** Ellen Rooney (go); **MMGI:** Marianne Majerus/Design: Nic Howard, *Aeon* Skulptur: David Harber (ul); Marianne Majerus/Design: Nic Howard, Skulptur: David Harber (ur).

124 **DK Images:** Peter Anderson/Design: Robert Myers, RHS Chelsea 2011.

125 **Richard Bloom:** Richard Bloom/Design: Colm Joseph Gardens.

126 **Alamy Stock Photo:** Guy Bell/Alamy Live News/Design: Sarah Eberle.

127 **GAP Photos:** Paul Debois/Design: Antony Watkins.

128–129 **The RHS Images Collection:** RHS/Neil Hepworth, Design: Andy Sturgeon, RHS Chelsea 2016.

130–131 **GAP Photos:** Joanna Kossak/Design: Chris Beardshaw.

132 **Charles Mann.**

133 **MMGI:** Marianne Majerus/Design: Sally Hull (mru).

136 **MMGI:** Marianne Majerus/Design: Julie Toll (ul).

137 **DK Images:** Design: Kate Frey, RHS Chelsea 2007 (go); **MMGI:** Marianne Majerus/Design: Wendy Booth & Leslie Howell (u).

138 **MMGI:** Marianne Majerus/Design: James Lee (l); Marianne Majerus/P & M Hargreaves, Grafton Cottage, Staffs (m); **GAP Photos:** Robert Mabic/Design: Tom Massey (r).

139 **DK Images:** Design: Jason Lock & Chris Deakin, RHS Chelsea 2008 (gul); **GAP Photos:** Jerry Harpur/Design: Roberto Silva (mlo); **The Garden Collection:** Derek St Romaine/Glen Chantry, Essex (gur); Nicola Stocken (gor); **MMGI:** Marianne Majerus (mu); Marianne Majerus/Design: Charlotte Rowe (mlu); **Photolibrary:** Ron Evans (mru).

140 **The Garden Collection:** Nicola Stocken (ml); **MMGI:** Marianne Majerus/Design: Anthony Paul Landscape Design (ul).

141 **Nicola Browne:** Design: Jinny Blom (m); **Jason Liske:** www.redwooddesign.com/Design: Bernard Trainor (um); **Photolibrary:** Jerry Pavia (go).

142 **GAP Photos:** Nicola Stocken/Design: Andy Sturgeon.

143 **GAP Photos:** Jerry Harpur/Design: Scenic Blue, RHS Chelsea 2007 (mro).

144 **GAP Photos:** Mark Bolton, The Wild Kitchen Garden/Design: Ann Treneman (gor); Rob Whitworth/Design: Kate Gould, Sponsors: Kate Gould Gardens Ltd (ur) (gol, ul).

145 **GAP Photos:** Maxine Adcock (gol); Thomas Alamy (ul); Jenny Lilly (gom); GAP Photos: Design: Luke Heydon, Sponsor: Unternehmen und Anwohner von Thetford (um); Anna Omiotek-Tott/Design: Andy Clayden, Dr. Ross Cameron (gor) (ur).

146 **GAP Photos:** Carole Drake/Design: Andrea Newill (gor, ur); Clare Forbes/Design: Matthew Wilson, Sponsor: Royal Bank of Canada (m); Joanna Kossak/Design: Rosemary Coldstream (ul).

147 **GAP Photos:** Paul Debois/Design: Caro Garden Design (ur); Rachel Warne (go, ul)

148 **Alamy Images:** CW Images (gol); **DK Images:** Alex Robinson (gor); **GAP Photos:** John Glover (ml); **DK Images:** Peter Anderson/Design: Kati Crome und Maggie Hughes, RHS Chelsea 2013 (mgr); **DK Images:** Jon Spaull (ul); **MMGI:** Marianne Majerus/Kingstone Cottages (ur).

149 **Jason Liske:** www.redwood design.com/Design: Bernard Trainor (gor); **GAP Photos:** Elke Borkowski/Design: Adam Woolcott (mr); Clive Nichols (ml); **MMGI:** Marianne Majerus/Claire Mee Designs (gur); Marianne Majerus/Design: Bunny Guinness (u).

150–151 **The Garden Collection:** Jonathan Buckley/Design: Diarmuid Gavin.

151 Design: Amanda Yorwerth.

152 **The Garden Collection:** Derek St Romaine/Design: Phil Nash (r); **MMGI:** Marianne Majerus/Design: Laara Copley-Smith (m); Marianne Majerus/Palazzo Cappello, Malipiero, Barnabo, Venedig (l).

153 **DK Images:** Design: Sarah Eberle, RHS Chelsea 2007 (gol); **MMGI:** Marianne Majerus/Design: Lynne Marcus (ml).

154–155 Fallstudie: Design: Fran Coulter, Besitzer: Jo & Paul Kelly.

155 **The Garden Collection:** Liz Eddison/Design: Kay Yamada, RHS Chelsea 2003 (ur); **Harpur Garden Library:** Marcus Harpur/Design: Justin Greer (gur); **MMGI:** Marianne Majerus/Design: Jessica Duncan (mr); Marianne Majerus/Design: Wendy Booth, Leslie Howell (gor).

156 **MMGI:** Marianne Majerus/Claire Mee Design (go); Marianne Majerus/Design: Lynne Marcus, John Hall (u).

156–157 **Marion Brenner:** Design: Andrea Cochran Landscape Architecture.

157 **Jason Liske:** www.redwooddesign.com/Design: Bernard Trainor (gor).

158 **Nicola Browne:** Design: Jinny Blom (ur); **DK Images:** Design: Absolventen der Pickard School of Garden Design (ml).

158–159 **Harpur Garden Library:** Jerry Harpur/Architect: Piet Boon, Planting Design: Piet Oudolf.

159 **DK Images:** Design: Paul Williams (ul); **The Garden Collection:** Gary Rogers/Chatsworth House (ur); **Charles Hawes:** Designed & created by Tony Ridler, The Ridler Garden, Swansea, Ammonitskulptur: Darren Yeadon (mo).

160 **MMGI:** Bennet Smith/Design: Ian Dexter, RHS Chelsea 2008

(m); Marianne Majerus/Design: Anthony Tuite (u).

160–161 The Garden Collection: Nicola Stocken.

161 GAP Photos: Nicola Stocken (gol); **MMGI:** Bennet Smith/ Design: Thomas Hoblyn (ur).

162 Garden Exposures Photo Library: Andrea Jones/Design: Dan Pearson & Steve Bradley (ml); **The Garden Collection:** Liz Eddison/ Design: Alan Sargent, RHS Chelsea 1999 (ul).

162–163 The Garden Collection: Jonathan Buckley/Design: Joe Swift & Sam Joyce für The Plant Room.

163 Roger Foley: Scott Brinitzer Design Associates (ur); **MMGI:** Marianne Majerus/Design: Paul Cooper (um).

164 MMGI: Marianne Majerus/ Design: Sara Jane Rothwell.

165 GAP Photos: Lynn Keddie (mo); Nicola Stocken (ul); **MMGI:** Marianne Majerus/Design: Charlotte Rowe (gol); Marianne Majerus/Design: Nicola Gammon, www.shootgardening.co.uk (gor); Marianne Majerus/Design: Fiona Lawrenson & Chris Moss (gur); **Derek St Romaine:** Design: Koji Ninomiya, RHS Chelsea 2008 (ur).

166 DK Images: Peter Anderson/RHS Hampton Court 2014 (gor); **MMGI:** Marianne Majerus/ Fiveways Cottage (mlo); Marianne Majerus/Design: Paul Dracott (ul); **B & P Perdereau:** Design: Yves Gosse de Gorre (mru).

167 The Garden Collection: Jonathan Buckley/Design: Diarmuid Gavin (ul); **MMGI:** Marianne Majerus/Design: Lynne Marcus (gol); Marianne Majerus/Design: Arabella Lennox-Boyd, RHS Chelsea 2008 (mro); Marianne Majerus/Design: Chris Perry, Claire Stuckey, Jill Crooks, & Roger Price, RHS Chelsea 2005 (ur).

168 Harpur Garden Library: Jerry Harpur/Design: Made Wijaya & Priti Paul (um); **Photolibrary:** Peter Anderson/Design: Martha Schwartz (ur).

169 DK Images: Design: Marcus Barnett & Philip Nixon, RHS Chelsea 2007 (go); **The Garden Collection:** Derek Harris (m); **MMGI:** Marianne Majerus/Leonards Lee Gardens, West Sussex (u).

170 GAP Photos: Richard Bloom (mr); **MMGI:** Marianne Majerus/ Design: Ali Ward (um); **Photolibrary:** David Dixon (ul).

171 Peter Anderson (go); **GAP Photos:** Clive Nichols/Chenies Manor, Bucks (ml); **MMGI:** Andrew Lawson/Sticky Wicket, Dorset (um); Marianne Majerus (ul) (ur).

172 Helen Fickling: International Flora, Montreal (gor); **Harpur Garden Library:** Jerry Harpur/Design: Jimi Blake, Hunting Brook Gardens (ml); **MMGI:** Marianne Majerus/ Design: Julie Toll (ul).

173 GAP Photos: J. S. Sira/Chenies Manor, Bucks (um); **MMGI:** Andrew Lawson/Design: Philip Nash, RHS Chelsea 2008 (gur); Bennet Smith/ Paul Hensey und Knoll Garden, RHS Chelsea 2008 (gol); Marianne Majerus/Design: Piet Oudolf (mro); Marianne Majerus/Les Métiers du Paysage dans toute leur Excellence Jardins, Jardins aux Tuileries 2008, Christian Fournet (ul); **Clive Nichols:** Design: Wendy Smith & Fern Alder, RHS Hampton Court 2004 (mr); **Photolibrary:** Mark Bolton (gom).

174 (von links nach rechts): **DK Images; Clive Nichols:** Design: Fiona Lawrenson; **The Garden Collection:** Jonathan Buckley; **Forest Garden Ltd:** Tel.: 0844 248 9801 www.forestgarden.co.uk; **The Garden Collection:** Jonathan Buckley; **Photolibrary:** Roger Foley/Design: Raymond Jungles Landscape Architect (um); **The Garden Collection:** Derek St Romaine/Design: Philip Nash (ur); **Photolibrary:** Marie O'Hara/ Design: Andrew Duff (ul).

175 GAP Photos: Rob Whitworth/Design: Mandy Buckland (Greencube Garden and Landscape Design), RHS Hampton Court 2010.

176 GAP Photos: Annie Green-Armytage/Design: Anna Dabrowska-Jaudi (m); Jacqui Hurst/Design: Tom Massey (gor); Joanna Kossak/ Design: Tony Woods, Garden Club London (ul); Stephen Studd/ Design: Kate Durr Garden Design (ur).

177 GAP Photos: Leigh Clapp/ Design: Tom Massey (ul); Caroline Mardon/Design: Karen Rogers www.krgardendesign.com (go); Nicola Stocken (ml); Suzie Gibbons/Design: Patricia Thirion & Janet Honour (mr); Anna Omiotek-Tott/Design: Anne Keenan (ur).

178 GAP Photos: Richard Bloom/ Design: Belderbos Landscapes Ltd (gor); Andrea Jones (l); Anna Omiotek-Tott/Design: Kate Gould (ur).

179 GAP Photos: Thomas Alamy (ur); J. S. Sira/Design: Jill Foxley, A Matter of Urgency, Hampton Court 2011 (gor); Jonathan Buckley/Design: Sarah Raven (gol); Leigh Clapp/Design: Acres Wild (ul); Richard Bloom (m).

180 GAP Photos: Clive Nichols/ Design: Tony Heywood Conceptual Gardens.

181 The Garden Collection: Nicola Stocken (go).

182 The Garden Collection: Nicola Stocken (l); **MMGI:** Marianne Majerus/Design: Sara Jane Rothwell (go).

190–191 123RF.com: Dara-on Thongnoi (illo × 4).

191 TurboSquid: Agnes B. Jones (um, mru).

192 DK Images: Design: Heidi Harvey & Fern Adler, RHS Hampton Court 2007 (um); **MMGI:** Marianne Majerus/Leonardslee Gardens, West Sussex (ur).

193 GAP Photos: Elke Borkowski (m); **MMGI:** Marianne Majerus/ Coworth Garden Design (ur).

194 DK Images: Design: Robert Myers, RHS Chelsea 2008 (gor); **The Garden Collection:** Nicola Stocken (u); **Charles Mann:** Sally Shoemaker, Phoenix AZ (mr); **MMGI:** Marianne Majerus/Scampston Hall, Yorks/Design: Piet Oudolf (gom); Marianne Majerus/ Rectory Farm House, Orwell/ Peter Reynolds (m).

195 DK Images: Design: Cleve West, RHS Chelsea 2008 (l).

196 DK Images: Design: Fran Coulter, Besitzer: Bob & Pat Ring (ur); **GAP Photos:** Dave Zubraski (7); Sarah Cuttle (2); **Clive Nichols** (4).

197 DK Images: Design: Paul Williams (go); Design: Adam Frost (u); **GAP Photos:** Adrian Bloom (1/go); Richard Bloom (5/go) (5/u).

198 DK Images: Peter Anderson/ Design: Adele Ford und Susan Willmott, RHS Hampton Court 2013.

199 GAP Photos: John Glover (mru).

200 GAP Photos: Jerry Harpur (gol); **MMGI:** Marianne Majerus (gom).

201 Brian North: (ur); **Photolibrary:** Howard Rice/Cambridge Botanic Garden (mr).

202 GAP Photos: Elke Borkowski (um); Jerry Harpur/Design: Julian & Isabel Bannerman (gor); **The Garden Collection:** Derek Harris (gom); **MMGI:** Marianne Majerus/Design: Bunny Guinness (ml).

203 Marion Brenner: Design: Mosaic Gardens, Eugene, Oregon.

204 The Garden Collection: Andrew Lawson (gom); Nicola Stocken (gor); **MMGI:** Marianne Majerus/Design: Susan Collier (ul); Marianne Majerus/RHS Wisley/ Piet Oudolf (ur).

205 The Garden Collection: Andrew Lawson (u); Derek St Romaine/Glen Chantry, Essex (ml); **MMGI:** Marianne Majerus/Woodpeckers, Warks (gor).

206 GAP Photos: Clive Nichols/ Design: Duncan Heather (ur); **MMGI:** Marianne Majerus (um); Marianne Majerus/Design: Jill Billington & Barbara Hunt, »Flow« Garden, Weir House, Hants (ul).

207 DK Images: Steven Wooster/ Design: Rebecca Phillips, Maria Ornberg, & Rebecca Heard, »Flow Glow« Garden, RHS Chelsea 2002 (r); **GAP Photos:** Elke Borkowski (l).

208 GAP Photos: Elke Borkowski (ul); John Glover (r).

209 DK Images: Design: Tom Stuart-Smith, RHS Chelsea 2008 (gor); **GAP Photos:** Elke Borkowski (ur) (gol); J. S. Sira (ml); S & O (um).

210 GAP Photos: Geoff du Feu (ul); Jerry Harpur/Design: Isabelle Van Groeningen & Gabriella Pape, RHS

Chelsea 2007 (gom); **Clive Nichols:** RHS Wisley (gor).

210–211 GAP Photos: Mark Bolton.

211 GAP Photos: Elke Borkowski (gom) (mr); **Harpur Garden Library:** Jerry Harpur/Design: Beth Chatto (gor); Marcus Harpur/Writtle College (ur).

212 GAP Photos: Jonathan Buckley/Design: John Massey, Ashwood Nurseries (ml); **MMGI:** Marianne Majerus/Mere House, Kent (gor); Marianne Majerus/Ashlie, Suffolk (ul).

213 GAP Photos: Clive Nichols (ml); Elke Borkowski (gol); Jonathan Buckley/Design: Wol & Sue Staines (Spalte rechts); **The Garden Collection:** Jonathan Buckley (um).

215 MMGI: Marianne Majerus/Design: Declan Buckley (gol); Marianne Majerus/Design: Philip Nash, RHS Chelsea 2008 (gom); Marianne Majerus/Tanglefoot (ul); **Photolibrary:** Howard Rice (gor).

216 Alamy Stock Photo: Niall McDiarmid (gor); **Dorling Kindersley:** RHS Wisley (mu); **Dreamstime.com:** Jon Benito Iza (mlu); Marinodenisenko (um); **Getty Images/iStock:** annrapeepan (mlo); **Shutterstock.com:** Peter Turner Photography (mru).

217 Dorling Kindersley: Mark Winwood/Downderry Nursery (mo); **Dreamstime.com:** Barmalini (gor); Makoto Hasegawa (mro); Wiertn (mu); Natalia Pavlova (ul); Iva Vagnerova (ur); **Getty Images/iStock:** 2ndLookGraphics (mlu).

218 Dreamstime.com: Alfotokunst (gor); Shihina (mlo); Mykhailo Pavlenko (um); **GAP Photos:** Visions (mro); **Getty Images/iStock:** ChamilleWhite (mru).

219 Alamy Stock Photo: blickwinkel/McPHOTO/HRM (mu); Marcus Harrison, plants (mlu); **Dreamstime.com:** By Daphnusia (gor); Yavor Yanev (mro); Unique93 (mo); **Shutterstock.com:** Lesub (ul).

220 Alamy Stock Photo: Tim Gainey (gor); **Dreamstime.com:** John Caley (mlu); Sielan (mro); Kamilpetran (ul); Tom Meaker (mu); **Getty Images:** Stockbyte/Maria Mosolova (mru); **Shutterstock.com:** jamesptrharris (mlo).

221 Alamy Stock Photo: Botany vision (ul); John Richmond (gor); **Dreamstime.com:** Macsstock (mru); Michal Paulus (mlo); Snowboy234 (mro); Seramo (mu).

222 DK Images: Peter Anderson/Design: Joe Swift, RHS Chelsea 2012.

223 DK Images: Design: Heidi Harvey & Fern Adler, RHS Hampton Court 2007 (mro); **GAP Photos:** J. S. Sira/Kent Design (mru).

224 Alamy Images: Mark Summerfield (ul); **DK Images:** Design: Phillippa Probert, RHS Tatton Park 2008 (ur); **Harpur Garden Library:** Jerry Harpur/Design: University College Falmouth Students RHS Chelsea 2007 (go); Jerry Harpur/East Ruston Old Vicarage, Norfolk (um).

225 Harpur Garden Library: Jerry Harpur/Design: Julian & Isabel Bannerman (ml); Marcus Harpur/Design: Kate Gould, RHS Chelsea 2007 (mr); **MMGI:** Marianne Majerus (ul); Marianne Majerus/Design: Lynne Marcus & John Hall (um); Marianne Majerus/Design: Michele Osborne (mo); **Photolibrary:** John Glover (gom); Stephen Wooster (mu).

226 Marion Brenner: Design: Shirley Watts, Alameda CA www.sawattsdesign.com (ur); **GAP Photos:** Michael King/Ashwood Nurseries (ul); **MMGI:** Marianne Majerus/Design: Jonathan Baillie (um); Anna Omiotek-Tott/Design: Joe Perkins (mr); **Clive Nichols:** Wingwell Nursery, Rutland (gor); **DK Images:** Design: Adam Frost, RHS Chelsea 2007 (m).

227 The Garden Collection: Jonathan Buckley/Design: Diarmuid Gavin (um); **MMGI:** Marianne Majerus/Gardens of Gothenburg, Schweden 2008 (gor); **Photolibrary:** Botanica (ur); Howard Rice (ul); **GAP Photos:** J. S. Sira, Crt: HCFS 2005/Design: Paul Hensey (mr).

228 DK Images: Design: Bob Latham, RHS Chelsea 2008 (ul); Design: Del Buono Gazerwitz, RHS Chelsea 2008 (ur); Peter Anderson/Design: Harry & David Rich, RHS Chelsea 2013 (gol); **Harpur Garden Library:** Jerry Harpur/Design: Sam Martin, London (mr).

229 GAP Photos: Rob Whitworth/Design: Angela Potter & Ann Robinson (um); **Harpur Garden Library:** Jerry Harpur/Design: Philip Nixon (gol); Marcus Harpur/Design: Growing Ambitions, RHS Chelsea 2008 (gor); **MMGI:** Marianne Majerus/Design: Jilayne Rickards (ul); Marianne Majerus/The Lyde Garden, The Manor House, Bledlow, Bucks (ur).

230 DK Images: Design: Paul Dyer, RHS Tatton Park 2008 (ur); **MMGI:** Marianne Majerus/Design: Peter Chan & Brenda Sacoor (mr).

232 DK Images: Design: Helen Derrin, RHS Hampton Court 2008 (go); www.indian-ocean.co.uk (m); www.outer-eden.co.uk (u).

232–233 The RHS Images Collection: RHS/Neil Hepworth, Design: Charlie Albone, RHS Chelsea 2016.

233 Nicola Browne: Design: Craig Bergman (gom); **GAP Photos:** Elke Borkowski (mr); **MMGI:** Marianne Majerus/Design: Diana Yakeley (ur); www.wmstudio.co.uk (ml).

234 DK Images: Design: Francesca Cleary & Ian Lawrence, RHS Hampton Court 2007 (gor); Design: Noel Duffy, RHS Hampton Court 2008 (ul); James Merrell (gol); **GAP Photos:** Richard Bloom/Design: Katharina Nikl Landscapes (ur).

235 DK Images: Brian North/Design: The Naturally Fashionable Garden Designer NDG+, RHS Chelsea 2010 (ul); Design: Philip Nash, RHS Chelsea 2008 (gom); **The Garden Collection:** Torie Chugg/Design: Sue Tymon, RHS Hampton Court 2005 (m); **The Interior Archive:** Fritz von der Schulenburg (gor); **Red Cover:** www.dylon.co.uk (ur) **MMGI:** Marianne Majerus/Design: Sara Jane Rothwell, London Garden Designer (gol).

236 Nicola Browne: Design: Piet Oudolf (gor); **DK Images:** Design: Sadie May Stowell, RHS Hampton Court 2008 (gol); Design: Sim Flemons & John Warland, RHS Hampton Court 2008 (ur); **GAP Photos:** Heather Edwards/Design: Mark Draper, Graduate Gardeners Ltd (ul).

237 The RHS Images Collection: RHS/Neil Hepworth, Design: Chris Beardshaw, RHS Chelsea 2016 (go); **Helen Fickling:** Design: May & Watts Loire Valley Wines, RHS Hampton Court 2003 (m); **MMGI:** Marianne Majerus/Design: Lynne Marcus (ul).

238 The Garden Collection: Marie O'Hara (ur); Nicola Stocken (um); Steven Wooster/Design: Anthony Paul (gol); **MMGI:** Marianne Majerus/Design: Charlotte Rowe (ul); Marianne Majerus/Design: Lucy Sommers (gor); **Clive Nichols:** Design: Mark Laurence (gom).

239 Nicola Browne: Design: Kristof Swinnen (gol); **The Garden Collection:** Liz Eddison/Design: David MacQueen, Orangebleu, RHS Chelsea 2005 (um); **Harpur Garden Library:** Marcus Harpur/Design: Charlotte Rowe (ur); **Clive Nichols:** Spidergarden.com/RHS Chelsea 2000 (m); **Red Cover:** Kim Sayer (ul); Mike Daines (mro).

240 www.janinepattison.com.

241 (von links nach rechts): **Clive Nichols:** Design: Charlotte Rowe; **Helen Fickling:** Claire Mee Designs; **GAP Photos:** Design: Cube 1994; Graham Strong; **Photolibrary:** Botanica (ul); **Red Cover:** Ken Hayden (um); **Shutterstock** (ur).

242–243 GAP Photos: Fiona McLeod/Design: Matt Keightley.

244 DK Images Design: Sam Joyce (um); **The Garden Collection:** Gary Rogers (ur); **Shutterstock.com:** Ingo Bartussek (ml)

246 Alamy Stock Photo: Dave Burton (go); **GAP Photos:** Dave Bevan (ul); John Glover (ur).

247 Alamy Stock Photo: ACORN1 (ul); Clare Gainey (gor); Carolyn Jenkins (ur); **GAP Photos:** Graham Strong (gol).

248 Alamy Stock Photo: Paul Briden (m); Curtseyes (ur); **GAP Photos:** Thomas Alamy (gor); Mel Watson (ul).

249 Alamy Stock Photo: ACORN1 (gol); Barbara Jean (gor); **GAP Photos:** (ul); Jo Whitworth/Design: Kate Frey, RHS Chelsea (ur).

250 GAP Photos: Mel Watson (ur); **Shutterstock.com:** Paul Brennan (gol).

251 Alamy Stock Photo: Barrie Harwood (m); Graham Prentice (u); **GAP Photos:** Mel Watson (gor).

252 GAP Photos: Heather Edwards/Design: Charlotte Harris, Sponsor: RBC.

253 GAP Photos: Brent Wilson (go); **Clive Nichols** (u).

257 Dreamstime.com: Paul Maguire (ul).

261 GAP Photos: Matteo Carassale/Design: Cristina Mazzucchelli (ur).

263 Dreamstime.com: Elena Vlasova (ur).

265 The RHS Images Collection: RHS/Sarah Cuttle, design: Martin Royer, RHS Hampton Court 2016 (ul); **GAP Photos:** Fiona Lea (ur); **MMGI:** Marianne Majerus/Design: Jill Billington & Barbara Hunt, »Flow« Garden, Weir House, Hants (mr).

270 Alamy Stock Photo: Gillian Pullinger (mr).

273 Getty Images/iStock: robert-przybysz (gor).

275 MMGI: Marianne Majerus (ur).

276–277 Clive Nichols: Design: Helen Dillon.

279 GAP Photos: Neil Holmes (gor).

281 DK Images: Design: Xa Tollemache.

282 GAP Photos: Lee Avison (gor); Jonathan Buckley/Design: James Hitchmough (ul); Richard Bloom (ur).

283 GAP Photos: Gary Smith (gor); Nicola Stocken (ol, ul).

284 Photoshot: Photos Horticultural (ur).

285 Dreamstime.com: Daria Nipot (mu).

286–287 GAP Photos: Clive Nichols/Design: Andy Sturgeon, Sponsor: The Telegraph.

288 Dreamstime.com: Marinodenisenko (ml).

289 Dorling Kindersley: Peter Anderson (ul); **Shutterstock.com:** InfoFlowersPlants (ml).

290 Dreamstime.com: Tom Cardrick (ul).

291 Garden World Images: Paul Lane (gol); **Dorling Kindersley:** Mark Winwood/RHS Wisley (um).

292 Garden World Images: Carolyn Jenkins (ml); **Dreamstime.com:** Alena Stalmashonak (mr).

293 The Garden Collection: Torie Chugg (m).

295 MMGI: Marianne Majerus/Design: Tom Stuart-Smith (ul).

296 Alamy Stock Photo: P. Tomlins (ml); **Shutterstock.com:** guentermanaus (ul).

297 Alamy Stock Photo: Zoltan Bagosi (gol); John Richmond (um).

298 MMGI: Marianne Majerus/Saling Hall, Essex (ul).

299 Alamy Stock Photo: John Richmond (ml); **Dreamstime.com:** Apugach5 (um); **Getty Images/iStock:** Iamnee (ul); **Shutterstock.com:** Simona Pavan (gol).

300 Shutterstock.com: Traveller70 (ul).

302 Alamy Stock Photo: garfotos (gol); **Dreamstime.com:** John Caley (ul).

303 Alamy Stock Photo: Martin Hughes-Jones (gol); **Dreamstime.com:** Wirestock (ul).

304 Dreamstime.com: Bat09mar (ur).

305 Alamy Stock Photo: amomentintime (ul); Wiert Nieuman (m).

308 GAP Photos: Nova Photo Graphik (ml).

309 GAP Photos: Charles Hawes (ml).

310 Dreamstime.com: John Caley (ur); Tom Cardrick (ul); **Shutterstock.com:** Peter Turner Photography (um).

311 Shutterstock.com: Alex Manders (ul).

312 www.davidaustinroses.com (m).

313 GAP Photos: Visions Premium (gor).

314 Garden World Images: Martin Hughes-Jones (ml).

315 Alamy Stock Photo: Avalon.red/Photos Horticultural (gom).

316 Alamy Stock Photo: Chris Bosworth (ur).

317 Shutterstock.com: John R Martin (gol).

318 Dreamstime.com: Artist Krolya (m).

319 DK Images: Roger Smith (gol); **The Garden Collection:** Nicola Stocken Tomkins (gom).

320 Alamy Stock Photo: Nick Higham (ur); **Dreamstime.com:** Angelacottingham (m).

321 Alamy Stock Photo: RM Floral (gom); **Shutterstock.com:** AliScha (um).

322 Getty Images/iStock: Martin Wahlborg (gor).

323 Alamy Stock Photo: Clare Gainey (ul); P. Tomlins (mr).

324 Dreamstime.com: Golden Shark (m); **GAP Photos:** Nicola Stocken (gor); **Shutterstock.com:** Holly Anne Cromer (gom).

325 Shutterstock.com: Alex Manders (ml).

326 GAP Photos: Modeste Herwig, White Cottage Daylilies; Nicholas Inigo Peirce (gom); **Shutterstock.com:** Sergey V Kalyakin (ml).

327 GAP Photos: Neil Holmes (mr); **The Garden Collection:** Andrew Lawson (m).

328 MMGI: Marianne Majerus (ml); **Shutterstock.com:** Walter Erhardt (gom).

329 Dreamstime.com: Anthony Baggett (ml); Leklek73 (m).

330 GAP Photos: FhF Greenmedia (ml); **Getty Images/iStock:** Olena Lialina (m).

331 Alamy Stock Photo: Avalon.red/Michael Warren (gol); Botanic World (gor); **Dreamstime.com:** Robert Adami (gom); **Shutterstock.com:** Flower_Garden (m).

332 Dreamstime.com: Imladris (um); Natalia Pavlova (mr); Iva Vagnerova (ur); **Getty Images/iStock:** fotomarekka (ul); **Shutterstock.com:** Lisa-Marie Brown (gom).

333 Alamy Stock Photo: Avalon.red/Photos Horticultural (um); **Dreamstime.com:** Gabriela Beres (gor); **GAP Photos:** Nova Photo Graphik (m); Visions Premium (gom); **Getty Images/iStock:** Steve Deming (ul); **Shutterstock.com:** Alex Manders (ml).

334 Alamy Stock Photo: Matthew Taylor (m); **Dreamstime.com:** Tom Cardrick (ur); Orest Lyzhechka (gom); Wirestock (ul); **Getty Images/iStock:** magicflute002 (gor).

335 Dreamstime.com: Rob Lumen Captum (m); Meunierd (ml).

336 Photolibrary: Mark Bolton (m); **Shutterstock.com:** nnattalli (gor).

338 GAP Photos: Howard Rice (um); **Photolibrary:** Mayer/Le Scanff (ur).

339 Dreamstime.com: Tom Meaker (ul).

340 The Garden Collection: Andrew Lawson (um).

341 GAP Photos: J. S. Sira (m).

342 Alamy Stock Photo: blickwinkel/McPHOTO/HRM (ur); Dr. Ian B. Oldham (ml).

344 Garden World Images: (ul).

345 Shutterstock.com: Sergey V. Kalyakin (ml); Ioana Rut (mr).

346 GAP Photos: Paul Debois (gol).

349 Shutterstock.com: crystal51 (mr).

350 GAP Photos: Elke Borkowski (ul); Jerry Harpur (ur); www.stonemarket.co.uk (m) (ul).

351 www.stonemarket.co.uk (Reihe oben) (ul); www.bradstone.com/garden (m) (mr); www.organicstone.com (um); **Dreamstime.com:** Thornton McLaughlin (um).

352 Nuage Porcelain Paving by London Stone, www.londonstone.co.uk/Design & Build: Garden House Design, www.gardenhousedesign.co.uk: (gom); **DK Images:** Design: Martin Thornhill, RHS Tatton Park 2008 (mr); **Forest Garden Ltd,** Tel.: 0844 248 9801, www.forestgarden.co.uk (ml); Bilder mit freundlicher Genehmigung von Marshalls www.marshalls.co.uk/transform (um); www.jcgardens.com (ur).

353 DK Images: Design: Jane Hudson & Erik de Maejer, RHS Chelsea 2004 (gom); Design: Jon Tilley, RHS Tatton Park 2008 (ul); Design: Martin Thornhill, RHS Tatton Park 2008 (ur); **GAP Photos:** J. S. Sira (ml); Howard Rice (um); www.specialistaggregates.com (mr); **Chris Young** (um).

354 DK Images: Steven Wooster/Design: Claire Whitehouse, RHS Chelsea 2005 (m); Design: Geoff Whitten (ur); **GAP Photos:** Elke Borkowski (ul); www.bradstone.com/garden (um); **Bilder mit freundlicher Genehmigung von Marshalls** www.marshalls.co.uk/transform (gom).

355 DK Images: Design: Paul Hensey with Knoll Gardens, RHS Chelsea 2008 (m); Design: Toby & Stephanie Hickish, RHS Tatton Park 2008 (um); Design: Niki Ludlow-Monk, RHS Hampton Court 2008 (ur); Design: Ruth Holmes, RHS Hampton Court 2008 (mr); **GAP Photos:** Leigh Clapp/Design: David Baptiste (ul).

356 DK Images: Design: Helen Williams, RHS Hampton Court 2008 (mr); www.grangefencing.co.uk (gol); www.jacksons-fencing.co.uk (gor); **Forest Garden Ltd,** Tel.: 0844 248 9801 www.forestgarden.co.uk (ml) (m); www.kdm.co.uk (um).

357 GAP Photos: Leigh Clapp (um); **MMGI:** Marianne Majerus/Design: Hans Carlier (gor); **Forest Garden Ltd,** Tel.: 0844 248 9801 www.forestgarden.co.uk (gom) (ul); www.stonemarket.co.uk (ur).

358 DK Images: Brian North/RHS Hampton Court 2010 (gol); Design: Mark Sparrow & Mark Hargreaves, RHS Tatton Park 2008 (ul); **Alamy Images:** Francisco Martinez (gom); **GAP Photos:** Jerry Harpur (gor); **Photolibrary:** John Glover/ Design: Jonathan Baillie (m); www.breezehouse.co.uk (ml); www.cuprinol.co.uk (um).

359 DK Images: Design: Jackie Knight Landscapes, RHS Tatton Park 2008 (gom); Design: Mark Gregory, RHS Chelsea 2008 (um); www.garpa.co.uk (ur); **MMGI:** Marianne Majerus/Design: Earl Hyde, Susan Bennett (ml); Marianne Majerus/Elton Hall, Herefordshire (m); www.jcgardens.com (mr); www.cuprinol.co.uk (gol) (ul).

360 DK Images: Design: David Gibson, RHS Tatton Park 2008 (ml); Design: Cleve West, RHS Chelsea 2008 (ul); **GAP Photos:** Elke Borkowski (mr); Jo Whitworth/Design: Tom Stuart-Smith, RHS Chelsea 2006 (ur).

361 DK Images: Design: Tim Sharples, RHS Hampton Court 2008; **GAP Photos:** Tim Gainey (ul); **The Garden Collection:** Nicola Stocken Tomkins (gor); www.hayesgardenworld.co.uk (mr).

362 GAP Photos: Richard Bloom (ul); Nicola Stocken (gol); Heather Edwards/Design: Cleve West, The Daily Telegraph Garden, Gold Medal Winner (gom); Heather Edwards/Design: Peter Reader, Sponsor: Living Landscapes (gor); Martin Staffler (ml); Jenny Lilly (m); Fiona Lea/Design: Alison Galer (mr); Heather Edwards (um); Stephen Studd/Design: Adam Frost, Sponsor: Homebase (ur).

363 GAP Photos: Richard Bloom/The Swimming Pond Company (mr); Zara Napier/Design: Alison Armour-Wilson (gol); Rob Whitworth (gom); Nova Photo Graphik (gor); Annaick Guitteny (m); Richard Bloom/Design: Craig Reynolds (ul); Andrea Jones (um); Mark Bolton (ur); **MMGI:** Bennet Smith/Design: Thomas Hoblyn (ml).

364 GAP Photos: Mark Bolton (mr); Elke Borkowski (gol); GAP Photos/Design: Cube 1994 (ml); Nova Photo Graphik (m); Heather Edwards/Martin Young, Sitting Spiritually (ul); Paul Debois (um); Clive Nichols/Design: Trevyn McDowell und Paul Thompson (ur); **MMGI:** Marianne Majerus/Skulptur: David Harber, Gartengestaltung: Nic Howard (gor); **The Crop Candle Company:** Duncan MacBrayne/Silver Cloud Photography (gom).

365 GAP Photos: Matteo Carassale/Design: Cristina Mazzucchelli (m); Anna Omiotek-Tott/Design: Will Williams (gol); Andrea Jones (gom); Nicola Stocken, Knolling with Daisies Garden/Design: Sue Kent (gor); Paul Debois (ml); Robert Mabic (mr); Joanna Kossak/Design: Tony Woods (ul); GAP Photos/Design: Cube 1994 (um); **Clive Nichols:** Clive Nichols/Design: Wynniat-Husey Clarke (ur).

366 Alamy Stock Photo: Cavan Images (ur); guy harrop (mr); Paul Mogford (um); **GAP Photos:** Richard Bloom/Design: Katharina Nikl Landscapes (ml); GAP Photos/Design: Rhiannon Williams, RHS Hampton Court 2018 (gol); Brent Wilson (gom); Howard Rice/Design: Cultivate Gardens, Cambridge (gor); Paul Debois (m); **Clive Nichols:** Clive Nichols/Design: Matt Keightley (ul).

367 Alamy Stock Photo: Tony Giammarino (go); **GAP Photos:** Elke Borkowski (mr); Joanna Kossak/Design: Tony Woods (gom); Nicola Stocken (m); Jerry Harpur (ul); J. S. Sira/Design: Martin Royer, Sponsors: Final5 (um); Jenny Lilly (ur); **MMGI:** Marianne Majerus/Design: Charlotte Rowe (gor); Marianne Majerus/Design: Dan Cooper (ml).

368–369 The RHS Images Collection: RHS/Neil Hepworth, Design: Charlie Albone, RHS Chelsea 2016 (u).

Cover: Helen Elks-Smith

Alle weiteren Abbildungen: © Dorling Kindersley

Wir danken folgenden Personen für die Genehmigung zum Fotografieren und Abbilden ihrer Gärten:

Zelda und Peter Blackadder, Jacqui Hobson, Jo und Paul Kelly, Bob und Pat Ring, Amanda Yorwerth.

Wir danken folgenden Unternehmen für ihre Unterstützung:

Blue Wave bluewave.dk

Brandon Hire brandonhirestation.com

Garpa garpa.co.uk

Marshalls marshalls.co.uk

Organicstore organicstore.com

Ormiston Wire ormiston-wire.co.uk

Stonemarket stonemarket.co.uk

Ein Dank geht an Naorem Anuja für die redaktionelle Unterstützung, Nicola Powling für die Illustrationen, John Friend für das Lektorat und Vanessa Bird für das Register.

Wir danken den folgenden Personen für ihre Mitarbeit bei der ersten Ausgabe dieses Buchs:

Lektorat Jonathan Metcalf, Liz Wheeler, Zia Allaway, Anna Kruger
Gestaltung und Bildredaktion Bryn Walls, Joanne Doran, Alison Donovan
Airedale Publishing Ruth Prentice, David Murphy, Murdo Culver
Fotos Peter Anderson, Brian North
Illustrationen Peter Bull Associates, Richard Lee, Peter Thomas, Joanne Doran, Vicky Read

Register

A

B

D

E

H

I

J

K

L

M

N

O

R

S

Autorinnen und Autoren

Herausgeber

Chris Young ist Landschaftsarchitekt, Gartenspezialist und gartenbaulicher Berater. Früher arbeitete er als Leitender Redakteur für die britische RHS. In dieser Position verantwortete er alle Veröffentlichungen in Buchform und Magazinen sowie auf Websites. Zudem war er Juror der Gesellschaft der Gartengestalter und der Garden Media Guild. Zehn Jahre lang war er zudem federführend beim Fotowettbewerb der RHS. Er studierte Landschaftsbau an der University of Gloucestershire in England und bekam für seine redaktionelle Arbeit bereits zweimal die Auszeichnung der Garden Media Guild verliehen. Zudem ist er Autor des Buchs *Neues Gartendesign*.

Autorinnen und Autoren

Philip Clayton ist Gartenbuchautor, Pflanzenexperte und leidenschaftlicher Gärtner. Bei DK sind seine Bücher *Kleine Gärten anlegen* und *Gärtnern: Schritt für Schritt* erschienen. Er wurde im RHS-Garten in Wisley ausgebildet, war über zehn Jahre lang Stellvertretender Redakteur des RHS-Magazins *The Garden* und gehört zu den führenden Autoren von Pflanzenbüchern in Großbritannien.

Andi Clevely arbeitet seit über 50 Jahren als Garten- und Landschaftsgestalter. Er ist Autor von mehr als 20 Büchern. Zudem schreibt er für Magazine und wurde von der britischen Garden Media Guild bereits zweimal zum *Journalisten des Jahres* gekürt. Clevely lebt in Wales, wo er einen Natur- und Schrebergarten hat.

Jenny Hendy ist studierte Botanikerin und als Autorin, Gartenarchitektin, Dozentin und Moderatorin tätig. Sie hat Bücher über allerlei Themen verfasst, darunter Gartengestaltung, Pflanzmethoden und Formschnitt. Weiter schreibt sie Artikel für die Gartenpresse. Hendy ist regelmäßig in der BBC zu hören und leitet in ihrer Heimat North Wales Garten-Workshops für Erwachsene und Kinder.

Richard Sneesby ist Dozent, Landschafts- und Gartenarchitekt. Er lebt in Cornwall und kann auf eine über 25-jährige Erfahrung als Gartengestalter zurückblicken. Außerdem arbeitet er als TV-Moderator für Gartensendungen, schreibt regelmäßig für die Gartenpresse und leitet Workshops für Gartenarchitekten.

Paul Williams kann auf eine lange Karriere im Gartenbau zurückblicken. Er ist Absolvent des Pershore College of Horticulture und Gründer eines erfolgreichen Beratungsunternehmens für Gartenbau und -gestaltung. Williams hat mehrere Bücher über Pflanzen und das Gärtnern verfasst und ist als Gartendozent unterwegs.

Andrew Wilson ist ein preisgekrönter Gartendesigner, Leiter der Garden Design Studies am Londoner College für Gartengestaltung, Stellvertretender Leiter für Gestaltung des Wilson McWilliam Studios, Dozent und Autor. Er und Gavin McWilliam haben viele Auszeichnungen für ihre Schaugärten bekommen. Wilson ist Mitglied und Ex-Vorsitzender der britischen Gesellschaft der Gartengestalter.

DK | Penguin Random House

Neuausgabe
DK London / Delhi

Lektorat
Katie Cowan, Dawn Titmus, Alastair Laing, Ruth O'Rourke, Ankita Gupta, Soma B. Chowdhury

Fachberatung Chris Young

ROYAL HORTICULTURAL SOCIETY
Lektorat Helen Griffin, Simon Maughan

Gestaltung und Bildredaktion
Christine Keilty, Jackie Swanson, Barbara Zuniga, Maxine Pedliham, Pushpak Tyagi, Manish Upreti, Geetam Biswas

Umschlaggestaltung
Jasmin Lennie

Herstellung
David Almond, Rebecca Parton, Balwant Singh, Malavika Talukder

Für die deutsche Ausgabe:
Projektbetreuung Manuela Stern
Herstellungskoordination Katharina Schäfer
Herstellung Inga Reinke

Titel der englischen Originalausgabe:
RHS Encyclopedia of Garden Design

Erstausgabe
Übersetzung Reinhard Ferstl, Karin Hofmann, Brigitte Rüßmann, Wolfgang Beuchelt (Scriptorium – Köln)
Lektorat Hermine Tasche

Neuausgabe
Übersetzung Reinhard Ferstl
Lektorat Christine Ritter
Satz Roman Bold & Black, Köln

ISBN 978-3-8310- 4948-6
5902-333489-23573-01

Druck und Bindung Leo Paper Products, China

FSC www.fsc.org MIX Papier | Fördert gute Waldnutzung FSC® C018179

www.dk-verlag.de

Hinweis
Die Informationen und Ratschläge in diesem Buch sind von den Autoren und vom Verlag sorgfältig erwogen und geprüft, dennoch kann eine Garantie nicht übernommen werden. Eine Haftung der Autoren bzw. des Verlags und seiner Beauftragten für Personen-, Sach- und Vermögensschäden ist ausgeschlossen.

Ein Hinweis zu geschlechtlichen Identitäten
Der DK Verlag erkennt alle geschlechtlichen Identitäten an. Nach Möglichkeit wird im Buch eine gendergerechte Sprache berücksichtigt, sofern dies inhaltlich sinnvoll ist bzw. den historischen Fakten entspricht; stellenweise wird aus Platzgründen oder Gründen der besseren Lesbarkeit jedoch das generische Maskulinum verwendet.

NOCH MEHR WISSEN UND LESESPASS

ISBN 978-3-8310-4624-9

ISBN 978-3-8310-5002-4

ISBN 978-3-8310-4998-1

ISBN 978-3-8310-4926-4

ISBN 978-3-8310-5143-4

ISBN 978-3-8310-5064-2

DK

www.dk-verlag.de